华章图书

一本打开的书，
一扇开启的门，
通向科学殿堂的阶梯，
托起一流人才的基石。

构建高可用 Linux服务器

（第4版）

Build High Availability Linux Servers
Fourth Edition

余洪春 著

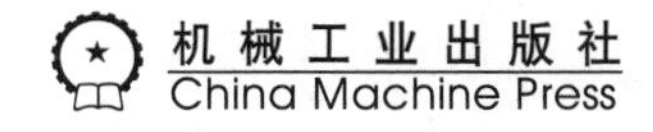

图书在版编目（CIP）数据

构建高可用 Linux 服务器 / 余洪春著 . —4 版 . —北京：机械工业出版社，2017.10（2020.3 重印）
（Linux/Unix 技术丛书）

ISBN 978-7-111-58295-3

I. 构…　II. 余…　III. Linux 操作系统　IV. TP316.89

中国版本图书馆 CIP 数据核字（2017）第 260402 号

构建高可用 Linux 服务器（第 4 版）

出版发行：机械工业出版社（北京市西城区百万庄大街 22 号　邮政编码：100037）
责任编辑：杨福川　　责任校对：殷　虹
印　　刷：三河市宏图印务有限公司　　版　　次：2020 年 3 月第 4 版第 3 次印刷
开　　本：186mm×240mm　1/16　　印　　张：21.5
书　　号：ISBN 978-7-111-58295-3　　定　　价：89.00 元

凡购本书，如有缺页、倒页、脱页，由本社发行部调换
客服热线：（010）88379426　88361066　　投稿热线：（010）88379604
购书热线：（010）68326294　88379649　68995259　　读者信箱：hzit@hzbook.com

Preface 前　言

运维工程师工作的演变

随着云计算的流行，运维工程师的工作性质在不断地发生变化，很多新的技能点和知识点需要掌握和学习。工作中，大家经常可以看到 DevOps 这个词汇。最近 DevOps 为什么这么火？跟最近两年云计算的快速普及有很大的关系：云计算平台上的各种资源，从服务器到网络，再到负载均衡都是由 API 创建和操作的，这就意味着所有的资源都可以“软件定义”，这给各种自动化运维工具提供了一个非常好的基础环境。而在传统的互联网行业，比如 CDN 行业，由于机器数量众多、网络环境错综复杂，故也需要由 DevOps 人员来设计工具，提供后端的自动化 API，结合公司的 CMDB 资产管理系统，提供自动化运维功能。

我在公司的职务是高级运维开发工程师（DevOps）、系统架构师，主要工作是设计、实施及维护本公司的电子商务网站，以及核心业务的代码开发工作。相对于 CDN 分布式系统而言，公司的电子商务网站没有节点冗余，对集群技术的要求更高。所以我前期将所有的网站应用都做了双机高 HA，包括 LVS/HAProxy+Keepalived 和 Nginx+Keepalived，以及 DRBD+Heartbeat+NFS 文件高可用，MySQL 数据库用的是 DRBD 双主多从架构，甚至 Redis 也使用了主从复制的架构设计。随着特殊业务的需求量越来越旺盛（比如定点抢红包活动），我也在网站的架构设计中引入了 RabbitMQ 消息队列集群。后期随着商业推广量的加大，网站流量、UV 及并发日益增大，新机器上线也日益频繁，所以我采用了 Fabric、Ansbile 等自动化运维工具来管理线上机器，避免运维同事们的重复劳动。另外，由于电子商务网站牵涉支付问题，所以对安全性的要求也非常高，我们平时都会从网络安全（包括硬件防火墙、Linux 系统防火墙和 WAF 应用防火墙）、系统安全、代码安全和数据库安全这些方面着手，尽力避免一切影响网站安全的行为。此外，我的工作职责还包括使用成熟的自动化工具（比如 Ansible、Saltstack 等），利用 Python 或 Golang 进行二次开发，根据实际工作需求，结合公司的 CMDB 系统，提供稳定的后端 API，方便前端人员或资产人员进行调用，这样大家可以利用界面来完成自动化运维工作。工作虽然辛苦，但看到自己设计的后端 API 和网站能够稳定运行，心里还是很有成就感的，这也是我目前工作的主要动力。

撰写本书的目的

从事系统集成、运维开发、架构设计方面的工作已经有十余年了，在工作期间，我曾有幸担任了一段时间的红帽 RHCE 讲师，在东北大学等高校推广红帽 Linux 系统。在教学过程中我发现，很多学生进入企业后都无法胜任自己的工作，更谈不上正确规划自己的职业道路了。究其原因，一方面是因为企业的生产环境具有一定的复杂性和危险性；另一方面则是由于市场上入门书居多，缺乏能真正指导读者解决实际问题的书籍。例如，很多书籍都只给出了比较基础的操作及理论，而相对于线上环境，根本没有涉及如何安全操作才能避免误操，以及在 PV、UV、并发、数据库压力和高并发环境下消息队列或任务队列如何设计等相关话题。

之所以写这本书，一方面是想对自己这些年的工作进行一次系统的梳理和总结；另一方面是想将自己的经验和心得分享给大家，希望能帮助大家少走弯路。通过本书中介绍项目实践（包括 Linux 集群、MySQL 的高可用方案及 Python 自动化运维工具的使用）和线上环境的 Shell 脚本，帮大家迅速进入工作状态。书中所提供的 Shell 脚本和 iptables 脚本均来自于线上的生产服务器，大家均可以直接拿来用。关于 Linux 集群的项目实践和 MySQL 的高可用方案，大家也可以根据实际项目的需求直接采用，以此来设计公司的网站架构。

希望大家能通过本书掌握 Linux 的精髓，轻松而愉快地工作，从而提高自己的技术水平，也希望大家通过我分享的内容，了解运维工作的发展趋势，确定以后的学习目标。这是我非常希望看到的，也是我写本书的初衷。

第4 版与第3 版的区别

本书是第 4 版，相对于前 3 版而言改动比较大，删除了不少过时的内容，增补了当前热门的技术知识点。另外，本书除了项目部署时采用的系统没有升级到 CentOS 6.8 x86_64 外，其他环境均为 CentOS 6.8 x86_64。此外，在写作过程中采纳了读者针对上一版本提出的许多意见和建议，同时修正了第 3 版的各种错误及其他问题。具体改动如下：删除了第 3 版中前 3 章的内容，增补了 Vagrant 虚拟化软件的应用，并且重写了生产环境下的 Shell 脚本；删除了对分布式自动化部署管理工具 Puppet 的相关介绍，改用了 Fabric 自动化运维工具；删除了关于开源 VPN 在企业中部署的章节。附录部分增加了对现在流行的 GitLab 应用及强大的编辑工具 Sulbime Text3 的快捷键方式操作的介绍。出第 4 版的原因是希望能将现在最流行的开源技术展现并分享给大家，增加大家的职业技能知识。

读者对象

本书的读者对象如下：

- 项目实施工程师；
- 系统管理员或系统工程师；
- 网络管理员或企业网管；

- 系统开发工程；
- 高级开发人员。

如何阅读本书

本书的内容是对实际工作经验的总结，涉及大量的知识点和专业术语，建议经验不足的读者一定从第1章读起，本章内容相对来说比较基础。大家在学习过程中根据第1章的讲解进行操作，定会达到事半功倍的效果。

推荐系统管理员和运维工程师们通篇阅读本书，并重点关注第2章、第4章、第5章、第7章和第8章的内容，这些都与运维工作息息相关的，建议大家多花些精力和时间，抱着一切从线上环境去考虑的态度去学习。

对于网络管理员和企业网管来说，如果基础不是太扎实，建议先学习第1章和第2章的内容，然后将重点放在第7章和第8章。

对于项目实施工程师而言，由于大多数都是从事系统集成相关工作的，因此建议顺序学习全书的内容，重心可以放在第5章和第6章。

对于高级开发人员来说，由于只需对系统有一个大概的了解，重点可以放在第1章、第3章和第4章。如果希望了解集群相关的知识体系，可学习第5章和第6章的内容。

大家可以根据自己的职业发展和工作需要选择不同的阅读顺序和侧重点，同时也可以对其他相关的知识点有一定的了解。

致谢

感谢我的家人，你们在生活上对我无微不至的照顾，让我有更多精力和动力去工作和创作。

感谢好友刘天斯和老男孩的支持和鼓励，闲暇之余和你们一起交流开源技术和发展趋势，也是一种享受。

感谢朋友刘鑫，是你花了大量时间和我一起研究和调试 HAProxy+Keepalived。

感谢朋友胡安伟，感谢你为本书提供的精美插图，并就 Linux 集群相关内容提出的许多宝贵的意见。

感谢机械工业出版华章公司的编辑杨福川和孙海亮，正是由于你们的信任、支持和帮助，我才能够如此顺利地完成全部书稿。

感谢热心的读者朋友们，没有大家的支持和鼓励，本书也不可能出到第4版。

感谢朋友三宝，感谢你在我苦闷的时候陪我聊天，感谢你这么多年来对我的信任和支持。

感谢在工作和生活中给予过我帮助的所有人，感谢你们，正是因为有了你们，才有了本书的问世。

关于勘误

尽管我花了大量时间和精力去核对文件和语法，但书中难免还会存在一些错误和纰漏，如果大家发现问题，希望可以反馈给我，相关信息可发到我的邮箱 yuhongchun027@gmail.

com。尽管我无法保证每一个问题都会有正确的答案，但我肯定会努力回答和并且指出一个正确的方向。

如果大家对本书有任何疑问或想进行 Linux 的技术交流，可以访问我的个人博客，我会在此恭候大家。我的个人博客地址为 http://yuhongchun.blog.51cto.com。另外，我在 51CTO 和 CU 社区的用户名均为“抚琴煮酒”，大家也可以直接通过此用户名在社区内与我进行交流。

余洪春（抚琴煮酒）

Contents 目　　录

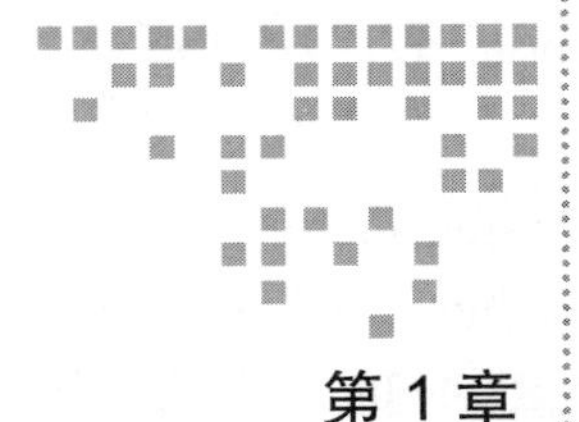

第1章 Chapter 1

Linux服务器的性能调优

作为一名高级系统架构设计师，每天都要处理系统方面的架构优化设计工作，比如电子商务系统、CDN大型广告平台和DSP电子广告系统运维方案的确定及平台架构的设计等，此外，还会涉及核心业务的系统优化升级工作。在其中，系统的性能优化是一个非常有意义的工作，也是一个不太容易的工作。性能优化要以系统的稳定性为第一原则，也要本着挖掘系统潜能的宗旨，在两者相互矛盾的时候，以稳定为主。

1.1 网站架构设计相关

在学习系统优化之前，我们应该了解一下网站架构设计的相关专业知识，这样才能更好地优化系统性能，提升网站的架构设计能力。

1.1.1 评估网站性能涉及的专业名词术语

在开始其他内容之前，我们先学习几个相关的专业名词术语，这样便于后面内容的展开，也便于大家在工作中与其他同事交流。

1. PV（Page View）

PV即访问量，中文翻译为页面浏览，代表页面浏览量或点击量，用户每刷新一次就会计算一次。PV的具体度量方法就是从浏览器发出一个对网络服务器的请求（Request），网络服务器接到这个请求后，会将该请求对应的一个网页（Page）发送给浏览器，从而产生一个PV。只要将请求发送给了浏览器，无论这个页面是否完全打开，下载是否完成，都会被计为1个PV。PV反映的是某网站页面的浏览数，所以每刷新一次也算一个PV，就是说

PV 与 UV（独立访客）的数量成正比，但 PV 并不是页面的来访者数量，而是网站被访问的页面数量。

2. UV（Unique Vistor）

UV 即独立访问，访问网站的一台电脑客户端为一个访客，如果以天为计量单位，程序会统计 00:00 至 24:00 这段时间内的电脑客户端，且相同的客户端只被计算一次。独立自然人访问，一个人访问记为一个 UV，通过不同技术方法来记录，实际会有误差。如果企业内部通过 NAT 技术共享上网，那么出去的公网 IP 有且只有一个，这个时候在程序里面进行统计，也只能算是一个 UV。

3. 并发连接数（Concurrent TCP Connections）

当一个网页被浏览，服务器就会和浏览器建立连接，每个连接表示一个并发。如果当前网站页面包含很多图片，图片并不是一个一个显示的，服务器会产生多个连接同时发送文字和图片以提高浏览速度。也就是说，网页中的图片越多，服务器的并发连接数越多，我们一般以此作为衡量单台 Web 机器的性能参数。现在 Nginx 在网站中的应用比例非常大，可以参考 Nginx 的活动并发连接数。

4. QPS（Query Per Second）

QPS 即每秒查询率，是衡量一个特定查询服务器在规定时间内所处理流量多少的标准，在因特网上，作为域名系统服务器的机器性能通常用每秒查询率来衡量。对应 Fetches/Sec，即每秒的响应请求数，也是最大吞吐能力。对于系统而言，QPS 数值是一个非常重要的参数，它是综合反映系统最大吞吐能力的衡量标准。它反映的不仅是 Web 层面的性能，还有缓存、数据库等方面的系统综合处理能力。

5. 机房的网络质量评估

机房的网络质量可以参考下面 3 个标准：

1）**稳定性**。响应延迟，丢包率。测试方法：长时间的 ping 测试。测试工具有 smokeping、mtr、ping2。

2）**带宽质量**。测试 TCP 的下载速度以及最大 TCP 的下载速率。测试方法：get/ 其他下载测试。测试工具有 webbench / iperf，也可使用云测试平台。

3）**接入位置**。接入路由设备离骨干网的位置，接入条数越少越好。测试方法：路由跟踪。测试工具有 mtr/tracert 等。

参考文档：https://www.zhihu.com/question/23516866。

1.1.2 CDN 业务的选项

如果自己的业务网站中含有大量的图片和视频类文件，为了加快客户端的访问速度，同时减缓核心机房的服务压力并提升用户体验，建议大家在网站或系统的前端采用 CDN 缓存加速方案。

CDN 的全称是 Content Delivery Network，即内容分发网络。其目的是通过在现有的 Internet 中增加一层新的网络架构，将网站的内容发布到最接近用户的网络“边缘”，使用户可就近取得需要的内容，提高用户访问网站的响应速度，从而提升用户体验。CDN 缓存加速方案一般有几种方式：

- **租赁 CDN**：中小型网站直接买服务即可，现在 CDN 已经进入按需付费的云计算模式，可以准确计算性价比。
- **自建 CDN**：这种方案的成本较高，为了保证好的缓存效果，必须在全国机房布点，并且需要自建智能 Bind 系统。搭建大型网站时推荐采用此方案，一般专业的视频网站或图片网站会考虑采用此方案。

1.1.3 IDC 机房的选择

IDC 机房的选择一般也有几种类型：

- **单电信 IDC 机房**：这种业务模式比较固定，访问量也不是很大，适合新闻类网站或政务类网站。如果网站的 PV 流量持续增加，建议后期采用租赁 CDN 的方式解决非电信用户访问网站速度过慢的问题。
- **双线 IDC 机房**：因为国内两大网络（电信和网通）之间存在互联互通的问题，所以电信用户访问网通网站或网通用户访问电信网站很慢，也因此产生了双线机房、双线服务器、双线服务器托管和双线服务器租用服务。双线机房实际是一个有电信、网通、联通等任意两条线路接入的机房。通过双线机房内部路由器的设置以及 BGP 自动路由的分析，实现电信用户访问电信线路，网通用户访问网通线路，即实现了电信网通的快速访问。
- **BGP 机房**：BGP（边界网关协议）是用来连接 Internet 的独立系统的路由选择协议。它是 Internet 工程任务组制定的一个加强、完善、可伸缩的协议。BGP4 支持 CIDR 寻址方案，该方案增加了 Internet 上可用 IP 地址的数量。BGP 是为取代最初的外部网关协议 EGP 设计的，它也被认为是一个路径矢量协议。采用 BGP 方案实现双线路互联或多线路互联的机房称为 BGP 机房。对于用户来说，选择 BGP 机房可以实现网站在各运营商线路之间互联互通，使得所有互联运营商的用户访问网站都很快，也更加稳定，不用担心全国各地因线路带来访问速度快慢不一的问题，这也是传统双 IP 双线机房无法相比的优势。在条件允许的情况下，选择服务器租用和服务器托管时尽量选择 BGP 机房，可以带给用户最优的访问体验。

现在云计算服务也非常流行，目前首推的就是亚马逊云（AWS）和阿里云这两种云计算平台。

经过对业务需求的深入了解，我们在亚马逊云和阿里云之间选择了亚马逊云。

云计算服务提供的产品能让我们的研发团队专注于产品开发本身，而不是购买硬件、配置和维护硬件等繁杂的工作，还可以减少初始资金投入。我们主要使用亚马逊云的 EC2/EBS/S3/Redshift 服务产品，其次，Amazon EC2 主机提供了多种适用于不同案例的实例类型以供选择。实例类型由 CPU、内存、存储和网络容量形成不同的组合，可让我们灵活地为其选择合适的资源组合。

云计算特别适合在某些日期或某些时段流量会激增的网站，如我们从事的 DSP 业务的 bidder 集群机器，用户会集中在某时段进行竞价，因此在这段时间内使用的 instance 数量可能是白天的几倍甚至几十倍。也就是说，这个瞬间可能要开启很多实例处理，且处理完毕后立刻终止（EC2 Instance 可以按照运行小时数进行收费）。

像笔者公司的线上系统，经常跑着很多特殊业务的 Spot Instance（例如我们自行开发的爬虫系统），以小时计费，完成任务后立即终止 Spot Instance，以此达到节约费用的目的。

注意 使用竞标方式获取便宜的 Instance，一般在有大量、便宜、短时间使用的需求时使用。

1.2 如何根据服务器应用来选购服务器

无论物理服务器是选用 IDC 托管还是 AWS EC2 云主机（以下为了说明简单，统称为服务器），我们都要面临一个问题，那就是如何选择服务器的硬件配置。选购硬件配置时要根据我们的服务器应用需求而定，因为我们无法通过一台服务器来满足所有的需求，并解决所有的问题。在设计网站的系统架构之前，我们应该从以下方面考虑如何选购服务器：

- 服务器运行什么应用。
- 需要支持多少用户访问。
- 需要多大空间来存储数据。
- 业务的重要性。
- 服务器网卡。
- 安全。
- 是否安排机架合理化。
- 服务器的价格是否超出预算。

1. 服务器运行什么应用

这是首先需要考虑的问题，通常根据服务器的应用类型（也就是用途）决定服务器的性能、容量和可靠性需求。下面将按照负载均衡、缓存服务器、前端服务器、应用程序服务器、数据服务器和 Hadoop 分布式计算的常见基础架构进行讨论。

- **负载均衡端**：除了网卡性能以外，它在其他方面对服务器的要求都比较低。如果选用 LVS 负载均衡方案，它会直接将所有的连接要求转给后端的 Web 应用服务器，建议选用万兆网卡；如果选用 HAproxy 负载均衡器，由于它的运行机制跟 LVS 不一样，流量必须双向经过 HAproxy 机器本身，因此会对 CPU 的运行能力有所要求，建议选用万兆网卡；如果选用 AWS EC2 机器，推荐使用 m3.xlarge 实例类型（m3 类型提供计算、内存和网络资源的平衡，它是很多应用程序的良好选择）。

另外，AWS 官方也推出了负载均衡服务产品，即 Elastic Load Balancing，它具有 DNS 故障转移和 Auto Scalling 的功能。

- **缓存服务器**：主要是 Varnish 和 redis，对 CPU 及其他方面的性能要求一般，但在内存方面的要求较多。笔者曾为了保证预算，在双核（r3.large）机器上运行了 4 个 redis 实例，AWS 官方也建议将此内存优化型实例用于高性能数据库、分布式内存缓存、内存中分析、基因组装配和分析，以及 SAP、Microsoft SharePoint 和其他企业应用程序的较大部署。
- **应用服务器**：因为它承担了计算和功能实现的重任，所以需要为基于 Web 架构的应用程序服务器（Application Server）选择足够快的服务器，另外，应用程序服务器可能需要用到大量的内存，尤其是基于 Windows 基础架构的 Ruby、Python、Java 服务器，这一类服务器至少需要使用单路至强的配置，我们线上的核心业务机器选用的是 AWS c3.xlarge 类型。至于可靠性问题，如果你的架构中只有一台应用服务器，那肯定需要这台服务器足够可靠，此时 RAID 是绝对不能忽视的选项。但如果有多台应用服务器并设计了负载均衡机制，那么便拥有了冗余功能，那就不必过于担心上述问题了。

注意　c3.xlagre EC2 主机属于 Compute optimized 计算优化型，也就是 CPU 加强型。这种类型的 CPU/ 内存比例较大，适合计算密集型业务。它包含 c1 和 c3 系列，除了较旧的两个 c1 系列（c1.medium 和 c1.xlarge）采用普通磁盘做实例存储以外，其他的（也就是 c3 系列）都以 SSD 做实例存储，其中最高档次的 c3.8xlarge（32 核心 108 个计算单元）的网络性能明确标注为 10Gbps。c3 系列被认为是最具性价比的类型。

- **特殊应用**：除了用于 Web 架构中的应用程序以外，如果你的服务器还要处理流媒体视频编码、服务器虚拟化、媒体服务器，或者作为游戏服务器（逻辑、地图、聊天等）运行，那同样会对 CPU 和内存有一定的要求，至少要考虑四核以上的服务器。
- **公共服务**：这里指的是邮件服务器、文件服务器、DNS 服务器、域控服务器等。通常我们会部署两台 DNS 服务器互相备份，域控主服务器也会拥有一台备份服务器（专用的或非专用的），所以无须对于可靠性过于苛刻。而邮件服务器至少需要具备足够的硬件可靠性和容量大小，这主要是对邮件数据负责，因为很多用户没有保存和归档邮件数据的习惯，待其重装系统后，就会习惯性地到服务器上重新下载相应的数据。至于性能问题，应该评估用户数量后再决定。另外，考虑到它的重要性，建议尽量选择稳定的服务器系统，比如 Linux 或 BSD 系列。
- **数据库服务器**：数据库对服务器的要求是最高的，也最重要的。一般情况下，无论你使用的是 MySQL、SQLServer 还是 Oralce，它都需要有足够快的 CPU、足够大的内存、足够稳定可靠的硬件。因此，可直接采用 Dell PowerEdge R710 或 HP 580G5，CPU 和内存方面也要尽可能最大化，如果预算充分，建议采用固态硬盘做 RAID 10，因为数据库服务器对硬盘的 I/O 要求是最高的。

- **Hadoop 和 Spark 分布式计算**：这里建议选用密集存储实例——D2 实例，它拥有高频率 Intel Xeon E5-2676v3（Haswell）处理器、高达 48TB 的 HDD 本地存储、高磁盘吞吐量，并支持 Amazon EC2 增强型联网。它适合大规模并行处理数据仓库、MapReduce 和 Hadoop 分布式计算、分布式文件系统、网络文件系统、日志或数据处理等应用。
- **RabbitMQ 集群**：Rabbit 消息中间件是基于 Erlang 语言开发的，对内存的要求很高。这里建议选用 r3.xlarge，它适合运行高性能数据库、分布式内存缓存、内存中分析、基因组装配与分析、Microsoft SharePoint 以及其他企业应用程序。

更多关于 AWS EC2 实例类型的资料请参考：https://aws.amazon.com/cn/ec2/instance-types/。

2. 服务器需要支持多少用户访问

服务器就是用来给用户提供某种服务的，所以使用这些服务的用户同样是我们需要考虑的因素，可以从下面几个具体的问题进行评估：

- 有多少注册用户。
- 正常情况下有多少用户会同时在线访问。
- 每天同时在线访问的最高峰值大概是多少。

一般在项目实施之前，客户会针对这些问题给出一个大致的结果，但我们要尽量设计得充分具体，同时，还要对未来的用户增长做一个尽可能准确的预测和规划。因为服务器可能需要支持越来越多的用户，所以在设计网站或系统架构时要让机器能够灵活地进行扩展。

3. 需要多大空间来存储数据

这个问题需要从两个方面来考虑，一方面是有哪些类别的数据，包括操作系统本身占用的空间、安装应用程序所需要的空间以及应用程序产生的数据、数据库、日志文件、邮件数据等，如果网站是 Web 2.0 的，还需计算每个用户的存储空间；另一方面是从时间轴上来考虑，这些数据每天都在增长，至少要为未来两三年的数据增长做个准确的测算，这需要软件开发人员和业务人员一起来提供足够的信息。最后，我们将计算出来的结果乘以 1.5 左右的系数，方便维护的时候做各种数据的备份和文件转移操作。

4. 业务有多重要

这需要根据自身的业务领域来考虑，下面举几个简单的例子，帮助大家了解这些服务器对可靠性、数据完整性等方面的要求。

- 如果你的服务器是用来运行一个 W6ordPress 博客，那么，一台酷睿服务器，1GB 的内存，外加一块 160GB 的硬盘就足够了（如果是 AWS EC2 主机，可以考虑 t2.micro 实例类型）。就算服务器出现了一点硬件故障，导致几个小时甚至一两天不能提供访问，生活会照常继续。
- 如果你的服务器是用于测试平台的，那么就不会像生产环境那样对可靠性有极高的要求，你所需要做的可能只是完成例行的数据备份，若服务器宕机，只要能在当天解决完问题就可以了。

- 如果是一个电子商务公司的服务器，运行着电子商务网站平台，当硬件发生故障而导致宕机时，你需要对以下“危言耸听”的后果做好心理准备：投诉电话被打爆、顾客大量流失、顾客要求退款、市场推广费用打水漂、员工无事可做、公司运营陷入瘫痪状态、数据丢失。事实上，电子商务网站一般是需要 365×24 小时不间断运行和监控的，且具有专人轮流值守，同时要有足够的备份设备以及每天的专人检查。
- 如果是大型广告类或门户类网站，那么建议选择 CDN 系统。因为它具有提高网站响应速度、负载均衡、有效抵御 DDOS 攻击等特点，相对而言，每节点都会有大量的冗余。

这里其实只是简单讨论了业务对服务器硬件可靠性的要求。要全面解决这个问题，不能只考虑单个服务器的硬件，还需要结合系统架构的规划设计。

在回答了以上问题后，接下来就可以决定下面这些具体的选项了。

（1）选择什么 CPU

回忆一下上面关于“服务器运行什么应用”和“需要支持多少用户访问”两个方面的考虑，这将帮助我们选择合适的 CPU。毫无疑问，CPU 的主频越高，其性能也就更高，换而言之，两个 CPU 要比一个 CPU 性能更好，至强（Xeon）也肯定比酷睿（Core）性能更强。但究竟怎样的 CPU 才是合适的呢？下面将为你提供一些常见情况下的建议。

- 如果业务刚刚起步，预算不是很充足，建议选择一款经典的酷睿服务器，这可以帮你节约大量成本。而且，以后可以根据业务发展的情况，随时升级到更高配置的服务器。
- 如果需要在一台服务器上同时运行多种应用服务，例如基于 LNMP 架构的 Web 网站，那么一个单核至强（例如 X3330）或新一代的酷睿 I5（双核四线程）将是最佳的选择。虽然从技术的角度来说，这不是一个好主意，但至少能够帮你节约一大笔成本。
- 如果服务器要运行 MySQL 或 Oracle 数据库，且目前有几百个用户同时在线，未来还会不断增长，那么你至少应该选择安装一个双四核服务器。
- 如果需要的是 Web 应用服务器，双四核基本就可以满足我们的要求了。

（2）需要多大的内存

同样，“服务器运行什么应用”和“需要支持多少用户访问”两方面的考虑也将帮助我们选择合适的内存容量。与 CPU 相比，笔者认为内存（RAM）才是影响性能的最关键因素。因为在相当多正在运行的服务器中，CPU 的利用率一般为 10%～30%，甚至更低。但我们发现由于内存容量不够导致服务器运行缓慢的案例比比皆是，如果服务器不能分配足够的内存给应用程序，应用程序就需要通过硬盘接口交换读写数据了，这将导致网站慢得令人无法接受。内存的大小主要取决于服务器的用户数量，当然也和应用软件对内存的最低需求和内存管理机制有关，所以，最好由你的程序员或软件开发商给出最佳的内存配置建议。下面同样给出了一些常见应用环境下的内存配置建议：

- 无论是 Apache 或 Nginx 服务器，一般情况下 Web 前端服务器不需要配置特别高的内存，尤其是在集群架构中，4GB 的内存就已经足够了。如果用户数量持续增加，我们才会考虑使用 8GB 或更高的内存。单 Apache Web 机器，在配置了 16GB 内存后，可以抗 6000 个并发链接数。
- 对于运行 Tomcat、Resin、WebLogic 的应用服务器，8GB 内存应该是基准配置，更准确的数字需要根据用户数量和技术架构来确定。
- 数据库服务器的内存由数据库实例的数量、表大小、索引、用户数等决定，一般建议配置 16GB 以上的内存，笔者公司在许多项目方案中使用了 24GB～48GB 的内存。
- 诸如 Postfix 和 Exchange 这样的邮件服务器对内存的要求并不高，1GB～2GB 就可以满足了。
- 还有一些特殊的服务器，需要为之配置尽可能高的内存容量，比如配置有 Varnish 和 Memcached 的缓存服务器等。
- 若是只有一台文件服务器，1GB 的内存可能就足够了。

事实上，由于内存技术在不断提高，价格也在不断降低，因此才得以近乎奢侈地讨论 4GB、8GB、16GB 这些曾经不可想象的内存容量。然而，除了花钱购买内存来满足应用程序的“贪婪”之外，系统优化和数据库优化仍然是我们需要重视的问题。

（3）需要怎样的硬盘存储系统

硬盘存储系统的选择和配置是整个服务器系统里最复杂的一部分，需要考虑硬盘的数量、容量、接口类型、转速、缓存大小，以及是否需要 RAID 卡、RAID 卡的型号和 RAID 级别等问题。甚至在一些高可靠性高性能的应用环境中，还需要考虑使用怎样的外部存储系统（SAN、NAS 或 DAS）。下面归纳一下服务器的硬盘 Raid 卡的特点：

- 如果是用做缓存服务器，比如 Varnish 或 Redis，可以考虑用 RAID 0；
- 如果是跑 Nginx+FastCGI 或 Nginx 等应用，可以考虑用 RAID 1；
- 如果是内网开发服务器或存放重要代码的服务器，可以考虑用 RAID 5；
- 如果是跑 MySQL 或 Oracle 等数据库应用，可以考虑用固态硬盘做 RAID 5 或 RAID 10。

5. 网卡性能方面的考虑

如果你的基础架构是多服务器环境，而且服务器之间有大量的数据交换，那么建议你为每台服务器配置两个或更多的网卡，一个用于对外提供服务，另一个用于内部数据交换。因为现在项目外端都置于防火墙内，所以很多时候单网卡就足够了。而比如 LVS+Keepalived 这种只用公网地址的 Linux 集群架构，对网卡的速率要求很高，建议大家选用万兆网卡。

如果我们采用的是 AWS EC2 云主机环境，单纯以 EC2 作为 LVS 或 HAproxy 意义不大。如果大家经常使用 AWS EC2 机器，应该注意到 AWS 将机器的网卡性能分成三种级别，即 Low、Moderate、High，那么这三个级别是什么情况呢？虽然 AWS 没有带宽限制，但是由于多虚拟机共享 HOST 物理机的网络性能和 I/O 性能，单个虚拟机的网络性能不是特别好度量，不过大概是这样：Low 级别的是 20MBps，Moderate 级别的是 40MBps，High 级别的能达到 80MBps～100MBps。从上面分析的情况可以得知，单台 AWS EC2 主机作为网站的负载均衡入口，容易成为网站的瓶颈。这个时候可以考虑使用 AWS 提供 Elastic Load Balancing 的产品，它可以在云中的多个 Amazon EC2 实例间自动分配应用程序的访问流量，相当于将网站的流量分担到了多台机器上。它可以让我们实现更高水平的应用程序容错性能，从而无缝提供分配应用程序流量所需的负载均衡容量。

6. 服务器安全方面的考虑

由于目前国内的 DDoS 攻击是比较普遍，建议给每个项目方案和自己的电子商务网站配备硬件防火墙，比如 Juniper、Cisco 等。当然，这个问题也是网站后期运营维护需要考虑的，这里只是想让大家有个概念性的认识。此外，建议租赁 CDN 服务，这样万一不幸遭遇恶意的 DDoS 流量攻击，CDN 能够帮助抵挡部分流量。

7. 根据机架数合理安排服务器的数量

这个问题应该在项目实施前就准备好，选择服务器时应该明确服务器规格，即到底是 1U、2U、还是 4U，到底有多少台服务器和交换机，应该如何安排，毕竟机柜只有 42U 的容量。在小项目中这个问题可能无关紧要，但在大型项目的实施过程中，这个问题就很突出了，我们应该根据现有或额定的机架数目确定到底应该选择多少台服务器和交换机。

8. 成本考虑：服务器的价格问题

无论是公司采购时，还是在项目实施过程中，这都是重要的问题。笔者的方案经常被退回，理由就是超出预算。尤其在一些小项目，预算更吃紧。之前笔者经常面对的客户需求是为证券类资讯网站设计方案，只要求网站在周一至周日的早上九点至下午三点期间不出问题即可，并不需要做复杂的负载均衡高可用。所以这时候笔者会做成单 Nginx 或 Haproxy，后面接两台 Web 应用服务器。可如果是做中大型电子商务网站，在服务器成本上的控制就尤其重要了。事实上，我们经常出现的问题是，客户给出的成本预算有限，而我们的应用又需要比较多的服务器，这时候，我们不得不设计另外一套最小化成本预算方案来折中处理。

以上 8 个方面就是我们在采购服务器时需要注意的因素，在选择服务器的组件时要有所偏重，然后根据系统或网站架构来决定服务器的数量，尽量做到服务器资源利用的最大化。在控制方案成本的同时，要做到最优的性价比。

1.3 硬件对 Linux 性能的影响

毋庸置疑，服务器的硬件会对 Linux 性能产生关键性的影响，其中，如服务器的 CPU、内存及硬盘都会影响单机的性能。

1. CPU

CPU 是操作系统稳定运行的根本，CPU 的速度与性能在很大程度上决定了系统整体的性能，因此，CPU 数量越多、主频越高，服务器性能也就相对越好。就笔者目前跑的应用来看，确实有因为 CPU 性能达不到要求造成业务出现问题的情况。

2. 内存

内存的大小也是影响 Linux 性能的一个重要因素，内存太小，系统进程将被阻塞，应用也将变得缓慢，甚至失去响应；内存太大，导致资源浪费。Linux 系统采用了物理内存和虚拟内存两种方式，虚拟内存虽然可以缓解物理内存的不足，但是占用过多的虚拟内存，应用程序的性能将明显下降，要保证应用程序的高性能运行，物理内存一定要足够大，但是过大的物理内存，会造成内存资源浪费，例如，在一个 32 位处理器的 Linux 操作系统上，超过 8GB 的物理内存都将被浪费。因此，要使用更大的内存，建议安装 64 位的操作系统，同时开启 Linux 的大内存内核支持。由于处理器寻址范围的限制，在 32 位 Linux 操作系统上，应用程序单个进程最大只能使用 4GB 的内存，这样一来，即使系统有更大的内存，应用程序也无法做到物尽其用，解决的办法就是使用 64 位处理器，安装 64 位操作系统。在 64 位操作系统下，可以满足所有应用程序对内存的使用需求，几乎没有限制。

3. 磁盘 I/O 性能

磁盘的 I/O 性能直接影响应用程序的性能，在一个有频繁读写的应用中，如果磁盘 I/O 性能得不到满足，就会导致应用停滞。好在现今的磁盘都采用了很多方法来提高 I/O 性能，比如常见的磁盘 RAID 技术。

RAID（磁盘阵形）通过将多块独立的磁盘（物理硬盘）按不同方式组合起来形成一个磁盘组（逻辑硬盘），从而提供比单个硬盘更高的 I/O 性能和数据冗余。通过 RAID 技术组成的磁盘组就相当于一个大硬盘，用户可以对它进行分区格式化、建立文件系统等操作，跟单个物理硬盘一模一样，唯一不同的是 RAID 磁盘组的 I/O 性能比单个硬盘要高很多，同时在数据的安全性方面也有很大提升。

根据磁盘组合方式的不同，RAID 可以分为 RAID 0、RAID 1、RAID 2、RAID 3、RAID 4、RAID 5、RAID 6、RAID 7、RAID 0+1、RAID 10 等级别，常用的 RAID 级别有 RAID 0、RAID 1、RAID 5、RAID 10，这里进行简单介绍。

- RAID 0：通过把多块硬盘粘合成一个容量更大的硬盘组，提高了磁盘的性能和吞吐量。这种方式成本低，要求至少两个磁盘，但是没有容错和数据修复功能，因而只能用在对数据安全性要求不高的环境中。
- RAID 1：也就是磁盘镜像，通过把一个磁盘的数据镜像到另一个磁盘上，最大限度地保证磁盘数据的可靠性和可修复性，具有很高的数据冗余能力，但磁盘利用率只有 50%，因而成本最高，多用在保存重要数据的场合。
- RAID 5：采用了磁盘分段加奇偶校验技术，从而提高了系统可靠性，RAID5 读出效率很高，写入效率一般，至少需要 3 块盘。允许一块磁盘故障，而不影响数据的可用性。

- RAID 10：把 RAID 1 和 RAID 0 技术结合起来就成了 RAID 10，至少需要 4 个硬盘。此种方式的数据除分布在多个盘上外，每个盘都有其镜像盘，提供全冗余能力，同时允许一个磁盘故障，而不影响数据可用性，并具有快速读 / 写能力。

通过了解各个 RAID 级别的性能，可以根据应用的不同特性，选择适合自身的 RAID 级别，从而保证应用程序在磁盘方面达到最优性能。另外，固态硬盘（SSD）的磁盘 IO 性能比 SAS 磁盘优异很多，可以考虑用 SSD 磁盘要代替普通的 SAS 磁盘。

4. 网络宽带

Linux 系统下的各种应用一般都是基于网络的，因此网络带宽也是影响性能的一个重要因素，低速、不稳定的网络将导致网络应用程序的访问阻塞，而稳定、高速的网络带宽可以保证应用程序在网络上畅通无阻地运行。幸运的是，现在的网络一般都是千兆带宽或光纤网络，带宽问题对应用程序性能造成的影响也在逐步降低。

1.4　CentOS 6.8 x86_64 最小化安装后的优化

购买服务器以后要做的第一件事就是安装操作系统，这里推荐 CentOS 6.8 x86_64，安装系统时要选择最小化安装（不需要图形），大家在用服务器时记得一个原则，系统安装的应用程序包越少，服务器越稳定。至于服务器单机性能调优，应本着稳定安全的原则，尽量不要改动系统原有的配置（CentOS 系统自身的文件和内存机制就很优秀），以下配置优化部分也适合 Amazon Linux 系统，大家可以对比参考。

1.4.1　系统的基础优化

建议对 CentOS 6.8 系统做如下的基础优化，比如更新 yum 源提升速度，关闭不必要开启的服务等。

1. 更新 yum 官方源

CentOS 6.8 系统自带的更新源速度较慢，想必各位都有所感受。为了让 CentOS 6.8 系统使用速度更快的 yum 更新源，运维人员都会选择更换源，笔者一般会选择网易的更新源，详细步骤如下所示。

1）下载 repo 文件，命令如下所示：

```
wget http://mirrors.163.com/.help/CentOS6-Base-163.repo
```

2）备份并替换系统的 repo 文件，命令如下所示：

```
cd /etc/yum.repos.d/
mv CentOS-Base.repo CentOS-Base.repo.bak
mv CentOS6-Base-163.repo CentOS-Base.repo
```

3）执行 yum 源更新，如下。

```
yum clean all #清除yum缓存
yum makecache #重建缓存
yum update    #升级Linux系统
```

增加 epel 源，详细步骤如下。

1）下载 rpm 文件并进行安装，命令如下：

```
wget http://dl.fedoraproject.org/pub/epel/6/x86_64/epel-release-6-8.noarch.rpm
rpm -ivh epel-release-6-8.noarch.rpm
```

2）安装 yum-priorities 源优先级工具，命令如下：

```
yum install yum-priorities
```

yum-priorities 源优先级工具是 yum-plugin-priroites 插件，用来给 yum 源分优先级。比如说系统存在官方源、epel、puppetlabs 三个 yum 源，三个 yum 源中可能含有相同的软件，yum 管理器为了分辨更新系统或者安装软件的时候用哪个 yum 源的软件，则会用上该工具。

如果说，设置官方的 yum 源优先级最高，epelyum 源第二，puppetlabs 第三（用 1 到 99 来表示，1 最高），那在安装程序的时候，就会先寻找官方的 yum 源，如果源里面有需要的程序，那就停止寻找，直接安装找到的，如果没有找到，则依次寻找 epel 和 rpmfusion 的源。如果说三个 yum 源都含有同一个软件，那就安装优先级最高的 yum 源中的程序。添加优先级的过程比较简单，只需要编辑对应的 repo 文件，在文件最末添加如下内容即可：

```
priority=对应优先级数字
```

注意，要想开启 yum 源优先级功能，确保 priorities.conf 文件里面有如下内容，需要先打开此文件，打开的命令如下：

```
vim /etc/yum/pluginconf.d/priorities.conf
```

确保文件里面包含如下内容：

```
[main]
enabled=1
```

2. 关闭不需要的服务

众所周知，服务越少，系统占用的资源就会越少，所以建议大家把不需要的服务关闭掉，这样做的好处是减少内存和 CPU 资源占用。首先可以看下系统中存在着哪些已经启动的服务，查看命令如下：

```
ntsysv
```

下面列出需要启动的服务，未列出的服务根据实际情况关闭：

- crond：自动计划任务。
- network：Linux 系统的网络服务，这个非常重要，不开启此服务的话，服务器是不能联网的。

- sshd：OpenSSH 服务器守护进程。
- rsyslog：Linux 的日志系统服务，必须要启动。

3. 关闭不需要的 TTY

可用 vim 编辑器打开 vim /etc/init/start-ttys.conf 文件，文件内容如下所示：

```
start on stopped rc RUNLEVEL=[2345]
env ACTIVE_CONSOLES=/dev/tty[1-6]
env X_TTY=/dev/tty1
task
script
    . /etc/sysconfig/init
    for tty in $(echo $ACTIVE_CONSOLES) ; do
        [ "$RUNLEVEL" = "5" -a "$tty" = "$X_TTY" ] && continue
        initctl start tty TTY=$tty
    done
end script
```

这段代码会使 init 打开 6 个控制台，可分别用 ALT+F1 到 ALT+F6 进行访问。此 6 个控制台默认都驻留在内存中，用 ps aux 命令就可以看到，如下：

```
ps aux | grep tty | grpe -v grep
```

命令显示结果如下所示：

```
root    1118 0.0 0.1  4064  596 tty1   Ss+ 13:14  0:00
/sbin/mingetty /dev/tty1
root    1120 0.0 0.1  4064  596 tty2   Ss+ 13:14  0:00
/sbin/mingetty /dev/tty2
root    1122 0.0 0.1  4064  596 tty3   Ss+ 13:14  0:00
/sbin/mingetty /dev/tty3
root    1124 0.0 0.1  4064  596 tty4   Ss+ 13:14  0:00
/sbin/mingetty /dev/tty4
root    1126 0.0 0.1  4064  600 tty5   Ss+ 13:14  0:00
/sbin/mingetty /dev/tty5
root    1128 0.0 0.1  4064  600 tty6   Ss+ 13:14  0:00
/sbin/mingetty /dev/tty6
```

事实上没有必要使用这么多 TTY，那如何关闭不需要的进程呢？

通常保留两个控制台就可以了，打开 /etc/init/start-ttys.conf 文件，注意以下代码内容：

```
env ACTIVE_CONSOLES=/dev/tty[1-6]
```

将 [1-6] 修改为 [1-2]，然后打开 /etc/sysconfig/init 文件，注意以下代码内容：

```
ACTIVE_CONSOLES=/dev/tty[1-6]
```

将 [1-6] 修改为 [1-2]，并重启机器即可，我们依旧使用 ps aux 命令查看 tty 个数，如下所示：

```
root    1105 0.0 0.1  4064  600 tty1   Ss+ 13:48  0:00
/sbin/mingetty /dev/tty1
root    1107 0.0 0.1  4064  600 tty2   Ss+ 13:48  0:00
/sbin/mingetty /dev/tty2
```

4. 对 TCP/IP 网络参数进行调整

调整 TCP/IP 网络参数可以加强抗 SYN Flood 的能力，命令如下所示：

```
echo 'net.ipv4.tcp_syncookies = 1' >> /etc/sysctl.conf
sysctl -p
```

5. 修改 SHELL 命令的 history 记录个数

用 vim 编辑器打开 /etc/profile 文件，关注 HISTSIZE =1000：

```
vi /etc/profile
```

找到 HISTSIZE=1000 后，将其改为 HISTSIZE=100（这条可根据实际工作环境而定）。不需要重启系统就可让其生效，如下所示：

```
source /etc/profile
```

6. 定时校正服务器的时间

我们可以定时校正服务器的时间，命令如下所示：

```
yum install ntp
crontab -e
```

加入一行：

```
*/5 * * * * /usr/sbin/ntpdate ntp.api.bz>>/dev/null 2>&1
```

调试 crontab 时间可以参考工具 https://crontab.guru。

ntp.api.bz 是一组 NTP 服务器集群，之前是 6 台服务器，位于上海电信；现在是 3 台服务器，分散到上海和浙江电信，可用 dig 命令查看：

```
dig ntp.api.bz
```

命令显示结果如下所示：

```
; <<>> DiG 9.8.2rc1-RedHat-9.8.2-0.62.rc1.el6_9.1 <<>> ntp.api.bz
;; global options: +cmd
;; Got answer:
;; ->>HEADER<<- opcode: QUERY, status: NOERROR, id: 61931
;; flags: qr rd ra; QUERY: 1, ANSWER: 5, AUTHORITY: 2, ADDITIONAL: 2

;; QUESTION SECTION:
;ntp.api.bz.                    IN      A

;; ANSWER SECTION:
ntp.api.bz.             600     IN      CNAME   time.asia.apple.com.
time.asia.apple.com.    3172    IN      CNAME   time-ios.g.aaplimg.com.
```

```
time-ios.g.aaplimg.com.   600     IN      A       17.253.84.125
time-ios.g.aaplimg.com.   600     IN      A       17.253.84.253
time-ios.g.aaplimg.com.   600     IN      A       17.253.72.243

;; AUTHORITY SECTION:
g.aaplimg.com.            31      IN      NS      a.gslb.aaplimg.com.
g.aaplimg.com.            31      IN      NS      b.gslb.aaplimg.com.

;; ADDITIONAL SECTION:
a.gslb.aaplimg.com.       28200   IN      A       17.253.201.8
b.gslb.aaplimg.com.       60802   IN      A       17.253.206.8

;; Query time: 30 msec
;; SERVER: 192.168.1.1#53(192.168.1.1)
;; WHEN: Sun Apr 23 09:43:19 2017
;; MSG SIZE  rcvd: 211
```

7. 停止 IPv6 网络服务

在 CentOS 6.8 默认的状态下，IPv6 是被启用的，可用如下命令查看：

```
lsmod | grep ipv6
```

命令显示结果如下：

```
nf_conntrack_ipv6        8748   2
nf_defrag_ipv6          11182   1 nf_conntrack_ipv6
nf_conntrack            79357   2 nf_conntrack_ipv6,xt_state
ipv6                   321422  23 ip6t_REJECT,nf_conntrack_ipv6,nf_defrag_ipv6
```

有些网络和应用程序还不支持 IPv6，因此，禁用 IPv6 可以说是一个非常好的选择，以此加强系统的安全性，提高系统的整体性能。不过，首先要确认一下 IPv6 是否处于被启动的状态，命令如下：

```
ifconfig -a  ← 列出全部网络接口信息
```

命令结果如下所示：

```
eth0      Link encap:Ethernet  HWaddr 00:16:3E:7F:67:C3
          inet addr:192.168.1.207  Bcast:192.168.1.255  Mask:255.255.255.0
          inet6 addr: fe80::216:3eff:fe7f:67c3/64 Scope:Link
          UP BROADCAST RUNNING MULTICAST  MTU:1500  Metric:1
          RX packets:405835 errors:0 dropped:0 overruns:0 frame:0
          TX packets:197486 errors:0 dropped:0 overruns:0 carrier:0
          collisions:0 txqueuelen:1000
          RX bytes:327950786 (312.7 MiB)  TX bytes:17186162 (16.3 MiB)
          Interrupt:24

lo        Link encap:Local Loopback
          inet addr:127.0.0.1  Mask:255.0.0.0
          inet6 addr: ::1/128 Scope:Host
          UP LOOPBACK RUNNING  MTU:16436  Metric:1
          RX packets:0 errors:0 dropped:0 overruns:0 frame:0
```

```
TX packets:0 errors:0 dropped:0 overruns:0 carrier:0
collisions:0 txqueuelen:0
RX bytes:0 (0.0 b)  TX bytes:0 (0.0 b)
```

然后修改相应配置文件，停止ipv6，命令如下：

```
echo "install ipv6 /bin/true" > /etc/modprobe.d/disable-ipv6.conf
#每当系统需要加载IPv6模块时，强制执行/bin/true来代替实际加载的模块
echo "IPV6INIT=no" >> /etc/sysconfig/network-scripts/ifcfg-eth0
#禁用基于IPv6网络，使之不会被触发启动
```

注意 如果关闭ipv6选项，在安装LVS服务的机器上面运行ipvsadm会出现如下报错：

FATAL: Error inserting ip_vs (/lib/modules/2.6.32-573.7.1.el6.x86_64/kernel/net/netfilter/ipvs/ip_vs.ko): Unknown symbol in module, or unknown parameter (see dmesg)

Can't initialize ipvs: Protocol not available

Are you sure that IP Virtual Server is built in the kernel or as module?

所以此选项的优化应该根据实际情况来定，如果有需要安装LVS服务的机器建议略过此项优化。

8. 调整修改文件描述符限制

在Linux系统中，所有东西都可以看成是文件，文件又可分为普通文件、目录文件、链接文件和设备文件。文件描述符是内核为了高效管理已被打开的文件所创建的索引，是一个非负整数（通常是小整数），用于指代被打开的文件，所有执行I/O操作的系统调用都通过文件描述符。程序刚刚启动的时候，0是标准输入，1是标准输出，2是标准错误。如果此时去打开一个新的文件，它的文件描述符会是3。大家在运行Linux系统下的服务应用时（例如Squid服务），打开的文件太多就会提示"Too many open files"，出现这句提示的原因是程序打开的文件连接数量超过系统设定值。这主要是因为文件描述符是系统的一个重要资源，虽然说系统内存有多少就可以打开多少的文件描述符，但是在实际实现过程中内核会做相应的处理，一般最大打开文件数会是系统内存的10%（以KB来计算）(称之为系统级限制，比如4G内存的机器可以为419430)，查看系统级别的最大打开文件数可以使用sysctl -a | grep fs.file-max命令查看。与此同时，内核为了不让某一个进程消耗掉所有的文件资源，它也会对单个进程最大打开文件数做默认值处理（称之为用户级限制），默认值一般是1024，可以使用ulimit -n命令查看。

如何修改文件描述符限制（也称之文件最大打开数）的值呢？我们可以参考下面的步骤。

1）修改用户级限制

在/etc/security/limits.conf文件里添加如下内容：

```
* soft nofile 65535
* hard nofile 65535
```

注意 soft的数值应该是小于或等于hard值，soft的限制不能比hard限制高。

2）修改系统限制可以把 fs.file-max=419430 添加到 /etc/sysctl.conf 中，使用 sysctl -p 即不需要重启系统也可生效，具体步骤如下所示：

```
echo "fs.file-max=419430" >> /etc/sysctl.conf
sysctl -p
```

用户级限制：ulimit 命令看到的是用户级的最大文件描述符限制，也就是说每一个用户登录后执行的程序占用文件描述符的总数不能超过这个限制。

系统级限制：sysctl 命令和 proc 文件系统中查看到的数值是一样的，这属于系统级限制，它是限制所有用户打开文件描述符的总和。

另外，ulimit -n 命令并不能真正看到文件的最大文件打开数，可用如下脚本查看：

```
#!/bin/bash
for pid in `ps aux |grep nginx |grep -v grep|awk '{print $2}'`
do
cat /proc/${pid}/limits |grep 'Max open files'
done
```

在线上环境找一台 CMS 业务机器执行此脚本，显示结果如下所示：

```
Max open files          65535          65535          files
Max open files          65535          65535          files
Max open files          65535          65535          files
Max open files          65535          65535          files
Max open files          65535          65535          files
Max open files          65535          65535          files
Max open files          65535          65535          files
Max open files          65535          65535          files
Max open files          65535          65535          files
Max open files          65535          65535          files
```

9. 正确启动网卡

大家配置 CentOS 6.8 的网卡 IP 地址时，最容易忽略的一项就是 CentOS 系统启动时未启动网卡，其后果很明显，那就是你的 Linux 机器永远没有 IP 地址。下面是一台线上环境服务器网卡文件 /etc/sysconfig/network-scripts/ifcfg-eth0 文件的配置内容。

```
DEVICE=eth0
BOOTPROTO=static
HWADDR=00:14:22:1B:71:20
IPV6INIT=no
IPV6_AUTOCONF=yes
ONBOOT=yes    →此项一定要记得更改为yes,它会在系统引导就启动你的网卡设备
NETMASK=255.255.255.192
IPADDR=203.93.236.146
GATEWAY=203.93.236.129
TYPE=Ethernet
PEERDNS=yes     →允许从DHCP处获得的DNS覆盖本地的DNS
USERCTL=no      →不允许普通用户修改网卡
```

10. 关闭写磁盘 I/O 功能

Linux 文件默认有 3 个时间，如下所示：

- atime：对此文件的 Access（访问）时间。
- ctime：此文件 inode 发生 Change（状态变化）的时间。
- mtime：此文件的 Modify（修改）时间。

我们可以用 stat 命令查看文件的这些相关时间，如下所示：

```
stat install.log
```

命令显示结果如下所示：

```
File: "install.log"
  Size: 46503       Blocks: 104         IO Block: 4096   普通文件
Device: 802h/2050d Inode: 786434      Links: 1
Access: (0644/-rw-r--r--)  Uid: (  626/    yucy)   Gid: (  626/    yucy)
Access: 2015-09-08 19:02:49.838428672 +0800
Modify: 2014-12-15 12:05:12.808264055 +0800
Change: 2015-07-06 11:05:22.731778396 +0800
```

如果有多个小文件（比如 Web 服务器的页面上有多个小图片），通常就没有必要记录文件的访问时间了，这样可以减少写磁盘的 I/O，可这要如何配置呢？

首先，修改文件系统的配置文件 /etc/fstab，然后，在包含大量小文件的分区中使用 noatime 和 nodiratime 这两个命令。

例如：

```
/dev/sda5 /data/pics ext3 noatime,nodiratime 0 0
```

这样文件被访问时就不会再产生写磁盘的 I/O 了。

11. 修改 SSH 登录配置

SSH 服务配置优化，请保持机器中至少有一个具有 sudo 权限的用户，下面的配置会禁止 root 远程登录，代码内容如下所示：

```
sed -i 's@#PermitRootLogin yes@PermitRootLogin no@' /etc/ssh/sshd_config
#禁止root远程登录
sed -i 's@#PermitEmptyPasswords no@PermitEmptyPasswords no@'
/etc/ssh/sshd_config #禁止空密码登录
sed -i 's@#UseDNS yes@UseDNS no@' /etc/ssh/sshd_config
/etc/ssh/sshd_config #关闭SSH反向查询，以加快SSH访问速度
```

12. 增加具有 sudo 权限的用户

添加用户的步骤和过程比较简便（这里略过），由于系统已经禁止了 root 远程登录，因此需要一个具有 sudo 权限的 admin 用户，权限跟 root 相当，这里用 visudo 命令，在打开的文件内容里找到如下内容：

```
## Allow root to run any commands anywhere
root    ALL=(ALL)       ALL
```

然后添加如下内容：

```
yhc    ALL=(ALL)         ALL
```

如果在进行 sudo 切换时不想输入密码，可以做如下更改：

```
yhc  ALL=(ALL) NOPASSWD:ALL
```

1.4.2　优化 Linux 下的内核 TCP 参数以提高系统性能

内核的优化跟服务器的优化一样，本着稳定安全的原则。下面以 Squid 服务器为例进行说明，待客户端与服务器端建立 TCP/IP 连接后就会关闭 SOCKET，服务器端连接的端口状态也就变为 TIME_WAIT 了。那是不是所有执行主动关闭的 SOCKET 都会进入 TIME_WAIT 状态呢？有没有什么情况使主动关闭的 SOCKET 直接进入 CLOSED 状态呢？答案是主动关闭的一方在发送最后一个 ACK 后就会进入 TIME_WAIT 状态，并停留 2MSL（报文最大生存）时间，这是 TCP/IP 必不可少的，也是“解决”不了的。

TCP/IP 设计者如此设计，主要原因有两个：

- 防止上一次连接中的包迷路后重新出现，影响新的连接（经过 2MSL 时间后，上一次连接中所有重复的包都会消失）。
- 为了可靠地关闭 TCP 连接。主动关闭方发送的最后一个 ACK（FIN）有可能会丢失，如果丢失，被动方会重新发 FIN，这时如果主动方处于 CLOSED 状态，就会响应 RST 而不是 ACK。所以主动方要处于 TIME_WAIT 状态，而不能是 CLOSED 状态。另外，TIME_WAIT 并不会占用很大的资源，除非受到攻击。

在 Squid 服务器中可输入查看当前连接统计数的命令，如下所示：

```
netstat -n | awk '/^tcp/ {++S[$NF]} END{for(a in S) print a, S[a]}'
```

命令显示结果如下所示：

```
LAST_ACK 14
SYN_RECV 348
ESTABLISHED 70
FIN_WAIT1 229
FIN_WAIT2 30
CLOSING 33
TIME_WAIT 18122
```

命令中的含义分别如下：

- CLOSED：无连接是活动的或正在进行中。
- LISTEN：服务器在等待进入呼叫。
- SYN_RECV：一个连接请求已经到达，等待确认。
- SYN_SENT：应用已经开始，打开一个连接。
- ESTABLISHED：正常数据传输状态。
- FIN_WAIT1：应用说它已经完成。
- FIN_WAIT2：另一边已同意释放。

- ITMED_WAIT：等待所有分组死掉。
- CLOSING：两边同时尝试关闭。
- TIME_WAIT：另一边已初始化一个释放。
- LAST_ACK：等待所有分组死掉。

也就是说，这条命令可以把当前系统的网络连接状态分类汇总。

在 Linux 下高并发的 Squid 服务器中，TCP TIME_WAIT 套接字数量经常可达两三万，服务器很容易被拖死。不过，可以通过修改 Linux 内核参数来减少 Squid 服务器的 TIME_WAIT 套接字数量，命令如下：

```
vim /etc/sysctl.conf
```

然后，增加以下参数：

```
net.ipv4.tcp_fin_timeout = 30
net.ipv4.tcp_keepalive_time = 1200
net.ipv4.tcp_syncookies = 1
net.ipv4.tcp_tw_reuse = 1
net.ipv4.tcp_tw_recycle = 1
net.ipv4.ip_local_port_range = 10000 65000
net.ipv4.tcp_max_syn_backlog = 8192
net.ipv4.tcp_max_tw_buckets = 5000
```

简单说明上面参数的含义：

- net.ipv4.tcp_syncookies=1 表示开启 SYN Cookies，当出现 SYN 等待队列溢出时，启用 cookie 来处理，可防范少量的 SYN 攻击，默认为 0，表示关闭；
- net.ipv4.tcp_tw_reuse=1 表示开启重用，即允许将 TIME-WAIT sockets 重新用于新的 TCP 连接，默认为 0，表示关闭；
- net.ipv4.tcp_tw_recycle=1 表示开启 TCP 连接中 TIME-WAIT sockets 的快速回收，默认为 0，表示关闭；
- net.ipv4.tcp_fin_timeout=30 表示如果套接字由本端要求关闭，这个参数决定了它保持在 FIN-WAIT-2 状态的时间；
- net.ipv4.tcp_keepalive_time=1200 表示当 keepalive 启用时，TCP 发送 keepalive 消息的频度默认是 2 小时，改为 20 分钟；
- net.ipv4.ip_local_port_range=10000 65000 表示 CentOS 系统默认向外连接的端口范围。默认值很小，这里改为 10000 到 65000。建议这里不要将最低值设得太低，否则可能会占用正常的端口。
- net.ipv4.tcp_max_syn_backlog=8192 表示 SYN 队列的长度，默认为 1024，加大队列长度为 8192，可以容纳更多等待连接的网络连接数。
- net.ipv4.tcp_max_tw_buckets=5000 表示系统同时保持 TIME_WAIT 套接字的最大数量，如果超过这个数字，TIME_WAIT 套接字将立刻被清除并打印警告信息，默认为 180000，改为 5000。对于 Apache、Nginx 等服务器，前面介绍的几个的参数已经可以很好地减少 TIME_WAIT 套接字数量，但对于 Squid 来说效果不大，有了此参数就可以控制 TIME_WAIT 套接字的最大数量，避免 Squid 服务器被大量的 TIME_WAIT 套接字拖死。

执行以下命令使内核配置立马生效：

```
/sbin/sysctl -p
```

如果是用于 Apache 或 Nginx 等 Web 服务器，则更改以下几项即可：

```
net.ipv4.tcp_syncookies=1
net.ipv4.tcp_tw_reuse=1
net.ipv4.tcp_tw_recycle = 1
net.ipv4.ip_local_port_range = 10000 65000
```

执行以下命令使内核配置立马生效：

```
/sbin/sysctl -p
```

如果是 Postfix 邮件服务器，则建议内核优化方案如下：

```
net.ipv4.tcp_fin_timeout = 30
net.ipv4.tcp_keepalive_time = 300
net.ipv4.tcp_tw_reuse = 1
net.ipv4.tcp_tw_recycle = 1
net.ipv4.ip_local_port_range = 10000 65000
kernel.shmmax = 134217728
```

执行以下命令使内核配置立马生效：

```
/sbin/sysctl -p
```

当然，这些都只是最基本的更改，大家还可以根据自己的需求来更改内核的设置，同样也要本着服务器稳定为最高原则，如果服务器不稳定的话，一切工作和努力都是白费。如果以上优化仍无法满足工作要求，则可能需要定制你的服务器内核或升级服务器硬件。

1.4.3　CentOS 6.8 x86_64 系统最小化安装优化脚本

CentOS 6.8 x86_64 系统最小化优化脚本，大家注意，下文中有中文注释内容，如果是放在线上运行时需要格外留意，脚本内容如下所示：

```
#!/bin/bash
#系统基础升级,建议以root执行

#必须使用root才能执行此脚本
if [ $USER != "root" ]; then
    echo "需要使用 sudo 才能使用本脚本"
    exit 1
fi

cd /usr/local/src
wget http://mirrors.163.com/.help/CentOS6-Base-163.repo
```

```
cd /etc/yum.repos.d/
mv CentOS-Base.repo CentOS-Base.repo.bak
cp /usr/local/src/CentOS6-Base-163.repo ./CentOS-Base.repo
yum clean all #清除yum缓存
yum makecache #重建缓存
yum update -y  #升级Linux系统
cd ../
#添加epel外部yum扩展源
cd /usr/local/src
wget http://dl.fedoraproject.org/pub/epel/6/x86_64/epel-release-6-8.noarch.rpm
rpm -ivh epel-release-6-8.noarch.rpm
#安装gcc基础库文件以及sysstat工具
yum -y install gcc gcc-c++ vim-enhanced unzip unrar sysstat
#配置ntpdate自动对时
yum -y install ntp
echo "01 01 * * * /usr/sbin/ntpdate ntp.api.bz   >> /dev/null 2>&1" >> /etc/crontab
/usr/sbin/ntpdate ntp.api.bz
service crond restart

#配置文件的ulimit值
ulimit -SHn 65534
echo "ulimit -SHn 65534" >> /etc/rc.local
cat >> /etc/security/limits.conf << EOF
*                   soft    nofile           65535
*                   hard    nofile           65535
EOF
echo "fs.file-max=419430" >> /etc/sysctl.conf

#基础系统内核优化
cat >> /etc/sysctl.conf << EOF
net.ipv4.tcp_syncookies = 1
net.ipv4.tcp_syn_retries = 1
net.ipv4.tcp_tw_recycle = 1
net.ipv4.tcp_tw_reuse = 1
net.ipv4.tcp_fin_timeout = 1
net.ipv4.tcp_keepalive_time = 1200
net.ipv4.ip_local_port_range = 10000 65535
net.ipv4.tcp_max_syn_backlog = 16384
net.ipv4.tcp_max_tw_buckets = 36000
net.ipv4.route.gc_timeout = 100
net.ipv4.tcp_syn_retries = 1
net.ipv4.tcp_synack_retries = 1
net.core.somaxconn = 16384
net.core.netdev_max_backlog = 16384
net.ipv4.tcp_max_orphans = 16384

EOF
/sbin/sysctl -p

#禁用control-alt-delete组合键以防止误操作
sed -i 's@ca::ctrlaltdel:/sbin/shutdown -t3 -r now@#ca::ctrlaltdel:/sbin/shutdown
```

```
     -t3 -r now@' /etc/inittab
#关闭SElinux
sed -i 's@SELINUX=enforcing@SELINUX=disabled@' /etc/selinux/config
#关闭iptables
service iptables stop
chkconfig iptables off
#ssh服务配置优化,请保持机器中至少有一个具有sudo权限的用户，下面的配置会禁止root远程登录
sed -i 's@#PermitRootLogin yes@PermitRootLogin no@' /etc/ssh/sshd_config
#禁止空密码登录
sed -i 's@#PermitEmptyPasswords no@PermitEmptyPasswords no@' /etc/ssh/sshd_config
#禁止SSH反向解析
sed -i 's@#UseDNS yes@UseDNS no@' /etc/ssh/sshd_config /etc/ssh/sshd_config
service sshd restart
#禁用ipv6地址,根据实际需求设置，如果需要安装lvs服务的机器，建议保留此选项
echo "install ipv6 /bin/true" > /etc/modprobe.d/disable-ipv6.conf
#每当系统需要加载IPv6模块时，强制执行/bin/true来代替实际加载的模块
echo "IPV6INIT=no" >> /etc/sysconfig/network-scripts/ifcfg-eth0
#禁用基于IPv6网络，使之不会被触发启动
chkconfig ip6tables off
#vim基础语法优化
cat >> /root/.vimrc << EOF
set number
set ruler
set nohlsearch
set shiftwidth=2
set tabstop=4
set expandtab
set cindent
set autoindent
set mouse=v
syntax on
EOF
#精简开机自启动服务，安装最小化服务的机器初始可以只留crond|network|rsyslog|sshd这四个服务
for i in `chkconfig --list|grep 3:on|awk '{print $1}'`;do chkconfig --level 3 $i
     off;done
for CURSRV  in crond rsyslog sshd network;do chkconfig --level 3 $CURSRV on;done
#重启服务器
reboot
```

1.4.4　Linux 下 CPU 使用率与机器负载的关系与区别

笔者曾接触一个案例：线上的 bidder 业务机器，在业务最繁忙的一段周期内，发现 Nginx 单机并发活动连接数超过 2.8 万，机器负载 UPTIME 值（基本上不到 4，报警系统没有发送报警邮件和短信）。Nginx+Lua 服务都是正常的，网卡流量并没有打满，但流量就是怎么也打不进去。经过深入观察，发现这段时期内每台机器 CPU 的利用率都已经很高了，基本维持在 99% 左右，这种情况应该是 CPU 资源耗尽导致不能继续提供服务。所以这里也研究下 CPU 负载和 CPU 利用率这两个概念的关系与区别。

CPU 负载和 CPU 利用率虽然是不同的两个概念，但它们的信息可以在同一个 top 命令

中显示。CPU 利用率显示的是程序在运行期间实时占用的 CPU 百分比，而 CPU 负载显示的是一段时间内正在使用和等待使用 CPU 的平均任务数。CPU 利用率高，并不意味着负载就一定大。

网上有篇文章给出了一个有趣的比喻，即通过打电话来说明两者的区别，下面笔者按自己的理解阐述一下。

某公用电话亭，有一个人在打电话，四个人在等待，每人限定使用电话一分钟，若有人一分钟之内没有打完电话，只能挂掉电话去排队等待下一轮。电话在这里就相当于 CPU，而正在或等待打电话的人就相当于任务数。

在电话亭使用过程中，肯定会有人打完电话走掉，有人没有打完电话而选择重新排队，更会有新增的人在这儿排队，这个人数的变化就相当于任务数的增减。为了统计平均负载情况，我们 5 秒钟统计一次人数，并在第 1、5、15 分钟的时候对统计情况取平均值，从而形成第 1、5、15 分钟的平均负载。有的人拿起电话就打，一直打完 1 分钟，而有的人可能前三十秒在找电话号码，或者犹豫要不要打，后三十秒才真正在打电话。如果把电话看作 CPU，人数看作任务，我们就说前一个人（任务）的 CPU 利用率高，后一个人（任务）的 CPU 利用率低。

当然，CPU 并不会在前三十秒工作，后三十秒歇着，只是说，有的程序涉及大量的计算，所以 CPU 利用率就高，而有的程序牵涉计算的部分很少，CPU 利用率自然就低。但无论 CPU 的利用率是高是低，跟后面有多少任务在排队都没有必然关系。

CPU 负载为多少才算比较理想呢？对此一直存在争议，各有各的说法，个人比较赞同 CPU 负载小于等于 0.5 算是一种理想状态。

不管某个 CPU 的性能有多好，1 秒能处理多少任务，我们可以认为它无关紧要，虽然事实并非如此。在评估 CPU 负载时，我们只以 5 秒为单位来统计任务队列长度。如果每隔 5 秒钟统计的时候，发现任务队列长度都是 1，那么 CPU 负载就为 1。假如我们只有一个单核的 CPU，负载一直为 1，意味着没有任务在排队，这种情况还不错。还是以上面提到的 bidder 业务机器为例，都是四核机器，每个内核的负载为 1 的话，总负载则为 4。也就是说，如果那些 bidder 服务器的 CPU 负载长期保持在 4 左右，还是可以接受的。

CPU 使用率到多少才算比较理想呢？

笔者这里建议大家统计 %user+%system 的值，如果长期大于 85% 的话，就可以认为系统的 CPU 过重，这个时候可以考虑添加物理 CPU 或增添业务集群机器了。比较偷懒的做法是统计 CPU 的 %idle（空闲）值，如果过小的话正好从侧面说明系统 CPU 利用率过高了。

附上其统计 CPU 使用率的 Shell 脚本，如下所示：

```
#!/bin/bash
# Nagios return codes
STATE_OK=0
STATE_WARNING=1
STATE_CRITICAL=2
```

```
STATE_UNKNOWN=3

# Plugin parameters value if not define
LIST_WARNING_THRESHOLD="70"
LIST_CRITICAL_THRESHOLD="80"
INTERVAL_SEC=1
NUM_REPORT=1

CPU_REPORT=`iostat -c $INTERVAL_SEC $NUM_REPORT | sed -e 's/,/./g' | tr -s ' '
    ';' | sed '/^$/d' |tail -1`
CPU_REPORT_SECTIONS=`echo ${CPU_REPORT} | grep ';' -o | wc -l`
CPU_USER=`echo $CPU_REPORT | cut -d ";" -f 2`
#CPU_NICE=`echo $CPU_REPORT | cut -d ";" -f 3`
CPU_SYSTEM=`echo $CPU_REPORT | cut -d ";" -f 4`

# Add for integer shell issue
CPU_USER_MAJOR=`echo $CPU_USER | cut -d "." -f 1`
CPU_SYSTEM_MAJOR=`echo $CPU_SYSTEM | cut -d "." -f 1`
#CPU_IOWAIT_MAJOR=`echo $CPU_IOWAIT | cut -d "." -f 1`
#CPU_IDLE_MAJOR=`echo $CPU_IDLE | cut -d "." -f 1`
#CPU_VMSTAT_R=`vmstat 1 4 | sed -n '3,$'p  | awk 'BEGINE{SUM=0} {SUM += $1} END
    {print SUM/4}' `
CPU_UTILI_COU=`echo ${CPU_USER} + ${CPU_SYSTEM}|bc`
CPU_UTILI_COUNTER=`echo $CPU_UTILI_COU | cut -d "." -f 1`

# Return
if [ ${CPU_UTILI_COUNTER} -lt ${LIST_WARNING_THRESHOLD} ]
then
    echo "OK - CPUCOU=${CPU_UTILI_COU}% | CPUCOU=${CPU_UTILI_COU}%;80;90"
    exit ${STATE_OK}
fi
if [ ${CPU_UTILI_COUNTER} -gt ${LIST_WARNING_THRESHOLD} -a ${CPU_UTILI_COUNTER}
      -lt ${LIST_CRITICAL_THRESHOLD} ]
then
    echo "Warning - CPUCOU=${CPU_UTILI_COUNTER}% | CPUCOU=${CPU_UTILI_
        COUNTER}%;80;90"
    exit ${STATE_WARNING}
fi
if [ ${CPU_UTILI_COUNTER} -gt ${LIST_CRITICAL_THRESHOLD} ]
then
    echo "Critical - CPUCOU=${CPU_UTILI_COUNTER}% | CPUCOU=${CPU_UTILI_COUNTER}
        %;80;90"
    exit ${STATE_CRITICAL}
fi
```

1.5 服务器调优实际案例

下面笔者用自己的经历以及工作的业务平台跟大家说明真实工作场景下服务器的实际调优案例。

笔者的海外 DSP 业务群机器采用的是 AWS 云计算平台，基于业务的复杂性，所以系统基本属于高并发高负载运行。为了系统的稳定，机器上线之前暂时做了一些基础的系统内核优化，并且在 CPU 和内存硬件方面做了提升加强，基础的内核优化配置文件如下所示：

```
# Kernel sysctl configuration file for Red Hat Linux
# For binary values, 0 is disabled, 1 is enabled.  See sysctl(8) and
# sysctl.conf(5) for more details.
# Controls IP packet forwarding
net.ipv4.ip_forward = 0

# Controls source route verification
net.ipv4.conf.default.rp_filter = 1

# Do not accept source routing
net.ipv4.conf.default.accept_source_route = 0

# Controls the System Request debugging functionality of the kernel
kernel.sysrq = 0

# Controls whether core dumps will append the PID to the core filename.
# Useful for debugging multi-threaded applications.
kernel.core_uses_pid = 1

# Controls the use of TCP syncookies
net.ipv4.tcp_syncookies = 1
net.ipv4.tcp_max_syn_backlog = 4096

net.core.somaxconn = 2048

net.ipv4.tcp_timestamps = 1
net.ipv4.tcp_tw_recycle = 1

# Disable netfilter on bridges.
net.bridge.bridge-nf-call-ip6tables = 0
net.bridge.bridge-nf-call-iptables = 0
net.bridge.bridge-nf-call-arptables = 0

# Controls the default maxmimum size of a mesage queue
kernel.msgmnb = 65536

# Controls the maximum size of a message, in bytes
kernel.msgmax = 65536

# Controls the maximum shared segment size, in bytes
kernel.shmmax = 68719476736

# Controls the maximum number of shared memory segments, in pages
kernel.shmall = 4294967296
```

但系统上线后流量骤增，经常会出现“ TCP:too many orphaned sockets”的情况，具体表现为系统日志用 dmesg 排错时，发现大量的“ TCP:too many orpharned sockets”信息，如下所示：

```
[13257987.555864] TCP: too many orphaned sockets
[13257987.559244] TCP: too many orphaned sockets
[13257987.562524] TCP: too many orphaned sockets
[13257988.576104] TCP: too many orphaned sockets
[13257988.576117] TCP: too many orphaned sockets
[13257988.576119] TCP: too many orphaned sockets
[13257988.576122] TCP: too many orphaned sockets
[13257989.088095] TCP: too many orphaned sockets
[13257989.090621] TCP: too many orphaned sockets
[13257989.600115] TCP: too many orphaned sockets
```

所以需要对系统内核做些优化调整以应对更大并发流量的冲击，修改其内核文件并增加内容，如下所示：

```
net.ipv4.tcp_rmem = 4096 4096 16777216
net.ipv4.tcp_wmem = 4096 4096 16777216
net.ipv4.tcp_mem = 786432 2097152 3145728
net.ipv4.tcp_max_orphans = 131072
```

执行以下命令使内核配置立即生效：

```
/sbin/sysctl -p
```

主要看这几项：

- net.ipv4.tcp_rmem：用来配置读缓冲的大小，三个值，第一个是这个读缓冲的最小值，第三个是最大值，中间的是默认值。我们可以在程序中修改读缓冲的大小，但是不能超过最小值与最大值。为了使每个 socket 所使用的内存数最小，笔者此处设置的默认值为 4096。
- net.ipv4.tcp_wmem：用来配置写缓冲的大小。读缓冲与写缓冲的大小直接影响到 socket 在内核中内存的占用。
- net.ipv4.tcp_mem：配置 TCP 的内存大小，其单位是页，而不是字节。当超过第二个值时，TCP 进入 pressure 模式，此时 TCP 尝试稳定其内存的使用，当小于第一个值时，就退出 pressure 模式。当内存占用超过第三个值时，TCP 就拒绝分配 socket 了，使用 dmesg 命令查看，会打出很多的日志“ TCP: too many of orphaned sockets”。
- net.ipv4.tcp_max_orphans：这个值也要设置一下，表示系统所能处理不属于任何进程的 socket 数量，当我们需要快速建立大量连接时需要关注这个值。当不属于任何进程的 socket 的数量大于这个值时，使用 dmesg 命令会看到“ TCP：too many of orphaned sockets”。

1.6 小结

本章介绍了系统架构设计的相关专业术语，以及关于 IDC 机房物理服务器和 AWC EC2 类型实例的选择，还介绍了 CentOS 6.8 x86_64 系统的最小化安装后的优化，最后笔者跟大家分享了实际工作平台上真实案例系统的优化。这些工作都是系统架构设计的基础，希望大家能够掌握此章内容，这对于我们今后的工作会有很大的帮助。

第 2 章 Chapter 2

Shell 脚本在生产环境下的应用

在笔者目前工作的 CDN 平台中，Shell 脚本正发挥着巨大的作用，无论是在应用运维部、运维开发部还是大数据平台组内部的 gitlab 中，Shell 脚本的代码比重都很高。Shell 除了最常规的 Cron 备份作用以外，还有处理业务逻辑、日志切分上传、系统性能和状态监控及系统初始化等作用。此外，Shell 脚本具有很好的可移植性，有时跨越 UNIX 与 POSIX 兼容的系统仅需略做修改，甚至不必修改就可直接使用。相比较 C 或 C++ 语言，它能够更快捷地解决相同的问题。在 CDN 的各个子平台中，Shell 也能起到耦合的作用，成为我们运维开发人员的瑞士军刀。所以不论是系统管理员，还是运维开发人员，掌握 Shell 脚本语言能对我们的工作起到很大的帮助作用。另外，考虑到本书的读者群体，这里没有介绍 Shell 的基础命令和 VIM 的基本操作，这些基础大家可以参考网上的资料。

2.1 Shell 编程基础

Shell 是核心程序 Kernel 之外的命令解析器，是一个程序，也是一种命令语言和程序设计语言。

作为一种命令语言，它可以交互式解析用户输入的命令。

作为一种程序设计语言，它定义了各种参数，并且提供了高级语言才有的程序控制结构，虽然它不是 Linux 核心系统的一部分，但是它调用了 Linux 核心的大部分功能来执行程序建立文件，并且通过并行的方式来协调程序的运行。

比如输入 ls 命令后，Shell 会解析 ls 这个字符并向内核发出请求，内核执行这个命令之后把结果告诉 Shell，Shell 则会把结果输出到屏幕。

Shell 相当于是 Windows 系统下的 command.com，在 Windows 中只有一个这样的解析器，但在 Linux 中有多个，如 sh、bash、ksh 等。

可以通过 echo $SHELL 查看自己运行的 Shell。在 Shell 中还可以运行子 shell，直接输入 csh 命令以后就可以进入 csh 界面了。

Linux 默认的 Shell 是 bash，下面的内容基本以此为主（另外系统环境为 CentOS 6.8 x86_64）。

2.1.1 Shell 脚本基本元素

Shell 脚本的第一行通常为如下内容：

```
#!/bin/bash  //第一行
#            //表示单行注释
```

如果是多行注释应该如何操作呢？如下所示：

```
:<<BLOCK
中间部分为要省略的内容
BLOCK
```

Shell 脚本的第一行均包含一个以 #! 为起始标志的文本行，这个特殊的起始标志表示当前文件包含一组命令，需要提交给指定的 Shell 解释执行。紧随 #! 标志的是一个路径名，指向执行当前 Shell 脚本文件的命令解释程序。如：

```
#!/bin/bash
```

再比如：

```
#!/usr/bin/ruby
```

如果 Shell 脚本中包含多个特殊的标志行，那么只有一个标志行会起作用。

2.1.2 Shell 基础正则表达式

正则表达式是对字符串操作的一种逻辑公式，就是用事先定义好的一些特定字符及这些特定字符的组合，组成一个“规则字符串”，这个“规则字符串”用来表达对字符串的一种过滤逻辑。并规定一些特殊语法表示字符类、数量限定符和位置关系，然后用这些特殊语法和普通字符一起表示一个模式，这就是正则表达式（Regular Expression）。

给定一个正则表达式和另一个字符串，我们可以达到如下目的：

- 给定的字符串是否符合正则表达式的过滤逻辑（称作“匹配”）；
- 可以通过正则表达式，从字符串中获取我们想要的特定部分。

现对基础元字符及其在正则表达式上下文中的行为进行整理，如表 2-1 所示。

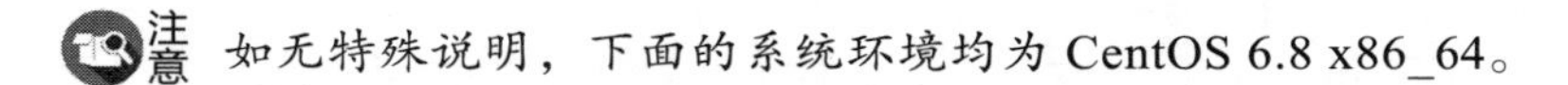
注意　如无特殊说明，下面的系统环境均为 CentOS 6.8 x86_64。

表 2-1　基础元字符及其在正则表达式上下文中的行为

<table>
<tr><th>基础元字符</th><th>说　明</th></tr>
<tr><td>\</td><td>将下一个字符标记为一个特殊字符、或一个原义字符、或一个后向引用、或一个八进制转义符。例如，“\\n” 匹配 \n。“\n” 匹配换行符。序列 “\\” 匹配 “\”，“\(” 匹配 “(”。即相当于多种编程语言中都有的 “转义字符” 的概念</td></tr>
<tr><td>^</td><td>匹配输入字符串的开始位置。如果设置了 RegExp 对象的 Multiline 属性，^ 也匹配 “\n” 或 “\r” 之后的位置</td></tr>
<tr><td>$</td><td>匹配输入字符串的结束位置。如果设置了 RegExp 对象的 Multiline 属性，$ 也匹配 “\n” 或 “\r” 之前的位置</td></tr>
<tr><td>*①</td><td>匹配前面的子表达式任意次。例如，zo* 能匹配 “z”，“zo” 以及 “zoo”。* 等价于 {0,}</td></tr>
<tr><td>+</td><td>匹配前面的子表达式一次或多次（大于等于 1 次）。例如，“zo+” 能匹配 “zo” 以及 “zoo”，但不能匹配 “z”。+ 等价于 {1,}</td></tr>
<tr><td>?</td><td>匹配前面的子表达式零次或一次。例如，“do(es)?” 可以匹配 “do” 或 “does” 中的 “do”。? 等价于 {0,1}</td></tr>
<tr><td>{n}</td><td>n 是一个非负整数。匹配确定的 n 次。例如，“o{2}” 不能匹配 “Bob” 中的 “o”，但是能匹配 “food” 中的两个 o</td></tr>
<tr><td>{n,}</td><td>n 是一个非负整数，至少匹配 n 次。例如，“o{2,}” 不能匹配 “Bob” 中的 “o”，但能匹配 “foooood” 中的所有 o。“o{1,}” 等价于 “o+”。“o{0,}” 则等价于 “o*”</td></tr>
<tr><td>{n,m}</td><td>n 和 m 均为非负整数，其中 n 小于或等于 m。最少匹配 n 次且最多匹配 m 次。例如，“o{1,3}” 将匹配 “fooooood” 中的前三个 o。“o{0,1}” 等价于 “o?”。请注意在逗号和两个数之间不能有空格</td></tr>
<tr><td>?</td><td>当该字符紧跟在任何一个其他限制符（*,+,?，{n}，{n,}，{n,m}）后面时，匹配模式是非贪婪的。非贪婪模式会尽可能少地匹配所搜索的字符串，而默认的贪婪模式则会尽可能多地匹配所搜索的字符串。例如，对于字符串 “oooo”，“o+?” 将匹配单个 “o”，而 “o+” 将匹配所有 “o”</td></tr>
<tr><td>.</td><td>匹配除 “\r\n” 之外的任何单个字符。要匹配包括 “\r\n” 在内的任何字符，请使用像 “[\s\S]” 的模式</td></tr>
<tr><td>()</td><td>将正则表达式的一部分括起来组成一个单元，可以对整个单元使用数量限定符</td></tr>
<tr><td>x|y</td><td>匹配 x 或 y。例如，“z|food” 能匹配 “z” 或 “food” 或 "zood"（此处请谨慎）。“(z|f)ood” 则匹配 “zood” 或 “food”</td></tr>
<tr><td>[xyz]</td><td>字符集合，匹配所包含的任意一个字符。例如，“[abc]” 可以匹配 “plain” 中的 “a”</td></tr>
<tr><td>[^xyz]</td><td>负值字符集合。匹配未包含的任意字符例如，“[^abc]” 可以匹配 “plain” 中的 “plin”</td></tr>
<tr><td>[a-z]②</td><td>字符范围。匹配指定范围内的任意字符。例如，“[a-z]” 可以匹配 “a” 到 “z” 范围内的任意小写字母字符</td></tr>
<tr><td>[^a-z]</td><td>负值字符范围。匹配任何不在指定范围内的任意字符。例如，“[^a-z]” 可以匹配任何不在 “a” 到 “z” 范围内的任意字符</td></tr>
<tr><td>\b</td><td>匹配一个单词边界，也就是指单词和空格间的位置（正则表达式的 “匹配” 有两种概念，一种是匹配字符，另一种是匹配位置，这里的 \b 是匹配位置的）。例如，“er\b” 可以匹配 “never” 中的 “er”，但不能匹配 “verb” 中的 “er”</td></tr>
<tr><td>\B</td><td>匹配非单词边界。“er\B” 能匹配 “verb” 中的 “er”，但不能匹配 “never” 中的 “er”</td></tr>
<tr><td>\d</td><td>匹配一个数字字符。等价于 [0-9]</td></tr>
<tr><td>\D</td><td>匹配一个非数字字符。等价于 [^0-9]</td></tr>
<tr><td>\f</td><td>匹配一个换页符。等价于 \x0c 和 \cL</td></tr>
<tr><td>\n</td><td>匹配一个换行符。等价于 \x0a 和 \cJ</td></tr>
</table>

（续）

<table>
<tr><th>基础元字符</th><th>说　明</th></tr>
<tr><td>\r</td><td>匹配一个回车符。等价于 \x0d 和 \cM</td></tr>
<tr><td>\s</td><td>匹配任何不可见字符，包括空格、制表符、换页符等。等价于 [\f\n\r\t\v]</td></tr>
<tr><td>\S</td><td>匹配任何可见字符。等价于 [^ \f\n\r\t\v]</td></tr>
<tr><td>\t</td><td>匹配一个制表符</td></tr>
<tr><td>\v</td><td>匹配一个垂直制表符</td></tr>
<tr><td>\w</td><td>匹配包括下划线的任何单词字符。类似但不等价于“[A-Za-z0-9_]”</td></tr>
<tr><td>\W</td><td>匹配任何非单词字符。等价于“[^A-Za-z0-9_]”</td></tr>
<tr><td>|</td><td>将两个匹配条件进行逻辑“或”运算。例如正则表达式 (him|her) 匹配 "it belongs to him" 和 "it belongs to her"，但是不能匹配 "it belongs to them"</td></tr>
<tr><td>+</td><td>匹配 1 或多个正好在它之前的字符。例如正则表达式 9+ 匹配 9、99、999 等。? 匹配 0 或 1 个正好在它之前的字符</td></tr>
<tr><td>()</td><td>将部分内容合成一个单元组。例如，要搜索 glad 或 good，可以采用 'g(la|oo)d' 这种方式。() 的好处是可以对小组使用 +、?、* 等</td></tr>
</table>

① 在 bash 中 * 代表通配符，用来表示任意个字符，但在正则表达式中其含义不同，* 表示 0 个或多个字符，请注意区分。

② 只有连字符在字符组内部并出现在两个字符之间时，才能表示字符的范围；如果出字符组的开头，则只能表示连字符本身。

再例如，可以使用 ([0-9]{1,3}\.){3}[0-9]{1,3} 来匹配 IP 地址。

```
echo "192.168.1.1" | grep -E --color "([0-9]{1,3}\.){3}[0-9]{1,3}"
```

2.1.3 Shell 特殊字符

Shell 特殊字符及其作用，如表 2-2 所示。

表 2-2 Shell 特殊字符及其作用

名　称	字　符	实际作用
双引号	"	用来使 shell 无法认出除字符 $、`、\ 外的任何字符或字符串，也称之为弱引用
单引号	'	用来使 shell 无法认出所有特殊字符，也称之为强引用
反引号	`	用来特换命令，将当前命令优先执行
分号	;	允许在一行上放多个命令
	&	命令后台执行，建议带上 nohup
大括号	{ }	创建命令块
字符集合	<>&	重定向
字符集合	* ? []!	表示模式匹配
	$	变量名的开头
	#	表示注释（第一行除外）

2.1.4　变量和运算符

变量是放置在内存中的一定的存储单元，这个存储单元里存放的是这个单元的值，这个值是可以改变的，我们称之为变量。

其中，本地变量是在用户现有的 Shell 生命周期的脚本中使用的，用户退出后变量就不存在了，该变量只用于该用户。

下面都是跟变量相关的命令，这里只是大致说明下，会在后面的内容中详细说明，如下所示：

```
变量名="变量"
readonly 变量名="变量" 设置该变量为只读变量，则这个变量不能被改变。
echo $变量名
set  显示本地所有的变量
unset 变量名清除变量
readonly 显示当前shell下有哪些只读变量
```

环境变量用于所有用户进程（包括子进程）。Shell 中执行的用户进程均称为子进程。不像本地变量只用于现在的 Shell，环境变量可用于所有子进程，包括编辑器、脚本和应用。

环境变量主目录如下：

```
$HOME/.bash_profile(/etc/profile)
```

设置环境变量，例句如下所示：

```
export test="123"
```

查看环境变量，命令如下所示：

```
env
```

或者用如下命令：

```
export
```

本地变量中包含环境变量。环境变量既可以在父进程中运行，也可以在子进程中运行。本地变量则不能运行于所有的子进程中。

变量清除命令如下：

```
unset 变量名
```

再来看看位置变量，在运行某些程序时，程序中会带一系列参数，若我们要使用这些参数，就会采用位置来表示，则这些变量被称为位置变量，目前在 Shell 中的位置变量有 10 个（$0～$9），超过 10 个用其他方式表示。其中，$0 表示整个 SHELL 脚本。

我们举例来说明位置变量的用法。比如，有如下 test.sh 脚本内容：

```
#!/bin/bash
echo "第一个参数为": $0"
echo "第二个参数为": $1"
echo "第三个参数为": $2"
```

```
echo "第四个参数为": $3"
echo "第五个参数为": $4"
echo "第六个参数为": $5"
echo "第七个参数为": $6"
```

现在给予 test.sh 执行权限，命令如下：

```
chmod +x test.sh
./test.sh  1 2 3 4 5 6
```

命令结果显示如下：

```
第一个参数为: ./test.sh
第二个参数为: 1
第三个参数为: 2
第四个参数为: 3
第五个参数为: 4
第六个参数为: 5
第七个参数为: 6
```

值得注意的是，从第 10 个位置参数开始，必须使用花括号包含起来。如：${10}。

特殊变量 $* 和 $@ 表示所有的位置参数，特殊变量 $# 表示位置参数的总数。

另外，介绍一下工作场景中关于位置参数的常见用法，例如，脚本 publishconf 依次对后面的 IP 进行操作，如下所示：

```
publishconf -p 192.168.11.2 192.168.11.3 192.168.11.4 192.168.11.5
```

我们的需求是依次对后面的 IP 进行操作，这个时候我们可以利用 shift 命令，此 shift 命令用于对参数的移动（左移），此时，原先的 $4 会变成 $3，$3 会变成 $2，$2 会变成 $1。部分业务代码摘录如下：

```
if [ $# >=3 ];then
shift 1
    echo "此次需要更新的机器IP为: $@"
for flat in $@
do
    echo "此次需要更新的机器IP为: $flat"
对相关IP机器进行的操作代码
then
```

我们将进一步详细说明 Shell 的知识要点。

1. 运行 Shell 脚本

Shell 脚本有两种运行方式，第一种方式是利用 sh 命令，把 Shell 脚本文件名作为参数。这种执行方式要求 Shell 脚本文件具有“可读”的访问权限，然后输入 sh test.sh 即可执行。

第二种执行方式是利用 chmod 命令设置 Shell 脚本文件，使 Shell 脚本具有“可执行”的访问权限，然后直接在命令提示符下输入 Shell 脚本文件名，例如 ./test.sh。

2. 调试 Shell 脚本

使用 bash -x 可以调试 Shell 脚本，bash 会先打印出每行脚本，再打印出每行脚本的执行结果，如果只想调试其中的几行脚本，可以用 set -x 和 set +x 把要调试的部分包含进来，如下：

```
set -x
脚本部分内容
set +x
```

这个时候可以直接运行脚本，不需要再执行 bash -x 了。这个是工作中非常有用的功能，可以帮助我们调试变量并找出 bug 点，希望大家掌握。

3. 退出或出口状态

一个 UNIX 进程或命令终止运行时，将会自动向父进程返回一个出口状态。如果进程成功执行完毕，则返回一个数值为 0 的出口状态。如果进程在执行过程中出现异常而未正常结束，则返回一个非零值的出错代码。

在 Shell 脚本中，可以利用“ exit[n]”命令在终止执行 shell 脚本的同时，向调用脚本的父进程返回一个数值为 n 的 Shell 脚本出口状态。其中，n 必须是一个位于 0～255 范围内的整数值。如果 Shell 脚本以不带参数的 exit 语句结束执行，则 Shell 脚本的出口状态就是脚本中最后执行的一条命令的出口状态。

在 UNIX 系统中，为了测试一个命令或 Shell 脚本的执行结果，$? 内部变量返回之前执行的最后一条命令的出口状态，其中，0 才是正确值，其他非零的值都表示是错误的。

4. Shell 变量

Shell 变量名可以由字母、数字和下划线等字符组成，但第一个字符必须是字母或下划线。

Shell 中的所有变量都是字符串类型的，它并不区分变量的类型，如果变量中包含下划线（_）就要注意了，有些脚本的区别就很大，比如脚本中 $PROJECT_svn_$DATE.tar.gz 与 ${PROJECT}_svn_${DATE}.tar.gz，注意变量 ${PROJECT_svn}，如果不用 {} 将变量全部包括的话，Shell 则会理解成变量 $PROJECT，后面再接着 _svn。

从用途上考虑，变量可以分为内部变量、本地变量、环境变量、参数变量和用户定义的变量，以下为它们的定义：

- 内部变量：为了便于 Shell 编程而由 Shell 设定的变量。如错误类型的 ERRNO 变量。
- 本地变量：在代码块或函数中定义的变量，且仅在定义的范围内有效。
- 参数变量：调用 Shell 脚本或函数时传递的变量。
- 环境变量：为系统内核、系统命令和用户命令提供运行环境而设定的变量。
- 用户定义的变量：为运行用户程序或完成某种特定任务而设定的普通变量或临时变量。

5. 变量的赋值

变量的赋值可以采用赋值运算符“=”实现，其语法格式为：

```
variable=value
```

> 注意 赋值运算符前后不能有空格，否则会报错，习惯 Python 后再写 Shell 脚本可能经常会犯这种错误。未初始化的变量值为 null，使用下列变量赋值的形式即可声明一个未初始化的变量。

如果在“variable=value”语句的赋值运算符前后有空格，则报错信息如下：

```
err = 72
-bash: err: command not found
```

笔者也经常会犯这种错误，大家不要忘了，Shell 的语法其实是很严谨的。

6. 内部变量

Shell 提供了丰富的内部变量，为用户的 Shell 编程提供支持。如下：

- PWD：表示当前的工作目录，其变量值等同于 pwd 内部命令的输出。
- RANDOM：每次引用这个变量时都会生成一个均匀分布的 0～32767 范围内的随机整数。
- SCONDS：脚本已经运行的时间（单位：秒）。
- PPID：当前进程的父进程的进程 ID。
- $?：表示最近一次执行的命令或 shell 脚本的出口状态。

7. 环境变量

主要环境变量如下所示：

- EDITOR：用于确定命令行编辑所用的编辑程序，通常为 vim。
- HOME：用户主目录。
- PATH：指定命令的检索路径。

例如，要将 /usr/local/mysql/bin 目录添加进系统默认的 PATH 变量中，应该执行以下操作：

```
PATH=$PATH:/usr/local/mysql/bin
export PATH
echo $PATH
```

如果想让其重启或重开一个 Shell 也生效，又该如何操作呢？

Linux 中含有两个重要的文件：/etc/profile 和 $HOME/.bash_profile，每当系统登录时都要读取这两个文件，用于初始化系统所用到的变量，其中 /etc/profile 是超级用户使用的，$HOME/.bash_profile 是每个用户自己独立的，可以通过修改该文件来设置 PATH 变量。

> 注意 这种方法也只能使当前用户生效，并非所有用户。

如果要让所有用户都能用到此 PATH 变量，可以用 vim 命令打开 /etc/profile 文件，在适当位置添加 PATH=$PATH:/usr/local/mysql/bin，然后执行 source /etc/profile 使其生效。

8. 变量的引用和替换

假定 variable 是一个变量，在变量名字前加上"$"前缀符号即可引用变量的值，表示使用变量中存储的值来替换变量名字本身。

引用变量的两种形式：$variable 与 ${variable}。

注意　位于双引号中的变量可以进行替换，但位于单引号中的变量不能进行替换。

---

9. 变量的间接引用

假定一个变量的值是另一个变量的名字，则根据第一个变量可以获取第三个变量的值。举例说明如下：

```
a=123
b=a
eval c=\${$b}
echo $b
echo $c
```

注意　工作中不推荐使用这种用法，写出来的脚本容易产生歧义，让人混淆，而且也不方便在团队里面交流工作。

---

10. 变量声明与类型定义

虽然 Shell 并未严格区分变量的类型，但在 Bash 中，可以使用 typeset 或 declare 命令定义变量的类型，并可在定义时进行初始化。举例说明，比如我们可以使用 declare 命令预先定义一个字典，命令如下所示：

```
declare -A dict
dict=([key1]="value1" [key2]="value2" [key3]="value3")
```

11. 部分常用命令介绍

这里介绍工作中我们常用的部分 Shell 命令，如下所示：

（1）冒号

冒号（：）与 true 语句不执行任何实际的处理动作，但可用于返回一个出口状态为 0 的测试条件。这两个语句常用于 While 循环结构的无限循环测试条件，我们在脚本中经常会见到这样的使用：

```
while :
```

这表示是一个无限循环的过程，所以使用的时候要特别注意，不要形成了死循环，所以一般会定义一个 sleep 时间，可以实现秒级别的 cron 任务，其语法格式为：

```
while :
```

```
do
    命令语句
    sleep 自己定义的秒数
done
```

（2）echo 与 print 命令

print 的功能与 echo 的功能完全一样，主要用于显示各种信息。在工作中主要用于跟 awk 配合，输出截取的字段详细信息，如下所示：

```
ps aux  | grep rsync-inotify.sh  | grep -v grep  | awk '{print $2}'
```

（3）read 命令

read 语句的主要功能是读取标准输入的数据，然后存储到变量参数中。如果 read 命令后面有多个变量参数，则输入的数据会按空格分隔单词顺序依次为每个变量赋值。read 在交互式脚本中相当有用，建议大家掌握。

read 命令用于接收标准输入（键盘）的输入，或其他文件描述符的输入会详细介绍。得到输入后，read 命令会将数据放入一个标准变量中。下面是 read 命令的最简单形式：

```
#!/bin/bash
echo -n "Enter your name:"                   #参数-n的作用是不换行，echo默认是换行
read  name                                   #从键盘输入
echo "hello $name,welcome to my program" #显示信息
exit 0                                       #退出shell程序
```

由于 read 命令提供了 -p 参数，允许在 read 命令行中直接指定一个提示，因此上面的脚本可以简写成下面的脚本：

```
#!/bin/bash
read -p "Enter your name:" name
echo "hello $name, welcome to my program"
exit 0
```

（4）set 与 unset 命令

set 命令用于修改或重新设置位置参数的值。Shell 规定，用户不能直接为位置参数赋值。使用不带参数的 set 将输出所有内部变量。

set -- 用于清除所有位置参数。

（5）unset 命令

该命令用于清除 Shell 变量，把变量的值设置为 null。这个命令并不影响位置参数，比如我们先设置一个变量为 a=34，然后用 unset 变量清除，如下所示：

```
unset a
```

（6）expr 命令

expr 命令是一个手工命令行计数器，用于在 Linux 下求表达式变量的值，一般用于整数值，也可用于字符串。其格式为：

```
expr Expression
```

上述命令表示读入 Expression 参数，计算它的值，然后将结果写入到标准输出。

参数应用规则如下：

- 用空格隔开每个项；
- 用 / （反斜杠）放在 shell 特定的字符前面；
- 对于包含空格和其他特殊字符的字符串要用引号包含起来。

expr 命令支持的整数算术运算表达式如下：

- exp1+exp2，计算表达式 exp1 和 exp2 的和。
- exp1-exp2，计算表达式 exp1 和 exp2 的差。
- exp1/*exp2，计算表达式 exp1 和 exp2 的乘积。
- exp1/exp2，计算表达式 exp1 和 exp2 的商。
- exp1%exp2，计算表达式 exp1 与 exp2 的余数。

expr 命令还可支持字符串比较表达式，如下：

```
str1=str2
```

这里为比较字符串 str1 和 str2 是否相等，如果计算结果真，同时输出 1，则返回值为 0。反之计算结果为假，则输出 0，返回 1。

要说明的是，expr 默认是不支持浮点运算的，比如我们想在 expr 下面输出 echo “1.2*7.8” 的运算结果是不可能的，那该怎么办呢？这里可以使用 bc 计算器，举例如下：

```
echo "scale=2;1.2*7.8" |bc
#这里用scale来控制小数点精度，默认为1
```

（7）let 命令

let 命令取代并扩展了 expr 命令的整数算术运算。let 命令除了支持 expr 支持的五种算术运算外，还支持 +=、-=、*=、/=、%=。

12. 数值常数

Shell 脚本按十进制解释字符串中的数字字符，除非数字前有特殊的前缀或记号，若数字前有一个 0 则表示一个八进制的数，0x 或 0X 则表示一个十六进制的数。

13. 命令替换

命令替换的目的是获取命令的输出，且为变量赋值或对命令的输出做进一步的处理。命令替换实现的方法为采用 $(...) 形式引用命令或使用反向引号引用命令 'command'。如：

```
today=$(date)
echo $today
```

文件 filename 中包含需要删除的文件列表时，采用如下命令：

```
rm $(cat filename)
```

14. test 语句

test 语句与 if/then 和 case 结构的语句一起构成了 Shell 编程的控制转移结构。

test 命令的主要功能是计算紧随其后的表达式、检查文件的属性、比较字符串或比较字符串内涵的整数值，然后以表达式的计算结果作为 test 命令的出口状态。如果 test 命令的出口状态为真，则返回 0；如果为假，则返回一个非 0 的数值。

test 命令的语法格式有：

```
test expression
```

或

```
[ expression ]
```

注意上述代码中方括号内侧的两边必须各有一个空格。

[[expression]] 是一种比 [expression] 更通用的测试结构，也用于扩展 test 命令。

15. 文件测试运算符

文件测试主要指文件的状态和属性测试，其中包括文件是否存在，文件的类型、文件的访问权限以及其他属性。

下面为文件属性测试表达式：

- -e file，如果给定的文件存在，则条件测试的结果为真。
- -r file，如果给定的文件存在，且其访问权限是当前用户可读的，则条件测试的结果为真。
- -w file，如果给定的文件存在，且其访问权限是当前用户可写的，则条件测试的结果为真。
- -x file，如果给定的文件存在，且其访问权限是当前用户可执行的，则条件测试的结果为真。
- -s file，如果给定的文件存在，且其大小大于 0，则条件测试的结果为真。
- -f file，如果给定的文件存在，且是一个普通文件，则条件测试的结果为真。
- -d file，如果给定的文件存在，且是一个目录，则条件测试的结果为真。
- -L file，如果给定的文件存在，且是一个符号链接文件，则条件测试的结果为真。
- -c file，如果给定的文件存在，且是字符特殊文件，则条件测试的结果为真。
- -b file，如果给定的文件存在，且是块特殊文件，则条件测试的结果为真。
- -p file，如果给定的文件存在，且是命名的管道文件，则条件测试的结果为真。

常见代码举例如下：

```
BACKDIR=/data/backup
[ -d ${BACKDIR} ] || mkdir -p ${BACKDIR}
[ -d ${BACKDIR}/${DATE} ] || mkdir ${BACKDIR}/${DATE}
[ ! -d ${BACKDIR}/${OLDDATE} ] || rm -rf ${BACKDIR}/${OLDDATE}
```

下面是字符串测试运算符：

- -z str，如果给定的字符串长度为 0，则条件的结果为真。
- -n str，如果给定的字符串长度大于 0，则条件测试的结果为真。注意，要求字符串必须加引号。

- s1=s2，如果给定的字符串 s1 等同于字符串 s2，则条件测试的结果为真。
- s1!=s2，如果给定的字符串 s1 不等同于字符串 s2，则条件测试的结果为真。
- s1<s2，如果给定的字符串 s1 小于字符串 s2，则条件测试的结果为真。例：
  if[["$a"<"Sb"]]
  if[["$a"/<"$b"]]，在单方括号的情况下，字符“<”和“>”前需加转义符号。
- s1>s2，若给定的字符串 s1 大于字符串 s2，则条件测试的结果为真。

在比较字符串的 test 语句中，变量或字符串表达式前后一定要加双引号。

再来看看整数值测试运算符。test 语句中整数值的比较会自动采用 C 语言中的 atoi() 函数把字符转换成等价的 ASC 整数值，所以可以使用数字字符串和整数值进行比较。整数测试表达式为：-eq（等于），-ne（不等于），-gt（大于），-lt（小于），-ge（大于等于），-le（小于等于）。

16. 逻辑运算符

Shell 中的逻辑运算符如下所示：

- (expression)：用于计算括号中的组合表达式，如果整个表达式的计算结果为真，则测试结果也为真。
- !exp：可对表达式进行逻辑非运算，即对测试结果求反。例：test ! -f file1。
- 符号 -a 或 &&：表示逻辑与运算。
- 符号 -o 或 ||：表示逻辑或运算。

Shell 脚本中的用法可参考图 2-1。

指令下达情况	说明
cmd1 && cmd2	1. 若 cmd1 执行完毕且正确执行($?=0)，则开始执行 cmd2。 2. 若 cmd1 执行完毕且为错误 ($?≠0)，则 cmd2 不执行。
cmd1 || cmd2	1. 若 cmd1 执行完毕且正确执行($?=0)，则 cmd2 不执行。 2. 若 cmd1 执行完毕且为错误 ($?≠0)，则开始执行 cmd2。

图 2-1　&& 与 || 指令说明

17. Shell 中的自定义函数

自定义语法比较简单，如下：

```
function 函数名()
{
action;
    [return 数值;]
}
```

具体说明如下：

- 自定义函数时可以带 function 函数名 () 进行定义，也可以直接使用函数名 () 定义，不带任何参数。

- 参数返回时，可以加 return 显式返回，如果不加，将以最后一条命令运行结果作为返回值。return 后跟数值，取值范围为 0～255。

例如，遍历 /usr/local/src 目录里面包含的所有文件（包括子目录），脚本内容如下：

```
#!/bin/bash
function traverse(){
for file in `ls $1`
do
if [ -d $1"/"$file ]
then
traverse $1"/"$file
else
echo $1"/"$file
fi
done
   }
traverse "/usr/local/src"
```

18. Shell 中的字符串截取

Shell 截取字符串的方法有很多，常用的有以下几种。

先来看第一种方法，从不同的方向截取。

从左向右截取最后一个 string 后的字符串，命令如下：

```
${varible##*string}
```

从左向右截取第一个 string 后的字符串，命令如下：

```
${varible#*string}
```

从右向左截取最后一个 string 后的字符串，命令如下：

```
${varible%%string*}
```

从右向左截取第一个 string 后的字符串，命令如下：

```
${varible%string*}
```

下面是第二种方法。

${ 变量 :n1:n2}：截取变量从 n1 开始的 n2 个字符，组成一个子字符串。可以根据特定字符偏移和长度，使用另一种形式的变量扩展方式来选择特定的子字符串，例如下面的命令：

```
${2:0:4}
```

这种形式的字符串截断非常简便，只需用冒号分开指定起始字符和子字符串长度，工作中用得最多的也是这种方式。

还有第三种方法。

这里使用 cut 命令获取后缀名，命令如下：

```
ls -al | cut -d "." -f2
```

19. Shell 中的数组

Shell 支持数组，但仅支持一维数组（不支持多维数组），并且没有限定数组的大小。类似于 C 语言，数组元素的下标由 0 开始编号。获取数组中的元素要利用下标，下标可以是整数或算术表达式，其值应大于或等于 0。

（1）定义数组

在 Shell 中，用括号来表示数组，数组元素用“空格”符号分割开。定义数组的一般形式为：

```
array_name=(value1 ... valuen)
```

例如：

```
array_name=(value0 value1 value2 value3)
```

或者

```
array_name=(
value0
value1
value2
value3
)
```

还可以单独定义数组的各个分量：

```
array_name[0]=value0
array_name[1]=value1
array_name[2]=value2
```

也可以不使用连续的下标，而且下标的范围没有限制。

（2）读取数组

读取数组元素值的一般格式是：

```
${array_name[index]}
```

例如：

```
valuen=${array_name[2]}
```

下面用一个 Shell 脚本举例说明上面的用法，脚本内容如下所示：

```
#!/bin/bash
NAME[0]="yhc"
NAME[1]="cc"
NAME[2]="gl"
NAME[3]="wendy"
echo "First Index: ${NAME[0]}"
echo "Second Index: ${NAME[1]}"
```

运行脚本，命令如下所示：

```
bash ./test.sh
```

输出结果如下所示：

```
First Index: yhc
Second Index: cc
```

使用 @ 或 * 可以获取数组中的所有元素，例如：

```
${array_name[*]}
${array_name[@]}
```

我们在上面的代码末尾加上两行，如下所示：

```
echo "${NAME[*]}"
echo "${NAME[@]}"
```

运行脚本，输出：

```
First Index: yhc
Second Index: cc
yhc cc gl wendy
yhc cc gl wendy
```

（3）获取数组的长度

获取数组长度的方法与获取字符串长度的方法相同，例如：

取得数组元素的个数，命令如下所示：

```
length=${#array_name[@]}
```

取得数组单个元素的长度，命令如下所示：

```
length=${#array_name[*]}
```

20. Shell 中的字典

（1）定义字典

Shell 也是支持字典的，不过要先进行声明，然后再定义，语法如下所示：

```
#必须先声明，然后再定义，这里定义了一个名为dic的字典
declare -A dic
dic=([key1]="value1" [key2]="value2" [key3]="value3")
```

例子如下所示：

```
declare -A dic
dic=([no1]="yhc" [no2]="yht" [no3]="cc")
```

（2）打印字典

打印指定 key 的 value，例子如下所示：

```
echo ${dic[no3]}
```

打印所有 key 值：

```
echo ${!dic[*]}
```

打印所有 value：

```
echo ${dic[*]}
```

遍历 key 值：

```
for key in $(echo ${!dic[*]})
do
echo "$key : ${dic[$key]}"
done
```

命令输出结果如下所示：

```
no3 : cc
no2 : yht
no1 : yhc
```

注意　当字典比较小时，用 Shell 和 Python 差别不大。但是，当字典比较大时，Shell 的效率会明显差于 Python。根源在于 Shell 在查字典时会采取遍历的算法，而 Python 用的是哈希算法。

2.2　Shell 中控制流结构

Shell 中的控制结构也比较清晰，如下所示：

- if ...then... else...fi 语句
- case 语句
- for 循环
- until 循环
- while 循环
- break 控制
- continue 控制

工作中使用最多的就是 if 语句、for 循环、while 循环，以及 case 选择，大家可以把这几个作为重点对象进行学习。

if 语句语法如下：

```
if
then
    命令1
else
    命令2
fi
```

if 语句的进阶用法：

```
if 条件1
then
```

```
        命令1
    elseif 条件2
then
        命令2
else
        命令3
fi
```

举例说明 if 语句的用法，如下：

```
#!/bin/bash
if [ "10" -lt "12" ]
then
    echo "10确实比12小"
else
    echo  "10不小于12"
fi
```

case 语句语法如下：

```
case 值 in
模式1)
    命令1
    ;;
模式2)
    命令2
    ;;
*)
    命令3
    ;;
esac
```

case 取值后面必须为单词 in，每一模式必须以右括号结束，取值可以为变量或常数。匹配发现取值符号某一模式后，其间所有命令开始执行直至 ;;。模式匹配符 * 表示任意字符，？表示任意单字符，[..] 表示类或范围中任意字符。

case 语句适合打印成绩或用于 /etc/init.d/ 服务类脚本，用下述脚本举例说明：

```
#!/bin/bash
#case select
echo -n "Enter a number from 1 to 3:"
read ANS
case $ANS in
1)
echo "you select 1"
    ;;
2)
echo "you select 2"
    ;;
3)
echo "you select 3"
    ;;
```

```
*)
echo "`basename $0`: this is not between 1 and 3"
exit;
    ;;
esac
```

下面是稍为复杂的实例说明，/etc/init.d/syslog 脚本的部分代码如下，大家注意 case 语句的用法，可以以此作为参考编写自己的 case 脚本：

```
case "$1" in
start)
start
exit 0
    ;;
stop)
stop
exit 0
    ;;
reload|restart|force-reload)
stop
start
exit 0
    ;;
    **)
echo "Usage: $0 {start|stop|reload|restart|force-reload}"
exit 1
    ;;
esac
```

for 循环语句的语法如下所示：

```
for 变量名 in 列表
do
    命令
done
```

若变量值在列表里，for 循环即执行一次所有命令，并使用变量名访问列表且取值。命令可为任何有效的 shell 命令和语句，变量名为任意单词。in 列表可以包含替换、字符串和文件名，还可以是数值范围，例如 {100..200}，举例说明：

```
#!/bin/bash
for n in {100..200}
do
    host=192.168.1.$n
    ping -c2 $host &>/dev/null
    if [ $? = 0 ]; then
        echo "$host is UP"
    else
        echo "$host is DOWN"
    fi
done
```

while 循环的语法如下所示：

```
while条件
do
    命令
done
```

在 Linux 中有很多逐行读取一个文件的方法，其中最常用的就是下面脚本里的方法——管道法，而且这也是效率最高、使用最多的方法。为了给大家一个直观的感受，我们将通过生成一个大文件的方式来检验各种方法的执行效率，其中笔者最喜欢的就是管道法。

在脚本里，LINE 这个变量是预定义的，并不需要重新定义，$FILENAME 后面接系统中实际存在的文件名。

管道方法的命令语句为：

```
cat $FILENAME | while read LINE
```

脚本举例说明如下：

```
#! /bin/bash
cattest.txt | while read LINE
do
    echo $LINE
    done
}
```

2.3 Sed 的基础用法及实用举例

Sed 是 Linux 平台下的轻量级流编辑器，一般用于处理文本文件。sed 有许多很好的特性，首先，它十分小巧；其次，它可以配合强大的 Shell 完成许多复杂的功能。在笔者看来，我们完全可以把 sed 当作一个脚本解释器，它用类似于编程的手段来完成许多事情，我们也完全可以用 sed 的方式来处理日常工作中的大多数文档。它跟 vim 最大的区别是：它不需要像 vim 一样打开文件，可以直接在脚本里面操作文档，所以大家能发现它在 Shell 脚本里的使用频率是很高的。

2.3.1 Sed 的基础语法格式

Sed 的格式如下所示：

```
sed [-nefr] [n1,n2] 动作
```

其中：

- -n：安静模式，只有经过 sed 处理过的行才显示出来，其他不显示。
- -e：表示直接在命令行模式上进行 sed 操作。默认选项，不用写。
- -f：将 sed 的操作写在一个文件里，使用 -f filename 就可以按照内容进行 sed 操作了。

- -r：表示使sed支持扩展正则表达式。
- -i：直接修改读取的文件内容，而不是输出到终端。
- n1,n2：选择要进行处理的行，如10,20表示在10～20行之间处理不一定需要。

Sed格式中的动作支持如下参数：

- a：表示添加，后接字符串，添加到当前行的下一行。
- c：表示替换，后接字符串，用它替换n1到n2之间的行。
- d：表示删除符合模式的行，它的语法为sed '/regexp/d'，//之间是正则表达式，模式在d前面，d后面一般不接任何内容。
- i：表示插入，后接字符串，添加到当前行的上一行。
- p：表示打印，打印某个选择的数据，通常与-n（安静模式）一起使用。
- s：表示搜索，还可以替换，类似与vim里的搜索替换功能。例如：1,20s/old/new/g表示替换1～20行的old为new，g在这里表示处理这一行所有匹配的内容。

注意　动作最好用单引号''括起来，防止因空格导致错误。

---

sed的基础实例如下（下面所有实例在CentOS 6.8 x86_x64下已通过，这里提前将/etc/passwd拷贝到/tmp目录下）。

1）显示passwd内容，将2～5行删除后显示，命令如下所示：

cat-n/tmp/passwd |sed '2,5d' 结果显示如下：

```
     1	root:x:0:0:root:/root:/bin/bash
     6	sync:x:5:0:sync:/sbin:/bin/sync
     7	shutdown:x:6:0:shutdown:/sbin:/sbin/shutdown
     8	halt:x:7:0:halt:/sbin:/sbin/halt
     9	mail:x:8:12:mail:/var/spool/mail:/sbin/nologin
    10	uucp:x:10:14:uucp:/var/spool/uucp:/sbin/nologin
    11	operator:x:11:0:operator:/root:/sbin/nologin
    12	games:x:12:100:games:/usr/games:/sbin/nologin
    13	gopher:x:13:30:gopher:/var/gopher:/sbin/nologin
    14	ftp:x:14:50:FTP User:/var/ftp:/sbin/nologin
    15	nobody:x:99:99:Nobody:/:/sbin/nologin
    16	vcsa:x:69:69:virtual console memory owner:/dev:/sbin/nologin
    17	saslauth:x:499:76:Saslauthd user:/var/empty/saslauth:/sbin/nologin
    18	postfix:x:89:89::/var/spool/postfix:/sbin/nologin
    19	sshd:x:74:74:Privilege-separated SSH:/var/empty/sshd:/sbin/nologin
    20	vagrant:x:500:500:vagrant:/home/vagrant:/bin/bash
    21	vboxadd:x:498:1::/var/run/vboxadd:/bin/false
```

2）在第2行的后一行加上“hello,world”字符串，命令如下所示：

```
cat -n /tmp/passwd |sed '2a hello,world'
```

显示结果如下：

```
     1	root:x:0:0:root:/root:/bin/bash
     2	bin:x:1:1:bin:/bin:/sbin/nologin
hello,world
     3	daemon:x:2:2:daemon:/sbin:/sbin/nologin
     4	adm:x:3:4:adm:/var/adm:/sbin/nologin
     5	lp:x:4:7:lp:/var/spool/lpd:/sbin/nologin
     6	sync:x:5:0:sync:/sbin:/bin/sync
     7	shutdown:x:6:0:shutdown:/sbin:/sbin/shutdown
     8	halt:x:7:0:halt:/sbin:/sbin/halt
     9	mail:x:8:12:mail:/var/spool/mail:/sbin/nologin
    10	uucp:x:10:14:uucp:/var/spool/uucp:/sbin/nologin
    11	operator:x:11:0:operator:/root:/sbin/nologin
    12	games:x:12:100:games:/usr/games:/sbin/nologin
    13	gopher:x:13:30:gopher:/var/gopher:/sbin/nologin
    14	ftp:x:14:50:FTP User:/var/ftp:/sbin/nologin
    15	nobody:x:99:99:Nobody:/:/sbin/nologin
    16	vcsa:x:69:69:virtual console memory owner:/dev:/sbin/nologin
    17	saslauth:x:499:76:Saslauthd user:/var/empty/saslauth:/sbin/nologin
    18	postfix:x:89:89::/var/spool/postfix:/sbin/nologin
    19	sshd:x:74:74:Privilege-separated SSH:/var/empty/sshd:/sbin/nologin
    20	vagrant:x:500:500:vagrant:/home/vagrant:/bin/bash
    21	vboxadd:x:498:1::/var/run/vboxadd:/bin/false
```

3）在第 2 行的后一行加上两行字，例如：“this is first line!” 和 “this is second line!”，命令如下所示：

```
cat -n /tmp/passwd |sed '2a this is first line! \  #使用续航符\后按回车输入后续行
>this is second line!'
```

命令显示结果如下：

```
     1	root:x:0:0:root:/root:/bin/bash
     2	bin:x:1:1:bin:/bin:/sbin/nologin
this is first line!
this is second line!
     3	daemon:x:2:2:daemon:/sbin:/sbin/nologin
     4	adm:x:3:4:adm:/var/adm:/sbin/nologin
     5	lp:x:4:7:lp:/var/spool/lpd:/sbin/nologin
     6	sync:x:5:0:sync:/sbin:/bin/sync
     7	shutdown:x:6:0:shutdown:/sbin:/sbin/shutdown
     8	halt:x:7:0:halt:/sbin:/sbin/halt
     9	mail:x:8:12:mail:/var/spool/mail:/sbin/nologin
    10	uucp:x:10:14:uucp:/var/spool/uucp:/sbin/nologin
    11	operator:x:11:0:operator:/root:/sbin/nologin
    12	games:x:12:100:games:/usr/games:/sbin/nologin
    13	gopher:x:13:30:gopher:/var/gopher:/sbin/nologin
    14	ftp:x:14:50:FTP User:/var/ftp:/sbin/nologin
    15	nobody:x:99:99:Nobody:/:/sbin/nologin
    16	vcsa:x:69:69:virtual console memory owner:/dev:/sbin/nologin
    17	saslauth:x:499:76:Saslauthd user:/var/empty/saslauth:/sbin/nologin
    18	postfix:x:89:89::/var/spool/postfix:/sbin/nologin
```

```
    19	sshd:x:74:74:Privilege-separated SSH:/var/empty/sshd:/sbin/nologin
    20	vagrant:x:500:500:vagrant:/home/vagrant:/bin/bash
    21	vboxadd:x:498:1::/var/run/vboxadd:/bin/false
```

4）将 2～5 行的内容替换成“I am a good man!”：

```
cat -n /tmp/passwd | sed '2,5c I am a good man!'
```

显示结果如下：

```
     1	root:x:0:0:root:/root:/bin/bash
I am a good man!
     6	sync:x:5:0:sync:/sbin:/bin/sync
     7	shutdown:x:6:0:shutdown:/sbin:/sbin/shutdown
     8	halt:x:7:0:halt:/sbin:/sbin/halt
     9	mail:x:8:12:mail:/var/spool/mail:/sbin/nologin
    10	uucp:x:10:14:uucp:/var/spool/uucp:/sbin/nologin
    11	operator:x:11:0:operator:/root:/sbin/nologin
    12	games:x:12:100:games:/usr/games:/sbin/nologin
    13	gopher:x:13:30:gopher:/var/gopher:/sbin/nologin
    14	ftp:x:14:50:FTP User:/var/ftp:/sbin/nologin
    15	nobody:x:99:99:Nobody:/:/sbin/nologin
    16	dbus:x:81:81:System message bus:/:/sbin/nologin
    17	usbmuxd:x:113:113:usbmuxd user:/:/sbin/nologin
    18	rtkit:x:499:499:RealtimeKit:/proc:/sbin/nologin
    19	avahi-autoipd:x:170:170:Avahi  IPv4LL  Stack:/var/lib/avahi-autoipd:/
sbin/nologin
    20	vcsa:x:69:69:virtual console memory owner:/dev:/sbin/nologin
    21	abrt:x:173:173::/etc/abrt:/sbin/nologin
    22	haldaemon:x:68:68:HAL daemon:/:/sbin/nologin
    23	ntp:x:38:38::/etc/ntp:/sbin/nologin
    24	apache:x:48:48:Apache:/var/www:/sbin/nologin
    25	saslauth:x:498:76:Saslauthd user:/var/empty/saslauth:/sbin/nologin
    26	postfix:x:89:89::/var/spool/postfix:/sbin/nologin
    27	gdm:x:42:42::/var/lib/gdm:/sbin/nologin
    28	pulse:x:497:496:PulseAudio System Daemon:/var/run/pulse:/sbin/nologin
    29	sshd:x:74:74:Privilege-separated SSH:/var/empty/sshd:/sbin/nologin
    30	tcpdump:x:72:72::/:/sbin/nologin
    31	yhc:x:500:500:yhc:/home/yhc:/bin/bash
```

5）只显示 5～7 行，注意 p 与 -n 的配合使用，命令如下：

```
cat -n /tmp/passwd |sed -n '5,7p'
```

显示结果如下：

```
5  lp:x:4:7:lp:/var/spool/lpd:/sbin/nologin
6  sync:x:5:0:sync:/sbin:/bin/sync
7  shutdown:x:6:0:shutdown:/sbin:/sbin/shutdown
```

6）使用 ifconfig 和 sed 组合列出特定网卡的 IP，这里我们用一台线上的阿里云 ECS 机器举例说明。

如果我们只想获取 eth0 的 IP 地址（即内网 IP 地址），可以先用 ifconfig eth0 查看网卡 eth0 的地址，如下：

```
ifconfig eth0
```

命令显示结果如下：

```
eth0 Link encap:Ethernet  HWaddr 00:16:3E:00:42:27
inet addr:10.168.26.245  Bcast:10.168.31.255  Mask:255.255.248.0
    UP BROADCAST RUNNING MULTICAST  MTU:1500  Metric:1
    RX packets:636577 errors:0 dropped:0 overruns:0 frame:0
    TX packets:644337 errors:0 dropped:0 overruns:0 carrier:0
collisions:0 txqueuelen:1000
    RX bytes:102512163 (97.7 MiB)  TX bytes:43675898 (41.6 MiB)
```

我们可以先用 grep 取出有 IP 的那一行，然后用 sed 去掉（替换成空）IP 前面和后面的内容，命令如下：

```
ifconfig eth0 | grep "inet addr" | sed 's/^.*addr://g' | sed 's/Bcast.*$//g'
```

命令显示结果如下：

```
10.168.26.245
```

这行组和命令的解释如下：

grep 后面紧跟 "inet addr" 是为了单独捕获包含 ipv4 的那行内容；'^.*addr:' 表示从开头到 addr: 的字符串，将它替换为空；'Bcast.*$' 表示从 Bcast 到结尾的串，也将它替换为空，然后就只剩下 IPv4 地址了。

另外一种更简便的方法是使用 awk 编辑器，命令如下：

```
ifconfig eth0 | grep "inet addr:"|awk -F[:" "]+ '{print $4}'
```

命令显示结果如下：

```
10.168.26.245
```

awk -F[:" "] 意为以冒号或空格作为分隔符，然后打印出第四列，可能有些朋友会有疑惑，为什么不直接以如下方法获取 IP 呢?

```
ifconfig eth0 | grep "inet addr:" | awk -F: '{print $2}'
```

大家可以看下这种方式的运行结果：

```
10.168.26.245  Bcast
```

所以还需要再进行一步操作，如下：

```
ifconfig eth0 | grep "inet addr:" | awk -F: '{print $2}' | awk '{print $1}'
```

7）在 /etc/man.config 中，将有 man 的设置取出，但不要说明内容（即在抓取特定内容的同时，去掉以 # 号开头的内容和空行）。命令如下：

```
cat /etc/man.config |grep 'MAN'|sed 's/#.*$//g'|sed '/^$/d'
```

显示结果如下：

```
MANPATH/usr/man
MANPATH/usr/share/man
MANPATH/usr/local/man
MANPATH/usr/local/share/man
MANPATH/usr/X11R6/man
MANPATH_MAP    /bin                   /usr/share/man
MANPATH_MAP    /sbin                  /usr/share/man
MANPATH_MAP    /usr/bin               /usr/share/man
MANPATH_MAP    /usr/sbin              /usr/share/man
MANPATH_MAP    /usr/local/bin         /usr/local/share/man
MANPATH_MAP    /usr/local/sbin        /usr/local/share/man
MANPATH_MAP    /usr/X11R6/bin         /usr/X11R6/man
MANPATH_MAP    /usr/bin/X11           /usr/X11R6/man
MANPATH_MAP    /usr/bin/mh            /usr/share/man
MANSECT     1:1p:8:2:3:3p:4:5:6:7:9:0p:n:l:p:o:1x:2x:3x:4x:5x:6x:7x:8x
```

注意　# 不一定出现在行首。因此，/#.*$/ 表示 # 和后面的数据（直到行尾）是一行注释，将它们替换成空。/^$/ 表示空行，后接 d 表示删除空行。

希望大家根据这个例子好好总结一下 sed 的经典用法，第二种方法其实是 awk 的方法，它也是一种优秀的编辑器，现多用于对文本字段中列的截取。

以上就是 sed 几种常见的语法命令，希望大家结合下面的实例，多在自己的机器上进行演示，尽快掌握其相关用法。

2.3.2　Sed 的用法举例说明

本节通过举例说明工作中常用的 sed 用法，如下所示。

1. sed 的基础用法

1）删除行首空格，命令如下所示：

```
sed 's/^[[:space:]]*//g' filename
```

2）在行后和行前添加新行（这里的 pattern 指输入特定正则来指定的内容，其中，& 代表 pattern。）。

特定行后添加新行的命令如下：

```
sed 's/pattern/&\n/g' filename
```

特定行前添加新行的命令如下：

```
sed 's/pattern/\n&/g' filename
```

3）使用变量替换（使用双引号），代码如下：

```
sed -e "s/$var1/$var2/g" filename
```

4）在第一行前插入文本，代码如下：

```
sed -i '1 i\插入字符串' filename
```

5）在最后一行插入字符串，代码如下：

```
sed -i '$ a\插入字符串' filename
```

6）在匹配行前插入字符串，代码如下：

```
sed -i '/pattern/i "插入字符串"' filename
```

7）在匹配行后插入字符串，代码如下：

```
sed -i '/pattern/a "插入字符串"' filename
```

8）删除文本中空行和空格组成的行及 # 号注释的行，代码如下：

```
grep -v ^# filename | sed /^[[:space:]]*$/d | sed /^$/d
```

9）通过如下命令将目录 /home/yhc 下面所有文件中的 zhangsan 都修改成 list（注意备份原文件），代码如下：

```
sed -i 's/zhangsan/list/g' `grep zhangsan -rl /modules`
```

2. sed 结合正则表达式批量修改文件名

笔者在工作中遇到了更改文件的需求，原来某文件 test.txt 中的链接地址为：

```
http://www.5566.com/produce/2007080412/315613171.shtml
http://bz.5566.com/produce/20080808/311217.shtml
http://gz.5566.com/produce/20090909/311412.shtml
```

现要求将 http://*.5566.com 更改为 /home/html/www.5566.com，选用 sed 结合正则表达示解决之，如下所示：

```
sed -i 's/http.*\.com/home\/html\/www.5566.com/g' test.txt
```

如果是用纯 sed 命令，方法更简单，如下所示：

```
sed -i 's@http://[^.]*.5566.com@/home/html/www.5566.com@g' test.txt
```

注意 sed 是完全支持正则表达式的，在正则表达式里，[^.] 表示为非“.”的所有字符，换成 [^/] 也可以。另外，@ 是 sed 的分割符，我们也可以用其他符号“,”比如“/”，但是如果要用到“/”的话就得用“\/”了，所以笔者工作中常用的方法是采用 @ 作为分隔符，大家可以根据自己的习惯来选择。

3. 在配置 .conf 文件时，为相邻的几行添加 # 号

例如，我们要将 test.txt 文件中的 31～36 行加上 # 号，使这部分内容暂时失效，这该如何实现呢？

在 vim 中，可以执行：

```
:31,36 s/^/#/
```

使用 sed 将更加方便，如下所示：

```
sed -i '31,36s/^/#/' test.txt
```

反之，如果要将 31～36 行带 # 号的全部删除，用 sed 该如何实现呢？方法如下：

```
sed -i '31,36s/^#//' test.txt
```

很多人习惯在这个方法后面带个 g，这里的 g 代表全局（global）的意思。事实上，如果没有 g，则表示从行的左端开始匹配，每一行第一个与之匹配的会被换掉，如果有 g，则表示每一行所有与之匹配的都会被换掉。

4. 利用 sed 分析日志

利用 sed 还可以很方便地分析日志。例如，在以下的 secure 日志文件中使用 sed 抓取 12:48:48 至 12:48:55 的日志：

```
Apr 17 05:01:20 localhost sshd[16375]: pam_unix(sshd:auth): authentication
   failure; logname= uid=0 euid=0 tty=ssh ruser= rhost=222.186.37.226  user=root
Apr 17 05:01:22 localhost sshd[16375]: Failed password for root from
   222.186.37.226 port 60700 ssh2
Apr 17 05:01:22 localhost sshd[16376]: Received disconnect from 222.186.37.226:
   11: Bye Bye
Apr 17 05:01:22 localhost sshd[16377]: pam_unix(sshd:auth): authentication
   failure; logname= uid=0 euid=0 tty=ssh ruser= rhost=222.186.37.226  user=root
Apr 17 05:01:24 localhost sshd[16377]: Failed password for root from
   222.186.37.226 port 60933 ssh2
Apr 17 05:01:24 localhost sshd[16378]: Received disconnect from 222.186.37.226:
   11: Bye Bye
Apr 17 05:01:24 localhost sshd[16379]: pam_unix(sshd:auth): authentication
   failure; logname= uid=0 euid=0 tty=ssh ruser= rhost=222.186.37.226  user=root
Apr 17 05:01:26 localhost sshd[16379]: Failed password for root from
   222.186.37.226 port 32944 ssh2
Apr 17 05:01:26 localhost sshd[16380]: Received disconnect from 222.186.37.226:
   11: Bye Bye
Apr 17 05:01:27 localhost sshd[16381]: pam_unix(sshd:auth): authentication
   failure; logname= uid=0 euid=0 tty=ssh ruser= rhost=222.186.37.226  user=root
Apr 17 05:01:29 localhost sshd[16381]: Failed password for root from
   222.186.37.226 port 33174 ssh2
Apr 17 05:01:29 localhost sshd[16382]: Received disconnect from 222.186.37.226:
   11: Bye Bye
Apr 17 05:01:29 localhost sshd[16383]: pam_unix(sshd:auth): authentication
   failure; logname= uid=0 euid=0 tty=ssh ruser= rhost=222.186.37.226  user=root
Apr 17 05:01:31 localhost sshd[16383]: Failed password for root from
   222.186.37.226 port 33474 ssh2
Apr 17 05:01:31 localhost sshd[16384]: Received disconnect from 222.186.37.226:
   11: Bye Bye
Apr 17 05:01:32 localhost sshd[16385]: pam_unix(sshd:auth): authentication
   failure; logname= uid=0 euid=0 tty=ssh ruser= rhost=222.186.37.226  user=root
```

则可以利用 sed 截取日志命令，如下所示：

```
cat /var/log/secure | sed -n '/12:48:48/,/12:48:55/p'
```

脚本结果如下所示：

```
Apr 23 12:48:48 localhost sshd[20570]: Accepted password for root from
   220.249.72.138 port 27177 ssh2
Apr 23 12:48:48 localhost sshd[20570]: pam_unix(sshd:session): session opened
   for user root by (uid=0)
Apr 23 12:48:55 localhost sshd[20601]: Accepted password for root from
   220.249.72.138 port 59754 ssh2
```

sed 的用法还有很多，这就靠大家在工作中归纳总结了。有兴趣的朋友还可以多了解下 awk 的用法，我们在工作中要频繁地分析日志文件，awk+sed 是比较好的选择，下面介绍 awk 的基本使用方法。

2.4 awk 的基础用法及实用举例

下面我们首先介绍 awk，然后再介绍我们在工作中常用的 awk 用法。

1. awk 工具简介

awk 是一个强大的文本分析工具，相对于 grep 的查找以及 sed 的编辑，awk 在对数据进行分析并生成报告时显得尤为强大。简单来说，awk 就是把文件逐行的读入，以空格为默认分隔符将每行切片，切开的部分再进行各种分析处理。awk 的名称源于它的创始人 Alfred Aho、Peter Weinberger 和 Brian Kernighan 姓氏的首个字母。实际上 awk 也拥有自己的语言：awk 程序设计语言，三位创建者已将它正式定义为“样式扫描和处理语言”。

它允许我们创建简短的程序，这些程序读取输入文件、为数据排序、处理数据、对输入执行计算以及生成报表，还有无数其他的功能。

2. 使用方法

awk 的命令格式如下：

```
awk'pattern {action}' filename
```

其中，pattern 就是要表示的正则表达式，它表示 awk 在数据中查找的内容，而 action 是在找到匹配内容时所执行的一系列命令。

awk 语言的最基本功能是在文件或字符串中基于指定规则浏览和抽取信息，在抽取信息后才能进行其他文本操作。完整的 awk 脚本通常用来格式化文本文件中的信息。

通常，awk 是以文件的一行为处理单位的。awk 每接收文件的一行后，就会执行相应的命令来处理文本。

下面介绍一下 awk 程序设计模型。

awk 程序由三部分组成，分别为：

- 初始化：处理输入前做的准备，放在 BEGIN 块中。
- 数据处理：处理输入数据。
- 收尾处理：处理输入完成后要进行的处理，放到 END 块中。

其中，在“数据处理”过程中，指令被写成一系列模式 / 动作过程，模式是用于测试输入行的规则，以此确定是否将应用于这些输入行。

3. awk 调用方式

awk 主要有三种调用方式。

（1）命令行方式

命令行的具体方式如下：

```
awk [-F  field-separator] 'commands' filename
```

其中，commands 是真正的 awk 命令，[-F 域分隔符] 是可选的，filename 是待处理的文件。

在 awk 文件的各行中，由域分隔符分开的每一项称为一个域。通常，在不指名 -F 域分隔符的情况下，默认的域分隔符是空格。

（2）使用 -f 选项调用 awk 程序

awk 允许将一段 awk 程序写入一个文本文件，然后在 awk 命令行中用 -f 选项调用并执行这段程序，如下：

```
awk -f awk-script-file filename
```

其中，-f 选项加载 awk-script-file 中的 awk 脚本，filename 表示文件名。

（3）利用命令解释器调用 awk 程序

利用 Linux 系统支持的命令解释器功能可以将一段 awk 程序写入文本文件，然后在它的第一行加上如下代码：

```
#!/bin/awk -f
```

4. awk 详细语法

与其他 Linux 命令一样，awk 拥有自己的语法：

```
awk [ -F re] [parameter...] ['prog'] [-f progfile][in_file...]
```

- -F re：允许 awk 更改其字段分隔符。
- parameter：该参数帮助为不同的变量赋值。
- prog：awk 的程序语句段。这个语句段必须用单引号‘和’括起，以防被 shell 解释。前面已经提到过这个程序语句段的标准形式，如下所示：

```
awk 'pattern {action}' filename
```

其中 pattern 参数可以是 egrep 正则表达式中的任何一个，它可以使用语法 /re/ 再加上一些样式匹配技巧构成。与 sed 类似，也可以使用逗号分开两种样式以选择某个范围。

action 参数总是被大括号包围，它由一系列 awk 语句组成，各语句之间用分号分隔。awk 会解释它们，并在 pattern 给定的样式匹配记录上执行相关操作。

事实上，在使用该命令时可以省略 pattern 和 action 其中的一个，但不能两者同时省略，当省略 pattern 时没有样式匹配，表示对所有行（记录）均执行操作，省略 action 时执行默认的操作——在标准输出上显示。

- -f progfile：允许 awk 调用并执行 progfile 指定的程序文件。progfile 是一个文本文件，它必须符合 awk 的语法。
- in_file：awk 的输入文件，awk 允许对多个输入文件进行处理。值得注意的是 awk 不修改输入文件。

如果未指定输入文件，awk 将接受标准输入，并将结果显示在标准输出上。

5. awk 脚本编写

(1) awk 的内置变量

awk 的内置变量主要有：

- FS：输入数据的字段分割符
- RS：输入数据的记录分隔符
- OFS：输出数据的字段分割符
- ORS：输出数据的记录分隔符；另一类是系统自动改变的，比如：NF 表示当前记录的字段个数，NR 表示当前记录编号等。

举个例子，可用如下命令打印 passwd 中的第 1 个和第 3 个字段，这里用空格隔开，如下所示：

```
awk -F ":"'{ print $1 "" $3 }'  /tmp/passwd
```

(2) pattern/action 模式

awk 程序部分采用了 pattern/action 模式，即针对匹配 pattern 的数据，使用 action 逻辑进行处理。下面来看两个例子。

判断当前是不是空格，命令如下：

```
/^$/ {print "This is a blank line!"}
```

判断第 5 个字段是否含有“MA”，命令如下：

```
$5 ~ /MA/ {print $1 "," $3}
```

(3) awk 与 Shell 混用

因为 awk 可以作为一个 Shell 命令使用，因此 awk 能与 Shell 脚本程序很好地融合在一起，这给实现 awk 与 Shell 程序的混合编程提供了可能。实现混合编程的关键是 awk 与 Shell 脚本之间的对话，换言之，就是 awk 与 Shell 脚本之间的信息交流：awk 从 Shell 脚本中获取所需的信息（通常是变量的值）、在 awk 中执行 Shell 命令行、Shell 脚本将命令执行的结果送给 awk 处理以及 Shell 脚本读取 awk 的执行结果等。另外还要注意一下在 Shell 脚本中读取 awk 变量的方式，一般会通过 " '$ 变量名 ' " 的方式来读取 Shell 程序中的变量。

这里还可以使用 awk –v 的方式让 awk 采用 Shell 变量，如下所示：

```
TIMEOUT=60
```

awk -v time="$TIMEOUT" 'BEGIN{print time}' 的结果显示为：

```
60
```

6. awk 内置变量

awk 有许多内置变量用于设置环境信息，这些变量可以被改变，下面给出了工作中最常用的一些 awk 变量，如下所示：

- ARGC：命令行参数个数。
- ARGV：命令行参数排列。
- ENVIRON：支持队列中系统环境变量的使用。
- FILENAME：awk 浏览的文件名。
- FNR：浏览文件的记录数。
- FS：设置输入域分隔符，等价于命令行 -F 选项。
- NF：浏览记录的域的个数。
- NR：已读的记录数。
- OFS：输出域分隔符。
- ORS：输出记录分隔符。
- RS：控制记录分隔符。

此外，$0 变量是指整条记录，$1 表示当前行的第一个域，$2 表示当前行的第二个域，以此类推。

7. awk 中的 print 和 printf

awk 中同时提供了 print 和 printf 两种打印输出的函数。

其中 print 函数的参数可以是变量、数值或字符串。字符串必须用双引号引用，参数用逗号分隔。如果没有逗号，参数就串联在一起，无法区分。这里，逗号的作用与输出文件的分隔符作用是一样的，只是后者是空格而已。

printf 函数，其用法和 C 语言中 printf 基本相似，可以格式化字符串，输出复杂时，printf 的结果更加人性化。

使用示例如下：

```
awk -F ':' '{printf("filename:%10s,linenumber:%s,columns:%s,linecontent:%s\
   n",FILENAME,NR,NF,$0)}' /tmp/passwd
```

命令结果如下所示：

```
filename:/tmp/passwd,linenumber:1,columns:7,linecontent:root:x:0:0:root:/root:/
   bin/bash
filename:/tmp/passwd,linenumber:2,columns:7,linecontent:bin:x:1:1:bin:/bin:/sbin/
   nologin
filename:/tmp/passwd,linenumber:3,columns:7,linecontent:daemon:x:2:2:daemon:/
   sbin:/sbin/nologin
filename:/tmp/passwd,linenumber:4,columns:7,linecontent:adm:x:3:4:adm:/var/adm:/
   sbin/nologin
filename:/tmp/passwd,linenumber:5,columns:7,linecontent:lp:x:4:7:lp:/var/spool/
   lpd:/sbin/nologin
```

```
filename:/tmp/passwd,linenumber:6,columns:7,linecontent:sync:x:5:0:sync:/sbin:/
    bin/sync
filename:/tmp/passwd,linenumber:7,columns:7,linecontent:shutdown:x:6:0:shutdown:/
    sbin:/sbin/shutdown
filename:/tmp/passwd,linenumber:8,columns:7,linecontent:halt:x:7:0:halt:/sbin:/
    sbin/halt
filename:/tmp/passwd,linenumber:9,columns:7,linecontent:mail:x:8:12:mail:/var/
    spool/mail:/sbin/nologin
filename:/tmp/passwd,linenumber:10,columns:7,linecontent:uucp:x:10:14:uucp:/var/
    spool/uucp:/sbin/nologin
filename:/tmp/passwd,linenumber:11,columns:7,linecontent:operator:x:11:0:operat
    or:/root:/sbin/nologin
filename:/tmp/passwd,linenumber:12,columns:7,linecontent:games:x:12:100:games:/
    usr/games:/sbin/nologin
filename:/tmp/passwd,linenumber:13,columns:7,linecontent:gopher:x:13:30:gopher:/
    var/gopher:/sbin/nologin
filename:/tmp/passwd,linenumber:14,columns:7,linecontent:ftp:x:14:50:FTP User:/
    var/ftp:/sbin/nologin
filename:/tmp/passwd,linenumber:15,columns:7,linecontent:nobody:x:99:99:Nobo
    dy:/:/sbin/nologin
filename:/tmp/passwd,linenumber:16,columns:7,linecontent:vcsa:x:69:69:virtual
    console memory owner:/dev:/sbin/nologin
filename:/tmp/passwd,linenumber:17,columns:7,linecontent:saslauth:x:499:76:Saslau
    thd user:/var/empty/saslauth:/sbin/nologin
filename:/tmp/passwd,linenumber:18,columns:7,linecontent:postfix:x:89:89::/var/
    spool/postfix:/sbin/nologin
filename:/tmp/passwd,linenumber:19,columns:7,linecontent:sshd:x:74:74:Privilege-
    separated SSH:/var/empty/sshd:/sbin/nologin
filename:/tmp/passwd,linenumber:20,columns:7,linecontent:vagrant:x:500:500:vagra
    nt:/home/vagrant:/bin/bash
filename:/tmp/passwd,linenumber:21,columns:7,linecontent:vboxadd:x:498:1::/var/
    run/vboxadd:/bin/false
```

8. 工作示例

截取出 init 中 PID 号的示例命令如下：

```
ps aux | grep init | grep -v grep | awk '{print $2}'
```

截取网卡 ethp 的 ipv4 地址，示例命令如下：

```
ifconfig eth0 |grep "inet addr:" | awk -F: '{print $2}' |awk '{print $1}'
```

找出当前系统的自启动服务，示例命令如下：

```
chkconfig --list |grep 3:on | awk '{print $1}'
```

取出 vmstart 第四项的平均值，示例命令如下：

```
vmstat 1 4 | awk '{sum+=$4} END{print sum/4}'
```

以 | 为分隔符，汇总 /yundisk/log/hadoop/ 下的 Hadoop 第九项日志并打印，示例命令如下：

```
cat /yundisk/log/hadoop/hadoop_clk_*.log | awk -F '|' 'BEGIN{count=0} $2>0
    {count=count+$9} END {print count}'
```

另外，应用程序的日志跟系统日志格式不一样，取时间范围的话不建议用 sed，应改用 awk 的方式，部分脚本内容如下所示：

```
#取当前时间的精准分钟和秒数，方便取时间段的日志。
timenew=`LC_ALL="C" date +%d/%b/%G`
timebefore=`date --date='5 minutes ago' +%H:%M:%S`
timebefore_awk=[$timenew:$timebefore
nowtime_awk=[$timenew:$nowtime
cat /data/data/nginx_access.log | awk ' $4 >= "'${timebefore_awk}'" && $4 <=
    "'${nowtime_awk}'" '
```

更多 awk 的内容请大家参考文档：http://blog.pengduncun.com/?p=876。

2.5　Shell 基础正则表达式举例

正则表达式只是一种表示法，只要工具支持这种表示法，那么该工具就可以处理正则表达式的字符串。awk 、sed 和 grep 都支持正则表达式，也正是因为它们支持正则表达式，所以它们处理文本和字符串的功能才如此强大。下面笔者以 grep 来举例说明 Shell 正则表达式的用法。

grep 工具的语法格式为：

```
grep -[acinvE] '搜索内容串' filename
```

其中：

- -a：表示以文本文件方式搜索。
- -c：表示计算找到符合行的次数。
- -i：表示忽略大小写。
- -n：表示顺便输出行号。
- -v：表示反向选择，即找到没有搜索字符串的行。
- -E：使 grep 支持扩展正则表达式，作用等同于 egrep。

另外，搜索内容串也可以使用正则表达式，下面来看几个示例，这里的测试文件为鸟哥的 regular_express.txt，下载地址为：http://linux.vbird.org/linux_basic/0330regularex/regular_express.txt，文件内容如下所示：

```
"Open Source" is a good mechanism to develop programs.
apple is my favorite food.
Football game is not use feet only.
this dress doesn't fit me.
However, this dress is about $ 3183 dollars.
GNU is free air not free beer.
```

```
Her hair is very beauty.
I can't finish the test.
Oh! The soup taste good.
motorcycle is cheap than car.
This window is clear.
the symbol '*' is represented as start.
Oh! My god!
The gd software is a library for drafting programs.
You are the best is mean you are the no. 1.
The world <Happy> is the same with "glad".
I like dog.
google is the best tools for search keyword.
goooooogle yes!
go! go! Let's go.
# I am VBird
```

1. 搜索有或没有 the 的行

搜索有 the 的行并输出行号，如下所示：

```
grep -n 'the' regular_express.txt
```

命令结果如下所示：

```
8:I can't finish the test.
12:the symbol '*' is represented as start.
15:You are the best is mean you are the no. 1.
16:The world <Happy> is the same with "glad".
18:google is the best tools for search keyword.
```

搜索没有 the 的行并输出行号，如下所示：

```
grep -nv 'the' regular_express.txt
```

命令结果如下所示：

```
1:"Open Source" is a good mechanism to develop programs.
2:apple is my favorite food.
3:Football game is not use feet only.
4:this dress doesn't fit me.
5:However, this dress is about $ 3183 dollars.
6:GNU is free air not free beer.
7:Her hair is very beauty.
9:Oh! The soup taste good.
10:motorcycle is cheap than car.
11:This window is clear.
13:Oh!     My god!
14:The gd software is a library for drafting programs.
17:I like dog.
19:goooooogle yes!
20:go! go! Let's go.
21:# I am VBird
22:
```

2. 利用 [] 搜索集合字符

[] 表示其中的某一个字符，例如 [ade] 表示 a 或 d 或 e，下面的命令可以选择输出包含 tast、tdst 或 test 的行数，如下所示：

```
grep -n 't[ade]st' regular_express.txt
```

命令结果如下所示：

```
8:I can't finish the test.
9:Oh! the soup taste good!
```

此外，还可以用 ^ 符号做 [] 内的前缀，表示除 [] 内字符之外的字符。比如，要搜索 oo 前没有 g 的字符串所在的行，就可以使用 '[^g]oo' 作为搜索字符串，如下所示：

```
grep -n '[^g]oo' regular_express.txt
```

命令结果如下所示：

```
2:apple is my favorite food.
3:Football game is not use feet only.
18:google is the best tools for search keyword.
19:goooooogle yes!
```

[] 内也可以用范围来表示，比如 [a-z] 表示小写字母，[0-9] 表示 0～9 的数字，[A-Z] 表示大写字母。[a-zA-Z0-9] 表示所有数字与英文字符。当然也可以配合 ^ 来排除字符。

搜索包含数字的行，示例如下：

```
grep -n '[0-9]' regular_express.txt
```

命令结果如下所示：

```
5:However ,this dress is about $ 3183 dollars.
15:You are the best is menu you are the no.1.
```

3. 行首与行尾字符 ^ $

符号 ^ 表示行的开头，$ 表示行的结尾（不是字符，是位置），那么 '^$' 表示空，因为只有行首和行尾。这里的符号 ^ 与 [] 里面所使用的 ^ 意义不同，它表示的是符号 ^ 后面的串是在行的开头。比如搜索 the 在开头的行，命令如下：

```
grep -n '^the' regular_express.txt
```

命令结果如下所示：

```
12:the symbol '*' is represented as star.
```

4. 搜索以小写字母开头的行

命令如下：

```
grep -n '^[a-z]' regular_express.txt
```

命令结果如下所示：

```
2:apple is my favorite food.
4:this dress doesn't fit me.
10:motorcycle is cheap than car.
12:the symbol '*' is represented as star.
18:google is the best tools for search keyword.
19:goooooogle yes!
20:go! go! Let's go.
```

5. 搜索开头不是英文字母的行

命令如下：

```
grep -n '^[^a-zA-Z]' regular_express.txt
```

命令结果如下所示：

```
1:"Open Source" is a good mechanism to develop programs.
21:#I am VBird
```

$ 表示它前面的串是在行的结尾，如 '\.' 表示点（.）在一行的结尾。

搜索末尾是点（.）的行，如下所示：

```
grep -n '\.$' regular_express.txt
```

点（.）是正则表达式的特殊符号，所以要用 \ 进行转义，命令显示结果如下：

```
1:"Open Source" is a good mechanism to develop programs.
2:apple is my favorite food.
3:Football game is not use feet only.
4:this dress doesn't fit me.
5:However, this dress is about $ 3183 dollars.
6:GNU is free air not free beer.
7:Her hair is very beauty.
8:I can't finish the test.
9:Oh! The soup taste good.
10:motorcycle is cheap than car.
11:This window is clear.
12:the symbol '*' is represented as start.
14:The gd software is a library for drafting programs.
15:You are the best is mean you are the no. 1.
16:The world <Happy> is the same with "glad".
17:I like dog.
18:google is the best tools for search keyword.
20:go! go! Let's go.
```

6. 搜索空行

'^$' 即为表示只有行首行尾的空行。

搜索空行的命令如下：

```
grep -n '^$' regular_express.txt
```

命令结果如下所示：

```
22:
```

7. 搜索非空行

命令如下：

```
grep -vn '^$' regular_express.txt
```

显示结果如下所示：

```
1:"Open Source" is a good mechanism to develop programs.
2:apple is my favorite food.
3:Football game is not use feet only.
4:this dress doesn't fit me.
5:However, this dress is about $ 3183 dollars.
6:GNU is free air not free beer.
7:Her hair is very beauty.
8:I can't finish the test.
9:Oh! The soup taste good.
10:motorcycle is cheap than car.
11:This window is clear.
12:the symbol '*' is represented as start.
13:Oh!     My god!
14:The gd software is a library for drafting programs.
15:You are the best is mean you are the no. 1.
16:The world <Happy> is the same with "glad".
17:I like dog.
18:google is the best tools for search keyword.
19:goooooogle yes!
20:go! go! Let's go.
21:# I am VBird
```

8. 正则中的重复字符 “ *” 与任意一个字符点 “.”

在 Bash 中，* 代表通配符，用于表示任意个字符，但是在正则表达式中，* 表示有 0 个或多个某个字符，请大家注意区分一下。

例如，oo* 表示第一个 o 一定存在，第二个 o 可以有一个或多个，也可以没有，因此代表至少有一个 o，点 “.” 代表一个任意字符，必须存在。

在下面的例子中，g??d 可以用 'g..d' 表示，如 good、gxxd、gabd 都符合 g??d 形式。

```
grep -n 'g..d' regular_express.txt
```

显示结果如下所示：

```
1:"Open Source" is a good mechanism to develop programs.
9:Oh! The soup taste good.
16:The world <Happy> is the same with "glad".
```

搜索有两个 o 以上的字符串，命令如下：

```
grep -n 'ooo*' regular_express.txt
```

显示结果如下所示：

```
1:"Open Source" is a good mechanism to develop programs.
2:apple is my favorite food.
3:Football game is not use feet only.
9:Oh! the soup taste good!
18:google is the best tools for search keyword.
19:goooooogle yes!
```

grep -n 'ooo*' regular_express.txt 表示前两个 o 一定存在，第三个 o 可以没有，也可以有多个。

搜索以 g 开头和结尾，中间是至少一个 o 的字符串，如 gog、goog、gooog 等。示例命令如下：

```
grep -n 'goo*g' regular_express.txt
```

显示结果如下所示：

```
18:google is the best tools for search keyword.
19:goooooogle yes!
```

搜索以 g 开头和结尾的字符串所在的行，示例命令如下：

```
grep -n 'g.*g' regular_express.txt
```

显示结果如下所示：

```
1:"Open Source" is a good mechanism to develop programs.
14:The gd software is a library for drafting programs.
18:google is the best tools for search keyword.
19:goooooogle yes!
20:go! go! Let's go.
```

9. 限定连续重复字符的范围时使用 { }

符号“.”、“*”只能限制 0 个或多个字符，如果要确切地限制字符的重复数量，就要用 { 范围 } 这种方式。范围是数字，用逗号隔开，比如“2,5”表示 2～5 个，2 表示 2 个，“2,”表示 2 到更多个。

> 注意 由于 { } 在 SHELL 中有特殊意义，因此作为正则表达式用的时候要用 \ 转义一下。

搜索包含两个 o 的字符串的行，示例命令如下：

```
grep -n 'o\{2\}' regular_express.txt
```

显示结果如下所示：

```
1:"Open Source" is a good mechanism to develop programs.
2:apple is my favorite food.
3:Football game is not use feet only.
9:Oh! the soup taste good!
18:google is the best tools for search keyword.
19:goooooogle yes!
```

搜索 g 后面跟 2～5 个 o，再跟一个 g 的字符串的行，示例命令如下：

```
grep -n 'go\{2,5\}g' regular_express.txt
```

显示结果如下：

```
18:google is the best tools for search keyword.
```

搜索包含 g，且后面跟 2 个以上的 o，再跟 g 的行，示例命令如下：

```
grep -n 'go\{2,\}g' regular_express.txt
```

显示结果如下：

```
18:google is the best tools for search keyword.
19:goooooogle yes!
```

10. 符号 ^ 也可以放在 [] 中内容的后面

[] 中的符号 ^ 表示否定的意思，也可以放在 [] 中内容的后面。'[^a-z\.!^ -]' 表示没有小写字母、没有点（.）、没有感叹号（!）、没有空格、没有 – 的串，注意 [] 里面有个小空格。另外 Shell 里面的反向选择为 [!range]，而在正则表达式里则是 [^range]，希望大家注意区分一下。

11. 扩展正则表达式 egrep

扩展正则表达式是在基础正则表达式上添加了几个特殊符号，它令某些操作更加方便。比如，要去除空白行和开头为 # 的行，可以使用如下命令：

```
grep -v '^$' regular_express.txt | grep -v '^#'
```

显示结果如下：

```
"Open Source" is a good mechanism to develop programs.
apple is my favorite food.
Football game is not use feet only.
this dress doesn't fit me.
However, this dress is about $ 3183 dollars.
GNU is free air not free beer.
Her hair is very beauty.
I can't finish the test.
Oh! The soup taste good.
motorcycle is cheap than car.
This window is clear.
the symbol '*' is represented as start.
Oh! My god!
The gd software is a library for drafting programs.
You are the best is mean you are the no. 1.
The world <Happy> is the same with "glad".
I like dog.
google is the best tools for search keyword.
goooooogle yes!
go! go! Let's go.
```

然而使用支持扩展正则表达式的 egrep 与扩展特殊符号 | ，则会方便很多。

注意 grep 只支持基础表达式，而 egrep 支持扩展，其实 egrep 是 grep -E 的别名，因此 grep -E 支持扩展正则表达式。

egrep 用法举例如下：

```
egrep -v '^$|^#' regular_express.txt
```

命令结果如下所示：

```
"Open Source" is a good mechanism to develop programs.
apple is my favorite food.
Football game is not use feet only.
this dress doesn't fit me.
However, this dress is about $ 3183 dollars.
GNU is free air not free beer.
Her hair is very beauty.
I can't finish the test.
Oh! The soup taste good.
motorcycle is cheap than car.
This window is clear.
the symbol '*' is represented as start.
Oh! My god!
The gd software is a library for drafting programs.
You are the best is mean you are the no. 1.
The world <Happy> is the same with "glad".
I like dog.
google is the best tools for search keyword.
goooooogle yes!
go! go! Let's go.
```

这里的符号 | 表示或的关系。即满足 ^$ 或 ^# 的字符串。

熟悉掌握 Shell 正则表达式，可以提高我们的工作效率，特别在文本处理和日志处理的相关工作上面。

2.6 Shell 开发中应该掌握的系统知识点

在笔者利用 Shell 进行 DevOps 的实际开发工作中发现，很多时候需要掌握及深入一些系统的知识点，这样才能更好地结合业务与专业知识点，结合实际情况，实现工作需求。

1. Shell 多进程并发

如果逻辑控制在时间上重叠，那么它们就是并发的（concurrent），这种常见的现象称为并发（concurrency），出现在计算机系统的许多不同层面上。

使用应用级并发的应用程度称之为并发程序。现代操作系统提供了三种基本的构造并发程度的方法，如下所示：

1）**进程**。用这种方法，每个逻辑控制流都是一个进程，由内核来调度和维护。因为进程有独立的虚拟地址空间，想要和其他流通信，控制流必须使用进程间通信（IPC）。

2）**I/O 多路复用**。这种形式的并发，应用程序在一个进程的上下文中显示调度自己的逻辑流。逻辑流被模拟为“状态机”，数据到达文件描述符后，主程序显示地从一个状态转换到另一个状态。因为程序是一个单独的进程，所以所有的流都共享一个地址空间。

3）**线程**。线程是运行在一个单一进程上下文中的逻辑流，由内核进行调度。线程可以看做是进程和 I/O 多路复用的合体，像进程一样由内核调度，像 I/O 多路复用一样共享一个虚拟地址空间。

默认情况下，Shell 脚本中的命令是串行执行的，必须等到前一条命令执行完后才执行接下来的命令，但是如果有一大批的命令需要执行，而且互相没有影响的情况下，那么就要使用命令的并发执行了。

正常的程序 echo_hello.sh 如下所示：

```
#!/bin/bash
for ((i=0;i<5;i++));do
    {
    sleep 3
    echo "hello,world">>aa && echo "done!"
}
done
cat aa | wc -l
rm aa
```

我们用 time 命令统计此脚本的执行时间，结果如下所示：

```
done!
done!
done!
done!
done!
5

real        0m15.016s
user        0m0.004s
sys         0m0.005s
```

并发执行的代码如下所示：

```
#!/bin/bash
for ((i=0;i<5;i++));do
    {
    sleep 3
    echo "hello,world">>aa && echo "done!"
}&
done
wait
cat aa | wc -l
rm aa
```

wait 命令的一个重要用途就是在 Shell 的并发编程中，可以在 Shell 脚本中启动多个后台进程（使用 &），然后调用 wait 命令，等待所有后台进程都运行完毕后再继续向下执行。我们继续用 time 命令进行统计，结果如下所示：

```
done!
done!
done!,
done!
done!
10

real        0m3.007s
user        0m0.002s
sys         0m0.007s
```

当多个进程可能会对同样的数据执行操作时，这些进程需要保证其他进程没有在操作，以免损坏数据。通常，这样的进程会使用一个“锁文件”，也就是建立一个文件来告诉别的进程自己在运行，如果检测到那个文件存在则认为有操作同样数据的进程在工作。这样操作存在一个问题，如果进程不小心意外死亡了，没有清理掉那个锁文件，那么只能由用户手动清理了。

2. Shell 脚本中执行另一个 Shell 脚本

运行 Shell 脚本时，有以下两种方式可调用外部的脚本，即 exec 方式和 source 方式。

1）exec 方式：使用 exec 调用脚本，被执行的脚本会继承当前 shell 的环境变量。但事实上 exec 产生了新的进程，它会把主 Shell 的进程资源占用并替换脚本内容，继承原主 Shell 的 PID 号，即原主 Shell 剩下的内容不会执行。

2）source 方式：使用 source 或者“.”调用外部脚本，不会产生新的进程，继承当前 Shell 环境变量，而且被调用的脚本运行结束后，它拥有的环境变量和声明变量会被当前 Shell 保留，类似将调用脚本的内容复制过来直接执行。执行完毕后原主 Shell 继续运行。

3）fork 方式：直接运行脚本，会以当前 shell 为父进程，产生新的进程，并继承主脚本的环境变量和声明变量。执行完毕后，主脚本不会保留其环境变量和声明变量。

工作中推荐使用 source 方式来调用外部的 Shell 脚本，稳定性高，不会出一些诡异的问题和 bug，影响主程序的业务逻辑（大家也可以参考下 Linux 系统中的 Shell 脚本，如 /etc/init.d/network 等，基本上都是采用这种处理方式）。

3. flock 文件锁

Linux 中的例行性工作排程 Crontab 会定时执行一些脚本，但脚本的执行时间往往无法控制，当脚本执行时间过长，可能会导致上一次任务的脚本还没执行完，下一次任务的脚本又开始执行的问题。这种情况下可能会出现一些并发问题，严重时会导致出现脏数据或性能瓶颈的恶性循环。

通过使用 flock 建立排它锁可以规避这个问题，如果一个进程对某个加以独占锁（排他锁），则其他进程无法加锁，可以选择等待超时或马上返回。脚本 file_lock.sh 内容如下：

```
#!/bin/bash
echo "----------------------------------"
echo "start at `date '+%Y-%m-%d %H:%M:%S'` ..."
sleep 140s
echo "finished at `date '+%Y-%m-%d %H:%M:%S'` ..."
```

创建定时任务：测试排它锁

```
#crontab -e
*/1  * * * * flock -xn /dev/shm/test.lock -c "sh /home/yuhongchun/file_lock.sh >>
   /tmptest_tmp.log"
```

每隔一分钟执行一次该脚本，并将输出信息写入到 /tmp/test_tmp.log，flock 用到的选项也简单介绍下，如下所示：

```
-x, --exclusive: 获得一个独占锁
-n, --nonblock:  如果没有立即获得锁，直接失败而不是等待
-c, --command:   在shell中运行一个单独的命令
```

查看输出日志如下：

```
----------------------------------
start at 2017-02-25 11:30:01 ...
finished at 2017-02-25 11:32:21 ...
----------------------------------
start at 2017-02-25 11:33:01 ...
finished at 2017-02-25 11:35:22 ...
----------------------------------
start at 2017-02-25 11:36:01 ...
finished at 2017-02-25 11:38:21 ...
----------------------------------
start at 2017-02-25 11:39:01 ...
finished at 2017-02-25 11:41:21 ...
----------------------------------
start at 2017-02-25 11:42:01 ...
finished at 2017-02-25 11:44:21 ...
----------------------------------
start at 2017-02-25 11:45:01 ...
finished at 2017-02-25 11:47:21 ...
```

大家观察下输出日志，诸如 #11:34:01 和 11:35:01 的时间点应该是要启动定时任务，但由于无法获取锁，最终以失败而退出执行，直到 11:36:01 才获取到锁，然后正常执行脚本。

工作中如果有类似需求，可以参考下这种 Crontab 写法。

4. Linux 中的信号及捕获

Linux 下查看支持的信号列表，命令如下所示：

```
kill-l
```

结果如下所示：

```
 1) SIGHUP 2) SIGINT 3) SIGQUIT 4) SIGILL
 5) SIGTRAP 6) SIGABRT 7) SIGBUS 8) SIGFPE
 9) SIGKILL 10) SIGUSR1 11) SIGSEGV 12) SIGUSR2
13) SIGPIPE 14) SIGALRM 15) SIGTERM 17) SIGCHLD
18) SIGCONT 19) SIGSTOP 20) SIGTSTP 21) SIGTTIN
22) SIGTTOU 23) SIGURG 24) SIGXCPU 25) SIGXFSZ
26) SIGVTALRM 27) SIGPROF 28) SIGWINCH 29) SIGIO
30) SIGPWR 31) SIGSYS 34) SIGRTMIN 35) SIGRTMIN+1
36) SIGRTMIN+2 37) SIGRTMIN+3 38) SIGRTMIN+4 39) SIGRTMIN+5
40) SIGRTMIN+6 41) SIGRTMIN+7 42) SIGRTMIN+8 43) SIGRTMIN+9
44) SIGRTMIN+10 45) SIGRTMIN+11 46) SIGRTMIN+12 47) SIGRTMIN+13
48) SIGRTMIN+14 49) SIGRTMIN+15 50) SIGRTMAX-14 51) SIGRTMAX-13
52) SIGRTMAX-12 53) SIGRTMAX-11 54) SIGRTMAX-10 55) SIGRTMAX-9
56) SIGRTMAX-8 57) SIGRTMAX-7 58) SIGRTMAX-6 59) SIGRTMAX-5
60) SIGRTMAX-4 61) SIGRTMAX-3 62) SIGRTMAX-2 63) SIGRTMAX-1
64) SIGRTMAX
```

工作中常见信号的详细说明：

1）SIGHUP：本信号在用户终端连接（正常或非正常）结束时发出，通常是在终端的控制进程结束时，通知同一 Session 内的各个作业，这时它们与控制终端不再关联。登录 Linux 时，系统会分配给登录用户一个终端 S（Session）。在这个终端运行的所有程序，包括前台进程组和后台进程组，一般都属于这个 Session。当用户退出 Linux 登录时，前台进程组和后台有对终端输出的进程将会收到 SIGHUP 信号。这个信号的默认操作为终止进程，因此前台进程组和后台有终端输出的进程就会中止。对于与终端脱离关系的守护进程，这个信号用于通知它重新读取配置文件。

2）SIGINT：程序终止（interrupt）信号，在用户键入 INTR 字符（快捷键通常为 Ctrl+C）时发出。

3）SIGQUIT：和 SIGINT 类似，但由 QUIT 字符（快捷键通常为 Ctrl+/）控制。进程在因收到 SIGQUIT 退出时会产生 Core 文件，在这个意义上类似于一个程序错误信号。

4）SIGFPE：在发生致命的算术运算错误时发出。不仅包括浮点运算错误，还包括溢出及除数为 0 等其他所有的算术错误。

5）SIGKILL：用来立即结束程序的运行。本信号不能被阻塞、处理和忽略。

6）SIGALRM：时钟定时信号，计算的是实际时间或时钟时间。

7）～14）：略。

15）SIGTERM：程序结束（terminate）信号，与 SIGKILL 不同的是该信号可以被阻塞和处理。通常用来要求程序自己正常退出。Shell 命令 kill 缺省产生这个信号。

16）～64）：略。

Linux 中用 trap 来捕获信号，trap 是一个 Shell 内建命令，它用于在脚本中指定信号的处理方式。比如，按 Ctrl+C 会使脚本终止执行，实际上系统发送了 SIGINT 信号给脚本进程，SIGINT 信号的默认处理方式就是退出程序。如果要在按 Ctrl+C 时不退出程序，那么就得使用 trap 命令指定一下 SIGINT 的处理方式了。

trap 命令不仅仅处理 Linux 信号，还能对脚本退出、调试、错误、返回等情况指定处理方式，其命令格式如下所示：

```
trap "commands" signals
```

当 Shell 接收到 signals 指定的信号时，执行 commands 命令。

工作中举例说明，部分 Shell 脚本逻辑摘录如下：

```
#此临时文件$tmp_file的作用是防止多个脚本同时产生逻辑错误。如果出现中止进程的情况，捕捉异常信号，
 清理临时文件。另外，程序在正常退出时(包括终端正常退出)也清理此临时文件
trap "echo '程序被中止，开始清理临时文件';rm -rf $tmp_file;exit" 1 2 3
rm -rf $tmp_file
trap "rm -rf $tmp_file" exit
```

5. 什么是并行（parallellism）

就当前的计算机技术而言，目前大部分语言都能够满足并发执行，但是现在的多核 CPU 或者多 CPU 下开始产生并行的概念。

总体概念：在单 CPU 系统中，系统调度在某一时刻只能让一个线程运行，虽然这种调试机制有多种形式（大多数是时间片轮巡为主），但无论如何，要通过不断切换需要运行的线程让其运行的方式就称为并发（concurrent）。而在多 CPU 系统中，这种可以同时让两个以上线程同时运行的方式叫做并行（parallel）。

并发编程："并发" 在微观上不是同时执行的，只是把时间分成若干段，使多个进程快速交替执行，从宏观来看，就像是这些进程都在执行。

使用多个线程可以帮助我们在单个处理系统中实现更高的吞吐量，如果一个程序是单线程的，这个处理器在等待一个同步 I/O 操作完成的时候，它仍然是空闲的。在多线程系统中，当一个线程等待 I/O 的同时，其他的线程也可以执行。

这个有点像一个厨师在做麻辣鸡丝的时候同时做香辣土豆条，这总比先做麻辣鸡丝再做香辣土豆条效率要高，因为可以交替进行。

上面这种是在单处理器（厨师）的系统处理任务（做菜）的情况，厨师只有一个，他在一个微观的时间点上，他只能做一件事情，这种情况就是虽然是多个线程，但是都在同一个处理器上运行。

但是多线程并不能一定能提高程序的执行效率，比如，你的项目经理给你分配了 10 个 bug 让你修改，你应该会一个一个去改，大家一般不会每个 bug 都去改 5 分钟，直到改完为止，如果这样的话，上次改到什么地方都记不得了。在这种情况下并发并没有提高程序的执行效率，反而因为过多的上下文切换引入了一些额外的开销。

因此在单 CPU 下只能实现程序的并发，无法实现程序的并行。

现在 CPU 到了多核的时代，那么就出现了新的概念：并行。

并行是真正细粒度上的同时进行，即同一时间点上同时发生着多个并发。更加确切地讲就是每个 CPU 上运行一个程序，以达到同一时间点上每个 CPU 上运行一个程序。

并行和并发的区别是：

解释一：并行是指两个或者多个事件在同一时刻发生，并发是指两个或多个事件在同一时间间隔发生。

解释二：并行是在不同实体上的多个事件，并发是在同一实体上的多个事件。

解释三：在一台处理器上“同时”处理多个任务，在多台处理器上同时处理多个任务。

关于并行更多的内容，可参考如下文档：http://www.xue163.com/exploit/92/928818.html。

2.7 生产环境下的 Shell 脚本

生产环境下的 Shell 作用还是挺多的，这里根据 2.1 节介绍的日常工作中 Shell 脚本的作用，将生产环境下的 Shell 脚本分为备份类、监控类、运维开发类和自动化运维类。前面三个从字面意义上看比较容易理解，后面的稍微解释一下，运维开发类脚本是利用 Shell 或 Python 实现一些非系统类的管理工作，比如 SVN 的发布程序（即预开发环境和正式开发环境的切换实现）等；而自动化运维类脚本则利用 Shell 来自动替我们做一些繁琐的工作，比如系统上线前的初始化或自动安装 LNMP 环境等。下面会按这些分类举一些具体实例便于大家理解。另外值得说明的一点是，这些实例都源自于笔者个人的线上环境；大家拿过来稍微改动一下 IP 或备份目录基本上就可以使用了。

另外，因为现在线上部分业务采用的是 AWS EC2 机器，基本上都是采用的 Amazon Linux 系统，所以这里先跟大家简单介绍下 Amazon Linux 系统。

2.7.1 Amazon Linux 系统简介

Amazon Linux 由 Amazon Web Services（AWS）提供。它旨在为 Amazon EC2 上运行的应用程序提供稳定、安全和高性能的执行环境。此外，它还包括能够与 AWS 轻松集成的软件包，比如启动配置工具和许多常见的 AWS 库及工具等。AWS 为运行 Amazon Linux 的所有实例提供持续的安全性和维护更新。

1. 启动并连接到 Amazon Linux 实例

启动 Amazon Linux 实例需要使用 Amazon Linux AMI（映像）。AWS 向 Amazon EC2 用户提供 Amazon Linux AMI，无需额外费用。找到需要的 AMI 后，记下 AMI ID。然后就可以使用 AMI ID 启动并连接相应的实例了。

默认情况下，Amazon Linux 不支持远程根 SSH。此外，密码验证已禁用，以防止强力（brute-force）密码攻击。要在 Amazon Linux 实例上启用 SSH 登录，必须在实例启动时为其提供密钥对，还必须设置用于启动实例的安全组已允许 SSH 访问。默认情况下，唯一可以使用 SSH 进行远程登录的账户是 ec2-user，此账户还拥有 sudo 特权。如果希望启动远程根登录，请注意，其安全性不及依赖密钥对和二级用户。

有关启动和使用 Amazon Linux 实例的信息，请参阅启动实例。有关连接到 Amazon Linux 实例的更多信息，请参阅连接到 Linux 实例。

2. 识别 Amazon Linux AMI 映像

每个映像都包含唯一的 /etc/image-id，用于识别 AMI。此文件包含有关映像的信息。

下面是 /etc/image-id 文件示例，命令如下：

```
cat /etc/image-id
```

命令结果如下所示：

```
image_name="amzn-ami-hvm"
image_version="2015.03"
image_arch="x86_64"
image_file="amzn-ami-hvm-2015.03.0.x86_64.ext4.gpt"
image_stamp="366c-fff6"
image_date="20150318153038"
recipe_name="amzn ami"
recipe_id="1c207c1f-6186-b5c9-4e1b-9400-c2d8-a3b2-3d11fdf8"
```

其中，image_name、image_version 和 image_arch 项目来自 Amazon 用于构建映像的配方。image_stamp 只是映像创建期间随机生成的唯一十六进制值。image_date 项目的格式为 YYYYMMDDhhmmss，是映像创建时的 UTC 时间。recipe_name 和 recipe_id 是 Amazon 用于构建映像的构建配方的名称和 ID，用于识别当前运行的 Amazon Linux 版本。当我们从 yum 存储库安装更新时，此文件不会更改。

Amazon Linux 包含 /etc/system-release 文件，用于指定当前安装的版本。此文件通过 yum 进行更新，是 system-release RPM 的一部分。

下面是 /etc/system-release 文件示例，命令如下：

```
cat /etc/system-release
```

命令结果如下所示：

```
Amazon Linux AMI release 2015.03
```

说明　Amazon Linux 系统这部分内容摘录自 http://docs.aws.amazon.com/zh_cn/AWSEC2/latest/UserGuide/AmazonLinuxAMIBasics. html#IdentifyingLinuxAMI_Images。

2.7.2　生产环境下的备份类脚本

俗话说得好："备份是救命的稻草。"，特别是重要的数据和代码，这些都是公司的重要资产，所以必须进行备份。备份能在我们执行了一些毁灭性的工作之后（比如不小心删除了数据）进行恢复。许多有实力的公司在国内的多个地方都有灾备机房，而且用的都是价格不菲的 EMC 高端存储。可能会有朋友想问：如果我们没有存储怎么办？这可以参考一下笔者公司的备份策略：在执行本地备份的同时，让 Shell 脚本自动上传数据到另一台 FTP 备份服务器中，这种异地备份策略成本较低，无须存储，而且安全系数高，相当于双备份，本地和异地同时出现数据损坏的几率几乎为0。

另外，还可以将需要备份的数据备份至AWS的S3分布式文件系统里面（下文将详细介绍S3的资料），此双备策略的具体步骤如下。

首先，需要做好准备工作。先安装一台CentOS 6.4 x86_64的备份服务器，并安装vsftpd服务，稍微改动一下配置后启动。另外，关于vsftpd的备份目录，可以选择RAID1或RAID5的分区进行存储。

vsftpd服务的安装如下，CentOSOS 6.8 x86_64下自带的yum极为方便。

```
yum -y install vsftpd
service vsftpd start
chkconfig vsftpd on
```

vsftpd的配置比较简单，详细语法略过，这里只给出配置文件，我们可以通过组合使用如下命令直接得出vsftpd.conf中有效的文件内容：

```
grep -v "^#" /etc/vsftpd/vsftpd.conf | grep -v '^$'
local_enable=YES
write_enable=YES
local_umask=022
dirmessage_enable=YES
xferlog_enable=YES
connect_from_port_20=YES
xferlog_std_format=YES
listen=YES
chroot_local_user=YES
pam_service_name=vsftpd
userlist_enable=YES
tcp_wrappers=YES
```

chroot_local_user=YES这句话要重点强调一下。它的作用是对用户登录权限进行限制，即所有本地用户登录vsftpd服务器时只能在自己的家目录下，这是基于安全的考虑，笔者在编写脚本的过程中也考虑到了这点，如果大家要移植此脚本到自己的工作环境中，不要忘了这句语法，否则异地备份极有可能失效。

另外，我们应该在备份服务器上建立备份用户，例如svn，并为其分配密码，还需将其家目录更改为备份目录，即/data/backup/svn-bakcup，这样的话更方便备份工作，以下备份脚本依此类推。

1. 版本控制软件SVN的代码库的备份脚本

版本控制软件SVN的重要性这里就不再多言，现在很多公司基本还是利用SVN作为提交代码集中管理的工具，所以做好其备份工作的重要性就不言而喻了。这里的轮询周期为30天一次，Shell会自动删除30天前的文件。在vsftpd服务器上建立相应备份用户svn的脚本内容如下（此脚本已在CentOS 6.8 x86_64下通过）：

```
#!/bin/sh
SVNDIR=/data/svn
SVNADMIN=/usr/bin/svnadmin
DATE=`date +%Y-%m-%d`
OLDDATE=`date +%Y-%m-%d -d '30 days'`
BACKDIR=/data/backup/svn-backup

[ -d ${BACKDIR} ] || mkdir -p ${BACKDIR}
LogFile=${BACKDIR}/svnbak.log
[ -f ${LogFile} ] || touch ${LogFile}
mkdir ${BACKDIR}/${DATE}


for PROJECT in myproject official analysis mypharma
do
cd $SVNDIR
$SVNADMIN hotcopy $PROJECT  $BACKDIR/$DATE/$PROJECT --clean-logs
cd $BACKDIR/$DATE
tar zcvf ${PROJECT}_svn_${DATE}.tar.gz $PROJECT> /dev/null
rm -rf $PROJECT
sleep 2
done

HOST=192.168.2.112
FTP_USERNAME=svn
FTP_PASSWORD=svn101

cd ${BACKDIR}/${DATE}

ftp -i -n -v << !
open ${HOST}
user ${FTP_USERNAME} ${FTP_PASSWORD}
bin
cd ${OLDDATE}
mdelete *
cd ..
rmdir ${OLDDATE}
mkdir ${DATE}
cd ${DATE}
mput *
bye
!
```

2. MySQL 数据备份至 S3 文件系统

首先跟大家介绍下亚马逊的分布式文件系统 S3，S3 为开发人员提供了一个高度扩展（Scalability）、高持久性（Durability）和高可用（Availability）的分布式数据存储服务。它是一个完全针对互联网的数据存储服务，应用程序通过一个简单的 Web 服务接口就可以在任何时候通过互联网访问 S3 上的数据。当然，我们存放在 S3 上的数据可以进行访问控制来保障数据的安全性。这里所说的访问 S3 包括读、写、删除等多种操作。在脚本最后，采用 aws s3 命令中的 cp 将 MySQL 上传至 s3://example-shar 这个 bucket 上面（更多 S3 详细资料请参考官方文档 http://aws.amazon.com/cn/s3/），脚本内容如下所示（此脚本已在 Amazon Linux AMI x86_64 下通过）：

```
#!/bin/bash
#
# Filename:
# backupdatabase.sh
# Description:
# backup cms database and remove backup data before 7 days
# crontab
# 55 23 * * * /bin/sh /yundisk/cms/crontab/backupdatabase.sh >> /yundisk/cms/
    crontab/backupdatabase.log 2>&1

DATE=`date +%Y-%m-%d`
OLDDATE=`date +%Y-%m-%d -d '-7 days'`

#MYSQL=/usr/local/mysql/bin/mysql
#MYSQLDUMP=/usr/local/mysql/bin/mysqldump
#MYSQLADMIN=/usr/local/mysql/bin/mysqladmin

BACKDIR=/yundisk/cms/database
[ -d ${BACKDIR} ] || mkdir -p ${BACKDIR}
[ -d ${BACKDIR}/${DATE} ] || mkdir ${BACKDIR}/${DATE}
[ ! -d ${BACKDIR}/${OLDDATE} ] || rm -rf ${BACKDIR}/${OLDDATE}

mysqldump --default-character-set=utf8 --no-autocommit --quick --hex-blob
    --single-transaction -uroot  cms_production  | gzip > ${BACKDIR}/${DATE}/cms-
    backup-${DATE}.sql.gz
echo "Database cms_production and bbs has been backup successful"
/bin/sleep 5

aws s3 cp ${BACKDIR}/${DATE}/* s3://example-share/cms/databackup/
```

2.7.3 生产环境下的监控类脚本

在生产环境下，服务器的稳定情况会直接影响公司的生意和信誉，可见其有多重要。所以，我们需要即时掌握服务器的状态，一般我们会在机房部署 Nagios 或 Zabbix 作为监控程序，然后用 SHELL 和 Python 等脚本语言根据业务需求开发监控插件，实时监控线上业务。

1. Nginx 负载均衡服务器上监控 Nginx 进程的脚本

由于笔者公司电子商务业务网站前端的 LoadBalance 用到了 Nginx+Keepalived 架构，而 Keepalived 无法进行 Nginx 服务的实时切换，所以用了一个监控脚本 nginx_pid.sh，每隔

5 秒就监控一次 Nginx 的运行状态（也可以由 Superviored 守护进程托管），如果发现问题就关闭本机的 Keepalived 程序，让 VIP 切换到 Nginx 负载均衡器上。在对线上环境进行操作的时候，人为重启了主 Master 的 Nginx 机器，使 Nginx 机器在很短的时间内就接管了 VIP 地址，即网站的实际内网地址（此内网地址能过防火墙映射为公网 IP），进一步证实了此脚本的有效性，脚本内容如下（此脚本已在 CentOS6.8x86_64 下通过）：

```
#!/bin/bash
while :
do
nginxpid=`ps -C nginx --no-header | wc -l`
if [ $nginxpid -eq 0 ];then
ulimit -SHn 65535
    /usr/local/nginx/sbin/nginx
sleep 5
if [ $nginxpid -eq 0 ];then
     /etc/init.d/keepalived stop
fi
fi
sleep 5
done
```

2. 系统文件打开数监测脚本

这个脚本比较方便，可用来查看 Nginx 进程下的最大文件打开数，脚本代码如下（此脚本已在 CentOS 6.4 | 6.8 x86_x64、Amazon Linux AMI x86_64 下通过）：

```
#!/bin/bash
for pid in `ps aux |grep nginx |grep -v grep|awk '{print $2}'`
do
cat /proc/${pid}/limits |grep 'Max open files'
done
```

运行结果如下所示：

```
Max open files            65535                65535                files
Max open files            65535                65535                files
Max open files            65535                65535                files
Max open files            65535                65535                files
Max open files            65535                65535                files
```

3. 监控 Python 程序是否正常运行

需求比较简单，主要是监控业务进程 rsync_redis.py 是否正常运行，有没有发生 Crash 的情况。另外建议类似于 rsync_redis.py 的重要业务进程交由 Superviored 守护进程托管。脚本内容如下所示（脚本已在 Amazon Linux AMI x86_64 下通过）：

```
#!/bin/bash
sync_redis_status=`ps aux | grep sync_redis.py | grep -v grep | wc -l `
if [ ${sync_redis_status} != 1 ]; then
echo "Critical! sync_redis is Died"
```

```
exit 2
else
echo "OK! sync_redis is Alive"
exit 0
fi
```

4. 监测机器的 IP 连接数

需求较为简单，先编计 IP 连接数，如果 ip_conns 值小于 15 000 则显示为正常，界于 15 000 至 20 000 之间为警告，如果超过 20 000 则报警，脚本内容如下所示（脚本已在 Amazon Linux AMI x86_64 下通过）：

```
#!/bin/bash
#脚本的$1和$2报警阈值可以根据业务的实际情况调整。
#$1 = 15000, $2 = 20000
ip_conns=`netstat -an | grep tcp | grep EST | wc -l`
messages=`netstat -ant | awk '/^tcp/ {++S[$NF]} END {for(a in S) print a,
S[a]}'|tr -s '\n' ',' | sed -r 's/(.*),/\1\n/g' `

if [ $ip_conns -lt $1 ]
then
echo "$messages,OK -connect counts is $ip_conns"
exit 0
fi
if [ $ip_conns -gt $1 -a $ip_conns -lt $2 ]
then
echo "$messages,Warning -connect counts is $ip_conns"
exit 1
fi
if [ $ip_conns -gt $2 ]
then
echo "$messages,Critical -connect counts is $ip_conns"
exit 2
fi
```

5. 监测机器的 CPU 利用率脚本

线上的 bidder 业务机器，在业务繁忙的高峰期会出现 CPU 利用率超过 99.99%（sys%+ user%）的情况，导致后面进来的流量打在机器上面却发生完全进不来的情况，但此时机器系统负载及 Nginx+Lua 进程都是完全正常的，均能对外提供服务。所以需要开发一个 CPU 利用率脚本，在超过自定义阈值时报警，方便运维人员批量添加 bidder 机器以应对峰值，AWS EC2 实例机器是可以以小时来计费的，大家在这里也要注意系统负载和 CPU 利用率之间的区别。脚本内容如下所示（脚本已在 Amazon Linux AMI x86_64 下通过）：

```
#!/bin/bash
# ==========================================================================
# CPU Utilization Statistics plugin for Nagios
#
```

```
# USAGE         :     ./check_cpu_utili.sh  [-w  <user,system,iowait>]  [-c  <user,
    system,iowait>] ( [ -i <intervals in second> ] [ -n <report number> ])
#
# Exemple: ./check_cpu_utili.sh
#          ./check_cpu_utili.sh -w 70,40,30 -c 90,60,40
#          ./check_cpu_utili.sh -w 70,40,30 -c 90,60,40 -i 3 -n 5
#-------------------------------------------------------------------------------
# Paths to commands used in this script.  These may have to be modified to match
    your system setup.
IOSTAT="/usr/bin/iostat"

# Nagios return codes
STATE_OK=0
STATE_WARNING=1
STATE_CRITICAL=2
STATE_UNKNOWN=3

# Plugin parameters value if not define
LIST_WARNING_THRESHOLD="70,40,30"
LIST_CRITICAL_THRESHOLD="90,60,40"
INTERVAL_SEC=1
NUM_REPORT=1
# Plugin variable description
PROGNAME=$(basename $0)

if [ ! -x $IOSTAT ]; then
echo "UNKNOWN: iostat not found or is not executable by the nagios user."
exit $STATE_UNKNOWN
fi

print_usage() {
echo ""
echo "$PROGNAME $RELEASE - CPU Utilization check script for Nagios"
echo ""
echo "Usage: check_cpu_utili.sh -w -c (-i -n)"
echo ""
echo "   -w   Warning  threshold  in  %  for  warn_user,warn_system,warn_iowait  CPU
     (default : 70,40,30)"
echo "  Exit with WARNING status if cpu exceeds warn_n"
echo "   -c   Critical  threshold  in  %  for  crit_user,crit_system,crit_iowait  CPU
     (default : 90,60,40)"
echo "  Exit with CRITICAL status if cpu exceeds crit_n"
echo "  -i  Interval in seconds for iostat (default : 1)"
echo "  -n  Number report for iostat (default : 3)"
echo "  -h  Show this page"
echo ""
echo "Usage: $PROGNAME"
echo "Usage: $PROGNAME --help"
echo ""
exit 0
}
```

```
print_help() {
    print_usage
echo ""
echo "This plugin will check cpu utilization (user,system,CPU_Iowait in %)"
echo ""
exit 0
}

# Parse parameters
while [ $# -gt 0 ]; do
case "$1" in
    -h | --help)
        print_help
exit $STATE_OK
        ;;
    -v | --version)
            print_release
exit $STATE_OK
            ;;
    -w | --warning)
shift
            LIST_WARNING_THRESHOLD=$1
            ;;
    -c | --critical)
shift
            LIST_CRITICAL_THRESHOLD=$1
            ;;
    -i | --interval)
shift
            INTERVAL_SEC=$1
            ;;
    -n | --number)
shift
            NUM_REPORT=$1
            ;;
    *)  echo "Unknown argument: $1"
        print_usage
exit $STATE_UNKNOWN
        ;;
esac
shift
done

# List to Table for warning threshold (compatibility with
TAB_WARNING_THRESHOLD=(`echo $LIST_WARNING_THRESHOLD | sed 's/,/ /g'`)
if [ "${#TAB_WARNING_THRESHOLD[@]}" -ne "3" ]; then
echo "ERROR : Bad count parameter in Warning Threshold"
exit $STATE_WARNING
else
USER_WARNING_THRESHOLD=`echo ${TAB_WARNING_THRESHOLD[0]}`
```

```
SYSTEM_WARNING_THRESHOLD=`echo ${TAB_WARNING_THRESHOLD[1]}`
IOWAIT_WARNING_THRESHOLD=`echo ${TAB_WARNING_THRESHOLD[2]}`
fi

# List to Table for critical threshold
TAB_CRITICAL_THRESHOLD=(`echo $LIST_CRITICAL_THRESHOLD | sed 's/,/ /g'`)
if [ "${#TAB_CRITICAL_THRESHOLD[@]}" -ne "3" ]; then
echo "ERROR : Bad count parameter in CRITICAL Threshold"
exit $STATE_WARNING
else
USER_CRITICAL_THRESHOLD=`echo ${TAB_CRITICAL_THRESHOLD[0]}`
SYSTEM_CRITICAL_THRESHOLD=`echo ${TAB_CRITICAL_THRESHOLD[1]}`
IOWAIT_CRITICAL_THRESHOLD=`echo ${TAB_CRITICAL_THRESHOLD[2]}`
fi

if [  ${TAB_WARNING_THRESHOLD[0]} -ge ${TAB_CRITICAL_THRESHOLD[0]} -o ${TAB_
    WARNING_THRESHOLD[1]} -ge ${TAB_CRITICAL_THRESHOLD[1]} -o ${TAB_WARNING_
    THRESHOLD[2]} -ge ${TAB_CRITICAL_THRESHOLD[2]} ]; then
echo "ERROR : Critical CPU Threshold lower as Warning CPU Threshold "
exit $STATE_WARNING
fi

CPU_REPORT=`iostat -c $INTERVAL_SEC $NUM_REPORT | sed -e 's/,/./g' | tr -s ' '
    ';' | sed '/^$/d' | tail -1`
CPU_REPORT_SECTIONS=`echo ${CPU_REPORT} | grep ';' -o | wc -l`
CPU_USER=`echo $CPU_REPORT | cut -d ";" -f 2`
CPU_SYSTEM=`echo $CPU_REPORT | cut -d ";" -f 4`
CPU_IOWAIT=`echo $CPU_REPORT | cut -d ";" -f 5`
CPU_STEAL=`echo $CPU_REPORT | cut -d ";" -f 6`
CPU_IDLE=`echo $CPU_REPORT | cut -d ";" -f 7`
NAGIOS_STATUS="user=${CPU_USER}%,system=${CPU_SYSTEM}%,iowait=${CPU_
    IOWAIT}%,idle=${CPU_IDLE}%"
NAGIOS_DATA="CpuUser=${CPU_USER};${TAB_WARNING_THRESHOLD[0]};${TAB_CRITICAL_
    THRESHOLD[0]};0"

CPU_USER_MAJOR=`echo $CPU_USER| cut -d "." -f 1`
CPU_SYSTEM_MAJOR=`echo $CPU_SYSTEM | cut -d "." -f 1`
CPU_IOWAIT_MAJOR=`echo $CPU_IOWAIT | cut -d "." -f 1`
CPU_IDLE_MAJOR=`echo $CPU_IDLE | cut -d "." -f 1`



# Return
if [ ${CPU_USER_MAJOR} -ge $USER_CRITICAL_THRESHOLD ]; then
echo "CPU STATISTICS OK:${NAGIOS_STATUS} | CPU_USER=${CPU_USER}%;70;90;0;100"
exit $STATE_CRITICAL
elif [ ${CPU_SYSTEM_MAJOR} -ge $SYSTEM_CRITICAL_THRESHOLD ]; then
echo "CPU STATISTICS OK:${NAGIOS_STATUS} | CPU_USER=${CPU_USER}%;70;90;0;100"
exit $STATE_CRITICAL
elif [ ${CPU_IOWAIT_MAJOR} -ge $IOWAIT_CRITICAL_THRESHOLD ]; then
echo "CPU STATISTICS OK:${NAGIOS_STATUS} | CPU_USER=${CPU_USER}%;70;90;0;100"
```

```
exit $STATE_CRITICAL
elif  [  ${CPU_USER_MAJOR}  -ge  $USER_WARNING_THRESHOLD  ]  &&  [  ${CPU_USER_MAJOR}
    -lt $USER_CRITICAL_THRESHOLD ]; then
echo "CPU STATISTICS OK:${NAGIOS_STATUS} | CPU_USER=${CPU_USER}%;70;90;0;100"
exit $STATE_WARNING
elif  [  ${CPU_SYSTEM_MAJOR}  -ge  $SYSTEM_WARNING_THRESHOLD  ]  &&  [  ${CPU_SYSTEM_
    MAJOR} -lt $SYSTEM_CRITICAL_THRESHOLD ]; then
echo "CPU STATISTICS OK:${NAGIOS_STATUS} | CPU_USER=${CPU_USER}%;70;90;0;100"
exit $STATE_WARNING
elif   [  ${CPU_IOWAIT_MAJOR}  -ge  $IOWAIT_WARNING_THRESHOLD  ]  &&  [  ${CPU_IOWAIT_
    MAJOR} -lt $IOWAIT_CRITICAL_THRESHOLD ]; then
echo "CPU STATISTICS OK:${NAGIOS_STATUS} | CPU_USER=${CPU_USER}%;70;90;0;100"
exit $STATE_WARNING
else

echo "CPU STATISTICS OK:${NAGIOS_STATUS} | CPU_USER=${CPU_USER}%;70;90;0;100"
exit $STATE_OK
fi
```

此脚本参考了 Nagios 的官方文档 https://exchange.nagios.org/ 并进行了代码精简和移植，原代码是运行在 ksh 下面的，这里将其移植到了 bash 下面，ksh 下定义数组的方式跟 bash 下还是有所区别的。另外有一点也值得大家注意，Shell 本身不支持浮点运算，但可以通过 awk 的方式处理。

2.7.4 生产环境下的运维开发类脚本

Shell 在 DevOps（运维开发）工作中的比重其实不低，我们很多时候可以利用其写出对实际工作中有意义和帮助的脚本，这里举例说明。

1. 系统初始化脚本

此脚本用于新装 Linux 的相关配置工作，比如禁掉 iptable、SElinux 和 ipv6，优化系统内核，停掉一些没必要启动的系统服务等。我们将此脚本用于公司内部的开发机器的批量部署。事实上，复杂的系统初始化 initial 脚本由于涉及多条产品线和多个业务平台，远比这里列出的开发环境下的初始化脚本复杂得多，而且代码量极大，基本上都是 4000～5000 行左右的 Shell 脚本，各功能模块以多函数的形式进行封装。下面只涉及了一些基础部分，希望大家注意。脚本代码如下所示（此脚本已在 CentOS 6.8 x86_x64 下已通过）：

```
#!/bin/bash
#添加epel外部yum扩展源
cd /usr/local/src
wget http://dl.fedoraproject.org/pub/epel/6/x86_64/epel-release-6-8.noarch.rpm
rpm -ivh epel-release-6-8.noarch.rpm
#安装gcc基础库文件以及sysstat工具
yum -y install gcc gcc-c++ vim-enhanced unzip unrar sysstat
#配置ntpdate自动对时
```

```
yum -y install ntp
echo "01 01 * * * /usr/sbin/ntpdate ntp.api.bz >> /dev/null 2>&1" >> /etc/crontab
ntpdate ntp.api.bz
service crond restart
#配置文件的ulimit值
ulimit -SHn 65535
echo "ulimit -SHn 65535" >> /etc/rc.local
cat>> /etc/security/limits.conf << EOF
*                      soft     nofile              65535
*                      hard     nofile              65535
EOF

#基础系统内核优化
cat>> /etc/sysctl.conf << EOF
fs.file-max=419430
net.ipv4.tcp_syncookies = 1
net.ipv4.tcp_syn_retries = 1
net.ipv4.tcp_tw_recycle = 1
net.ipv4.tcp_tw_reuse = 1
net.ipv4.tcp_fin_timeout = 1
net.ipv4.tcp_keepalive_time = 1200
net.ipv4.ip_local_port_range = 1024 65535
net.ipv4.tcp_max_syn_backlog = 16384
net.ipv4.tcp_max_tw_buckets = 36000
net.ipv4.route.gc_timeout = 100
net.ipv4.tcp_syn_retries = 1
net.ipv4.tcp_synack_retries = 1
net.core.somaxconn = 16384
net.core.netdev_max_backlog = 16384
net.ipv4.tcp_max_orphans = 16384
EOF
/sbin/sysctl -p

#禁用control-alt-delete组合键以防止误操作
sed -i 's@ca::ctrlaltdel:/sbin/shutdown -t3 -r now@#ca::ctrlaltdel:/sbin/shutdown
   -t3 -r now@' /etc/inittab
#关闭SElinux
sed -i 's@SELINUX=enforcing@SELINUX=disabled@' /etc/selinux/config
#关闭iptables
service iptables stop
chkconfig iptables off
#ssh服务配置优化,请至少保持机器中至少有一个具有sudo权限的用户，下面的配置会禁止root远程登录
sed -i 's@#PermitRootLogin yes@PermitRootLogin no@' /etc/ssh/sshd_config #禁止
   root远程登录
sed -i 's@#PermitEmptyPasswords no@PermitEmptyPasswords no@' /etc/ssh/sshd_config
   #禁止空密码登录
sed -i 's@#UseDNS yes@UseDNS no@' /etc/ssh/sshd_config /etc/ssh/sshd_config
service sshd restart
#禁用ipv6地址
echo "alias net-pf-10 off" >> /etc/modprobe.d/dist.conf
```

```
echo "alias ipv6 off" >> /etc/modprobe.d/dist.conf
chkconfig ip6tables off
#vim基础语法优化
echo "syntax on" >> /root/.vimrc
echo "set nohlsearch" >> /root/.vimrc
#精简开机自启动服务，安装最小化服务的机器初始可以只保留crond, network, rsyslog, sshd这四个服务。
for i in `chkconfig --list|grep 3:on|awk '{print $1}'`;do chkconfig --level 3 $i
   off;done
for CURSRV  in crond rsyslog sshd network;do chkconfig --level 3 $CURSRV on;done
#重启服务器
reboot
```

2. 控制 Shell 多进程数量的脚本

下面的 run.py 是使用 Python 写的爬虫程序，经测试机器上面运行 8 个性能最好的时候，既能充分发挥机器性能，又不会导致机器响应速度过慢。有时为了避免并发进程数过多，导致机器卡死，需要限制并发的数量。下面的脚本可以实现这个需求，其代码如下所示：

```
#!/bin/bash
#每5分钟运行一次脚本

CE_HOME='/data/ContentEngine'
LOG_PATH='/data/logs'

# 控制爬虫数量为8
MAX_SPIDER_COUNT=8

# current count of spider
count=`ps -ef | grep -v grep | grep run.py | wc -l`
#  下面的逻辑是控制run.py进程数量始终为8，充分挖掘机器的性能，并且为了防止形成死循环，这里没有用
   while语句。
try_time=0
cd $CE_HOME
while [ $count -lt $MAX_SPIDER_COUNT -a $try_time -lt $MAX_SPIDER_COUNT ];do
let try_time+=1
python run.py >> ${LOG_PATH}/spider.log 2>&1 &
count=`ps -ef | grep -v grep | grep run.py | wc -l`
done
```

3. 调用 Ansible 来分发多条线路的配置

这里的 publishconf.sh 文件为总控制逻辑文件，会调用 Ansible 进行电信、联通线路的配置下发工作，由于牵涉的业务较多，这里只摘录部分内容。另外，这里生成的 hosts 文件也是通过程序调用公司的 CMDB 资产管理系统的接口来生成另外 hosts 文件格式，内容如下所示：

```
[yd]
1.1.1.1
2.2.2.2
```

```
[wt]
3.3.3.3
4.4.4.4
[dx]
5.5.5.5
6.6.6.6
```

publishconf.sh 部分内容如下所示：

```
#如果hosts文件不存在，就调用touch命令建立；另外，这里要增加一个逻辑判断，即如果已经有人在发布
 平台了，第二个运维人员发布的时候，一定要强制退出。
if [ ! -f "$hosts" ]
then
touch "$hosts"
else
    echo "此平台已经有运维小伙伴在发布，请耐心等待！"
exit
fi
#如果出现中止进程的情况，捕捉异常信号，清理临时文件。
trap "echo '程序被中止，开始清理临时文件';rm -rf $hosts;exit" 1 2 3
#进入public_conf目录，通过git pull获取gitlab上最新的相关文件配置
cd /data/conf /public_conf/
git pull origin master:master
#配置文件也是通过内部的gitlab管理，这里没简化操作，例如git pull origin master或git pull的
 时候，是防止此时可能会存在着多分支的情况导致运行报错
if [ $? == 0 ];then
    echo "当前配置文件为最新版本，可以发布！"
else
    echo "当前配置文件不是最新的，请检查后再发布"
exit
fi
#此为发布单平台多IP的逻辑，$#判断参数个数，这里的逻辑判断为参数大于或等于3时就是单平台多IP发布。
if [ $# >=3 ];then
shift 1
#这里通过shift命令往左偏移一个位置参数，从而获取全部的IP。
    echo "此次需要更新的机器IP为：$@"
for flat in $@
do
    echo "此次需要更新的机器IP为：$flat"
platform=`awk '/\[/{a=$0}/'"$flat"'/{print a}' $hosts | head -n1`
    #通过这段awk命令组和来获取当前的机器ip属于哪条线路，比如是移动或者网通或者电信，后续有相应
     的措施。
if  [[ $platform =~ "yd" ]];then
    /usr/local/bin/ansible -i $hosts $flat -m shell -a "/home/fastcache_conf/
        publish_fastcache.sh ${public_conf}_yd"
elif  [[ $platform =~ "wt" ]];then
    /usr/local/bin/ansible -i $hosts $flat -m shell -a "/home/fastcache_conf/
        publish_fastcache.sh ${public_conf}_wt"
else
    /usr/local/bin/ansible -i $hosts $flat -m shell -a "/home/fastcache_conf/
        publish_fastcache.sh ${public_conf}_dx"
```

```
fi
done
fi
#程序正常运行后，也要清理此临时文件，方便下次任务发布。
rm -rf $hosts
trap "rm -rf $hosts" exit
```

2.8 小结

本章向大家详细说明了 Shell 的基础语法和系统相关知识点，以及 sed 和 awk 在日常工作中的使用案例，并用 Shell 命令 grep 结合正则表达式说明了 Shell 正则表达式的基础用法。在后面的实例中，又根据备份类、监控类、运维开发类向大家演示了在生产环境下我们经常用到的 Shell 脚本。希望大家可以结合本文提到的系统相关知识点，深入地了解和掌握 Shell 脚本的用法，这样我们的系统运维工作和 DevOps 工作会更加得心应手。

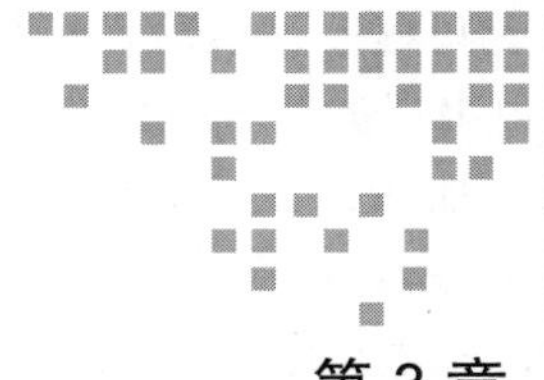

第3章 Chapter 3

利用 Vagrant 搭建分布式环境

Vagrant 是为了方便实现虚拟化环境而设计的，使用 Ruby 开发，基于 VirtualBox 等虚拟机管理软件的接口，提供了一个可配置、轻量级的便携式虚拟开发环境。使用 Vagrant 可以很便捷地建立起一个虚拟环境，而且可以模拟多台虚拟机，这样我们平时还可以开发机模拟分布式系统。

为什么我们需要虚拟开发环境呢？

我们经常会遇到这样的问题：在开发机上开发完程序，放到正式环境之后会出现各种奇怪的问题，如 Nginx 配置不正确、Go 版本太低等等。所以我们需要和正式环境一样的虚拟开发环境，而随着个人开发机硬件的升级，我们可以很容易在本机跑虚拟机，例如 VMware、VirtualBox 等。因此使用虚拟化开发环境，在本机可以运行自己喜欢的 OS（Windows、Ubuntu、Mac 等），开发的程序运行在虚拟机后，迁移到生产环境时可以避免环境不一致导致的错误。

虚拟开发环境特别适合团队中开发环境、测试环境、正式环境不同的场合，这样可以使整个团队保持一致的环境，方便团队协同进行开发工作。

3.1 Vagrant 简单介绍

Vagrant 就是为了方便实现虚拟化环境而设计的，使用 Ruby 开发，基于 VirtualBox 等虚拟机管理软件的接口，提供了一个可配置、轻量级的便携式虚拟开发环境。使用 Vagrant 可以便捷地建立起一个虚拟环境，而且可以模拟多台虚拟机，这样我们平时还可以在开发机模拟分布式系统。

Vagrant 还会创建一些共享文件夹，用于在主机和虚拟机之间共享代码。这样就使得我们可以在主机上写程序，然后在虚拟机中运行。如此一来，团队之间就可以共享相同的开发环境，不会再出现类似于“只有你的环境才会出现的 Bug”这样的事情。

团队新员工加入，常常会遇到花一天甚至更多时间从头搭建完整的开发环境的情况，而有了 Vagrant，只需要直接将已经打包好的 package（里面包括开发工具，代码库，配置好的服务器等）拿过来就可以工作了，这对于提升工作效率非常有帮助。

Vagrant 不仅可以用来作为个人的虚拟开发环境工具，而且特别适合团队使用，它使我们虚拟化环境变得简单，只要一个简单的命令就可以开启虚拟之路。

3.2 Vagrant 安装

实际上，Vagrant 只是一个让我们可以方便设置自己想要的虚拟机的便携式工具，它底层支持 VirtualBox、VMware 甚至 AWS 作为虚拟机系统，本书中我们将使用 VirtualBox 进行说明，所以第一步需要先安装 Vagrant 和 VirtualBox。

系统 OS：Windows 8.1 x86_64。

VirtualBox 安装：VirtualBox 是 Oracle 开源的虚拟化系统，它支持多个平台，我们可以到官方网站下载，地址为 https://www.virtualbox.org/wiki/Downloads/，这里我们选择的版本是“VirtualBox-5.1.8-111374-Win”，安装过程很便捷，一直选择下一步就可以完成安装了。

Vagrant 安装：Vagrant 软件的安装地址为 http://www.vagrantup.com/downloads.html，它的安装过程和 VirtualBox 一样便捷，这里我们选择的版本是“ vagrant_1.8.6”，一步一步执行就可以完成安装。

要想检测安装是否成功，可以打开终端命令行工具，输入 vagrant，看看程序是否已经可以运行。如果不行，请检查一下 Windows 环境变量的 PATH 路径。

命令结果如下所示：

```
Usage: vagrant [options] <command> [<args>]

    -v, --version                    Print the version and exit.
    -h, --help                       Print this help.

Common commands:
    box             manages boxes: installation, removal, etc.
    connect         connect to a remotely shared Vagrant environment
    destroy         stops and deletes all traces of the vagrant machine
    global-status   outputs status Vagrant environments for this user
    halt            stops the vagrant machine
    help            shows the help for a subcommand
    init            initializes a new Vagrant environment by creating a Vagra
file
    login           log in to HashiCorp's Atlas
    package         packages a running vagrant environment into a box
    plugin          manages plugins: install, uninstall, update, etc.
    port            displays information about guest port mappings
```

```
    powershell      connects to machine via powershell remoting
    provision       provisions the vagrant machine
    push            deploys code in this environment to a configured destinat
n
    rdp             connects to machine via RDP
    reload          restarts vagrant machine, loads new Vagrantfile configura
on
    resume          resume a suspended vagrant machine
    share           share your Vagrant environment with anyone in the world
    snapshot        manages snapshots: saving, restoring, etc.
    ssh             connects to machine via SSH
    ssh-config      outputs OpenSSH valid configuration to connect to the mac
ne
    status          outputs status of the vagrant machine
    suspend         suspends the machine
    up              starts and provisions the vagrant environment
    version         prints current and latest Vagrant version

For help on any individual command run `vagrant COMMAND -h`
Additional subcommands are available, but are either more advanced
or not commonly used. To see all subcommands, run the command
`vagrant list-commands`.
```

3.3 使用Vagrant配置本地开发环境

当我们安装好VirtualBox和Vagrant后，我们要开始考虑在VM上使用什么操作系统了，一个打包好的操作系统在Vagrant中称为Box，即Box是一个打包好的操作系统环境。目前网络上什么系统都有，所以我们不用自己去制作操作系统或者制作Box。vagrantbox.es上面有我们熟知的大多数操作系统，大家只需要下载就可以了，下载主要是为了安装时更快速，推荐大家下载后安装。这里我们选择CentOS 6.7 x86_64系统，下载地址为https://github.com/CommanderK5/packer-centos-template/releases/download/0.6.7/vagrant-centos-6.7.box。

建立vagrant工作目录，由于笔者这里是Windows环境，所以我选择的是d:\work\depoly目录，并且提前把vagrant-centos-6.7.box文件放在此目录下，大家可以根据自己的实际环境建立。

3.3.1 Vagrant的具体安装步骤

接下来我们就要通过box建立自己的开发环境，实际上应该如何操作呢？首先要进入d:\work\depoly目录，具体步骤如下所示：

1）下载及添加box镜像，操作命令如下所示（在Windows下的cmd命令下执行）：

```
vagrant box add base远端的box地址或者本地的box文件名
```

vagrant box add是添加box的命令，box的名称可以自己定义，可以是任意的字符串，

base是默认名称，主要用于标识添加的box，后面的命令都是基于这个标识来操作的。

2）我们执行以下命令来建立box镜像关联，如下所示：

```
vagrant box add centos67 vagrant-centos-6.7.box
```

3）初始化的命令如下：

```
vagrant init centos67
```

显示结果如下所示：

```
A `Vagrantfile` has been placed in this directory. You are now
ready to `vagrant up` your first virtual environment! Please read
the comments in the Vagrantfile as well as documentation on
`vagrantup.com` for more information on using Vagrant.
```

这样就会在当前目录生成一个Vagrantfile文件，里面有很多配置信息，后面我们会详细讲解每一项的含义，但是默认的配置就可以启动机器。

4）启动虚拟机的命令如下：

```
vagrant up
```

结果如下所示：

```
Bringing machine 'default' up with 'virtualbox' provider...
==> default: Importing base box 'centos67'...
==> default: Matching MAC address for NAT networking...
==> default: Setting the name of the VM: deploy_default_1484574329264_23733
==> default: Clearing any previously set network interfaces...
==> default: Preparing network interfaces based on configuration...
    default: Adapter 1: nat
==> default: Forwarding ports...
    default: 22 (guest) => 2222 (host) (adapter 1)
==> default: Booting VM...
==> default: Waiting for machine to boot. This may take a few minutes...
    default: SSH address: 127.0.0.1:2222
    default: SSH username: vagrant
    default: SSH auth method: private key
    default:
    default: Vagrant insecure key detected. Vagrant will automatically replace
    default: this with a newly generated keypair for better security.
    default:
    default: Inserting generated public key within guest...
    default: Removing insecure key from the guest if it's present...
    default: Key inserted! Disconnecting and reconnecting using new SSH key...
==> default: Machine booted and ready!
==> default: Checking for guest additions in VM...
    default: The guest additions on this VM do not match the installed version
f
    default: VirtualBox! In most cases this is fine, but in rare cases it can
    default: prevent things such as shared folders from working properly. If yo
see
```

```
    default: shared folder errors, please make sure the guest additions within
he
    default: virtual machine match the version of VirtualBox you have installed
on
    default: your host and reload your VM.
    default:
    default: Guest Additions Version: 4.3.30
    default: VirtualBox Version: 5.1
==> default: Mounting shared folders...
    default: /vagrant => D:/work/deploy
```

然后我们通过 vagrant ssh 命令查看新建虚拟机的 SSH 配置信息，命令结果如下所示：

```
`ssh` executable not found in any directories in the %PATH% variable. Is an
SSH client installed? Try installing Cygwin, MinGW or Git, all of which
contain an SSH client. Or use your favorite SSH client with the following
authentication information shown below:

Host: 127.0.0.1
Port: 2222
Username: vagrant
Private key: D:/work/deploy/.vagrant/machines/default/virtualbox/private_key
```

5）这样我们就可以在 Xshell5.0 下面通过本地的 2222 端口，用户为 vagrant，私钥为 private_key 访问此虚拟机了。

连接到此 depoly 虚拟机后，我们可用 df -h 命令查看磁盘的分配情况，命令结果如下所示：

```
Filesystem            Size  Used Avail Use% Mounted on
/dev/mapper/VolGroup-lv_root
                      8.1G  1.2G  6.5G  15% /
tmpfs                 309M     0  309M   0% /dev/shm
/dev/sda1             477M   57M  396M  13% /boot
vagrant                74G   65G  9.3G  88% /vagrant
```

在这里，其实 /vagrant 映射的是 D:\work\depoly 目录，方便我们与开发机器进行交互，是一个很人性化的设计。

此时的登入用户是 vagrant，我们可以输入以下命令切换到 root 用户，如下所示：

```
sudo su
```

成功切换以后我们可以用 id 命令进行验证，结果如下所示：

```
uid=500(vagrant) gid=500(vagrant) groups=500(vagrant)
```

3.3.2 Vagrant 配置文件详解

在我们的虚拟机所在的目录下存在一个文件 Vagrantfile，里面包含大量的配置信息，主要包括三个方面的配置：虚拟机的配置、SSH 配置、Vagrant 的一些基础配置。Vagrant 虽然是使用 Ruby 开发的，配置语法也是 Ruby 的，但提供了详细的注释，所以我们知道如何配置一些基本项。

1. HOSTNAME 设置

HOSTNAME 的设置非常简单，在 Vagrantfile 中加入下面这行就可以了：

```
config.vm.hostname = "depoly"
```

设置 HOSTNAME 名是非常有必要的，因为当我们有很多虚拟机时，都是依靠 HOSTNAME 来进行识别的，位置可以选择直接放在 config.vm.box 下面即可，如下所示：

```
# Every Vagrant development environment requires a box. You can search for
    # boxes at https://atlas.hashicorp.com/search.
    config.vm.box = "centos67"
    config.vm.hostname = "depoly"
```

2. 内存设置

内存设置的具体方法如下：

```
# config.vm.provider "virtualbox" do |vb|
#   # Display the VirtualBox GUI when booting the machine
#   vb.gui = true
#
#   # Customize the amount of memory on the VM:
#   vb.memory = "1024"
# end
```

大家关注下此段配置，如果是要更改内存配置的时候，将 # 号去掉即可，如下所示：

```
config.vm.provider "virtualbox" do |vb|
    # Display the VirtualBox GUI when booting the machine
    vb.gui = true #此项如果开启的话会开启图形界面，大家可以根据个人喜好来选择
    # Customize the amount of memory on the VM:
    vb.memory = "1024"
    end
```

通过以上操作就可以更改名为 depoly 机器的虚拟机内存配置为 1024M。

3. 网络配置

Vagrant 中一共提供了三种网络配置。这几种配置可以在 vagrant 的配置文件中看到。

（1）端口映射（Forwarded port）

这种方式，就是把本机和虚拟机的端口进行映射。比如：笔者配置本机计算机的 8080 端口为虚拟机的 80 端口，这样笔者访问该机器的 8088 端口，Vagrant 会把请求转发到虚拟机的 80 端口去处理。

```
config.vm.network :forwarded_port, guest: 80, host: 8088
```

通过这种方式，我们可以有针对性地把虚拟机的某些端口公布到外网让其他人去访问。

（2）私有网络（Private network）

既然是 private，那么这种方式只允许主机访问虚拟机，就好像是搭建了一个私有的

Linux 集群，且只有一个出口，就是该主机。

```
config.vm.network "private_network", ip: "192.168.1.21"
```

使用这种方式非常安全，因为只有一个出口，而且对办公室网络无任何影响（各 VM 虚拟机之间不能 ping 通和互相连接），系统默认就是私有网络。

（3）公有网络（Public network）

虚拟机享受实体机器一样的待遇，一样的网络配置，即 bridge 模式。设定语法如下：

```
config.vm.network "public_network", ip: "192.168.1.120"
```

这种网络配置方式方便团队开发，别人也可以访问你的虚拟机。当然，你和你的虚拟机必须在同一个网段中。

如果更新配置以后，想要更新后的配置生效，可以使用命令 vagrant reload 重启虚拟机。

3.3.3　Vagrant 常用命令详解

Vagrant 有很多比较实用的命令，熟练掌握的话对平时的工作有很大帮助，具体如下。

显示当前已经添加的 box 列表：

```
vagrant box list
```

删除相应的 box：

```
vagrant box remove
```

停止当前正在运行的虚拟机并销毁所有创建的资源：

```
vagrant destroy
```

跟操作真实机器一样，关闭虚拟机器：

```
vagrant halt
```

打包命令，可以把当前运行的虚拟机环境进行打包：

```
vagrant package
```

重新启动虚拟机，主要用于重新载入配置文件：

```
vagrant reload
```

输出用于 SSH 连接的一些信息：

```
vagrant ssh-config
```

挂起当前的虚拟机：

```
vagrant suspend
```

恢复前面被挂起的状态：

```
vagrant resume
```

获取当前虚拟机的状态。

```
vagrant status
```

这些命令都比较好记，大家熟练掌握以后就可以更好地管理 vagrant 虚拟机器了。等虚拟机启动以后进行一些系统初始化的工作（例如安装 vim 编辑器和关闭 iptables 及 SELinux 等），此外，还可以升级我们的 Python 版本为 2.7.9、Go 版本为 1.7.3，然后将其打包，命令如下所示：

```
vagrant package
```

结果如下所示：

```
==> default: Attempting graceful shutdown of VM...
==> default: Clearing any previously set forwarded ports...
==> default: Exporting VM...
==> default: Compressing package to: D:/work/deploy/package.box
```

完成以上步骤后，我们可以把这个 package.box 放进优盘供自己的工作机器使用，或者放进公司内部的 FTP 服务器里，供团队的其他开发同事们一起使用。

3.4 使用 Vagrant 搭建分布式环境

前面这些单主机和单虚拟机主要是用来自己做开发机的，下面开始向大家介绍如何在单机上通过虚拟机来打造分布式造集群系统。这种多机器模式特别适合以下几种场景：

- 快速建立产品网络的多机器环境集群，例如 Web 服务器集群、DB 服务器集群等。
- 建立一个分布式系统，学习它们是如何交互的。
- 测试 API 和其他组件的通信。
- 可进行容灾模拟，如网络断网、机器死机、连接超时等情况。

Vagrant 支持单机模拟多台机器，而且支持一个配置文件 Vagrntfile 就可以跑分布式系统，我们建立 /work/distributed 作为分布式环境搭建的工作目录。然后利用下列的配置文件生成 3 台 VM 机器，其中一台 VM 机器的 hostname 名为 server，另外两台 hostname 分别名为 vagrant1 和 vagrant2，CPU 为四核、内存大小为 512M。另外，这里为了方便虚拟机之间进行交互，例如 SSH 无密码登录，这里选择的是 public_network 模式（即 bridge 模式），配置文件内容为：

```
Vagrant.configure("2") do |config|
    config.vm.define  "server" do |vb|
        config.vm.provider "virtualbox" do |v|
            v.memory = 512
            v.cpus = 4
        end
        vb.vm.host_name = "server"
        vb.vm.network :public_network, ip: "10.0.15"
        vb.vm.box = "centos67"
```

```
    end

    config.vm.define  "vagrant1" do |vb|
        config.vm.provider "virtualbox" do |v|
            v.memory = 512
            v.cpus = 4
        end
        vb.vm.host_name = "vagrant1"
        vb.vm.network :public_network, ip: "10.0.0.16"
        vb.vm.box = "centos67"
    end

    config.vm.define  "vagrant2" do |vb|
        config.vm.provider "virtualbox" do |v|
            v.memory = 512
            v.cpus = 4
        end
        vb.vm.host_name = "vagrant2"
        vb.vm.network :public_network, ip: "10.0.0.17"
        vb.vm.box = "centos67"
    end
end
```

利用vagrant启动各VM机器的命令为：

```
vagrant up
```

> 注意　distributed目录和depoly目录都是独立目录，有各自的Vagrantfile文件，如果后面要执行vagrant halt也只会关闭当前目录工作的VM机器。

结果如下所示（摘录部分如下）：

```
==> vagrant2: Running 'pre-boot' VM customizations...
==> vagrant2: Booting VM...
==> vagrant2: Waiting for machine to boot. This may take a few minutes...
    vagrant2: SSH address: 127.0.0.1:2202
    vagrant2: SSH username: vagrant
    vagrant2: SSH auth method: private key
    vagrant2: Warning: Remote connection disconnect. Retrying...
    vagrant2:
    vagrant2: Vagrant insecure key detected. Vagrant will automatically replac
    vagrant2: this with a newly generated keypair for better security.
    vagrant2:
    vagrant2: Inserting generated public key within guest...
    vagrant2: Removing insecure key from the guest if it's present...
    vagrant2: Key inserted! Disconnecting and reconnecting using new SSH key..
==> vagrant2: Machine booted and ready!
==> vagrant2: Checking for guest additions in VM...
    vagrant2: The guest additions on this VM do not match the installed versio
```

```
of
    vagrant2: VirtualBox! In most cases this is fine, but in rare cases it can
    vagrant2: prevent things such as shared folders from working properly. If
u see
    vagrant2: shared folder errors, please make sure the guest additions withi
the
    vagrant2: virtual machine match the version of VirtualBox you have install
 on
    vagrant2: your host and reload your VM.
    vagrant2:
    vagrant2: Guest Additions Version: 4.3.30
    vagrant2: VirtualBox Version: 5.1
==> vagrant2: Setting hostname...
==> vagrant2: Configuring and enabling network interfaces...
==> vagrant2: Mounting shared folders...
    vagrant2: /vagrant => D:/work/distributed
```

每台VM机器的详细SSH配置信息可以用如下命令查看：

```
vagrant ssh-config
```

命令如下所示：

```
Host server
    HostName 127.0.0.1
    User vagrant
    Port 2200
    UserKnownHostsFile /dev/null
    StrictHostKeyChecking no
    PasswordAuthentication no
    IdentityFile D:/work/distributed/.vagrant/machines/server/virtualbox/private
ey
    IdentitiesOnly yes
    LogLevel FATAL

Host vagrant1
    HostName 127.0.0.1
    User vagrant
    Port 2201
    UserKnownHostsFile /dev/null
    StrictHostKeyChecking no
    PasswordAuthentication no
    IdentityFile D:/work/distributed/.vagrant/machines/vagrant1/virtualbox/priva
_key
    IdentitiesOnly yes
    LogLevel FATAL

Host vagrant2
    HostName 127.0.0.1
    User vagrant
    Port 2202
    UserKnownHostsFile /dev/null
```

```
    StrictHostKeyChecking no
    PasswordAuthentication no
    IdentityFile D:/work/distributed/.vagrant/machines/vagrant2/virtualbox/priva
_key
    IdentitiesOnly yes
    LogLevel FATAL
```

如果是查看单机的SSH配置情况，例如hostname名为vagrant2的机器的SSH配置信息，可以用下面的命令查看：

```
vagrant ssh vagrant2
```

命令如下所示：

```
`ssh` executable not found in any directories in the %PATH% variable. Is an
SSH client installed? Try installing Cygwin, MinGW or Git, all of which
contain an SSH client. Or use your favorite SSH client with the following
authentication information shown below:

Host: 127.0.0.1
Port: 2202
Username: vagrant
Private key: D:/work/distributed/.vagrant/machines/vagrant2/virtualbox/private_key
```

虚拟机分别启动后，我们可以通过vagrant:vagrant账号和密码进行SSH连接，建议以server机器为跳板机，分配root用户的公钥到vagrant1和vagrnat2机器上面（后期如果有多余的VM机器，以此类推）。然后大家可以针对需求搭建各自的分布式环境（比如基于LVS的Web集群），进行相关测试工作。

参考文档：https://github.com/astaxie/go-best-practice/blob/master/ebook/zh/01.1.md。

3.5 小结

Vagrant在工作中除了能够方便地在团队之间共享开发环境以外，另外一个优点就是能在节约系统资源的前提下，方便快捷地搭建分布式环境。现在很多工作都会涉及分布式场景，希望大家能够熟练地掌握其用法，进一步加强工作和学习的效率。

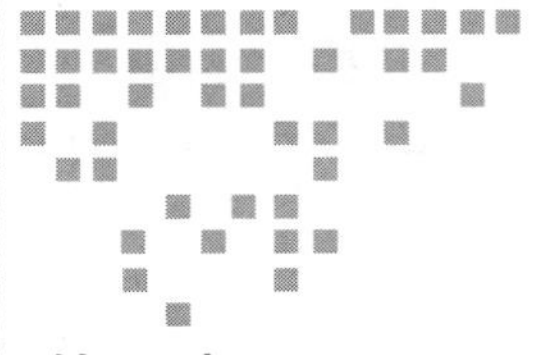

Chapter 4 第4章

轻量级自动化运维工具介绍

随着集群环境的规模越来越大，网站需要管理和维护的机器也越来越多，比如笔者现在所在的CDN公司，线上提供的业务机器达到8000多台的规模，按照业务来划分平台。如果单纯靠手动维护的话，就算单个平台工作量也会很多。这个时候我们需要找一些轻量级的简单易用的自动化运维工具来进行日常的运维工作，所以这里简单给大家介绍基于Python语言开发的pssh和Fabric工具。

此外，目前笔者公司的海外业务采用的是AWS数据中心，且采用的是分布式方案，在全球都有数据中心。数据中心采用的是AWS EC2机器，在核心的数据中心里，EC2机器数量就已经比较多了，而且在业务繁忙的时候，会通过AWS AMI（Amazon系统映像）直接上线几十台相同业务的EC2机器，机器类型、系统应用及配置文件基本上一模一样，很多时候需要修改相同的配置文件，执行相同的操作，这个时候为了避免重复性的劳动就需要用到自动化运维工具了。轻量级自动化运维工具Fabric在这里是首选。Fabric是基于Python语言开发的，配置简单，也是DevOps开发组的同事们的最爱，都很容易接受。为了方便自动化运维，我们在每个数据中心都部署了跳板机，其物理拓扑图如图4-1所示。

图4-1　跳板机物理拓扑图

部署跳板机的好处有：

- 基于安全性考虑，只有跳板机开放了公网 IP 和 SSH-key 登录，其他业务机器默认只允许内网登录，公网 IP 地址不对外开放。
- 方便自动化运维部署，跳板机上面做了免密码登录，可以直接通过 SSH 命令操作其他业务机器。
- 权限控制管理，跳板机上面部署了几套 key，分别对应不同的权限分配用户，公司的同事按照不同的职能获得相应的私钥登录跳板机，分配的相应权限也是不一样的。

部署跳板机应该注意的事项：

- 网络质量要好，因为跳板机要求是质量很好的 BGP 机房（这个时候需要走公网连接）。要特别注意安全的问题，适当控制主机登陆还是有好处的，可以通过 iptables 控制允许登陆的 IP 地址。
- 如果是 AWS 云主机数据中心，可以考虑在每个数据中心部署一个跳板机（因为 AWS 每个数据中心都是独立的，只能通过公网连接。跳板机与机房其他机房通过内网 SSH 连接，不需要走公网，这样设计的好处是可以减少因为公网链路质量不好而引发的各种链接问题）。

> 注意　Amazon Linux AMI 是由 Amazon Web Services 提供的受支持和维护的 Linux 映像，用于 Amazon Elastic Compute Cloud（Amazon EC2），旨在为 Amazon EC2 上运行的应用程序提供稳定、安全和高性能的执行环境。它支持最新的 EC2 实例类型功能，并包括可与 AWS 轻松集成的软件包。Amazon Web Services 为运行 Amazon Linux AMI 的所有实例提供持续的安全性和维护更新。Amazon Linux AMI 对于 Amazon EC2 用户没有额外费用。

4.1　轻量级自动化运维工具 pssh 介绍

pssh 是一个由 python 编写，可以在多台服务器上执行命令的工具，同时支持拷贝文件，在同类工具中较为出色。类似 pdsh，但相对于 pdsh 更为简便（因为 pdsh 需要安装客户端），项目地址：https://code.google.com/p/parallel-ssh/。

我们可以用以下命令来查看 pssh 的具体用法，其命令如下：

```
pssh -help
```

命令结果如下所示：

```
Usage: pssh [OPTIONS] command [...]

Options:
    --version              show program's version number and exit
    --help                 show this help message and exit
```

```
  -h HOST_FILE, --hosts=HOST_FILE
                        hosts file (each line "[user@]host[:port]")
  -H HOST_STRING, --host=HOST_STRING
                        additional host entries ("[user@]host[:port]")
  -l USER, --user=USER  username (OPTIONAL)
  -p PAR, --par=PAR     max number of parallel threads (OPTIONAL)
  -o OUTDIR, --outdir=OUTDIR
                        output directory for stdout files (OPTIONAL)
  -e ERRDIR, --errdir=ERRDIR
                        output directory for stderr files (OPTIONAL)
  -t TIMEOUT, --timeout=TIMEOUT
                        timeout (secs) (0 = no timeout) per host (OPTIONAL)
  -O OPTION, --option=OPTION
                        SSH option (OPTIONAL)
  -v, --verbose         turn on warning and diagnostic messages (OPTIONAL)
  -A, --askpass         Ask for a password (OPTIONAL)
  -x ARGS, --extra-args=ARGS
                        Extra command-line arguments, with processing for
                        spaces, quotes, and backslashes
  -X ARG, --extra-arg=ARG
                        Extra command-line argument
  -i, --inline          inline aggregated output and error for each server
  --inline-stdout       inline standard output for each server
  -I, --send-input      read from standard input and send as input to ssh
  -P, --print           print output as we get it

Example: pssh -h hosts.txt -l irb2 -o /tmp/foo uptime
```

其参数详细说明如下：

- -H：此参数后面跟一个远程主机或 IP 地址，格式为 [user@host[:port]]，例如 ec2@192.168.1.11。
- -h：此参数后面跟一个远程主机列表文件。
- -l：远程机器的用户名。
- -p：指定 pssh 最大并行进程数。
- -o：输出内容重定向到一个文件。
- -e：执行错误重定向到一个文件。
- -t：设置命令执行的超时时间。
- -A：提示输入密码并且把密码传递给 ssh。
- -O：设置 ssh 参数的具体配置，参照 ssh_config 配置文件。
- -x：传递多个 SSH 命令，多个命令用空格分开。
- -X：同 -x，但是一次只能传递一个命令，比如不规则的 SSH 端口，例如 -X -p '12233'。
- -i：显示标准输出和标准错误在每台 host 执行完毕后的结果。
- -P：执行时输出执行信息。

4.1.1　pssh 的安装

如果系统是最小化安装的话，记得先提前安装好 gcc、gcc-c++、make 这些基础开发包和 python-pip（系统为 CentOS6.8 x86_64）：

```
yum -y install make gcc gcc++ python-devel python-pip
```

pssh 安装：

```
wget  https://pypi.python.org/packages/60/9a/8035af3a7d3d1617ae2c7c174efa4f154e5b
    f9c24b36b623413b38be8e4a/pssh-2.3.1.tar.gz
tar xvf pssh-2.3.1.tar.gz
cd pssh-2.3.1
python setup.py install
```

命令执行成功以后，会有如下显示：

```
running build
running build_py
running build_scripts
running install_lib
running install_scripts
changing mode of /usr/bin/prsync to 755
changing mode of /usr/bin/pscp to 755
changing mode of /usr/bin/pssh to 755
changing mode of /usr/bin/pssh-askpass to 755
changing mode of /usr/bin/pnuke to 755
changing mode of /usr/bin/pslurp to 755
running install_data
running install_egg_info
Removing /usr/lib/python2.6/site-packages/pssh-2.3.1-py2.6.egg-info
Writing /usr/lib/python2.6/site-packages/pssh-2.3.1-py2.6.egg-info
```

安装完成以后有以下几个命令：

- ❑ pssh：在多个主机上并行地运行命令。
- ❑ pscp：把文件并行地复制到多个主机上。
- ❑ prsync：通过 rsync 协议把文件高效地并行复制到多个主机上。
- ❑ pslurp：把文件并行地从多个远程主机复制到中心主机上。
- ❑ pnuke：并行地在多个远程主机上杀死进程。

> **注意** pssh 最多可以生成 32 个进程，并行地连接各个节点。如果远程命令在 60 秒内没有完成，连接就会终止。如果命令需要更多的处理时间，可以使用 -t 设置更长的到期时间。（parallel-scp 和 parallel-rsync 没有默认的到期时间，但是可以用 -t 指定到期时间。）

4.1.2　pssh 的使用

首先需要在跳板机上面配置密钥，免密码访问管理机器，这步操作大家应该都熟悉，此处略过具体过程，这里拿3台主机进行说明，其跳板机上面/etc/hosts文件内容如下所示：

```
10.0.0.15 server
10.0.0.16 vagrant1
10.0.0.17 vagrant2
```

hosts.list文件内容如下所示：

```
10.0.0.16
10.0.0.17
```

1）查看客户端机器的系统负载，执行命令如下所示：

```
pssh -h hosts.list  -l root -P ” uptime”
```

命令结果如下所示：

```
10.0.0.17:  03:39:45 up 22 min,  0 users,  load average: 0.00, 0.00, 0.00
[1] 03:39:45 [SUCCESS] 10.0.0.17
10.0.0.16:  03:39:45 up 22 min,  0 users,  load average: 0.03, 0.03, 0.00
[2] 03:39:45 [SUCCESS] 10.0.0.16
```

2）在各个客户端机器上面执行安装vim的命令，命令如下所示：

```
pssh -h hosts.list  -l root -P "yum -y install sysstat" -t 600
```

命令结果如下所示：

```
10.0.0.17:
Installed:
    sysstat.x86_64 0:9.0.4-31.el6
10.0.0.17: Complete!
10.0.0.16:
    Verifying  : sysstat-9.0.4-31.el6.x86_64
1/1
[1] 03:48:51 [SUCCESS] 10.0.0.17
10.0.0.16:
Installed:
    sysstat.x86_64 0:9.0.4-31.el6
10.0.0.16: Complete!
[2] 03:48:51 [SUCCESS] 10.0.0.16
```

3）复杂文件到远程机器的指定目录，命令如下所示：

```
[root@server ~]# pscp -h hosts.list -l root -r /usr/local/src /tmp/tmp
```

结果如下所示：

```
[1] 03:59:30 [SUCCESS] 10.0.0.16
[2] 03:59:30 [SUCCESS] 10.0.0.17
```

在实际工作中我们会发现，其实pssh还是有很多缺点的，如下所示：

- 如果主机机器多的话，整个显示结果其实是无序的，我们没有办法获取其结果反馈。

- 复杂些的角色分类支持得不是很好。
- 没有提供 API，不方便二次开发。

所以这个时候我们需要找功能更为强大的自动化运维工具，这里我们推荐大家使用 Fabric。

4.2　轻量级自动化运维工具 Fabric 介绍

Fabric 是基于 Python（2.5 及以上版本）实现的 SSH 命令行工具，简化了 SSH 的应用程序部署及系统管理任务。它提供了系统基础的操作组件，可以实现本地或远程 Shell 命令，包括文件上传、下载、脚本执行及完整执行日志输出等功能。Fabric 的官方地址为 http://www.fabfile.org，目前最高版本为 1.30。

4.2.1　Fabric 的安装

Fabric 的安装可以选择用 Python 的 pip、easy_install 及源码安装方式，可以很方便地解决包依赖关系，大家可以自行根据系统环境选择最优的安装方法，如果选择 pip 或 easy_install 安装方式，其命令如下（如果系统是最小化安装的话，记得先提前安装好 gcc、gcc-c++、make 这些基础开发包和 python-pip，系统为 CentOS 6.8 x86_64）：

```
yum -y install make gcc gcc++  python-devel python-pip openssl-devel
```

pip 是安装 python 包的工具，具有提供安装包、列出已经安装的包、升级包以及卸载包的功能，我们可以通过 pip 工具直接安装，命令如下：

```
pip install fabric
```

这里推荐源码安装，安装步骤如下所示：

```
yum -y install python-setuptools
cd /usr/local/src
wget https://pypi.python.org/packages/de/cd/ad1ebe31ea8143b4f1458283971a7806f7a6
    062ca26b01c956c6c176597a/Fabric-1.13.1.tar.gz
tar xvf Fabric-1.13.1.tar.gz
cd Fabric-1.13.1
python setup.py install
```

安装过程中如果有如下报错：

```
Installed /usr/lib/python2.6/site-packages/Fabric-1.13.1-py2.6.egg
Processing dependencies for Fabric==1.13.1
Searching for cryptography>=1.1
Reading http://pypi.python.org/simple/cryptography/
Best match: cryptography 1.8.1
Downloading https://pypi.python.org/packages/ec/5f/d5bc241d06665eed93cd8d3aa7198
    024ce7833af7a67f6dc92df94e00588/cryptography-1.8.1.tar.gz#md5=9f28a9c141995c
    d2300d0976b4fac3fb
Processing cryptography-1.8.1.tar.gz
```

```
Running cryptography-1.8.1/setup.py -q bdist_egg --dist-dir /tmp/easy_install-
    4Wjw7d/cryptography-1.8.1/egg-dist-tmp-E9ev8u
error: Installed distribution cffi 0.6 conflicts with requirement cffi>=1.4.1
```

该报错说明系统中的 cffi 版本过低，这里需要的版本至少为 1.4.1，所以需要源码安装下载 cffi。

```
wget https://pypi.python.org/packages/5b/b9/790f8eafcdab455bcd3bd908161f802c9ce5
adbf702a83aa7712fcc345b7/cffi-1.10.0.tar.gz
tar xvf cffi-1.10.0.tar.gz
cd cffi-1.10.0
python setup.py install
```

有如下字样则说明安装成功了：

```
Installed /usr/lib64/python2.6/site-packages/cffi-1.10.0-py2.6-linux-x86_64.egg
Processing dependencies for cffi==1.10.0
Searching for pycparser==2.09.1
Best match: pycparser 2.09.1
Adding pycparser 2.09.1 to easy-install.pth file

Using /usr/lib/python2.6/site-packages
Finished processing dependencies for cffi==1.10.0
```

我们继续安装 Fabirc-1.13.1 版本，命令如下所示：

```
cd Fabric-1.13.1
python setup.py install
```

安装结果如下，如果出现以下字样则表示 fabirc 已经成功安装：

```
Using /usr/lib/python2.6/site-packages/paramiko-2.1.2-py2.6.egg
Searching for pyasn1==0.2.3
Best match: pyasn1 0.2.3
Processing pyasn1-0.2.3-py2.6.egg
pyasn1 0.2.3 is already the active version in easy-install.pth

Using /usr/lib/python2.6/site-packages/pyasn1-0.2.3-py2.6.egg
Searching for cffi==1.10.0
Best match: cffi 1.10.0
Processing cffi-1.10.0-py2.6-linux-x86_64.egg
Adding cffi 1.10.0 to easy-install.pth file

Using /usr/lib64/python2.6/site-packages/cffi-1.10.0-py2.6-linux-x86_64.egg
Searching for distribute==0.6.10
Best match: distribute 0.6.10
Adding distribute 0.6.10 to easy-install.pth file
Installing easy_install script to /usr/bin
Installing easy_install-2.6 script to /usr/bin

Using /usr/lib/python2.6/site-packages
Searching for pycparser==2.09.1
```

```
Best match: pycparser 2.09.1
Adding pycparser 2.09.1 to easy-install.pth file

Using /usr/lib/python2.6/site-packages
Searching for ordereddict==1.2
Best match: ordereddict 1.2
Adding ordereddict 1.2 to easy-install.pth file

Using /usr/lib64/python2.6/site-packages
Finished processing dependencies for Fabric==1.13.1
```

下面检查 fabric 模块是否已正常安装成功，如果 import fabirc 没有任何错误提示则表示安装成功，命令如下所示：

```
Python 2.6.6 (r266:84292, Jul 23 2015, 15:22:56)
[GCC 4.4.7 20120313 (Red Hat 4.4.7-11)] on linux2
Type "help", "copyright", "credits" or "license" for more information.
>>> import fabric
>>>
```

这个时候系统应该已有 Fabric 的命令行 fab 文件存在，执行如下命令定位 fab 文件的位置：

```
which fab
```

命令结果如下所示：

```
/usr/bin/fab
```

4.2.2　Fabric 的命令行入口 fab 命令详细介绍

fab 作为 fabirc 的命令行入口，提供了丰富的参数调用，命令格式如下：

```
fab [options] -- [shell command]
```

- -l：显示定义好的任务函数名。
- -f：指定 fab 入口文件，默认入口文件名为 fabfile.py，如果当前目录不存在 fabfile.py，必须使用 -f 参数指定一个新的文件，否则报错。
- -g：指定网关设备，比如跳板机环境，填写跳板机 IP 即可。
- -H：指定目标主机，多台主机用“,”号分隔。
- -P：以异步并行方式运行多个主机任务，默认为串行运行。
- -R：指定 role(角色)，以角色名区分不同业务组设备。
- -t：设置设备连接超时时间。
- -T：设置远程主机命令执行超时时间。
- -w：命令执行失败时发出警告，而非默认终止任务。

fab 的简单用法举例

这里还是跟之前的 pssh 一样，提前做好跳板机的 root 用户的免密码 SSH-key 登录。

如果要通过 Fabric 得知远程机器 10.0.0.17 的 hostname 名，命令如下：

```
fab  -H 10.0.0.17  -- 'hostname'
```

成功执行完 fab 命令以后，应该可以看到以下结果：

```
[10.0.0.17] Executing task '<remainder>'
[10.0.0.17] run: df -h
[10.0.0.17] out: Filesystem            Size  Used Avail Use% Mounted on
[10.0.0.17] out: /dev/mapper/VolGroup-lv_root
[10.0.0.17] out:                       8.1G  1.2G  6.5G  16% /
[10.0.0.17] out: tmpfs                 245M     0  245M   0% /dev/shm
[10.0.0.17] out: /dev/sda1             477M   57M  396M  13% /boot
[10.0.0.17] out:
Done.
Disconnecting from 10.0.0.17... done.
```

4.2.3 Fabric 的环境变量设置

Fabric 的环境变量有很多，存放在字典 fabric.state.env 中，而它包含在 fabric.api 中。为了方便，我们一般使用 env 来指代环境变量。env 环境变量可以控制很多 Fabric 的行为，一般可以通过 env.xxx 进行设置。

另外，env.xxx 这样的配置是全局变量，应放在函数体外，如果放在函数体内，执行时会报错。

Fabric 默认使用本地用户通过 ssh 进行连接远程机器，不过可以通过 env.user 变量进行覆盖。当进行 ssh 连接时，fabric 会要求输入远程机器密码，如果设置了 env.password 变量，则不需要交互的输入密码。

下面介绍一些常用的环境变量：

- abort_on_prompts：设置是否运行在交互模式下，例如会提示输入密码等，默认为 false。
- connection_attempts：fabric 尝试连接到新服务器的次数，默认 1 次。
- cwd：目前的工作目录，一般用于确定 cd 命令的上下文环境。
- disable_known_hosts：默认为 false，如果是 true，则会跳过用户知道的 hosts 文件（下面有详细说明）。
- exclude_hosts：指定一个主机列表，在 fab 执行时忽略列表中的机器。
- fabfile：在 fab 命令执行时，会自动搜索这个文件执行。默认值为 fabfile.py。
- host_string：当 fabric 连接远程机器执行 run、put 时，设置的 user/host/port 等。
- hosts：一个全局的 host 列表。
- keepalive：设置 ssh 的 keepalive。默认为 0。
- loacl_user：一个只读的变量，包含了本地的系统用户，同 user 变量一样，但是 user 可以修改。
- parallel：即串行，默认为 false，如果是 true 会并行执行所有的 task。

- pool_size：在使用 parallel 执行任务时设置的进程数。默认为 0。
- password：ssh 远程连接时使用的密码，也可以是在使用 sudo 时使用的密码。
- passwords：一个字典，可以为每一台机器设置一个密码，key 是 ip，value 是密码。
- path：在使用 run/sudo/local 执行命令时设置的 $PATH 环境变量。
- port：设置主机的端口。
- roledefs：一个字典，设置主机名到规则组的映射。
- roles：一个全局的 role 列表。
- shell：在执行 run 命令时默认的 shell 环境。默认为 /bin/bash -1 -c。
- skip_bad_hosts：默认为 false，如果为 ture，则会导致 fab 跳过无法连接的主机。
- sudo_prefix ：执行 sudo 命令时调用的 sudo 环境。默认值为 "sudo -S -p '%(sudo_prompt)s' " % env。
- sudo_prompt：默认值为 "sudo password:"。
- timeout：默认 10 网络连接的超时时间。
- user：ssh 使用哪个用户登录远程主机。

已知主机但更换了密钥：

SSH 密钥 / 指纹认证机制的目的在于检测中间人攻击：如果攻击者将你的 SSH 流量转向他控制的计算机，并将其伪装为你的目的主机，将会检测到主机密钥不匹配。因此 SSH（及其 Python 实现）发现主机密钥与 known_hosts 文件中纪录不一致时，都默认立即拒绝连接。

在某些情况下，比如部署 EC2 时，你可能会打算忽略该问题，我们目前所采用的 SSH 层并没有提供对该操作的明确控制，但是可以通过跳过 known_hosts 文件的加载过程——如果 known_hosts 文件为空，则不会出现纪录不一致的问题。如果你需要这样做，可以设置 env.disable_known_hosts 为 True，其默认值为 False，遵从 SSH 的默认设置。

启用 env.disable_known_hosts 会使你暴露在中间人攻击中，请小心使用。

4.2.4　Fabric 的核心 API

Fabric 的核心 API 主要有七类：带颜色的输出类（color output）、上下文管理类（context managers）、装饰器类（decorators）、网络类（network）、操作类（oprations）、任务类（tasks）、工具类（utils）。

Fabric 提供了一组简单但功能强大的 fabric.api 命令集，简单调用这些 API 就能完成大部分应用场景需求，Fabric 支持的常用方法及说明如下：

- local：执行本地命令，如 local：('uname -s')。
- lcd：切换本地目录，如 lcd：('/home')。

- cd：切换远程目录，如 cd：('/data/logs/')。
- run：执行远程命令，如：run('free -m')。
- sudo：sudo 方式执行远程命令，如：sudo('/etc/init.d/httpd start')。
- put：上传本地文件到远程主机，如：put('/home/user.info'，'/data/user.info')。
- get：从远程主机下载文件到本地，如：get('/home/user.info'，'/data/user.info')。
- prompt：获得用户输入信息，如：prompt('please input user password：')。
- confirm：获得提示信息确认，如：confirm('Test failed，Continue[Y/N]')。
- reboot：重启远程主机，如 reboot()。
- @task：函数修饰符，新版本 fabric 任务对面向对象特性和命名空间有很好的支持。尤其是面向对象的继承和多态特性，对代码的复用极其重要。新版本 fabric 定义常规模块级别的函数并带有装饰器 @task，这会直接将该函数转化为 Task 子类，该函数名会被作为任务名，后面会举例说明 @task 的用法。
- @runs_once：函数修饰符，标识符的函数只执行一次，不受多台主机影响。

下面来看看 @task 的用法，它可以为任务添加别名，命令如下：

```
from fabric.api import task
@task(alias='dwm')
def deploy_with_migrations():
    pass
```

使用 fab 命令打印指定文件中存在的命令，如下：

```
fab -f /home/yhc/test.py --list
```

命令结果如下所示：

```
Available commands:
deploy_with_migrations
    dwm
```

还可以通过 @task 设置默认的任务，比如 deploy（部署）一个子模块：

```
from fabric.api import task
@task
def migrate():
    pass
@task
def push()
    pass
@task
def provision():
    pass

@task(default=True)
def full_deploy():
    provision()
    push()
```

```
    migrate()
```

使用 fab 命令打印指定文件中存在的命令，如下：

```
fab -f /home/yhc/test.py --list
```

结果如下所示：

```
Available commands:
    deploy
    deploy.full_deploy
    deploy.migrate
    deploy.provision
    deploy.push
```

也可以通过 @task 以类的形式定义任务，如：

```
from fabric.api import task
from fabric.tasks import Task
class MyTask(Task):
    name = "deploy"
    def run(self, environment, domain="whatever.com"):
        run("git clone foo")
        sudo("service apache2 restart")
instance = MyTask()
```

上面的代码跟下面的代码效果是一样的：

```
from fabric.api import task
from fabric.tasks import Task
@task
def deploy(environment, domain="whatever.com"):
    run("git clone foo")
    sudo("service apache2 restart")
```

大家可以对比看看，是不是采用 @task 函数修饰器的方式更为简洁和直观呢？

关于 @task 修饰器的用法和其他 fabric.api 命令，请参考 Fabric 官方文档：http://fabric-chs.readthedocs.org/zh_CN/chs/tutorial.html。

接下来举例说明 @runs_once 的用法，源码文件 /home/yhc/test.py 如下所示：

```
#!/usr/bin/python
# -*- coding: utf-8 -*-
from fabric.api import *
from fabric.colors import *

#如果没有配置SSH-key免密登陆，此时需要设置root账号和密码
#env.user = "root" #定义用户名，env对象的作用是定义fabric指定文件的全局设定
#env.password = "redhat" #定义密码
env.hosts = ['192.168.1.204','192.168.1.205']
#定义目标主机

@runs_once
```

```
#当有多台主机时只执行一次
def local_task(): #本地任务函数
    local("hostname")
    print red("hello,world")
    #打印红色字体的结果
def remote_task(): #远程任务函数
    with cd("/usr/local/src"):
        run("ls -lF | grep /$")
#with是python中更优雅的语法，可以很好地处理上下文环境产生的异常,这里用了with以后相当于实现"cd
 /var/www/html && ls -lsart"的效果。
```

通过 fab 命令调用 local_task 本地任务函数，命令如下：

```
fab -f test.py local_task
```

结果如下：

```
[10.0.0.16] Executing task 'local_task'
[localhost] local: hostname
server
hello,world

Done.
```

虽然命令显示的不是本机的 IP 地址，但实际上并没有在主机 10.0.0.16 上面，而是在本地主机 server(IP 为 10.0.0.15）的机器上执行了命令，并以红色颜色字体显示了“hello,world”和“server”。

调用 remote_task 远程函数显示结果，分别在 10.0.0.161 和 10.0.0.17 的机器上打印 /usr/local/src/ 下面存在的目录，结果如下：

```
[10.0.0.16] Executing task 'remote_task'
[10.0.0.16] run: ls -lF | grep /$
[10.0.0.16] out: drwxr-xr-x 9   501 games   4096 Apr  2 05:22 Fabric-1.13.1/
[10.0.0.16] out:

[10.0.0.17] Executing task 'remote_task'
[10.0.0.17] run: ls -lF | grep /$
[10.0.0.17] out: drwxr-xr-x 2 root root 4096 Apr  2 08:27 test1/
[10.0.0.17] out: drwxr-xr-x 2 root root 4096 Apr  2 08:27 test2/
[10.0.0.17] out:


Done.
Disconnecting from 10.0.0.16... done.
Disconnecting from 10.0.0.17... done.
```

4.2.5 Fabric 的执行逻辑

Fabric 的执行逻辑顺序是怎样的呢？

由于 Fabric 并不是完全线程安全（以及为了更加通用，任务函数之间并不会产生交互），该功能的实现基于 Python multiprocessing 模块，它会为每一个主机和任务组合创建一个线程，同时提供一个（可选的）弹窗用于阻止创建过多的进程。

举个例子，假设你正打算更新数台服务器上的 Web 应用代码，所有服务的代码都更新后开始重启服务器（这样代码更新失败的时候比较容易回滚）。你可能会写出下面这样的代码：

```
from fabric.api import *
def update():
    with cd("/srv/django/myapp"):
        run("git pull")

def reload():
    sudo("service apache2 reload")
#在三台服务器上并行执行，就像这样：
fab -H web1,web2,web3 update reload
```

常见的情况是没有启动任何并行执行参数，Fabric 将按顺序在服务器上执行：

1）在 web1 上更新。

2）在 web2 上更新。

3）在 web3 上更新。

4）在 web1 上重新加载配置。

5）在 web2 上重新加载配置。

6）在 web3 上重新加载配置。

如果激活并行执行（通过 -P 实现，下面会详细介绍），它将变成这样：

1）在 web1、web2 和 web3 上更新。

2）在 web1、web2 和 web3 上重新加载配置。

这样做的好处非常明显——如果 update 花费 5 秒，reload 花费 2 秒，顺序执行总共会花费 $(5+2)\times3=21$ 秒，而并行执行只需要它的 1/3，也就是 $(5+2)=7$ 秒。

Fabirc 如何使用装饰器来改变执行顺序呢？

由于并行执行影响的最小单位是任务，所以功能的启用或禁用也是以任务为单位使用 parallel（并行）或 serial（串行）装饰器。以下面这个 fabfile 为例：

```
from fabric.api import *
@parallel
def runs_in_parallel():
    pass
def runs_serially():
    pass
```

如果这样执行：

```
fab -H host1,host2,host3 runs_in_parallel runs_serially
```

将会按照下述流程执行：

1）runs_in_parallel 运行在 host1、host2 和 host3 上。

2）runs_serially 运行在 host1 上。

3）runs_serially 运行在 host2 上。

4）runs_serially 运行在 host3 上。

大家也可以使用命令行选项 -P 或者环境变量 env.parallel<env-parallel> 强制所有任务并行执行。不过被装饰器 fabric.decorators.serial 封装的任务会忽略该设置，仍旧保持顺序执行。

例如，下面的 fabfile 会产生和上面同样的执行顺序：

```
from fabric.api import *
def runs_in_parallel():
    pass
@serial
def runs_serially():
    pass
```

在这样调用时：

```
fab -H host1,host2,host3 -P runs_in_parallel runs_serially
```

和上面一样，runs_in_parallel 将会并行执行，runs_serially 顺序执行。

4.2.6 如何利用进程池大小来限制 Fabric 并发进程数

主机列表很大时，用户的机器可能会因为并发运行了太多的 Fabric 进程而被压垮，因此，读者可能会选择进程池方法来限制 Fabric 并发执行的活跃进程数。

通用的方法一般是将这些值配置为 CPU 的逻辑个数。默认情况下没有使用 bubble 限制，所有主机都运行在并发池中。你可以在任务级别指定 parallel 的关键字参数 pool_size 来覆盖该设置，或者使用选项 -z 进行全局设置。

例如同时在 5 个主机上运行：

```
from fabric.api import *

@parallel(pool_size=5)
def heavy_task():
    # lots of heavy local lifting or lots of IO here
```

或者不使用关键字参数 pool_size：

```
fab -P -z 5 heavy_task
```

参考文档：http://fabric-chs.readthedocs.io/zh_CN/chs/usage/parallel.html。

4.3 Fabric 在工作中应用实例

本节我们将从开发环境和工作场景两个角度来介绍 Fabric 应用实例。大家需要注意的是，一般内网开发环境是没有配置内网 DNS 的，我们直接修改 /etc/hosts 文件即可，线上环境我们可以利用 DNS 服务器来正确识别主机。

4.3.1　开发环境中 Fabric 应用实例

笔者所在公司的开发环境都是 Xen 和 KVM 虚拟机器，但数据也不少，因为是内网环境，所以一般直接用 root 和 SSH 密码连接，系统是 CentOS 6.8 x86_64，Python 版本 2.6.6。

实例 1，同步 Fabric 跳板机机器的 /etc/hosts 文件，脚本如下：

```
#!/usr/bin/python
# -*- coding: utf-8 -*-
from fabric.api import *
from fabric.colors import *
from fabric.context_managers import *
#fabric.context_managers是fabric的上下文管理类，这里需要import是因为下面会用到with

env.user = 'root'
env.hosts = ['192.168.1.200','192.168.1.205','192.168.1.206']
env.password = 'bilin101'


@task
#限定只有put_hosts_file函数对fab命令可见。
def put_hosts_files():
    print yellow("rsync /etc/host File")
    with settings(warn_only=True): #出现异常时继续执行，非终止。
        put("/etc/hosts","/etc/hosts")
        print green("rsync file success!")
'''这里用到with是确保即便发生异常，也将尽早执行清理下面的操作，一般来说，Python中的with语句一
   般多用于执行清理操作（如关闭文件），因为python中打开文件以后的时间是不确定的，如果有其他程序
   试图访问打开的文件会导致问题。
for host in env.hosts:
    env.host_string = host
    put_hosts_files()
'''
```

实例 2，同步公司内部开发服务器的 git 代码，现在的互联网公司的 DevOps 开发团队应该都比较倾向于采用 git 作为开发版本管理工具，稍微改动此脚本应该也可以用于线上的机器，脚本如下所示：

```
#!/usr/bin/python
# -*- coding: utf-8 -*-
from fabric.api import *
from fabric.colors import *
from fabric.context_managers import *

env.user = 'root'
env.hosts = ['192.168.1.200','192.168.1.205','192.168.1.206']
env.password = 'redhat'
```

```
@task
#同上面一样，指定git_update函数只对fab命令可见。
def git_update():
    with settings(warn_only=True):
        with cd('/home/project/github'):
            sudo('git stash clear')
            #清理当前git中所有的储藏，以便于我们stashing最新的工作代码
            sudo('git stash')
            '''如果我们想切换分支，但是不想提交你正在进行中的工作,所以得储藏这些变更。为了往git
               堆栈推送一个新的储藏，只需要运行git stash命令即可。
            '''
            sudo('git pull')
            sudo('git stash apply')
            #完成当前代码pull以后，取回最新的stashing工作代码，这里我们用命令git stash apply。
            sudo('nginx -s reload')

'''
for host in env.hosts:
    env.host_string = host
    git_update()
'''
```

注意 这里还是建议以 fab 的方式来执行我们自定义文件的各种自定义任务函数，感觉操作起来更为灵活方便。

例如：fab –f /home/yhc/mywork.py git_update。

4.3.2 工作场景中常见的 Fabric 应用实例

1. 工作场景一

笔者公司的海外业务机器都是 AWS EC2 主机，机器数量较多，每个数据中心都部署了 Fabric 跳板机（物理拓扑图可参考图 4.1），系统为 Amazon Linux，内核版本为 3.14.34-27.48.amzn1.x86_64，Python 版本为 Python 2.6.9。

公司项目组核心开发人员离职的话，线上机器都会更改密钥，由于密钥一般以组的形式存在，再加上机器数量繁多，因此单纯通过人手工操作，基本是一项不可能完成的工作，但如果通过 Fabric 自动化运维工具，这就是一项简单的工作了，由于现在的线上服务器大多采用 SSH Key 的方式进行管理，所以 SSH Key 分发对于大多数系统运维人员来说也是工作之一，故而建议大家掌握此脚本的用法。示例脚本内容如下：

```
#!/usr/bin/python2.6
# -*- coding: utf-8 -*-
from fabric.api import *
from fabric.colors import *
from fabric.context_managers import *
#这里为了简化工作，脚本采用纯python的写法，没有采用Fabric的@task修饰器，脚本不需要利用fab执
 行，直接以python的形式执行即可。
```

```
env.user = 'ec2-user'
env.key_filename = '/home/ec2-user/.ssh/id_rsa'
hosts=['budget','adserver','bidder1','bidder2','bidder3','bidder4','bidder5','bidder6',
    'bidder7','bidder8','bidder9',redis1','redis2','redis3','redis4','redis5','redis6']
    …
#机器数量多，这里只是罗列部分主机

def put_ec2_key():
    with settings(warn_only=False):
        put("/home/ec2-user/admin-master.pub","/home/ec2-user/admin-master.pub")
        sudo("\cp /home/ec2-user/admin-master.pub /home/ec2-user/.ssh/authorized_keys")
        sudo("chmod 600 /home/ec2-user/.ssh/authorized_keys")

def put_admin_key():
    with settings(warn_only=False):
        put("/home/ec2-user/admin-operation.pub",
"/home/ec2-user/admin-operation.pub")
        sudo("\cp /home/ec2-user/admin-operation.pub  /home/admin/.ssh/autho
            rized_keys")
        sudo("chown admin:admin /home/admin/.ssh/authorized_keys")
        sudo("chmod 600 /home/admin/.ssh/authorized_keys")

def put_readonly_key():
        with settings(warn_only=False):
        put("/home/ec2-user/admin-readonly.pub",
"/home/ec2-user/admin-readonly.pub")
        sudo("\cp /home/ec2-user/admin-readonly.pub /home/readonly/.ssh/author
            ized_keys")
        sudo("chown readonly:readonly /home/readonly/.ssh/authorized_keys")
        sudo("chmod 600 /home/readonly/.ssh/authorized_keys")

for host in hosts:
    env.host_string = host
    put_ec2_key()
    put_admin_key()
    put_readonly_key()
```

2. 工作场景二

如果线上的 Nagios 客户端的监控脚本因为业务需求又发生了改动，而业务集群约有 23 台（下面只列出了其中 10 台），且其中的一个业务需求脚本前前后后改动了 4 次，这时，如果手动操作肯定会过于繁琐，此时可以用 Fabric 推送此脚本并执行。系统为 Amazon Linux，内核版本为 3.14.34-27.48.amzn1.x86_64，Python 版本为 Python 2.6.9。

代码如下：

```
#!/usr/bin/python2.6
## -*- coding: utf-8 -*-
from fabric.api import *
from fabric.colors import *
from fabric.context_managers import *
```

```
#这里为了简化工作，脚本采用纯python的写法，没有采用Fabric的@task修饰器，脚本不需要利用fab执
 行，直接以python的形式执行即可。


user = 'ec2-user'
hosts=['bidder1','bidder2','bidder3','bidder4','bidder5','bidder6','bidder7','bi
    dder8','bidder9','bidder10']
#机器数量比较多，这里只列出其中10台

@task
#这里用到了@task修饰器
def put_task():
    print yellow("Put Local File to Nagios Client")
    with settings(warn_only=True):
        put("/home/ec2-user/check_cpu_utili.sh",
"/home/ec2-user/check_cpu_utili.sh")
        sudo("cp /home/ec2-user/check_cpu_utili.sh /usr/local/nagios/libexec")
        sudo("chown nagios:nagios /usr/local/nagios/libexec/check_cpu_utili.sh")
        sudo("chmod +x /usr/local/nagios/libexec/check_cpu_utili")
        sudo("kill  `ps aux | grep nrpe | head -n1 | awk '{print $2}' `")
        sudo("/usr/local/nagios/bin/nrpe -c /usr/local/nagios/etc/nrpe.cfg -d")
        print green("upload File success and restart nagios  service!")
        #这里以绿色字体打印结果是为了方便查看脚本执行结果

for host in hosts:
    env.host_string = host
    put_task()
```

执行上面的脚本以后，Fabric 也会返回清晰的显示结果，大家可以根据显示结果判断哪些机器已经成功运行，哪些机器失败，非常直观，如下所示：

```
Put Local File to remote
[bidder1] put: /home/ec2-user/check_cpu_utili.sh -> /home/ec2-user/check_cpu_utili.sh
[bidder1] sudo: cp /home/ec2-user/check_cpu_utili.sh  /usr/local/nagios/libexec/
    check_cpu_utili.sh
[bidder1] sudo: chown nagios:nagios /usr/local/nagios/libexec/check_cpu_utili.sh
[bidder1] sudo: chmod +x /usr/local/nagios/libexec/check_cpu_utili.sh
[bidder1] sudo: kill `ps aux | grep nrpe | head -n1 | awk '{print $2}' `
[bidder1] sudo: /usr/local/nagios/bin/nrpe -c /usr/local/nagios/etc/nrpe.cfg -d
upload File success and restart nagios  service!
Put Local File to remoteZ
[bidder2] put: /home/ec2-user/check_cpu_utili.sh -> /home/ec2-user/check_cpu_utili.sh
[bidder2] sudo: cp /home/ec2-user/check_cpu_utili.sh  /usr/local/nagios/libexec/
    check_cpu_utili.sh
[bidder2] sudo: chown nagios:nagios /usr/local/nagios/libexec/check_cpu_utili.sh
[bidder2] sudo: chmod +x /usr/local/nagios/libexec/check_cpu_utili.sh
[bidder2] sudo: kill `ps aux | grep nrpe | head -n1 | awk '{print $2}' `
[bidder2] sudo: /usr/local/nagios/bin/nrpe -c /usr/local/nagios/etc/nrpe.cfg -d
upload File success and restart nagios  service!
Put Local File to remote
[bidder3] put:  /home/ec2-user/check_cpu_utili.sh  ->  /home/ec2-user/check_cpu_
```

```
    utili.sh
[bidder3] sudo: cp /home/ec2-user/check_cpu_utili.sh  /usr/local/nagios/libexec/
    check_cpu_utili.sh
[bidder3] sudo: chown nagios:nagios /usr/local/nagios/libexec/check_cpu_utili.sh
[bidder3] sudo: chmod +x /usr/local/nagios/libexec/check_cpu_utili.sh
[bidder3] sudo: kill `ps aux | grep nrpe | head -n1 | awk '{print $2}' `
[bidder3] sudo: /usr/local/nagios/bin/nrpe -c /usr/local/nagios/etc/nrpe.cfg -d
upload File success and restart nagios  service!
Put Local File to remote
[bidder4] put: /home/ec2-user/check_cpu_utili.sh -> /home/ec2-user/check_cpu_
    utili.sh
[bidder4] sudo: cp /home/ec2-user/check_cpu_utili.sh  /usr/local/nagios/libexec/
    check_cpu_utili.sh
[bidder4] sudo: chown nagios:nagios /usr/local/nagios/libexec/check_cpu_utili.sh
[bidder4] sudo: chmod +x /usr/local/nagios/libexec/check_cpu_utili.sh
[bidder4] sudo: kill `ps aux | grep nrpe | head -n1 | awk '{print $2}' `
[bidder4] sudo: /usr/local/nagios/bin/nrpe -c /usr/local/nagios/etc/nrpe.cfg -d
upload File success and restart nagios  service!
Put Local File to remote
[bidder5] put: /home/ec2-user/check_cpu_utili.sh -> /home/ec2-user/check_cpu_
    utili.sh
[bidder5] sudo: cp /home/ec2-user/check_cpu_utili.sh  /usr/local/nagios/libexec/
    check_cpu_utili.sh
[bidder5] sudo: chown nagios:nagios /usr/local/nagios/libexec/check_cpu_utili.sh
[bidder5] sudo: chmod +x /usr/local/nagios/libexec/check_cpu_utili.sh
[bidder5] sudo: kill `ps aux | grep nrpe | head -n1 | awk '{print $2}' `
[bidder5] sudo: /usr/local/nagios/bin/nrpe -c /usr/local/nagios/etc/nrpe.cfg -d
upload File success and restart nagios  service!
```

3. 工作场景三

笔者工作的 CDN 业务平台，按照产品线分成 N 多的业务平台，以 c01.i01、c01.i02 等形式来区分平台角色，工作中经常有针对不同平台执行不同操作的需求，这个时候我们可以利用 Fabric 的 roles 修饰器功能。系统为 CentOS 6.8 x86_64，Python 版本为 2.7.9。脚本内容如下所示：

```
#!/usr/bin/env python
#coding:utf-8
import re
import logging
from fabric.api  import *
from fabric.colors import *
env.timeout=20
env.port = '12321'
env.key_filename="/root/.ssh/id_dsa"
env.disable_known_hosts=True
#操作此项时注意安全问题，谨慎操作。

def Local_task(platform):
    with settings(hide('running','stdout'), warn_only=True):
        cmd_output  =  local("/work/ulitytools/get_platform_hosts -p %s >%s"%
```

```
            (platform,platform))
        #get_platform_hosts是我们自行开发的程序，可以从公司的CMDB系统动态获取平台对应主机
         的IP地址。
        if cmd_output.return_code == 0:
            l=[]
            with open(platform) as f:
                for line in f:
                    l.append(line.strip())
            return l
#@parallel(pool_size=5)
def do_task():
    logging.basicConfig(level=logging.ERROR)
    #如果我们把level设成 logging.ERROR，所有debug()|info()|warning()的讯息将被忽略。
    platform_list={}
    for p in ["c01.i01","c01.i02","c01.i03","c01.i04","c01.i05","c02.i01","c02.i02","
       c02.p03","c02.i04","c03.i03"]:
        ret=execute(Local_task,p)
        #print ret
        platform_list[p]=ret['<local-only>']
        # print platfrom_list
    env.roledefs =platform_list

do_task()
#注意，env.roledefs为全局变量，如果放在do_task1函数里面执行，则会导致roles报错，现象为提示
 c01.i77等角色不存在。

#这里我们可以根据角色名来分配不同的函数，执行相应的任务，Fabric的灵活性在这里体现得淋漓尽致。
@roles("c01.i01","c01.i02","c01.i03")
def do_task1():
#    execute(do_task)
    run('hostname')

@roles("c02.i02","c02.i04")
def do_task2():
    run('df -h')
```

大家可以看到，短短几行代码就达到了自动化运维的效果，而且相关的代码都是纯Python代码和Shell代码，DevOps运维开发人员和应用运维人员很容易上手，在公司内部推广应用，大家的认可程度也高。事实上，大家应该通过上面的举例就能发现，Fabric特别适合大量Shell命令需要执行的工作场景。

4.4 小结

Fabric作为Python开发的轻量级运维工具，小块头却有大智慧，熟练掌握其用法能够解决工作中很多自动化运维需求，我想这也是它受到运维人员和开发人员青睐的原因。大家可以通过掌握其在开发环境和线上环境的应用举例，熟练掌握其用法，然后将其用于自己的系统自动化运维环境中。

第5章 Chapter 5

Linux 集群及其项目案例分享

作为一名高级系统架构设计师，在工作中经常会涉及一些对外项目，比如小中型金融资讯网站和电子商务订单系统的架构及实施。在实施项目方案时，客户基本上都会提出这样一条要求：保证服务的高可用。基于此要求，我们所有的应用服务器，包括负载均衡器、文件服务器、RabbitMQ 集群服务器、Web 服务器及 MySQL 数据库，基本都配备了两台或两台以上服务器。同时，根据客户的要求及客户自身机房的硬件配置，我们会选择不同的负载均衡器方案，比如硬件有 F5 和 Citrix NetScaler，软件方面有 LVS、Nginx 及 HAProxy，云计算服务产品有 Elastic Load Balancing。可以说在相当长的一段时间内，我的工作之一就是不停地测试它们，不停地完善和优化整体网站的架构。

在与一些系统管理员进行线下交流活动时，我发现不少技术优秀的系统管理员由于公司自身环境等原因，对 Linux 集群、负载均衡高可用等相关知识了解甚少，如果是从事 IT 其他专业的人员就更可想而知了。在这里，我希望通过分享自己的 Linux 集群项目经验，向大家说明什么叫负载均衡，什么叫高可用，什么叫 Linux 集群。同时，和大家交流一下与之相关的专业知识，让大家走出误区，从真正意义上来理解它们。

5.1 负载均衡高可用核心概念及常用软件

5.1.1 什么是负载均衡高可用

在解释这个专业术语之前，我们需要弄明白一个问题：为什么需要负载均衡（Load Balancer）？在这里先举一个例子，假如我们有一个金融资讯类的网站，只允许 100 个用户同时在线访问。网站上线初期，由于知名度较小，加上没有宣传，只有几个用户经常上线。

后期知名度上升，宣传力度也加大了，且百度和谷歌收录了我们的网站，这时，同时在线的用户数量直线上升，甚至达到上千人。于是，网站变得异常繁忙，经常会反应不过来，这个时候用户体验势必下降，为了不影响客户对我们的信心，一定要想办法解决这个问题。试想，如果有几台或几十台相同配置的机器，前端放一个转发器，轮流转发客户对网站的请求，每台机器都将用户数控制在100之内，那么网站的反应速度就会大大提升，即使其中的某台服务器因为硬件故障宕机了，也不会影响用户的访问。其中，这个神奇的转发器就是负载均衡器，英文名为Director。那么什么是负载均衡呢？负载均衡建立在现有的网络结构之上，它提供了一种廉价、有效透明的方法来扩展网络设备和服务器的带宽，增加吞吐量，加强网络数据处理能力，提高网络的灵活性和可用性。通过负载均衡器可以实现N台廉价的PC服务器并行处理，从而达到小型机或大型机的计算能力，这也是目前负载均衡如此流行的主要原因。

高可用（High Availability）其实有两种不同的含义：在广义环境中指整个系统的高可用（High Availability）性；在狭义方面一般指主机的冗余接管，如主机HA。如无特殊说明，本书中的HA都是指广义的高可用性，即保证整个系统不会因为某一台主机崩溃或故障损坏而发生停止服务的现象，而狭义的就是我们前面提到的主机的冗余接管，我们可以从最前端的负载均衡器谈起。

单台负载均衡器位于网站的最前端，它起着对客户请求分流的作用，相当于整个网站或系统的入口，如果它不幸Crash（崩溃）了，整个网站也会宕机，所以我们要求有一种方案能在短时间（这个时间一般要求小于1秒）内将崩溃的负载均衡器接管过去，这称之为高可用。由于这个时间非常短，我们的客户完全没有察觉到我们其中的一台机器已经发生了崩溃情况。至于负载均衡器后端的Web集群、数据库集群，因为有负载均衡器的内部机制，即使是其中的某一台或两台发生问题，也不会影响整套系统的使用，这种意义上的高可用就是广义上的。

另外，现在我们俗称的Linux集群，它指的是大范围内的整套系统架构，相对于负载均衡器后端的Web集群（Cluster）、Resin集群（Cluster）或MySQL集群（Cluster）来说，它的涵盖面要广得多，包括了负载均衡高可用。这里为了便于区别，笔者在提到集群（Cluster）时一般会带上前缀，比方说Web集群（Cluster），那么此时所指的是后端提供相同服务的Web机器群；如果是Linux集群，那么指的就是大范围的系统集群架构，希望大家不要混淆。

目前，在线上环境中应用较多的负载均衡器硬件有F5 BIG-IP和Citrix NetScaler，软件有LVS、Nginx及HAProxy，高可用软件有Heartbeat、Keepalived，成熟的Linux集群架构有DNS轮询、LVS+Keepalived、Nginx/HAproxy+Keeaplived及DRBD+Heartbeat。

5.1.2 以F5 BIG-IP作为负载均衡器

以硬件作为负载均衡器时主要有F5 BIG-IP和Citrix NetScaler，在CDN机房最常见的硬件负载均衡设备就是F5 BIG-IP。

笔者之前的项目实施过程中主要用的也是 F5 BIG-IP，这里做一个简单的介绍。F5 BIG-IP 的官方名称叫做本地流量管理器，可以做 4～7 层的负载均衡，具有负载均衡、应用交换、会话交换、状态监控、智能网络地址转换、通用持续性、响应错误处理、IPv6 网关、高级路由、智能端口镜像、SSL 加速、智能 HTTP 压缩、TCP 优化、第 7 层速率整形、内容缓冲、内容转换、连接加速、高速缓存、Cookie 加密、选择性内容加密、应用攻击过滤、拒绝服务（DoS）攻击和 SYN Flood 保护、包过滤防火墙、包消毒等功能。

以下是 F5 BIG-IP 用作 HTTP 负载均衡器的主要功能：

1）F5 BIG-IP 提供了 12 种灵活的算法将所有流量均衡地分配到各个服务器，而面对用户，它只是一台虚拟服务器。

2）F5 BIG-IP 可以确认应用程序能否针对请求返回相应的数据。假如 F5 BIG-IP 后面的某一台服务器发生服务停止、死机等故障，F5 会检查出来并将该服务器标识为宕机，从而不将用户的访问请求传送到该台发生故障的服务器上。只要其他的服务器正常，用户的访问就不会受到影响。宕机的服务器一旦修复，F5 BIG-IP 就会自动查证，在了解到其能对客户请求做出正确响应时立即恢复向该服务器传送请求。

3）F5 BIG-IP 具有动态 Session 的会话保持功能。

> 注意 现阶段由于成本原因和可控性等方面的考虑，不会再采用硬件负载均衡的方案了，基本上会选择成熟免费开源软件的方案。

5.1.3 以 LVS 作为负载均衡器

LVS 全称为 Linux Virtual Server，这是章文嵩博士（现淘宝网基础核心软件研发负责人）主持的自由项目。

它是一个负载均衡 / 高可用性集群，主要针对大业务量的网络应用（如新闻服务、网上银行、电子商务等）。LVS 建立在一个主控服务器（通常为双机）及若干真实服务器（real-server）所组成的集群之上。real-server 负责实际提供服务，主控服务器根据指定的调度算法对 real-server 进行控制。而集群的结构对于用户来说是透明的，客户端只与单个的 IP（集群系统的虚拟 IP）进行通信，也就是说，从客户端的视角来看，这里只存在单个服务器。Real-server 可以提供众多服务，如 ftp、http、dns、telnet、smtp，以及现在比较流行将其用于 MySQL 集群。主控服务器负责对 Real-Server 进行控制。客户端在向 LVS 发出服务请求时，Director 会通过特定的调度算法指定由某个 Real-Server 来应答请求，而客户端只与 Load Balancer 的 IP（即虚拟的 VIP）进行通信。以上工作流程图用 LVS 的工作拓扑来说明的话，可能效果会更好，效果图如图 5-1 所示。

1. LVS 集群的体系结构

在设计时需要考虑系统的透明性、可伸缩性、高可用性和易管理性。一般来说，LVS 集群采用三层结构，三层主要组成部分为：

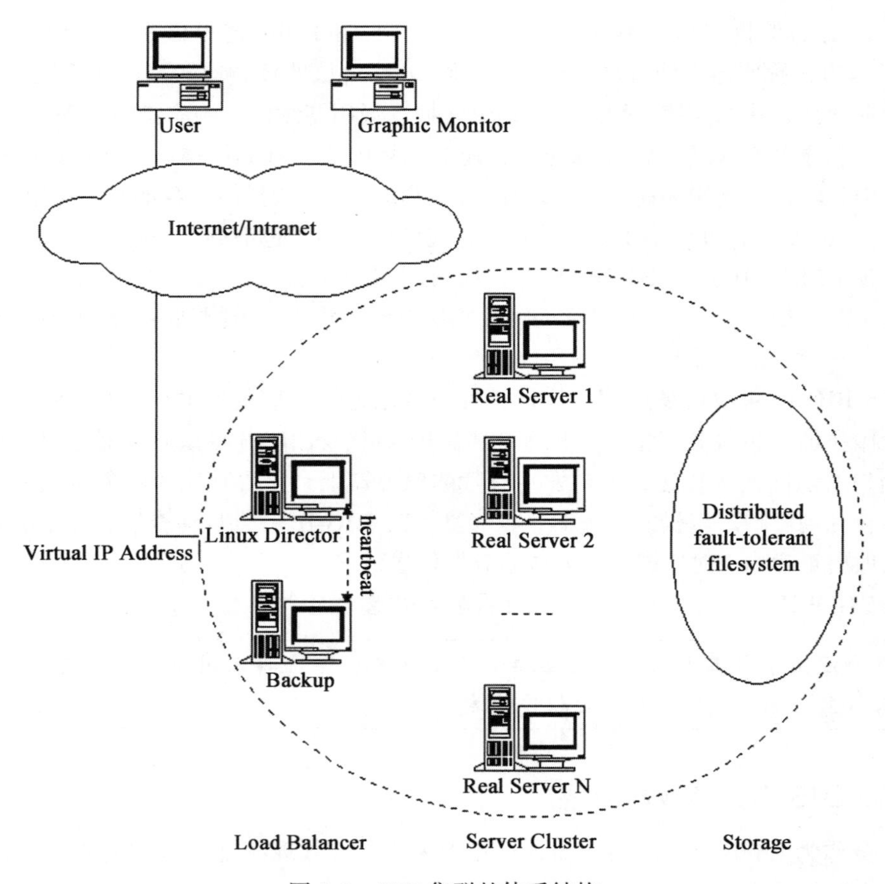

图 5-1 LVS 集群的体系结构

- 负载调度器（load balancer）。它是整个集群对外的前端机，负责将客户的请求发送到一组服务器上执行，而客户认为服务是来自一个 IP 地址（我们可称之为虚拟 IP 地址）上的。
- 服务器池（server pool）。它是一组真正执行客户请求的服务器，执行的服务有 WEB、MAIL、FTP 和 DNS 等。
- 共享存储（shared storage）。它为服务器池提供一个共享的存储区，这样很容易使得服务器池拥有相同的内容，提供相同的服务。

调度器是服务器集群系统的唯一入口点（Single Entry Point），它可以采用 IP 负载均衡技术、基于内容请求分发技术或将两者结合使用。在 IP 负载均衡技术中，需要服务器池拥有相同的内容提供相同的服务。当客户请求到达时，调度器只根据服务器负载情况和设定的调度算法从服务器池中选出一个服务器，将该请求转发到选出的服务器，并记录这个调度。当这个请求的其他报文到达时，也会被转发到前面选出的服务器。在基于内容请求分发技术中，服务器可以提供不同的服务，当客户请求到达时，调度器可根据请求的内容选择服务器执行请求。因为所有的操作都是在 Linux 操作系统核心空间中完成的，它的调度开销很小，所以它具有很高的吞吐率。

服务器池的结点数目是可变的。当整个系统收到的负载超过目前所有结点的处理能力时，可以在服务器池中增加服务器来满足不断增长的请求负载。对大多数网络服务来说，请求间不存在很强的相关性，请求可以在不同的结点上并行执行，所以整个系统的性能基本上可以随着服务器池的结点数目增加而线性增长。

共享存储通常是数据库、网络文件系统或者分布式文件系统。服务器结点需要动态更新的数据一般存储在数据库系统中，同时数据库会保证并发访问时数据的一致性。静态的数据可以存储在网络文件系统（如NFS/CIFS）中，但网络文件系统的伸缩能力有限，一般来说，NFS/CIFS服务器只能支持3～6个繁忙的服务器结点。对于规模较大的集群系统，可以考虑用分布式文件系统，如AFS、GFS、Coda和Intermezzo等。分布式文件系统可为各服务器提供共享的存储区，它们访问分布式文件系统就像访问本地文件系统一样，同时分布式文件系统可提供良好的伸缩性和可用性。此外，当不同服务器上的应用程序同时读写访问分布式文件系统上同一资源时，应用程序的访问冲突需要消解才能使得资源处于一致状态。这需要一个分布式锁管理器（Distributed Lock Manager），它可能是分布式文件系统内部提供的，也可能是外部的。开发者在写应用程序时，可以使用分布式锁管理器来保证应用程序在不同结点上并发访问的一致性。

负载调度器、服务器池和共享存储系统通过高速网络相连接，如100Mbps交换网络、Myrinet和Gigabit网络等。使用高速的网络，主要为避免当系统规模扩大时互联网络成为整个系统的瓶颈。

Graphic Monitor是为系统管理员提供整个集群系统的监视器，它可以监视系统的状态。Graphic Monitor是基于浏览器的，所以无论管理员在本地还是异地都可以监测系统的状况。为了安全，浏览器要通过HTTPS（Secure HTTP）协议和身份认证后，才能进行系统监测，并进行系统的配置和管理。

2. LVS中的IP负载均衡算法

用户通过虚拟IP地址（Virtual IP Address）访问服务时，访问请求的报文会到达负载调度器，由它进行负载均衡调度，从一组真实服务器中选出一个，将报文的目标地址Virtual IP Address改写成选定服务器的地址，报文的目标端口改写成选定服务器的相应端口，最后将报文发送给选定的服务器。真实服务器的回应报文经过负载调度器时，将报文的源地址和源端口改为Virtual IP Address和相应的端口，再把报文发给用户。Berkeley的MagicRouter、Cisco的LocalDirector、Alteon的ACEDirector和F5的Big/IP等都是使用网络地址转换方法。MagicRouter是在Linux 1.3版本上应用快速报文插入技术，使得进行负载均衡调度的用户进程访问网络设备接近核心空间的速度，降低了上下文切换的处理开销，但并不彻底，它只是研究的原型系统，没有成为有用的系统存活下来。Cisco的LocalDirector、Alteon的ACEDirector和F5的Big/IP是非常昂贵的商品化系统，它们支持部分TCP/UDP协议，有些在ICMP处理上存在问题。

IBM的TCP Router使用修改过的网络地址转换方法在SP/2系统实现可伸缩的Web服

务器。TCP Router 修改请求报文的目标地址并把它转发给选出的服务器，服务器能把响应报文的源地址置为 TCP Router 地址而非自己的地址。这种方法的好处是响应报文可以直接返回给客户，坏处是每台服务器的操作系统内核都需要修改。IBM 的 NetDispatcher 是 TCP Router 的后继者，它将报文转发给服务器，而服务器在 non-ARP 的设备上配置路由器的地址。这种方法与 LVS 集群中的 VS/DR 类似，它具有很高的可伸缩性，但一套在 IBM SP/2 和 NetDispatcher 需要上百万美金。总的来说，IBM 的技术还是很不错的。

在贝尔实验室的 ONE-IP 中，每台服务器都具有独立的 IP 地址，但都用 IP Alias 配置上同一 VIP 地址，采用路由和广播两种方法分发请求，服务器收到请求后按 VIP 地址处理请求，并以 VIP 为源地址返回结果。这种方法也是为了避免回应报文的重写，但是每台服务器用 IP Alias 配置上同一 VIP 地址，会导致地址冲突，有些操作系统会出现网络失效。通过广播分发请求，同样需要修改服务器操作系统的源码来过滤报文，使得只有一台服务器处理广播过来的请求。

微软的 Windows NT 负载均衡服务（Windows NT Load Balancing Service，WLBS）是 1998 年底收购 Valence Research 公司获得的，它与 ONE-IP 中的基于本地过滤方法一样。WLBS 作为过滤器运行在网卡驱动程序和 TCP/IP 协议栈之间，获得目标地址为 VIP 的报文，它的过滤算法检查报文的源 IP 地址和端口号，保证只有一台服务器将报文交给上一层处理。但是，当有新结点加入或有结点失效时，所有服务器需要协商一个新的过滤算法，这会导致所有有 Session 的连接中断。同时，WLBS 需要所有的服务器有相同的配置，如网卡速度和处理能力。

3. 通过 NAT 实现虚拟服务器（VS/NAT）

由于 IPv4 中 IP 地址空间的日益紧张和安全方面的原因，很多网络使用保留 IP 地址（10.0.0.0/255.0.0.0、172.16.0.0/255.128.0.0 和 192.168.0.0/255.255.0.0）[64, 65, 66]。这些地址不在 Internet 上使用，而是专门为内部网络预留的。当内部网络中的主机要访问 Internet 或被 Internet 访问时，就需要采用网络地址转换（Network Address Translation，以下简称 NAT），将内部地址转化为 Internets 上可用的外部地址。NAT 的工作原理是报文头（目标地址、源地址和端口等）被正确改写后，客户相信它们连接一个 IP 地址，而不同 IP 地址的服务器组也认为它们是与客户直接相连的。由此，可以用 NAT 方法将不同 IP 地址的并行网络服务变成在一个 IP 地址上的一个虚拟服务。

VS/NAT 的体系结构比较简单：在一组服务器前有一个调度器，它们是通过 Switch/HUB 相连接的。这些服务器提供相同的网络服务和相同的内容，即不管请求被发送到哪一台服务器，执行结果都是一样的。服务的内容可以复制到每台服务器的本地硬盘上，可以通过网络文件系统（如 NFS）共享，也可以通过一个分布式文件系统来提供。

客户通过 Virtual IP Address（虚拟服务的 IP 地址）访问网络服务时，请求报文到达调度器，调度器根据连接调度算法从一组真实服务器中选出一台服务器，将报文的目标地址 Virtual IP Address 改写成选定服务器的地址，报文的目标端口改写成选定服务器的相应端口，最后将修改后的报文发送给选出的服务器。同时，调度器在连接 Hash 表中记录这个连接，当这个连接的下一个报文到达时，从连接 Hash 表中可以得到原选定服务器的地址和端口，进行同样的改写操作，并将报文传给原选定的服务器。当来自真实服务器的响应报文经过调度器时，调度器将报文的源地址和源端口改为 Virtual IP Address 和相应的端口，再把报文发给用户。我们在连接上引入一个状态机，不同的报文会使得连接处于不同的状态，不同的状态有不同的超时值。在 TCP 连接中，根据标准的 TCP 有限状态机进行状态迁移，这里我们不再一一叙述。在 UDP 中，我们只设置一个 UDP 状态。不同状态的超时值是可以设置的，在缺省情况下，SYN 状态的超时为 1 分钟，ESTABLISHED 状态的超时为 15 分钟，FIN 状态的超时为 1 分钟；UDP 状态的超时为 5 分钟。当连接终止或超时，调度器将这个连接从连接 Hash 表中删除。

这样，客户所看到的只是在 Virtual IP Address 上提供的服务，而服务器集群的结构对用户是透明的。对改写后的报文，应用增量调整 Checksum 的算法来调整 TCP Checksum 的值，避免了扫描整个报文来计算 Checksum 的开销。

4. 通过 IP 隧道实现虚拟服务器（VS/TUN）

在 VS/NAT 的集群系统中，请求和响应的数据报文都需要通过负载调度器，当真实服务器的数目在 10 台和 20 台之间时，负载调度器将成为整个集群系统的新瓶颈。大多数 Internet 服务都有这样的特点：请求报文较短而响应报文包含大量数据。如果能将请求和响应分开处理，即在负载调度器中只负责调度请求，而响应直接返回给客户，这将极大地提高整个集群系统的吞吐量。

IP 隧道（IP tunneling）是将一个 IP 报文封装在另一个 IP 报文的技术，这可以使得目标为一个 IP 地址的数据报文能被封装和转发到另一个 IP 地址。IP 隧道技术亦称为 IP 封装技术（IP encapsulation），IP 隧道主要用于移动主机和虚拟私有网络（Virtual Private Network），其中隧道都是静态建立的，隧道一端有一个 IP 地址，另一端也有唯一的 IP 地址。

我们利用 IP 隧道技术将请求报文封装转发给后端服务器，响应报文能从后端服务器直接返回给客户。但在这里，后端服务器有一组而非一个，所以我们不可能静态地建立一一对应的隧道，而是动态地选择一台服务器，将请求报文封装和转发给选出的服务器。这样，我们就可以利用 IP 隧道的原理将一组服务器上的网络服务组成在一个 IP 地址上的虚拟网络服务。

5. 通过直接路由实现虚拟服务器（VS/DR）

跟 VS/TUN 方法相同，VS/DR 利用大多数 Internet 服务的非对称特点，负载调度器中只负责调度请求，而服务器直接将响应返回给客户，这可以极大地提高整个集群系统的吞吐量。该方法与 IBM 的 NetDispatcher 产品中使用的方法类似（其中服务器上的 IP 地址配置方法是相似的），但 IBM 的 NetDispatcher 是非常昂贵的商品化产品，我们也不知道它内部所使用的机制，其中有些是 IBM 的专利。

VS/DR 的体系结构比较简单，调度器和服务器组都必须在物理上有一个网卡通过不分断的局域网相连，如通过高速的交换机或者 HUB 相连。VIP 地址为调度器和服务器组共享，调度器配置的 VIP 地址是对外可见的，用于接收虚拟服务的请求报文；所有的服务器把 VIP 地址配置在各自的 Non-ARP 网络设备上，它对外是不可见的，只是用于处理目标地址为 VIP 的网络请求。

VS/DR 连接调度和管理与 VS/NAT 和 VS/TUN 中的一样，但它的报文转发方法有所不同，将报文直接路由给目标服务器。在 VS/DR 中，调度器根据各个服务器的负载情况，动态地选择一台服务器，不修改也不封装 IP 报文，而是将数据帧的 MAC 地址改为选出服务器的 MAC 地址，再将修改后的数据帧在与服务器组相连的局域网上发送。因为数据帧的 MAC 地址是选出的服务器，所以服务器肯定可以收到这个数据帧，从中可以获得该 IP 报文。当服务器发现报文的目标地址 VIP 是在本地的网络设备上，服务器处理这个报文，然后根据路由表将响应报文直接返回给客户。

在 VS/DR 中，根据缺省的 TCP/IP 协议栈处理，请求报文的目标地址为 VIP，响应报文的源地址肯定也为 VIP，所以响应报文不需要做任何修改，可以直接返回给客户，客户认为得到正常的服务，而不会知道是哪一台服务器处理的。

VS/DR 负载调度器跟 VS/TUN 一样只处于从客户到服务器的半连接中，按照半连接的 TCP 有限状态机进行状态迁移。

6. LVS 新模式 FULLNAT 简介

在大规模的网络下，如在淘宝的业务中，官方 LVS 满足不了需求，原因如下：

1）刚才讲的三种转发模式，部署成本较高；

2）和商用的负载均衡相比，LVS 没有 DDOS 防御攻击功能；

3）主备部署模式，性能无法扩展。如某个 VIP 下的流量特别大怎么办?

第一点，LVS 转发模式的不足，下面来展开描述一下。

DR 的不足：必须要求 LVS 跟后端所有的 REPLY 放在同一个 VLAN 里。当然，有人会提出来分几个区，每个区布一个 LVS，但一个区 VM 资源没有了，就只能用其他区的 VM，而用户需要这些 VM 挂到同一个 VIP 下，这是无法实现的。

NAT 的不足：NAT 的最主要问题就是配置处理很复杂。阿里原来购买商业设备的时候，需要在交换机上配策略路由，OUT 方向的策略路由，因为冗余考虑会部署多套负载均衡，走默认路由只能到达一套负载均衡。

TUNNEL 的不足：隧道的问题也是配置过于复杂，RealServer 需要加载一个 IPIP 模块，同时做一些配置。

针对上述问题，也有相对应的解决方法。

1）LVS 各转发模式运维成本高。解决方法：使用新转发模式 FULLNAT，FULLNAT 实现了 LVS-RealServer 间跨 vlan 通讯，并且 in/out 流都经过 LVS。FULLNAT 转发数据包类似 NAT 模式，IN 和 OUT 数据包都是经过 LVS，唯一的区别是后端 RealServer 或者交换机不需要做任何配置。FULLNAT 的主要原理是引入 local address（内网 ip 地址），cip-vip 转换为 lip->rip，而 lip 和 rip 均为 IDC 内网 IP，可以跨 VLAN 通讯。

2）缺少攻击防御模块。和商用的负载均衡相比，LVS 没有 DDOS 防御攻击能力。解决方法：使用 SYNPROXY（SynFlood 攻击防御模块），Synproxy 实现的主要原理是参照 TCP

协议栈中 SynCookies 的思想，LVS 构造特殊 SEQ 的 SYNACK 包，验证 ACK 包中 ACK_SEQ 是否合法实现了 TCP 三次握手代理。

3）主备部署模式，性能无法扩展。解决方法：Cluster 部署模式，基于 FullNAT 模式做横向扩展。

关于 FULLNAT 更多更多资料介绍请参考文档：http://www.infoq.com/cn/news/2014/10/lvs-use-at-large-scala-network。

7. 算法简介

在选定转发方式的情况下，采用哪种调度算法将决定整个负载均衡的性能表现，不同的算法适用于不同的应用场合，有时可能需要针对特殊场合自行设计调度算法。每个负载均衡器都有自己独有的算法，下面跟大家介绍下 LVS/HAProxy/Nginx 常见的算法。

（1）LVS 的常见算法

LVS 常见的算法如下所示：

1）轮叫调度（Round Robin）：调度器通过“轮叫”调度算法将外部请求按顺序轮流分配到集群中的真实服务器上，它均等地对待每一台服务器，而不管服务器上实际的连接数和系统负载。任何形式的负载均衡器（包括硬件或软件级别的）都带有基本的轮叫（也叫轮询功能）。

2）加权轮叫（Weighted Round Robin）：调度器通过“加权轮叫”调度算法，根据真实服务器的不同处理能力来调度访问请求。这样可以保证处理能力强的服务器能处理更多的访问流量。调度器可以自动问询真实服务器的负载情况，并动态地调整其权值。

3）最少链接（Least Connections）：调度器通过“最少连接”调度算法动态地将网络请求调度到已建立的链接数最少的服务器上。如果集群系统的真实服务器具有相近的系统性能，采用“最小连接”调度算法可以较好地均衡负载。

4）加权最少链接（Weighted Least Connections）：在集群系统中的服务器性能差异较大的情况下，调度器采用“加权最少链接”调度算法优化负载均衡性能，具有较高权值的服务器将承受较大比例的活动连接负载。调度器可以自动问询真实服务器的负载情况，并动态地调整其权值。

5）基于局部性的最少链接（Locality-Based Least Connections）：“基于局部性的最少链接”调度算法是针对目标 IP 地址的负载均衡，目前主要用于 Cache 集群系统。该算法根据请求的目标 IP 地址找出该目标 IP 地址最近 使用的服务器，若该服务器是可用的且没有超载，将请求发送到该服务器；若服务器不存在，或者该服务器超载且有服务器处于一半的工作负载，则用“最少链接”的原则选出一个可用的服务器，将请求发送到该服务器。

6）带复制的基于局部性最少链接（Locality-Based Least Connections with Replication）：“带复制的基于局部性最少链接”调度算法也是针对目标 IP 地址的负载均衡，目前主要用于 Cache 集群系统。它与 LBLC 算法的不同之处是它要维护从一个目标 IP 地址到一组服务器的映射，而 LBLC 算法维护从一个目标 IP 地址到一台服务器的映射。该算法根据请求的目标 IP 地址找出该目标 IP 地址对应的服务器组，按“最小连接”原则从服务器组中选出一台服务器，若服务器没有超载，将请求发送到该服务器；若服务器超载，则按“最小连接”原则从这个集群中选出一台服务器，将该服务器加入到服务器组中，将请求发送到该服务器。同时，当该服务器组有一段时间没有被修改，将最忙的服务器从服务器组中删除，以降低复制的程度。

7）目标地址散列（Destination IP Hashing）：“目标地址散列”调度算法根据请求的目标IP 地址，作为散列键（Hash Key）从静态分配的散列表找出对应的服务器，若该服务器是可用的且未超载，将请求发送到该服务器，否则返回空。

8）源地址散列（Source IP Hashing）：“源地址散列”调度算法根据请求的源 IP 地址，作为散列键（Hash Key）从静态分配的散列表找出对应的服务器，若该服务器是可用的且未超载，将请求发送到该服务器，否则返回空。

9）源 IP 端口的 Hash（Source IP and Source Port Hashing）：通过 Hash 函数将来自同一个源 IP 地址和源口号的请求映射到后端的同一台服务器上，该算法适用于需要保证来自同一用户同一业务的请求被分发到同一台服务器的场景。

10）随机（Random）：随机地将请求分发到不同的服务器上，从统计学角度来看，调度的结果为各台服务器平均分担用户的连接请求，该算法适用于集群中各机器性能相当而无明显优劣差异的场景。

（2）HAProxy 的常见算法

HAProxy 的算法也越来越多了，具体有如下 8 种：

1）roundrobin：表示简单的轮询，这个不多赘述，负载均衡基本都具备的算法。

2）static-rr：每个服务器根据权重轮流使用，类似 roundrobin，但它是静态的，意味着运行时修改权限是无效的。另外，它对服务器的数量没有限制。

3）leastconn：连接数最少的服务器优先接收连接。leastconn 建议用于长会话服务，例如 LDAP、SQL、TSE 等。该算法是动态的，对于实例启动慢的服务器权重会在运行中调整。

4）source：对请求源 IP 地址进行哈希，用可用服务器的权重总数除以哈希值，根据结果进行分配。只要服务器正常，同一个客户端的 IP 地址总是访问同一个服务器。如果哈希的结果随可用服务器数量而变化，那么客户端会定向到不同的服务器。该算法一般用于不能插入 cookie 的 TCP 模式。它还可以用于广域网上为拒绝使用会话 cookie 的客户端提供最有效的粘连。该算法默认是静态的，所以运行时修改服务器的权重是无效的，但是算法会根据“hash-type”的变化做调整。

5）uri：表示根据请求的 uri 地址进行哈希，用可用服务器的权重总数除以哈希值，根据结果进行分配。只要服务器正常，同一个 URI 地址总是访问同一个服务器。一般用于代理缓存代理，以最大限度的提高缓存的命中率。该算法只能用于 HTTP 后端。该算法一般用于后端是缓存服务器的场景。该算法默认是静态的，所以运行时修改服务器的权重是无效的，但是算法会根据“hash-type”的变化做调整。

6）url_param：表示根据请求的 URl 参数。在 HTTP GET 请求的查询串中查找 <param> 中指定的 URL 参数，基本上可以锁定使用特制的 URL 到特定的负载均衡器节点的要求，该算法一般用于将同一个用户的信息发送到同一个后端服务器。该算法默认是静态的，所以运行时修改服务器的权重是无效的，但是算法会根据“hash-type”的变化做调整。

7）hdr(name)：在每个HTTP请求中查找HTTP头<name>，HTTP头<name>将被看作在每个HTTP请求，并针对特定的节点。如果缺少头或者头没有任何值，则用roundrobin代替。该算法默认是静态的，所以运行时修改服务器的权重是无效的，但是算法会根据“hash-type”的变化做调整。

8）rdp-cookie(name)：为每个进来的TCP请求查询并哈希RDP cookie<name>，该机制用于退化的持久模式，可以使同一个用户或者同一个会话ID总是发送给同一台服务器。如果没有cookie，则使用roundrobin算法代替。该算法默认是静态的，所以运行时修改服务器的权重是无效的，但是算法会根据“hash-type”的变化做调整。

（3）Nginx的常见算法

Nginx在工作中常用的算法，如下有：

1）轮询（默认）：每个请求按时间顺序逐一分配到不同的后端服务器，如果后端服务器down掉，则会跳过该服务器分配至下一个监控的服务器。并且它无需记录当前所有连接的状态，所以它是一种无状态调度。

2）weight：指定在轮询的基础上加上权重，weight和访问比率成正比，即用于表明后端服务器的性能好坏，这种情况特别适合后端服务器性能不一致的工作场景。

3）ip_hash：每个请求按访问IP的hash结果分配，当新的请求到达时，先将其客户端IP通过哈希算法进行哈希出一个值，只要随后的请求客户端IP的哈希值相同，就会被分配至同一个后端服务器，该调度算法可以解决Session的问题，但有时会导致分配不均而无法保证负载均衡。

4）fair（第三方）：按后端服务器的响应时间来分配请求，响应时间短的优先分配。

5）url_hash（第三方）：按访问url的hash结果来分配请求，使每个url定向到同一个后端服务器，后端服务器为缓存时比较有效。

在upstream中加入hash语句，server语句中不能写入weight等其他的参数，hash_method使用的是hash算法，如下所示：

```
upstream web_pool {
server squid1:3128;
server squid2:3128;
hash $request_uri;
hash_method crc32;
}
```

（4）一致性Hash算法

阿里巴巴技术团队借鉴了目前最流行的一致性Hash算法思路，为Nginx新增了一致性Hash算法。它的具体做法是：将每个Server虚拟成N个节点并均匀分布到hash环上，每次请求都根据配置的参数计算出一个hash值，在hash环上查找离这个hash最近的虚拟节点，对应的server作为该次请求的后端机器，这样做的好处是如果是动态地增加机器或者发生某台 Web 机器发生 Crash 情况，会对整个集群的影响最小。

了解这些算法原理能够在特定的应用场合选择最适合的调度算法，从而尽可能地保持 Real Server 的最佳利用性。当然也可以自行开发算法，不过这已超出本文范围，请参考有关算法原理的资料。

5.1.4 以 Nginx 作为负载均衡器

Nginx 在用作负载均衡器的同时也是反向代理服务器，其配置语法相当简单，可以按轮询、ip_hash、url_hash、权重等多种方法对后端的服务器做负载均衡，同时还支持后端服务器的健康检查。另外，它相对于 LVS 来说比较有优势的一点是，由于它是基于第 7 层的负载均衡，是根据报头内的信息来执行负载均衡任务的，所以对网络的依赖性较小，理论上只要 ping 得通就能够实现负载均衡。在国内，Nginx 不仅可作为一款性能优异的负载均衡器，同时也是一款适用于高并发环境的 Web 应用软件，在新浪、金山、迅雷在线等大型网站中都有相关应用。其作为负载均衡器的优点如下：

1）配置文件非常简单，风格跟程序一样通俗易懂。

2）成本低廉。Nginx 为开源软件，可以免费使用。而购买 F5 BIG-IP、NetScaler 等硬件负载均衡交换机需要十多万甚至几十万人民币。

3）支持 Rewrite 重写规则。能够根据域名、URL 的不同，将 HTTP 请求分到不同的后端服务器群组上。

4）有内置的健康检查功能。如果 Nginx Proxy 后端的某台 Web 服务器宕机了，不会影响前端访问。

5）节省带宽。支持 GZIP 压缩，可以添加浏览器本地缓存的 Header 头。

6）稳定性高。用于反向代理，宕机的概率微乎其微。通过跟踪一些已上线的网站和系统，我们发现在高并发的情况下，Nginx 作为负器均衡器 / 反向代理的宕机次数几乎是零。

它的缺点就是目前只支持 HTTP 和 MAIL 的负载均衡，不过我们可以取长补短，根据其支持 Rewrite 重写规则和稳定性高的特点，将其应用于大型网站中间级别的负载均衡层（七层负载均衡），如图 5-2 所示。

5.1.5 以 HAProxy 作为负载均衡器

HAProxy 是一款提供高可用性、负载均衡，以及基于 TCP（第四层）和 HTTP（第七层）应用的代理软件。

HAProxy 是完全免费的，借助 HAProxy 可以快速且可靠地提供基于 TCP 和 HTTP 应用的代理解决方案。HAProxy 最主要的特点是性能，HAProxy 特别适合那些负载特别大的 Web 站点，这些站点通常需要会话保持或七层处理。HAProxy 完全可以支持数以万计的并发连接，并且 HAProxy 的运行模式可以使它简单安全地整合到我们的网站系统架构中，同时可以保护我们的 Web 服务器不暴露到网络上（即通过防火墙 80 端口映射的方法）。HAProxy 也是一款优秀的负载均衡软件，其优点如下所示：

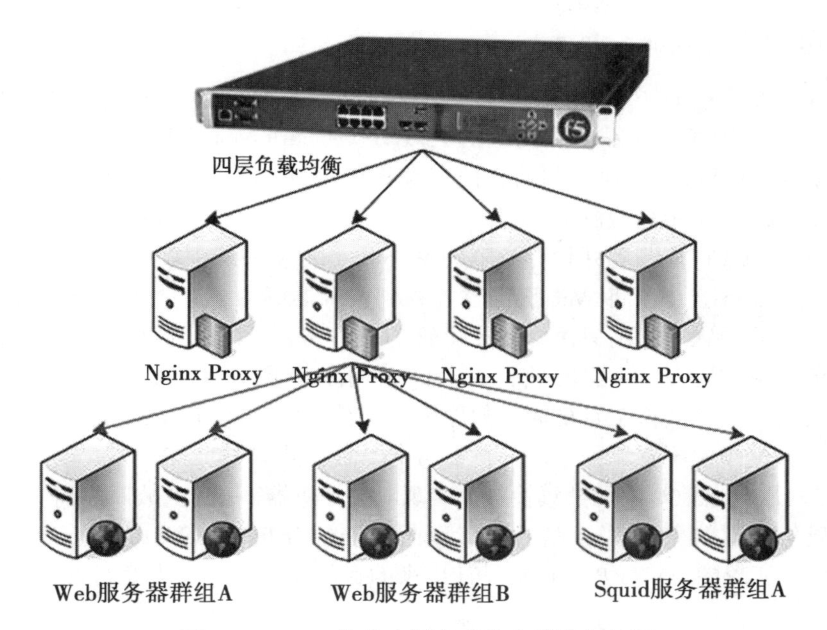

图 5-2　Nginx 作为中层负载均衡器的拓扑图

1）免费开源，稳定性也非常好，可通过笔者做的一些项目看出，单 Haproxy 也跑得不错，其稳定性可以与硬件级的 F5 Big-IP 相媲美。

2）根据官方文档可知，HAProxy 可以跑满 10Gbps，这个数值作为软件级负载均衡器是相当惊人的，具体可以参考其官方说明 http://haproxy.1wt.eu/10g.html。

3）HAProxy 支持连接拒绝。因为维护一个连接打开的开销是很低的，有时我们需要限制攻击蠕虫（Attack Bots)，也就是说通过限制它们的连接打开来防止它们的危害。这个功能已经拯救了很多被 DDOS 攻击的小型站点，这也是其他负载均衡器所不具备的。

4）HAProxy 支持全透明代理（已具备硬件防火墙的典型特点）。可以用客户端 IP 地址或其他任何地址来连接后端服务器。这个特性仅在 Linux 2.4/2.6 内核打了 cttproxy 补丁后才可以使用，这个特性也使为某些特殊服务器处理部分流量的同时又不修改服务器的地址成为可能。

5）自带强大的监控服务器状态的页面，这也是笔者非常喜欢它的原因之一。

6）从 1.5 版本开始，HAProxy 可支持原生的配置 SSL 证书，不需要再和 stunnel 配合使用。

7）HAProxy 支持虚拟主机，许多朋友说它不支持虚拟主机，这其实是个误区，通过测试可以发现 HAProxy 是支持虚拟主机的。

综上所述，由于 HAProxy 的稳定和强大，现在笔者多将其用于取代四层硬件防火墙作为网站的最外层接入，Nginx 仍作为中间层的负载均衡层（或者直接简化掉这层），即 HAproxy 或 LVS（LB）→Nginx（LB)(可选择）→Web 集群。

5.1.6 高可用软件 Keepalived

Keepalived 是一款优秀的实现高可用的软件，它运行在 LVS 之上，它的主要功能是实现真实机的故障隔离及负载均衡器间的失败切换（FailOver）。Keepalived 是一个类似于 Layer3、Layer4、Layer 5 交换机制的软件，也就是我们平时说的第 3 层、第 4 层和第 5 层交换。Keepalived 的作用是检测 Web 服务器的状态，如果有一台 Web 服务器死机或工作出现故障，Keepalived 将检测到并将有故障的 Web 服务器从系统中剔除，当 Web 服务器工作正常后，Keepalived 会自动将 Web 服务器加入到服务器群中，这些工作全部自动完成，不需要人工干涉，需要人工做的只是修复故障的 Web 服务器。它的主要特点如下所示：

1）Keepalived 是 LVS 的扩展项目，因此它们之间具备良好的兼容性。这点应该是 Keepalived 部署比其他类似工具更简洁的原因，尤其是相对于 Heartbeat 而言，Heartbeat 作为 HA 软件，其复杂的配置流程让许多新手朋友望而生畏。

2）通过对服务器池对象的健康检查，实现对失效机器 / 服务的故障隔离。

3）负载均衡器之间的失败切换 failover 是通过 VRRPv2（Virtual Router Redundancy Protocol）stack 实现的，VRRP 当初被设计出来的目的就是为了解决静态路由器的单点故障问题。

4）我们可以通过实际的线上项目得知，iptables 的启用不会影响 Keepalived 的运行，但为了更好的性能，我们通常会将整套系统内所有主机的 iptables 都停用；

5）Keepalived 产生的 VIP 就是我们整个系统对外的 IP，如果最外端的防火墙采用的是路由模式，那我们就映射此内网 IP 为公网 IP。

Keepalived 是一款优秀的 HA 软件，我们现在将其多应于生产环境下的 LVS/HAproxy、Nginx 中，一般都采取双机方案以保证网站最前端负载均衡器的高可用性。

5.1.7 高可用软件 Heartbeat

Linux-HA 的全称为 High-Availability Linux，是一个开源项目。这个开源项目的目标是：通过社区开发者的共同努力，提供一个增强 Linux 可靠性（reliability）、可用性（availability）和可服务性（serviceability）（RAS）的集群解决方案。其中 Heartbeat 就是 Linux-HA 项目中的一个组件，也是目前开源 HA 项目中最成功的一个例子，它提供了所有 HA 软件所需要的基本功能，比如心跳检测和资源接管、监测群集中的系统服务、在群集中的节点间转移共享 IP 地址的所有者等。自 1999 年到现在，Heartbeat 在行业内得到了广泛的应用，也发行很多的版本，可以从 Linux- HA 的官方网站 http://www.linux-ha.org 上下载到 Heartbeat 的最新版本。尽管 Heartbeat 有许多优异的特性，但它配置起来非常麻烦，而且如果双机之间的心跳线出了问题，就很容易形成“脑裂”的问题，这也是目前制约其被大规模部署应用的原因。在生产环境下，Heartbeat 可以与 DRBD 一起应用于线上的高可用文件系统，我们公司的许多相关项目已经稳定运行了好几年，并且 MySQL 官方也推荐将其作为实现 MySQL 高可用的一种手段，所以我建议大家掌握它的技术要点，也可将其用于自己的项目或公司。

5.1.8　高可用块设备 DRBD

DRBD（Distributed Replicated Block Device）是一种块设备，可用于高可用（HA）之中。它的功能类似于一个网络 RAID-1（工作原理见图 6-3）。当我们将数据写入本地文件系统时，数据将被发送到网络中的另一台主机上，并以相同的形式记录在一个文件系统中。本地（主节点）与远程主机（备节点）的数据可以保证实时同步。当本地系统出现故障时，远程主机上还保留着一份相同的数据，可以继续使用。在高可用（HA）中使用 DRBD 功能，可以代替一个共享盘阵。因为数据同时存在于本地主机和远程主机上，切换时，远程主机只要使用它上面的备份数据就可以继续服务了。

DRBD 的工作原理如图 5-3 所示。

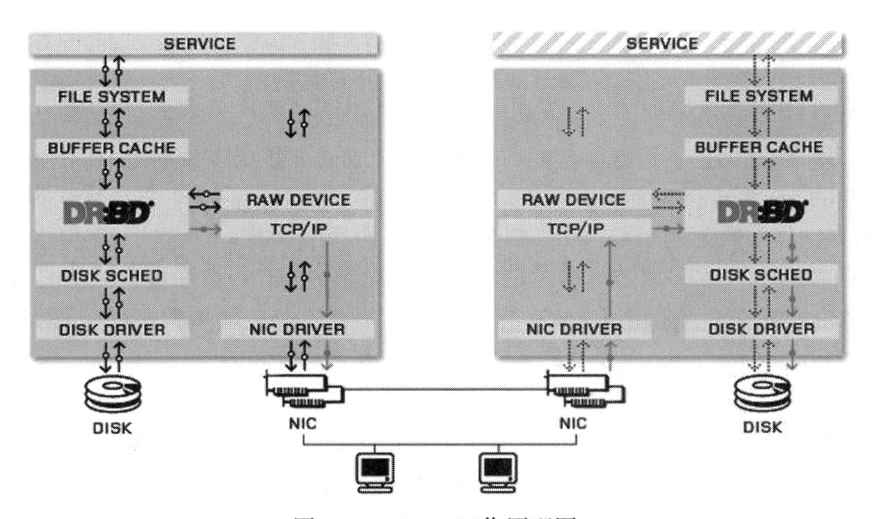

图 5-3　DRBD 工作原理图

DRBD 支持 3 种不同的复制模式，允许三种程度的复制同步。

- 协议 A：异步复制协议。只要主节点完成本地写操作就认为写操作完成，并且需要复制的数据包会被存放到本地 TCP 发送缓存中。当发生 fail-over 故障时，数据可能会丢失，并且，在 standby 节点的数据被认为仍然是稳固的，然而，在 crash 发生的时间点上很多最新的更新操作会丢失。
- 协议 B：内存同步（半同步，semi-synchronous）复制协议。当本地磁盘的写已经完成，并且复制数据包已经到达对应从节点，此时主节点才认为磁盘写已经完成。通常情况下，发生 fail-over 故障不会导致数据丢失（因为后备系统内存中已经获得了数据更新）。然而，如果所有节点同时出现电源故障，则主节点数据存储会发生不可逆的错误结构，主节点上多数最新写入数据可能会丢失。
- 协议 C：同步复制协议。只有在本地和远程磁盘都确定写入已完成时，主节点才会认为写入完成。这样可确保发生单点故障时不会导致任何数据丢失。如果发生数据丢失的现象，那也只会在所有节点同时存在错误存储时才会发生这种情况。

在 DRBD 设置中，最常用的复制协议是协议 C。选择哪种复制协议受部署的两个因素影响：保护要求和延迟。为了保证数据的一致性和可靠性，建议选择协议 C。

另外，我们在线上环境中主要是用 DRBD+Heartbeat+NFS 组成高可用的文件系统，此项目上线的几年中没有发生过丢失数据的现象。另外，DRBD 已被 MySQL 官方写入文档手册作为推荐的高可用方案之一。

5.2 负载均衡关键技术

5.2.1 什么是 Session

Session 在网络中应该被称之为“会话”，借助它可提供服务器端与客户端系统之间必要的交互。因为 HTTP 协议本身是无状态的，所以经常需要通过 Session 来提供服务端和浏览端的保持状态的解决方案。Session 是由应用服务器维持的一个服务器端的存储空间，用户在连接服务器时，会由服务器生成一个唯一的 SessionID，该 SessionID 作为标识符来存取服务器端的 Session 存储空间。

SessionID 这一数据是用 Cookie 保存到客户端的，用户提交页面时，会将这一 SessionID 提交到服务器端，以此存取 Session 数据。服务器也通过 URL 重写的方式来传递 SessionID 的值，因此它不是完全依赖于 Cookie 的。如果客户端 Cookie 禁用，则服务器可以自动通过重写 URL 的方式来保存 Session 的值，并且这个过程对程序员是透明的。

5.2.2 什么是 Session 共享

当网站业务规模和访问量逐步增大，原本由单台服务器、单个域名组成的迷你网站架构可能已经无法满足发展需要。

此时，我们可能会购买更多的服务器，并且以频道化的方式启用多个二级子域名，然后根据业务功能将网站分别部署在独立的服务器上，或者通过负载均衡技术（如 Haproxy、Nginx）让多个频道共享一组服务器。

如果我们把网站程序分别部署到多台服务器上，并且独立为几个二级域名，由于 Session 存在实现原理上的局限性（PHP 中 Session 默认以文件的形式保存在本地服务器的硬盘上），这使得网站用户不得不经常在几个频道间来回输入用户名和密码登录，导致用户体验大打折扣。另外，原本程序可以直接从用户 Session 变量中读取的资料（如：昵称、积分、登入时间等），因为无法跨服务器同步更新 Session 变量，迫使开发人员必须实时读写数据库，从而增加了数据库的负担。于是，解决网站跨服务器的 Session 共享问题的需求变得越来越迫切，最终催生了多种解决方案，下面列举 4 种较为可行的方案进行对比和探讨。

1. 基于 Cookie 的 Session 共享

读者可能对这个方案比较陌生，但它在大型网站中已被普遍使用。其原理是将全站用户的 Session 信息加密，序列化后以 Cookie 的方式统一种植在根域名下（如：.host.com）。

当浏览器访问该根域名下的所有二级域名站点时，将与域名相对应的所有 Cookie 内容的特性传递给它，从而实现用户的 Cookie 化 Session 在多服务间的共享访问。

这个方案的优点是无须额外的服务器资源，缺点是由于受 HTTP 协议头长度的限制，仅能存储小部分的用户信息，同时 Cookie 化的 Session 内容需要进行安全加解密（如：采用 DES、RSA 等进行明文加解密；再由 MD5、SHA-1 等算法进行防伪认证）。另外，它也会占用一定的带宽资源，因为浏览器会在请求当前域名下的任何资源时将本地 Cookie 附加在 HTTP 头中传递到服务器上。

2. 基于数据库的 Session 共享

首选的当然是 MySQL 数据库，并且建议使用内存表 Heap，以提高 Session 操作的读写效率。这个方案的实用性较强，已得到大家的普遍使用，但它的缺点在于 Session 的并发读写能力取决于 MySQL 数据库的性能，同时需要我们自己实现 Session 淘汰逻辑，以便定时从数据表中更新、删除 Session 记录，当并发过高时容易出现表锁，虽然我们可以选择行级锁的表引擎，但不得不承认使用数据库存储 Session 还是有些大材小用了。

3. Session 复制

熟悉 Tomcat 或 Weblogic 的朋友应该对 Session 复制也非常了解了。顾名思义，Session 复制就是将用户的 Session 复制到 Web 集群内的所有服务器，Tomcat 或 Weblogic 自身都带了这种处理机制。但其缺点也非常明显：随着机器数量的增加，网络负担成指数级上升，性能随着服务器数量的增加而急剧下降，而且很容易引起网络风暴。

4. 基于 Memcache/Redis 的 Session 共享

Memcache 是一款基于 Libevent 的多路异步 I/O 技术的内存共享系统，简单的 Key + Value 数据存储模式使其代码逻辑小巧高效，因此在并发处理能力上占据了绝对优势。

另外值得一提的是 Memcache 的内存 hash 表所特有的 Expires 数据过期淘汰机制，正好和 Session 的过期机制不谋而合，这就降低了删除过期 Session 数据的代码复杂度。但对比“基于数据库的存储方案”，仅逻辑这块就给数据表带来了巨大的查询压力。

Redis 作为 NoSQL 的后起之秀，经常被拿来与 memcached 做对比。redis 作为一种缓存，或者干脆称之为 NoSQL 数据库，提供了丰富的数据类型（list、set 等），可以将大量数据的排序从单机内存释放到 redis 集群中处理，并可以用于实现轻量级消息中间件。在 memcached 和 redis 的性能比较上，redis 在小于 100k 的数据读写上速度优于 memcached。在我们的系统中，redis 已经取代了 memcached 来存放 Session 数据。

5.2.3　什么是会话保持

会话保持并非 Session 共享。

在大多数的电子商务应用系统中，或者需要进行用户身份认证的在线系统中，一个客户与服务器经常会经过好几次的交互过程才能完成一笔交易或一个请求。由于这几次交互过程是密切相关的，服务器在进行这些交互的过程中，要完成某一个交互步骤往往需要了解上一次交互的处理结果，或者前几步的交互结果，这就要求所有相关的交互过程都由一台服务器完成，而不能被负载均衡器分散到不同的服务器上。

而这一系列相关的交互过程可能是由客户到服务器的一个连接的多次会话完成的，也可能是在客户与服务器之间的多个不同连接里的多次会话完成的。关于不同连接的多次会话，最典型的例子就是基于HTTP的访问，一个客户完成一笔交易可能需要多次点击，而一个新的点击产生的请求，可能会重用上一次点击建立起来的连接，也可能是一个新建的连接。

会话保持就是指在负载均衡器上有这么一种机制，可以识别客户与服务器之间交互过程的关联性，在做负载均衡的同时，还能保证一系列相关联的访问请求被分配到同一台服务器上。

5.3 负载均衡器的会话保持机制

会话保持机制的目的是保证在一定时间内某一个用户与系统会话只交给同一台服务器处理，这一点在满足网银、网购等应用场景的需求时格外重要。负载均衡器实现会话保持一般会有如下几种方案：

1）基于源IP地址的持续性保持。主要用于四层负载均衡，这种方案应该是大家最为熟悉的，LVS/HAProxy、Nginx都有类似的处理机制，如Nginx中的ip_hash算法，HAProxy中的source算法等。

2）基于Cookie数据的持续性保持。主要用于七层负载均衡，用于确保同一会话的报文能够被分配到同一台服务器中。其中，根据服务器的应答报文中是否携带含有服务器信息的Set_Cookie字段，又可以分为cookie插入保持和cookie截取保持。

3）基于HTTP报文头的持续性保持。主要用于七层负载均衡，当负载均衡器接收到某一个客户端的首次请求时，会根据HTTP报文头关键字建立持续性表项，记录为该客户端分配的服务器情况，在会话表项的生存期内，后续具有相同HTTP报文头信息的连接都将发往该服务器处理。

5.3.1 LVS的会话保持机制

LVS是利用配置文件里的persistence（单位为秒）设置来设定会话保持时间的，这个选项对于电子商务网站来说尤其重要：当用户从远程用账号登录网站时，通过这个会话保持功能就能把用户的请求转发给同一个应用服务器了。我们在这里做一个假设，假定现在有一个LVS环境，使用LVS/DR转发模式，真实的Web服务器有2个，LVS负载均衡器不启用会话保持功能。当用户第一次访问的时候，他的访问请求被负载均衡器转给某个真实服务器，随后他将看到一个登录页面，第一次访问完毕。接着他在登录框里填写用户名和密码，然后提交，这时候，问题可能就会出现了——登录不成功。因为没有会话保持，负载均衡器可能会把第2次的请求转发到其他的服务器上，这样浏览器又会提醒客户需要再次输入用户名及密码。

我们可以做一个简单的实验来验证一下，实验的 IP 分配如表 5-1 所示。

表 5-1　LVS 会话实验的服务器 IP 分配表

服务器名称	IP	用　途
LVS-Master	10.0.0.12	提供负载均衡
LVS-DR-VIP	10.0.0.18	集群 VIP 地址
Web1 服务器	10.0.0.13	提供 Web 服务
Web2 服务器	10.0.0.14	提供 Web 服务

系统为 CentOS 6.8 x86_64，内核版本为 2.6.32-696.1.1.el6.x86_64，双网卡，这里将 VIP 地址绑定在 eth1 网卡上面。

由于笔者使用的是最小化安装，所以需要先安装编译工具，另外为了不影响实验结果，建议关闭 iptables 防火墙和 SElinux。笔者在后端的两台 Web 服务器上直接安装了 httpd 服务，并分别设定了它们不同的首页地址以示区分，安装基础的编译工具和 ipvsadm 软件需要的基础软件包，命令如下所示：

```
yum -y install gcc gcc-c++ kernel-devel libnl* libpopt* popt-static
```

注：ipvs 是 LVS 的关键，因为 LVS 的 IP 负载平衡技术就是通过 IPVS 模块来实现的，IPVS 是 LVS 集群系统的核心软件，而 ipvs 具体是由 ipvsadmin 实现的。我们首先用命令查看下当前内核是否支持，命令如下所示：

```
lsmod | grep ip_vs
```

结果发现是不支持的。

1）首先我们在 LVS-MASTER 机器上安装 ipvadmin 软件，这里采用源码安装的方式，命令如下所示：

```
mkdir -p /usr/local/src
cd /usr/local/src
wget http://www.linuxvirtualserver.org/software/kernel-2.6/ipvsadm-1.26.tar.gz
tar xvf ipvsadm-1.26.tar.gz
cd ipvsadm-1.26
ln -s /usr/src/kernels/2.6.32-696.1.1.el6.x86_64/  /usr/src/linux
make
make install
```

安装成功后输入 ipvsadm 命令验证，会有如下显示：

```
IP Virtual Server version 1.2.1 (size=4096)
Prot LocalAddress:Port Scheduler Flags
    -> RemoteAddress:Port           Forward Weight ActiveConn InActConn
```

我们可以查看是否有 ip_vs 模块，输入如下命令验证：

```
lsmod | grep ip_vs
```

结果如下所示：

```
ip_vs                 115643  0
libcrc32c               1246  1 ip_vs
ipv6                  321422  16
ip_vs,ip6t_REJECT,nf_conntrack_ipv6,nf_defrag_ipv6
```

2）编写并运行 initial.sh 脚本，绑定 VIP 地址到 LVS-MASTER 上，设定 LVS 工作模式等，脚本内容如下所示：

```
#!/bin/bash
VIP=10.0.0.18
RIP1=10.0.0.13
RIP2=10.0.0.14
. /etc/rc.d/init.d/functions

logger $0 called with $1
case "$1" in
start)
echo " Start LVS of DirectorServer"
        #这里将VIP地址绑定在eth1网卡上面
        /sbin/ifconfig eth1:0 $VIP broadcast $VIP netmask 255.255.255.255 up
        /sbin/route add -host $VIP dev eth0:0
        echo "1" >/proc/sys/net/ipv4/ip_forward
        #Clear ipvsadm table
        /sbin/ipvsadm -C
        #Set LVS rules
        /sbin/ipvsadm -A -t $VIP:80 -s wrr -p 120
        #如果没有-p参数的话，我们等会访问VIP地址时会发现在后端的两台Web上轮询切换
        /sbin/ipvsadm -a -t $VIP:80 -r $RIP1:80 -g
        /sbin/ipvsadm -a -t $VIP:80 -r $RIP2:80 -g
        #Run LVS
        /sbin/ipvsadm
        ;;
stop)
        echo "close LVS Directorserver"
        echo "0" >/proc/sys/net/ipv4/ip_forward
        /sbin/ipvsadm -C
        /sbin/ifconfig eth0:0 down
        ;;
*)
    echo "Usage: $0 {start|stop}"
    exit 1
esac
```

给脚本 initial.sh 执行权限，并执行它，命令如下所示：

```
./initial.sh start
```

脚本结果如下所示：

```
Start LVS of DirectorServer
IP Virtual Server version 1.2.1 (size=4096)
Prot LocalAddress:Port Scheduler Flags
    -> RemoteAddress:Port           Forward Weight ActiveConn InActConn
TCP  10.0.0.18:http wrr persistent 120
    -> 10.0.0.13:http               Route   1      0          0
    -> 10.0.0.14:http               Route   1      0          0
```

ActiveConn 表示活动连接数，也就是 TCP 连接状态的 ESTABLISHED。InActConn 表示其他非活动连接数，即所有的其他状态和 TCP 连接数。

3）在后端的两台 Web 服务器上执行 realserver.sh 脚本，此脚本的作用为：绑定 VIP 地址并设定 ARP 抑制，脚本 realserver.sh 的代码如下所示：

```
#!/bin/bash
SNS_VIP=10.0.0.18
. /etc/rc.d/init.d/functions

case "$1" in
start)
    ifconfig lo:0 $SNS_VIP netmask 255.255.255.255 broadcast $SNS_VIP
    /sbin/route add -host $SNS_VIP dev lo:0
    echo "1" >/proc/sys/net/ipv4/conf/lo/arp_ignore
    echo "2" >/proc/sys/net/ipv4/conf/lo/arp_announce
    echo "1" >/proc/sys/net/ipv4/conf/all/arp_ignore
    echo "2" >/proc/sys/net/ipv4/conf/all/arp_announce
    sysctl -p >/dev/null 2>&1
    echo "RealServer Start OK"
    ;;
stop)
    ifconfig lo:0 down
    route del $LVS_VIP >/dev/null 2>&1
    echo "0" >/proc/sys/net/ipv4/conf/lo/arp_ignore
    echo "0" >/proc/sys/net/ipv4/conf/lo/arp_announce
    echo "0" >/proc/sys/net/ipv4/conf/all/arp_ignore
    echo "0" >/proc/sys/net/ipv4/conf/all/arp_announce
    echo "RealServer Stoped"
    ;;
*)
    echo "Usage: $0 {start|stop}"
    exit 1
esac
exit 0
```

分别在两台 Web 机器上执行脚本，命令如下所示：

```
./realserver.sh start
```

实验进行到这里，大家可能会对 LVS 的持久连接技术有些疑问，其实 LVS 的持久性连接有两方面：

1. LVS 的 Hash 表的保存时间

把同一个 Client 的请求信息记录到 LVS 的 HASH 表里，保存时间使用 persistence_timeout（Keepalived 配置文件）控制，单位为秒。persistence_granularity 参数（ipvsadm 里的 -M 参数）是配合 persistence_timeout 的，在某些情况特别有用，它的值是子网掩码，表示持久连接的粒度，默认是 255.255.255.255 也就是单独的 client ip，如果改成 255.255.255.0 就是一个网段的都会被分配到同一台后端 Web 机器。

2. LVS 连接创建以后的空闲时间

一个连接创建后空闲时的超时时间，这个时间有 3 种：

- TCP 的空闲超时时间。
- LVS 收到客户端 tcpfin 的超时时间。
- UDP 的超时时间。

可以用如下命令查看这些值：

```
ipvsadm -L --timeout
```

命令结果如下所示：

```
Timeout (tcp tcpfin udp): 900 120 300
```

我们用 ipvsadm 进行验证，如下所示：

```
ipvsadm  -Lcn
```

结果显示：

```
IPVS connection entries
pro expire state       source             virtual           destination
TCP 01:51  FIN_WAIT    10.0.0.7:54914     10.0.0.18:80      10.0.0.14:80
TCP 00:35  FIN_WAIT    10.0.0.7:54866     10.0.0.18:80      10.0.0.14:80
TCP 01:51  NONE        10.0.0.7:0         10.0.0.18:80      10.0.0.14:80
TCP 01:52  FIN_WAIT    10.0.0.7:54915     10.0.0.18:80      10.0.0.14:80
```

当一个任意客户端访问 LVS 的 VIP 地址时，ipvs 会记录一条状态为 NONE 的信息，expire 初始值是 persistence_timeout 的值，然后根据时钟主键变小，在以下记录存在期间，同一客户端连接上来的都会被分配到同一个后端。

FIN_WAIT 的值就是 tcpfin 的超时时间，当 NONE 的值为 0 时，如果 FIN_WAIT 还存在，那么 NONE 的值会重新变成 60 秒，再持续减少，直到 FIN_WAIT 消失以后，NONE 才会消失，只要 NONE 存在，同一客户端的访问都会分配到统一的后端真实服务器。这个说法很好验证，大家只要不停地执行 ipvsadm -Lcn 命令，观察其时间变化即可。

参考资料：http://www.linuxvirtualserver.org/docs/persistence.html，http://xstarcd.github.io/wiki/sysadmin/lvs_persistence.html。

5.3.2 Nginx 负载均衡器中的 ip_hash 算法

Nginx 作为负载均衡机器作用时，其提供 upstream 模块的 ip_hash 算法机制（操持会话）能够将某个IP的请求定向到同一台后端服务器上，这样一来，这个IP下的某个客户端和某个后端服务器就能建立起稳固连接了。

ip_hash算法的相关源码内容如下所示：

```
for ( ;; ) {
    for (i = 0; i < 3; i++) {
        hash = (hash * 113 + iphp->addr[i]) % 6271;
    }
    p = hash % iphp->rrp.peers->number;
    n = p / (8 * sizeof(uintptr_t));
    m = (uintptr_t) 1 << p % (8 * sizeof(uintptr_t));
    if (!(iphp->rrp.tried[n] & m)) {
        ngx_log_debug2(NGX_LOG_DEBUG_HTTP, pc->log, 0,
            "get ip hash peer, hash: %ui %04XA", p, m);
        peer = &iphp->rrp.peers->peer[p];
        /* ngx_lock_mutex(iphp->rrp.peers->mutex); */
        if (!peer->down) {
            if (peer->max_fails == 0 || peer->fails < peer->max_fails) {
                break;
            }
            if (now - peer->accessed > peer->fail_timeout) {
                peer->fails = 0;
                break;
            }
        }
        iphp->rrp.tried[n] |= m;
        /* ngx_unlock_mutex(iphp->rrp.peers->mutex); */
        pc->tries--;
    }
    if (++iphp->tries >= 20) {
        return iphp->get_rr_peer(pc, &iphp->rrp);
    }
}
```

我们这里可以简单分析上面的源码内容，步骤如下所示：

第一步，根据客户端IP计算得到一个数值。

hash0是Server端的一个固定值，addr[0][1][2]即IP地址的前三段，大家可以通过下面的计算公式发现，其实只要IP固定，hash3的值就会固定下来的，如下所示：

```
hash1 = (hash0 * 113 + addr[0]) % 6271;
hash2 = (hash1 * 113 + addr[1]) % 6271;
hash3 = (hash2 * 113 + addr[2]) % 6271;
```

第二步，根据计算所得数值，找到对应的后端。

```
w = hash3 % total_weight;
while (w >= peer->weight) {
    w -= peer->weight;
    peer = peer->next;
    p++;
}
```

total_weight 为所有后端权重之和。遍历后端链表时，依次减去每个后端的权重，直到 w 小于某个后端的权重。

选定的后端在链表中的序号为 p。因为 total_weight 和每个后端的权重都是固定的，所以如果 hash3 值相同，则找到的后端相同。

ip_hash 算法在 Nginx.con 中的具体配置如下所示：

```
upstream bakend {
ip_hash;
server 192.168.0.14:88;
server 192.168.0.15:80;
}

proxy_pass bakend;
```

在 Nginx 的各种算法中，ip_hash 是应用得最多的。我们可以利用其保持会话的特性来提高缓存命中（在 CDN 体系中这是一个很重要的技术指标）。如图 5-4 所示，是 ip_hash 在某小型安全 CDN 项目中的应用实例，Cache 主要由两层缓存层组成，包括边缘 CDN 及父层 CDN 缓存机器，这部分缓存利用的就是 Nginx 本身的 Cache 机制。

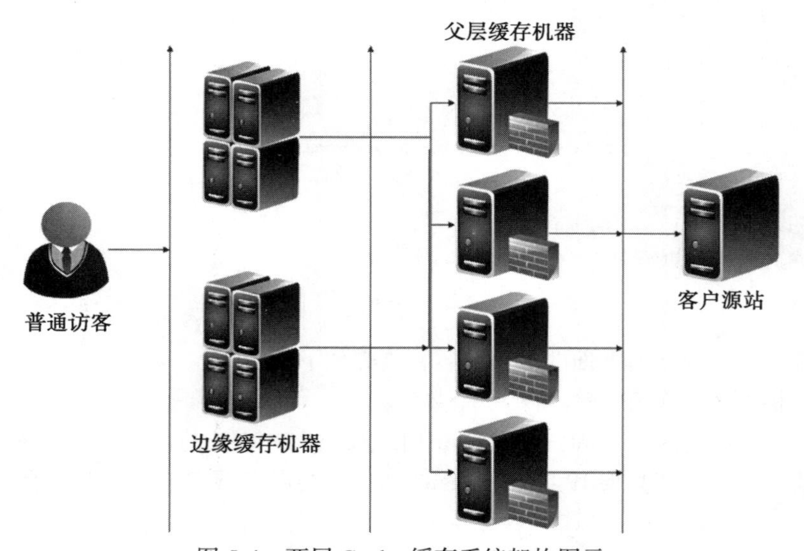

图 5-4 两层 Cache 缓存系统架构图示

边缘 CDN 机器的 nginx.conf 相关配置文件如下所示：

```
upstream parent {
    ip_hash;
    server 119.90.1.2 max_fails=3 fail_timeout=20s;
    server 119.90.1.3 max_fails=3 fail_timeout=20s;
    server 61.163.1.2 max_fails=3 fail_timeout=20s;
    server 61.163.1.3 max_fails=3 fail_timeout=20s;
}
```

大家可以发现边缘 CDN 机器利用了 ip_hash 算法来保持会话，每一台边缘的机器都会固定回源到父层 CDN 机器上来获取需要的 Cache 内容；这里如果不采用 ip_hash 算法而采用默认的 round-robin 算法的话，则在客户端在边缘 CDN 机器上 miss 的情况下，边缘机器向父层回源获取 Cache 内容会是随机的，理论上每一台父层机器都需要有边缘机器需要的 Cache 内容，如果没有，则父层 Cache 会进一步向源站回源（即缓存命中率低），造成源站回源压力过大，这样的架构设计很有问题。

此外，在没有采用 Session 共享的 memcached/redis 工作场景中（比如电商平台），我们可以通过采用 ip_hash 算法，让客户端始终只访问固定的某台后端 Web 机器，解决 Session 共享的问题。

参考文档：http://blog.csdn.net/zhangskd/article/details/50208527。

5.3.3　HAProxy 负载均衡器的 source 算法

HAProxy 也有和 Nginx 的 ip_hash 算法类似的算法机制，即 source 算法，它也可以实现会话保持功能。我们可以通过配置一个简单的 1+2（即前端一个 HAproxy，后端是两台 Web 服务器）Web 架构进行验证，此处的 IP 跟前面 LVS 中的一样，只不过这里没有 VIP 的概念了，详细过程如下：

1）安装 HAProxy，提前配置好 epel 外部 YUM 源（这步略过）步骤。首先查看当前 yum 源是否提供了 haproxy 的 rpm 包，命令如下：

```
yum list | grep haproxy
```

结果如下所示：

```
haproxy.x86_64                  1.5.18-1.el6_7.1              updates
```

然后通过 yum 命令安装 haproxy，命令如下所示：

```
yum install haproxy -y
```

2）修改 HAProxy 默认配置文件，记得不要用它默认的轮询方式（roundrobin），而是采用 source。配置文件 /etc/haproxy/haproxy.cfg 的内容如下所示：

```
global
    log         127.0.0.1 local3
    chroot      /var/lib/haproxy
    pidfile     /var/run/haproxy.pid
    maxconn     4000
    user        haproxy
    group       haproxy
    daemon
    stats socket /var/lib/haproxy/stats

defaults
    mode                    http
    log                     global
```

```
    option                  httplog
    option                  dontlognull
    option http-server-close
    option forwardfor       except 127.0.0.0/8
    option                  redispatch
    retries                 3
    timeout http-request    10s
    timeout queue           1m
    timeout connect         10s
    timeout client          1m
    timeout server          1m
    timeout http-keep-alive 10s
    timeout check           10s
    maxconn                 3000

listen stats                                     #这里定义的是haproxy监控
    mode http                                    #模式http
    bind 0.0.0.0:1080                            #绑定的监控ip与端口
    stats enable                                 #启用监控
    stats hide-version                           #隐藏haproxy版本
    stats uri      /web_status                   #定义的uri
    stats realm    Haproxy\ Statistics           #定义显示文字
    stats auth     admin:admin                   #认证

frontend http
    bind *:80
    mode http
    log global
    option logasap
    option dontlognull
    capture request header Host len 20
    capture request header Referer len 20
    default_backend web

backend web
    balance source
    server web1 192.168.1.205:80 check maxconn 2000
    server web2 192.168.1.206:80 check maxconn 2000
```

新版的 HAProxy 支持以服务 reload 的模式启动，这样更改配置文件以后，就可以用如下命令重载 HAProxy 服务：

```
service haproxy reload
```

HAProxy 的配置中包含五个组件，如下所示（当然这些组件不是必选的，可以根据需要选择配置）:

- Global：参数是进程级的，通常和操作系统相关。这些参数一般只设置一次，如果配置无误，就不需要再次配置了。
- Defaults：配置默认参数，这些参数可以配置到 frontend、backend、listen 组件中。

- ❑ Frontend：接收请求的前端虚拟节点，Frontend 可以根据规则直接指定具体使用后端的 backend（可动态选择）。
- ❑ Backend：后端服务集群的配置，是真实的服务器，一个 Backend 对应一个或多个实体服务器。
- ❑ Listen：Frontend 和 Backend 的组合体。

HAProxy 的详细配置文件说明参数可参考附录 B，请注意版本之前的差异性变化。

3）新版 HAProxy 支持 reload 命令，我们先在启动之前检查下配置文件有无语法方面的问题，命令如下所示：

```
haproxy -f /etc/haproxy/haproxy.conf -c
```

结果如下所示：

```
Configuration file is valid
```

然后我们再启动 HAProxy，命令如下所示：

```
service haproxy start
```

HAProxy 自带强大的监控功能，输入以下网址：

http://192.168.1.207:1080/web_status/ 后，输入相对应的账号和密码就可以看到监控页面，监控页面如图 5-5 所示。

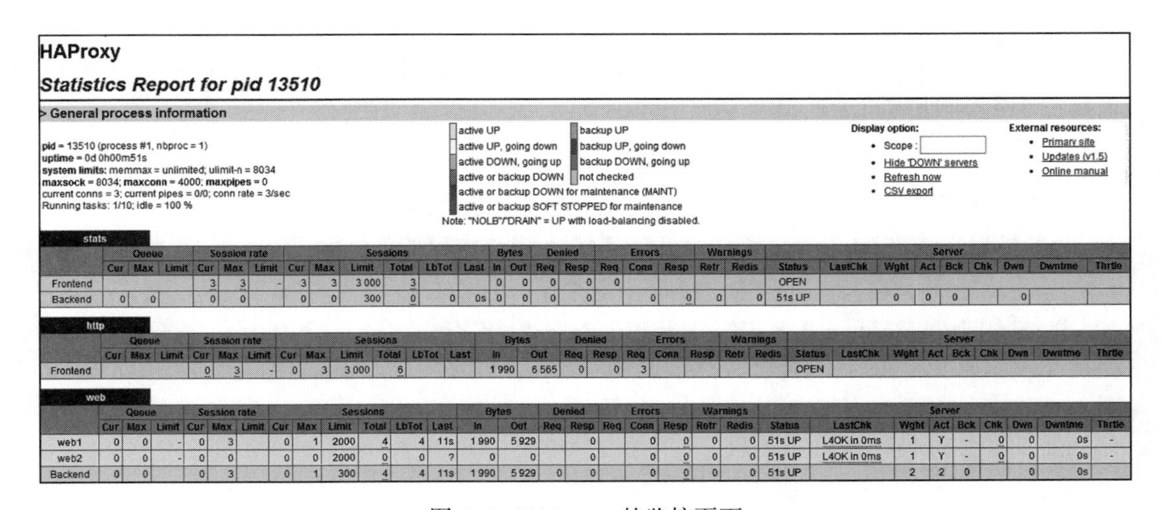

HAProxy

Statistics Report for pid 13510

> General process information

pid = 13510 (process #1, nbproc = 1)
uptime = 0d 0h00m51s
system limits: memmax = unlimited; ulimit-n = 8034
maxsock = 8034; **maxconn** = 4000; **maxpipes** = 0
current conns = 3; current pipes = 0/0; conn rate = 3/sec
Running tasks: 1/10; idle = 100 %

active UP
backup UP
active UP, going down
backup UP, going down
active DOWN, going up
backup DOWN, going up
active or backup DOWN
not checked
active or backup DOWN for maintenance (MAINT)
active or backup SOFT STOPPED for maintenance
Note: "NOLB"/"DRAIN" = UP with load-balancing disabled.

Display option:
- Scope :
- Hide 'DOWN' servers
- Refresh now
- CSV export

External resources:
- Primary site
- Updates (v1.5)
- Online manual

stats

	Queue			Session rate			Sessions						Bytes		Denied		Errors			Warnings		Server							
	Cur	Max	Limit	Cur	Max	Limit	Cur	Max	Limit	Total	LbTot	Last	In	Out	Req	Resp	Req	Conn	Resp	Retr	Redis	Status	LastChk	Wght	Act	Bck	Chk	Dwn	Dwntme	Thrtle
Frontend				3	3	-	3	3	3 000	3			0	0	0	0	0					OPEN								
Backend	0	0		0	0		0	0	300	0	0	0s	0	0	0	0		0	0	0	0	51s UP		0	0	0		0		

http

	Queue			Session rate			Sessions						Bytes		Denied		Errors			Warnings		Server							
	Cur	Max	Limit	Cur	Max	Limit	Cur	Max	Limit	Total	LbTot	Last	In	Out	Req	Resp	Req	Conn	Resp	Retr	Redis	Status	LastChk	Wght	Act	Bck	Chk	Dwn	Dwntme	Thrtle
Frontend				0	3	-	0	3	3 000	6			1 990	6 565	0	0	3					OPEN								

web

	Queue			Session rate			Sessions						Bytes		Denied		Errors			Warnings		Server							
	Cur	Max	Limit	Cur	Max	Limit	Cur	Max	Limit	Total	LbTot	Last	In	Out	Req	Resp	Req	Conn	Resp	Retr	Redis	Status	LastChk	Wght	Act	Bck	Chk	Dwn	Dwntme	Thrtle
web1	0	0	-	0	3		0	1	2000	4	4	11s	1 990	5 929		0		0	0	0	0	51s UP	L4OK in 0ms	1	Y	-	0	0	0s	-
web2	0	0	-	0	0		0	0	2000	0	0	?	0	0		0		0	0	0	0	51s UP	L4OK in 0ms	1	Y	-	0	0	0s	-
Backend	0	0		0	3		0	1	300	4	4	11s	1 990	5 929	0	0		0	0	0	0	51s UP		2	2	0		0	0s	

图 5-5　HAProxy 的监控页面

4）HAProxy 的日志配置策略，HAProxy 在默认情况下，为了节省读写 I/O 所消耗的性能，没有自动配置日志输出功能，但有时为了方便维护和调试线上的生产环境，是需要有日志输出的，所以我们可以根据需求来配置 HAProxy 的日志配置策略。具体步骤如下：

（a）设置 HAProxy 的默认配置文件中跟日志相关的选项，如下所示：

```
global
    log         127.0.0.1 local3
#local3相当于info级别的日志
    chroot      /var/lib/haproxy
    pidfile     /var/run/haproxy.pid
    maxconn     4000
    user        haproxy
    group       haproxy
    daemon
    stats socket /var/lib/haproxy/stats
```

（b）编辑系统日志配置 /etc/rsyslog.conf，此文件会默认读取 /etc/rsyslog.d/*.conf 目录下的配置文件，所以我们可以将 HAProxy 的相关配置放在其下，这里取名为 haproxy.conf，文件内容如下所示：

```
$ModLoad imudp
$UDPServerRun 514
local3.* /var/log/haproxy.log
```

这里也说明下上面的配置内容文件：

```
$ModLoad imudp
```

imudp 是模块名，支持 UDP 协议。

```
$UDPServerRun 514
```

允许 514 端口接收使用 UDP 和 TCP 协议转发过来的日志，而 rsyslog 在默认情况下，正是在 514 端口监听 UDP。

```
local3.* /var/log/haproxy.log
```

local3 相当于 info 级别的日志，/var/log/haproxy.log 后面跟的是详细路径名。

（c）最后是修改 /etc/sysconfig/rsyslog 文件 ，修改内容如下所示：

```
# Options for rsyslogd
# Syslogd options are deprecated since rsyslog v3.
# If you want to use them, switch to compatibility mode 2 by "-c 2"
# See rsyslogd(8) for more details
SYSLOGD_OPTIONS="-c 2 -r -m 0"
```

各参数作用：

- -c：指定运行兼容模式。
- -r：接收远程日志。
- -x：在接收客户端消息时，禁用 DNS 查找。需和 -r 参数配合使用。
- -m：标记时间戳。单位是分钟，值为 0 时表示禁用该功能。

（d）HAProxy 日志内容如下所示：

```
Jan 11  06:50:00  localhost  haproxy[13637]:  192.168.1.222:49629  [11/
   Jan/2016:06:49:58.136] http web/web1 1922/0/0/0/+1922 403 +177 - - ----
```

```
    3/3/1/1/0 0/0 {192.168.1.207|} "GET / HTTP/1.1"
Jan 11 06:50:00 localhost haproxy[13637]: 192.168.1.222:49629 [11/
    Jan/2016:06:49:58.136] http web/web1 1922/0/0/0/+1922 403 +177 - - ----
    3/3/1/1/0 0/0 {192.168.1.207|} "GET / HTTP/1.1"
Jan 11 06:50:00 localhost haproxy[13637]: 192.168.1.222:49629 [11/
    Jan/2016:06:50:00.057] http web/web1 31/0/0/0/+31 304 +130 - - ---- 3/3/1/1/0
    0/0 {192.168.1.207|http://192.168.1.207} "GET /icons/apache_pb.gif HTTP/1.1"
Jan 11 06:50:00 localhost haproxy[13637]: 192.168.1.222:49629 [11/
    Jan/2016:06:50:00.057] http web/web1 31/0/0/0/+31 304 +130 - - ---- 3/3/1/1/0
    0/0 {192.168.1.207|http://192.168.1.207} "GET /icons/apache_pb.gif HTTP/1.1"
Jan 11 06:50:00 localhost haproxy[13637]: 192.168.1.222:49629 [11/
    Jan/2016:06:50:00.057] http web/web1 31/0/0/0/+31 304 +130 - - ---- 3/3/1/1/0
    0/0 {192.168.1.207|http://192.168.1.207} "GET /icons/apache_pb.gif HTTP/1.1"
Jan 11 06:50:00 localhost haproxy[13637]: 192.168.1.222:49629 [11/
    Jan/2016:06:50:00.057] http web/web1 31/0/0/0/+31 304 +130 - - ---- 3/3/1/1/0
    0/0 {192.168.1.207|http://192.168.1.207} "GET /icons/apache_pb.gif HTTP/1.1"
Jan 11 06:50:00 localhost haproxy[13637]: 192.168.1.222:49640 [11/
    Jan/2016:06:49:57.738] http web/web1 2355/0/0/0/+2355 304 +130 - - ----
    3/3/1/1/0 0/0 {192.168.1.207|http://192.168.1.207} "GET /icons/poweredby.png
    HTTP/1.1"
Jan 11 06:50:00 localhost haproxy[13637]: 192.168.1.222:49640 [11/
    Jan/2016:06:49:57.738] http web/web1 2355/0/0/0/+2355 304 +130 - - ----
    3/3/1/1/0 0/0 {192.168.1.207|http://192.168.1.207} "GET /icons/poweredby.png
    HTTP/1.1"
Jan 11 06:50:00 localhost haproxy[13637]: 192.168.1.222:49640 [11/
    Jan/2016:06:49:57.738] http web/web1 2355/0/0/0/+2355 304 +130 - - ----
    3/3/1/1/0 0/0 {192.168.1.207|http://192.168.1.207} "GET /icons/poweredby.png
    HTTP/1.1"
Jan 11 06:50:00 localhost haproxy[13637]: 192.168.1.222:49640 [11/
    Jan/2016:06:49:57.738] http web/web1 2355/0/0/0/+2355 304 +130 - - ----
    3/3/1/1/0 0/0 {192.168.1.207|http://192.168.1.207} "GET /icons/poweredby.png
    HTTP/1.1"
Jan 11 06:50:10 localhost haproxy[13637]: 192.168.1.222:49640 [11/
    Jan/2016:06:50:00.092] http web/web1 9959/0/0/0/+9959 403 +177 - - ----
    2/2/1/1/0 0/0 {192.168.1.207|} "GET / HTTP/1.1"
Jan 11 06:50:10 localhost haproxy[13637]: 192.168.1.222:49640 [11/
    Jan/2016:06:50:00.092] http web/web1 9959/0/0/0/+9959 403 +177 - - ----
    2/2/1/1/0 0/0 {192.168.1.207|} "GET / HTTP/1.1"
Jan 11 06:50:10 localhost haproxy[13637]: 192.168.1.222:49640 [11/
    Jan/2016:06:50:00.092] http web/web1 9959/0/0/0/+9959 403 +177 - - ----
    2/2/1/1/0 0/0 {192.168.1.207|} "GET / HTTP/1.1"
Jan 11 06:50:10 localhost haproxy[13637]: 192.168.1.222:49640 [11/
    Jan/2016:06:50:00.092] http web/web1 9959/0/0/0/+9959 403 +177 - - ----
    2/2/1/1/0 0/0 {192.168.1.207|} "GET / HTTP/1.1"
```

HAProxy 采用了 source 算法以后，我们会发现无论怎么刷新，通过前面的 HAProxy LB 机器都始终只能访问到后端的 Web1 机器上面。在没有 Session 共享用途的 memcached/redis 机器场景里，我们可以通过采用此 source 算法，让客户始终只访问固定的后端 Web 机器，解决 session 共享的问题。

在项目实施中，我会根据客户的需求，将 HAProxy 用于一些时效性强的小型网站上（比如金融证券类的新闻资讯网站），做成基于单机 HAProxy(后面接两台 Web 机器）的网站，因为这些网站只在早上 9:00 到下午 5:00 之间会有用户访问，鉴于 HAProxy 的稳定性、接近硬件设备的网络吞吐量，以及其拥有的强大监控功能，完全可以胜任这项工作。如果大家也有这种需求，不妨考虑一下这种 1+2 型的做法。

5.4 服务器健康检测

负载均衡器现在都使用了非常多的服务器健康检测技术，主要通过发送不同类型的协议包并通过检查能否接收到正确的应答来判断后端的服务器是否存活，如果后端的服务器出现故障就会自动剔除。主要的技术有以下三种：

1）ICMP：负载均衡器向后端的服务器发送 ICMP ECHO 包（就是我们俗称的“ping”），如果能正解收到 ICMP REPLY，则证明服务器 ICMP 协议处理正常，即服务器是活着的。

2）TCP ：负载均衡器向后端的某个端口发起 TCP 连接请求，如果成功完成三次握手，则证明服务器 TCP 协议处理正常。

3）HTTP ：负载均衡器向后端的服务器发送 HTTP 请求，如果收获到的 HTTP 应答内容是正确的，则证明服务器 HTTP 协议处理正常。

这里以 Nginx 进行举例说明，如下所示。

Upstream 模块是 Nginx 负载均衡的主要模块，它提供了简单的办法来实现在轮询和客户端 IP 之间的后端服务器负载均衡，并可以对服务器进行健康检查。upstream 并不处理请求，而是通过请求后端服务器得到用户的请求内容。在转发给后端时，默认是轮询。

下面为一组服务器负载均衡的集合：

```
upstream php_pool {
    server 192.168.1.7:80 max_fails=2 fail_timeout=5s;
    server 192.168.1.8:80 max_fails=2 fail_timeout=5s;
    server 192.168.1.9:80 max_fails=2 fail_timeout=5s;
    }
```

upstream 模块相关指令解释：

- max_fails：定义可以发生错误的最大次数。
- fail_timeout：nginx 在 fail_timeout 设定的时间内与后端服务器通信失败的次数超过 max_fails 设定的次数，则认为这个服务器不再起作用。在接下来的 fail_timeout 时间内，Nginx 不再将请求分发给失效的机器。
- down：把后端标记为离线，仅限于 ip_hash。
- backup：标记后端为备份服务器，若后端服务器全部无效时才启用。

Nginx 的健康检查主要体现在对后端服务提供健康检查，且功能被集成在 upstream 模块中，共有如下两个指令：

- max_fails：定义可以发生错误的最大次数。
- fail_timeout：Nginx 在 fail_timeout 设定的时间内与后端服务器通信失败的次数超过 max_fails 设定的次数，则认为这个服务器不再起作用。在接下来的 fail_timeout 时间内，Nginx 不再将请求分发给失效的 server。

健康检查机制：

Nginx 在检测到后端服务器故障后，Nginx 依然会把请求转向该服务器，当 Nginx 发现 timeout 或者 refused 后，则会把该请求分发到 upstream 的其他节点，直到获得正常数据后，Nginx 才会把数据返回给用户，这也体现了 Nginx 的异步传输。这一点跟 LVS/HAProxy 区别很大，在 LVS/HAProxy 里，每个请求都只有一次机会，假如用户发起一个请求，而该请求分到的后端服务器刚好挂掉，那么这个请求就失败了。

5.5　Linux 集群的项目案例分享

下面笔者将跟大家分享几个实际工作中的 Linux 集群的项目案例，供大家学习和参考。

5.5.1　用 LVS+Keepalived 建高可用集群

如图 5-6 所示，这是笔者之前做的一个名为一拍网的小型拍卖型电商网站，上线及运营之后的很长一段时间，注册人数基本只有 5000 左右，每日的 PV 量差不多为几十万左右，所以 LVS 在这里只做流量的转发明显有些大材小用了。

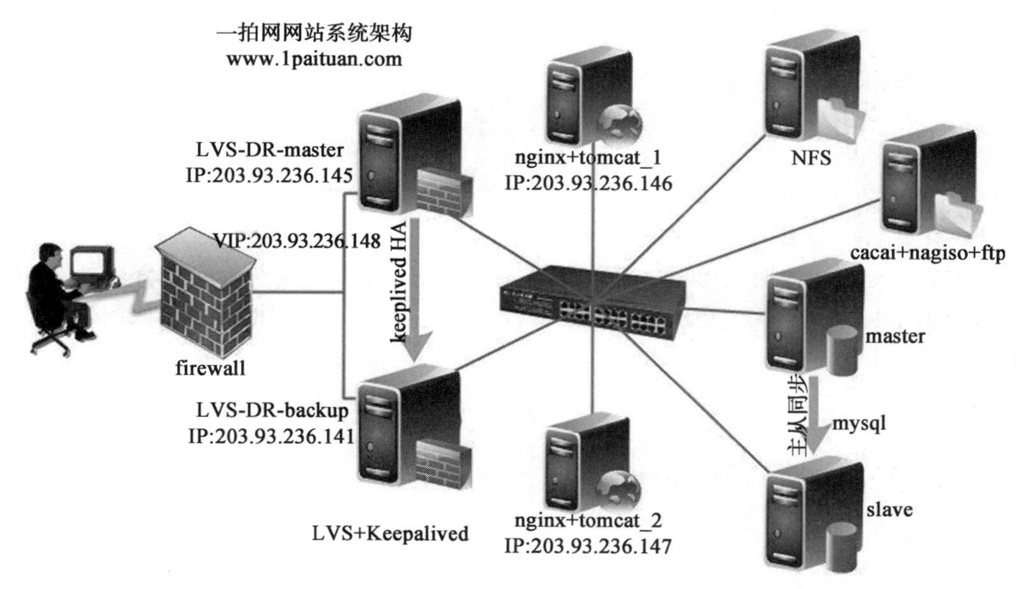

图 5-6　一拍网网站架构设计拓扑图

目前，在笔者的公司中，LVS 主要用于 CND 业务平台。LVS/DR 主要应用于各 IDC 机房分发 CDN 的流量，采用的是 Keepalived 双机，主要用途如下：

- ❑ 起流量分流的作用，前端有 GLB 全局负载均衡，会将流量分摊到后端各 IDC 机房的几百个 CDN 节点（LVS+Keepalived/VIP 机器）上面。
- ❑ 在遇到 DDos 攻击的时候，起流量切量的作用。
- ❑ 升级后端的应用服务器的应用软件版本，主要用于切量。一般而言是按照平台逐步升级的，这个时候可以进行流量切量，然后按照平台名称逐步升级。

之前跟 HAProxy 负载均衡器进行了比对，在应对大流量 CC 攻击，做正则匹配及头部过滤时，CPU 消耗占到了 20% 以上，而 LVS 基本上没有任何消耗，可以说在性能方面是占绝对优势的。再加上 CDN 行业的特殊性，客户端的 HTTP 请求基本上都是无会话状态，所以这里还是选择了 LVS+Keepalived/DR。由于节点机房数量较多，也意味着 LVS 数量较多，所以专门开发了 LVS 管理平台的前端页面，方便运维人员通过界面来部署操作，这样就进一步减少了人为误操作。LVS+Keepalived/DR 的部署过程较为简单，网上资料也有很多，这里就不再赘述了。

LVS 机器的优化可参考前面的部分，但作为流量的入口，其作用也很重要，所以必要的优化也很有必要，具体优化如下所示：

1. 增加并发连接，解决因为哈希表过小导致软中断过高的问题

在安装好后（CentOS 6.8 x86_64 的系统，系统最小化后通过 yum 安装 ipvs），默认情况下哈希表是 4096（2 的 12 次方）：

我们可以使用 ipvsadm 命令查看，如下所示：

```
ipvsadm -ln
```

命令结果如下所示：

```
IP Virtual Server version 1.2.1 (size=4096)
Prot LocalAddress:Port Scheduler Flags
  -> RemoteAddress:Port           Forward Weight ActiveConn InActConn
```

大家注意 size 的大小，其默认值为 4096。

这里我们要做的是在 /etc/modprobe.d/ 目录下加个 lvs.conf 文件，其内容为 options ip_vs conn_tab_bits=20 即可，然后重新加载模块就可以生效了。配置起来还是比较简单的，命令如下所示：

```
echo "options ip_vs conn_tab_bits=20" > /etc/modprobd.d/lvs.conf
```

重新加载模块生效，命令如下所示：

```
modprobe -r ip_vs_wrr
modprobe -r ip_vs
modprobe ip_vs
```

配置完成后可以输入如下命令：

```
ipvsadm -ln
```

命令结果如下所示：

```
IP Virtual Server version 1.2.1 (size=1048576)
```

IPVS connection hash table size，该表用于记录每个进来的连接及路由去向的信息（这个和 iptables 跟踪表类似）。

连接跟踪表中，每行称为一个 Hash Bucket（Hash 桶），桶的个数是一个固定的值 CONFIG_IP_VS_TAB_BITS，默认为 12（2 的 12 次方，4096）。这个值可以调整，该值的大小应该在 8 到 20 之间，详细的调整方法见上述命令。

LVS 的调优，建议将 hash table 的值设置为不低于并发连接数。例如，并发连接数为 200，Persistent 时间为 200 秒，那么 hash 桶的个数应设置为尽可能接近 200×200＝40000，如 2 的 15 次方为 32768 就可以了。当 ip_vs_conn_tab_bits＝20 时，哈希表的的大小（条目）为 pow(2,20)，即 1048576。

这里的 hash 桶个数并不是 LVS 最大连接数限制。LVS 使用哈希链表解决"哈希冲突"，当连接数大于这个值时，必然会出现哈稀冲突，导致性能略微降低，但是并不会在功能上对 LVS 造成影响。

2. 关闭 IRQ 自调节服务

LVS 机器是需要关闭 IRQ 自调节服务的，否则会有干扰。调节的不合理会导致 CPU 使用不平衡，命令如下所示：

```
service irqbalance stop
chkconfig -level 345 irqbalance off
```

3. 网卡多队列及中断均衡

多队列网卡是一种技术，最初用于解决网络 IO QoS（服务质量）问题，后来随着网络 IO 带宽的不断提升，单核 CPU 不能完全满足网卡的需求，通过多队列网卡驱动的支持，将各个队列通过中断绑定到不同的核上，以满足网卡的需求。同时也可以降低单个 CPU 的负载，提升系统的计算能力。

现在的网卡基本都是多队列，那如果没有开启网卡多队列呢？

如果没有开启网卡多队列，将会导致只有一个 CPU 被使用，网卡在同一时刻只能产生一个中断，CPU 在同一时刻只能响应一个中断，由于配置的原因，只有一个 CPU 去响应中断（这个是可调的），所以所有的流量都压在了一个 CPU 上 ，将导致 CPU 跑满。

为什么只有一个 CPU 去响应中断？这个是历史设计的问题，一开始 CPU 都是一核的，只能由唯一的 CPU 去响应，后来逐步发展出了多核的 CPU，才有了可调整的参数去调整到底由几个 CPU 去处理。

4. 网卡的优化

网卡的调整是很有意义和必要的，它可以增加 LVS 主机的网络吞吐能力，有利于提高 LVS 的处理速度。现在新上线的机器基本上都是万兆网卡，用于分发流量基本足够，而早期的机器基本上是千兆网卡，我们可以采用 bond 技术将两块网卡绑定在一起。如果网卡的入口流量压力很大，可以通过网卡 bond 把两块或多块物理网卡绑定为一个逻辑网卡的方式，实现本地网卡的冗余，带宽扩容，从而降低单网卡的压力。

5. Keepalived 的优化

对 Keepalived 进行优化，主要是将网络模式从 select 改为 epool。 epoll 是在 Linux 2.6 内核中提出的，是之前的 select 的增强版本。相对于 select 来说，epoll 更加灵活，没有描述符限制，所以我们选用了 epool 网络模式。

参考文档：http://blog.chinaunix.net/uid-1838361-id-3200383.html。

5.5.2 用 Nginx+Keepalived 实现在线票务系统

这是一套笔者之前实施过的在线订票系统，防火墙、交换机、服务器均置于电信机房的同一机柜中，出口带宽 100MB，项目拓朴图如图 5-7 所示。

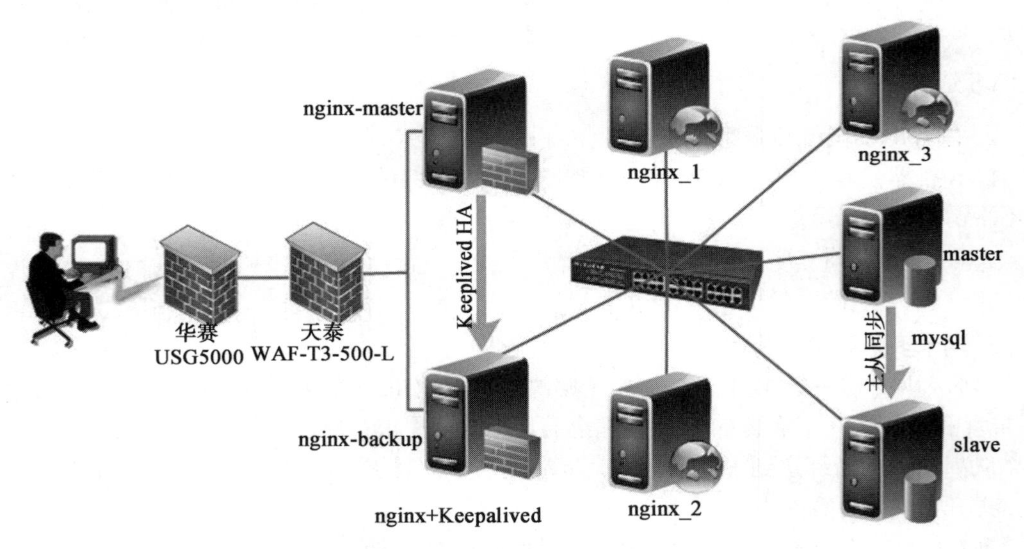

图 5-7 在线订票系统网络拓扑图

1. 整套系统的安全考虑

因为牵涉到信用卡和银行卡在线付款的问题，所以整套系统的安全性就比较需要注意了。在项目实施过程中，我们采用硬件防火墙加上应用层防火墙双层防护来实现安全防护，系统均安装了 CentOS 5.4 x86_64。软件层分为负载均衡层、Web 层、数据库层，整套系统均关闭 iptables 防火墙，只映射 Keepalived 虚拟的 VIP 在最前端的华塞 USG5000 的外网 80 端口上，先将整套系统的安全级别提高到金融安全级别，再考虑负载均衡及其他事宜。另外，网络工程师都应该清楚，防火墙有三种工作模式：路由、透明和混合模式。在这里，华赛 USG5000 防火墙用的是路由模式，而天泰防火墙用的是透明模式。

这里稍微介绍下这两种防火墙：

（1）华赛 USG5000

华赛 USG5000 可以有效抵御高强度的网络攻击，同时还可以保证正常的网络应用。其基于多核处理器的硬件构架，依靠多线程处理设计提供了十分优秀的数据处理能力，完全可以为 Internet 服务提供商、大型企业、园区网、数据中心等具备大流量网络带宽的用户提供高性能的安全防御手段。尤其是 USG5000 具备的超高“每秒新建连接数”，不仅可以对多种并行的网络应用实现快速响应，而且在大流量网络攻击的情况下，仍然可以防止网络业务中断，避免给用户带来损失。

它能有效地保障网络运行，并且其独特的 GTP 安全防护功能可以为 GPRS 网络提供有效的安全防护。USG5000 安全网关可以抵御大流量的 DDoS 攻击，为用户的业务系统提供 DDoS 攻击防护，依托其优越的产品性能，可以防范每秒数百万包以上的 DDoS 攻击，可对 SYN FLOOD、UDP FLOOD、ICMP FLOOD、DNS FLOOD、CC 等多种 DDoS 攻击种类准确识别并控制，同时还能提供蠕虫病毒流量的识别和防范能力，结合华为赛门铁克专有的 ICA 智能连接算法，保证在准确识别 DDoS 攻击流量的同时，不影响用户的正常访问，在复杂的网络情况下实现真正的安全防护，是业界领先的 DDoS 防护设备，此功能也是我们关注的重点。

（2）天泰 WAF-T3-500-L 安全网关防火墙

天泰 WAF-T3-500-L 安全网关防火墙具备全面的攻击防御系统，可保证系统不受网络蠕虫 / 病毒和应用专用漏洞的攻击，并且大大缓解了来自网络层和应用层 DoS/DDoS 攻击的影响。网关的 NetShield™ 引擎会在网络层对数据进行细致检查，彻底阻断来自网络层的潜在攻击。网关的 WebShield™ 引擎会在应用层对 Web 请求进行检查，辨别恶意内容并阻止其进入应用服务器。

其安全性能包括：

- 常见网络攻击防护：保护网络基础设施不受来自网络层的常见攻击。
- DoS/DDoS 保护：识别网络层和应用层的 DoS/DDoS 攻击，缓解攻击对应用基础设施的影响（这也是我们关注的重点）。
- 入侵过滤：通过在恶意蠕虫和病毒进入应用服务器前进行识别并拒绝其进入，保护应用服务器不受侵袭。
- SSL 加密：应用内容在传输过程中都受加密保护，通过转移服务器复杂的加 / 解密任务将应用处理能力发挥到极致。该功能保护敏感应用内容的安全，使其摆脱被窃取及被滥用的潜在威胁。

此外，还能实现 SQL 注入攻击防护，钓鱼攻击的防护，跨站脚本攻击的防护，以及常见系统溢出的防护等，这些都是我们比较关注的内容。

关于证书，我们购买了 Geo Trust 的商业证书，它支持多域名的 HTTPS，可防止以后域名有 rewrite 跳转的需求。另外，我们还购买了 Mcafee 的网站扫描服务，这一服务是针对代码层面安全的。

2. 硬件方面的投入

我们一般采用的是 HP DL380G6（用于后面的 Web 集群）和 HP DL580G5（用于 MySQL 数据库）服务器。在项目实施过程中，我们发现 HP DL580G5 的性能确实彪悍，如果成本充分，可考虑采用此服务器作为应用服务器。它跟以往的型号不同，用的是双四核至强 E7440 3.2G 的 CPU，内存一般是 64GB 或 128GB，这可以根据项目成本来权衡。在租用机房时，我们一般选择的是电信机房，也可考虑北京双线通机房，出口带宽建议为 100MB(如果成本宽裕，也可以考虑 200MB 或者更高)。

3. 负载均衡层

有关负载均衡层的软件采用的是 Nginx0.8.15 源码（当时最新最稳定的版本），两台 Nginx 负载均衡用 Keepalived 作高 HA。其实也可以用 LVS/Keepavlied 来实现，但我们在项目实施过程中发现，Nginx 在正则处理及分发上效果比 LVS 更好（有些功能 LVS 实现不了），而且稳定性也不错。在已上线的金融资讯类的项目里，我做的是 1+2 的架构（按客户的要求），已稳定运行几年，当然也要配合 Cacti+Nagios 进行实时监控。

如何处理 Session 的问题呢？

1）Nginx 负载均衡器采用 ip_hash 模块，让访问的客户端始终与后端的某台 Web 服务器建立固定的连接关系。

2）采用与 PHPCMS 类似的方法，将 Session 写进后端的统一数据库里，例如 MySQL 数据库。

前期我们用的是第二种方案，后来发现数据库的压力会因此而增大，所以采取了前一种会话保持的方法。

4. Web 层

页面同步的办法如下所示：

1）我们可以采用 rsync+inotify 的办法使不同 Web 服务器之间的数据同步。

2）后端采用共用存储，读数据采用同一个存储设备。

这里说一下使用的存储设备，我们用得比较多的是 EMC CLARiiON CX4 的 FC 磁盘阵列，它很稳定，没发生过数据库丢失的问题。缺点是比较贵，会增加整个系统的实施成本。

3）在 PHP 程序上实现动态调取数据（如图片信息），不在 Web 服务器调取而直接采用后端的文件服务器存储。

前期我们用的是单 NFS 方案，后期采用的是 DRBD+Heartbeat+NFS 方案（客户最后要求上存储，我们就上了 EMC CLARiiON CX4），其稳定性还是很不错的。

个人觉得这几种方案里性价比最高的是 rsync+inotify。

Web 集群方面用的是 Nginx+PHP5（FastCGI），这里说一下并发的问题。在设计项目方案时，我们考虑单台 Web 服务器上的并发值为 3000，在局域网环境中（要考虑网络环境的影响）通过 LoadRunner 反复测试，单台 Nginx 的 Web 服务器通过 3000 的并发没有问题，3 台 Web 机器即是 3000×3 并发。但系统正式上线时发现，在非游戏类的网站上根本达不到 9000 并发。这只是一个理论值。但本着高扩展性的原则，还是尽量在硬件和性能上对单台

Web 服务器进行了调优，我们要设计的这个票务系统是 9000 万张票，预计并发在 2000 左右，此系统架构完全能胜任这个并发情况。另外，Nginx 作为负载均衡器 / 代理服务器在高并发下的稳定性毋庸置疑，有相关项目经验的人应该都很了解。

5. 数据库层

考虑到数据库层的压力情况，笔者提出四种设计方案：

1）采用最常用的是 MySQL 一主一从方案，在主 MySQL 数据库上做好单机数据库的优化。

2）采用 MySQL 的一主多从、读写分离方案，另外还可以考虑自己开发中间件技术，让真正实现写功能的 MySQL 压力降低，从而达到数据库架构级调优的功能。

3）可以做 MySQL 数据库的垂直切分，将压力过大的 MySQL 数据库根据业务分成几个小数据库，以此减轻压力。

4）如果读写压力还是过大，考虑采用 Oracle 数据库的 RAC 方案，我们曾用此方案成功解决了某企业 100 万用户的 OA 在线系统数据库压力过大的问题，当然预算成本也大大增加了。

项目实施时，我们用的是 MySQL 一主一从方案，项目上线后发现事实上数据库的压力没有想象中的那么大。

项目运行结果：

目前整套系统已在线上稳定运行，并且在高并发时间段也没有发生任何问题。通过设计这套网站架构（包括防火墙的型号），笔者整理出了一个框架，并已形成工作文档，可用于公司其他项目的实施方案。

5.5.3　企业级 Web 负载均衡高可用之 Nginx+Keepalived

推荐掌握企业级的成熟 Nginx+Keepalived 负载均衡高可用方案，其拓扑图如图 5-8 所示。

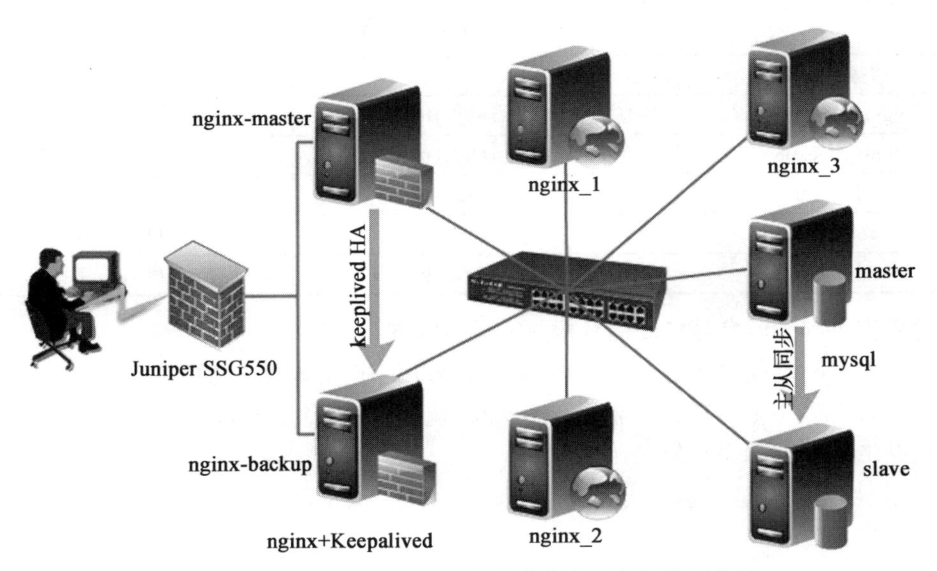

图 5-8　Nginx+Keepalived 负载均衡高可用网络拓扑图

一般为了维护方便，企业网站的服务器都在自己的内部机房里，只开放 Keepalived 的 VIP 地址的两个端口 80、443，通过 Juniper SSG550 防火墙映射出去，外网 DNS 对应映射后的公网 IP。此架构的防火墙及网络安全说明如下：

此系统架构仅映射内网 VIP 的 80 及 443 端口于外网的 Juniper SSG550 防火墙下，其他端口均关闭。内网所有机器均关闭 iptables 及 ipfw 防火墙，外网 DNS 指向通过 Juniper 或华赛 USG5000 映射出来的外网地址。

本节内容出自笔者的项目方案，这种负载均衡方式也应用于笔者公司的电子商务网站中，目前已稳定上线一年多。通过下述内容，大家可以迅速架构一个企业级的负载均衡高可用的 Web 环境。在负载均衡高可用技术上，笔者一直主力推崇以 Nginx+Keepalived 作为 Web 的负载均衡高可用架构，并积极将其应用于真实项目中，此架构极适合灵活稳定的环境。Nginx 负载均衡作服务器遇到的故障一般有：

- 服务器网线松动等网络故障。
- 服务器硬件故障发生损坏现象而 Crash。
- Nginx 服务死掉。

遇到前两种情况时，keeaplived 能起到 HA 的作用，然而遇到第三种情况时就束手无策了，但可以通过 Shell 脚本监控解决此问题，从而实现真正意义上的负载均衡高可用。笔者在电子商务网站上就采用了这种方法，下面将其安装步骤进行详细说明：

1. Nginx+Keepalived 的说明及环境说明

为了真实还原项目或网站的实施背景，所用的操作系统或软件版本均已真实注明。

关于服务器系统，从早期的 CentOS 5.5 x86_64 到现在的 CentOS 5.8 x86_64 均有涉及。整个系统的 IP 情况如表 5-2 所示。

表 5-2 Nginx+Keepalived 服务器的 IP 分配表

服务器名称	IP	用 途
Nginx_Master	192.168.1.103	提供负载均衡
Nginx_Backup	192.168.1.104	提供负载均衡
LVS-DR-VIP	192.168.1.108	网站的 VIP 地址
Web1 服务器	192.168.1.106	提供 Web 服务
Web2 服务器	192.168.1.107	提供 Web 服务

2. 分别安装 Nginx 负载均衡器及相关的配置脚本

先安装 Nginx 负载均衡器，Nginx 负载的设置用一般的模板进进配置。

（1）添加运行 Nginx 的用户和组 www 及 Nginx 存放日志的位置，并安装 gcc 等基础库，以免发生 libtool 报错现象，命令如下：

```
yum -y install gcc gcc+ gcc-c++ openssl openssl-devel
groupadd www
useradd -g www www
mdkir -p /data/logs/
```

```
chown -R www:www /data/logs/
```

（2）下载并安装 Nginx0.8.15（当时最新最稳定的版本），另外建议大家在工作中养成好习惯，下载的软件包均放到 /usr/local/src 下，如下所示：

```
cd /usr/local/src
wget http://blog.s135.com/soft/linux/nginx_php/pcre/pcre-7.9.tar.gz
tar zxvf pcre-7.9.tar.gz
cd pcre-7.9/
./configure
make && make install
cd ../
wget http://sysoev.ru/nginx/nginx-0.8.15.tar.gz
tar zxvf nginx-0.8.15.tar.gz
cd nginx-0.8.15/
./configure  --user=www  --group=www  --prefix=/usr/local/nginx  --with-http_stub_
    status_module --with-http_ssl_module
make && make install
cd ../
```

配置 Nginx 负载均衡器的配置文件是 vim /usr/local/nginx/conf/nginx.conf，下面的配置文件仅仅是笔者某项目的配置文档，纯 http 转发。如果要添加 SSL 支持也很简单，后面会有相关说明，记得将购买的相关证书文件放到 Nginx 负载均衡器上（2 台 LB 机器都要放），而非置于后面的 Web 机器上，配置文件内容如下：

```
user www www;
worker_processes 8;
pid /usr/local/nginx/logs/nginx.pid;
worker_rlimit_nofile 51200;
events
{
use epoll;
worker_connections 51200;
}
http{
include       mime.types;
default_type application/octet-stream;
server_names_hash_bucket_size 128;
client_header_buffer_size 32k;
large_client_header_buffers 4 32k;
client_max_body_size 8m;
sendfile on;
tcp_nopush     on;
keepalive_timeout 60;
tcp_nodelay on;
fastcgi_connect_timeout 300;
fastcgi_send_timeout 300;
fastcgi_read_timeout 300;
fastcgi_buffer_size 64k;
fastcgi_buffers 4 64k;
```

```
fastcgi_busy_buffers_size 128k;
fastcgi_temp_file_write_size 128k;
gzip on;
gzip_min_length 1k;
gzip_buffers     4 16k;
gzip_http_version 1.0;
gzip_comp_level 2;
gzip_types     text/plain application/x-javascript text/css application/xml;
gzip_vary on;

upstream backend
{
ip_hash;
server 192.168.1.106:80;
server 192.168.1.107:80;
}
server {
listen 80;
server_name www.1paituan.com;
location / {
root /var/www/html ;
index index.php index.htm index.html;
proxy_redirect off;
proxy_set_header Host $host;
proxy_set_header X-Real-IP $remote_addr;
proxy_set_header X-Forwarded-For $proxy_add_x_forwarded_for;
proxy_pass http://backend;
}

location /nginx {
access_log off;
auth_basic "NginxStatus";
#auth_basic_user_file /usr/local/nginx/htpasswd;
}

log_format access '$remote_addr - $remote_user [$time_local] "$request" '
'$status $body_bytes_sent "$http_referer" '
'"$http_user_agent" $http_x_forwarded_for';
access_log /data/logs/access.log access;
}
}
```

分别在两台 Nginx 负载均衡器上执行 /usr/local/nginx/sbin/nginx 命令，启动 Nginx 进程，然后用命令来检查，如下所示：

```
lsof -i:80
```

此命令显示结果如下：

```
COMMAND    PID USER    FD    TYPE DEVICE SIZE NODE NAME
nginx    13875 root    6u    IPv4  25918        TCP *:http (LISTEN)
```

```
nginx    13876   www    6u   IPv4   25918        TCP *:http (LISTEN)
nginx    13877   www    6u   IPv4   25918        TCP *:http (LISTEN)
nginx    13878   www    6u   IPv4   25918        TCP *:http (LISTEN)
nginx    13879   www    6u   IPv4   25918        TCP *:http (LISTEN)
nginx    13880   www    6u   IPv4   25918        TCP *:http (LISTEN)
nginx    13881   www    6u   IPv4   25918        TCP *:http (LISTEN)
nginx    13882   www    6u   IPv4   25918        TCP *:http (LISTEN)
nginx    13883   www    6u   IPv4   25918        TCP *:http (LISTEN)
```

Nginx 程序正常启动后，两台 Nginx 负载均衡器就算安装成功了，现在我们要安装 Keeaplived 来实现这两台 Nginx 负载均衡器的高可用。

3. 安装 Keepalived，让其分别作 Web 及 Nginx 的 HA

1）安装 Keepalived，并将其做成服务模式，方便以后调试。Keepalived 的安装方法如下：

```
wget http://www.keepalived.org/software/keepalived-1.1.15.tar.gz
tar zxvf keepalived-1.1.15.tar.gz
cd keepalived-1.1.15
./configure --prefix=/usr/local/keepalived
make
make install
```

2）安装成功后做成服务模式，方便启动和关闭，方法如下：

```
cp /usr/local/keepalived/sbin/keepalived /usr/sbin/
cp /usr/local/keepalived/etc/sysconfig/keepalived /etc/sysconfig/
cp /usr/local/keepalived/etc/rc.d/init.d/keepalived /etc/init.d/
```

3）接下来就是分别设置主 Nginx 和备 Nginx 上的 keepalived 配置文件，我们先配置主 Nginx 上的 keepalived.conf 文件，如下所示：

```
mkdir /etc/keepalived
cd /etc/keepalived/
```

我们可以用 vim 编辑 /etc/keepalived.conf，内容如下所示：

```
! Configuration File for keepalived
global_defs {
    notification_email {
    yuhongchun027@163.com
    }
    notification_email_from keepalived@chtopnet.com
    smtp_server 127.0.0.1
    smtp_connect_timeout 30
    router_id LVS_DEVEL
}
vrrp_instance VI_1 {
    state MASTER
    interface eth0
    virtual_router_id 51
```

```
    mcast_src_ip 192.168.1.103 #mcast_src_ip此处是发送多播包的地址，如果不设置，则默认使
                                用绑定的网卡
    priority 100               #此处的priority是100，注意跟backup机器的区分
    advert_int 1
    authentication {
        auth_type PASS
        auth_pass chtopnet
    }
    virtual_ipaddress {
        192.168.1.108
    }
}
```

下面设置备用 Nginx 上的 Keepalived.conf 配置文件，注意与主 Nginx 上的 keepalived.conf 区分开，代码如下：

```
! Configuration File for keepalived
global_defs {
    notification_email {
    yuhongchun027@163.com
        }
    notification_email_from keepalived@chtopnet.com
    smtp_server 127.0.0.1
    smtp_connect_timeout 30
    router_id LVS_DEVEL
}
vrrp_instance VI_1 {
    state MASTER
    interface eth0
    virtual_router_id 51
    mcast_src_ip 192.168.1.104
    priority 99
    advert_int 1
    authentication {
        auth_type PASS
        auth_pass chtopnet
    }
    virtual_ipaddress {
        192.168.1.108
    }
}
```

在两台负载均衡器上分别启动 keepalived 程序，命令如下：

```
service keepalived start
```

这是主 Nginx 上与 keepalived 相关的日志，可以用如下命令查看：

```
tail /var/log/messages
```

此命令显示结果如下：

```
May  6 05:10:42 localhost Keepalived_vrrp: Configuration is using : 62610 Bytes
May  6 05:10:42 localhost Keepalived_vrrp: VRRP sockpool: [ifindex(2), proto(112),
   fd(8,9)]
May  6 05:10:43 localhost Keepalived_vrrp: VRRP_Instance(VI_1) Transition to
   MASTER STATE
May  6 05:10:44 localhost Keepalived_vrrp: VRRP_Instance(VI_1) Entering MASTER STATE
May  6 05:10:44 localhost Keepalived_vrrp: VRRP_Instance(VI_1) setting protocol VIPs.
May  6 05:10:44 localhost Keepalived_healthcheckers: Netlink reflector reports IP
   192.168.1.108 added
May  6 05:10:44 localhost Keepalived_vrrp: VRRP_Instance(VI_1) Sending gratuitous
   ARPs on eth0 for 192.168.1.108
May  6 05:10:44 localhost Keepalived_vrrp: Netlink reflector reports IP
   192.168.1.108 added
May  6 05:10:44 localhost avahi-daemon[2212]: Registering new address record for
   192.168.1.108 on eth0.
May  6 05:10:49 localhost Keepalived_vrrp: VRRP_Instance(VI_1) Sending gratuitous
   ARPs on eth0 for 192.168.1.108
```

显然vrrp已经启动，我们还可以通过命令ip addr来检查主Nginx上的IP分配情况，通过下面的显示内容可以清楚地看到VIP地址已绑定到主Nginx的机器上，使用如下命令查看：

```
ip addr
1: lo: <LOOPBACK,UP,LOWER_UP> mtu 16436 qdisc noqueue
    link/loopback 00:00:00:00:00:00 brd 00:00:00:00:00:00
    inet 127.0.0.1/8 scope host lo
    inet6 ::1/128 scope host
        valid_lft forever preferred_lft forever
2: eth0: <BROADCAST,MULTICAST,UP,LOWER_UP> mtu 1500 qdisc pfifo_fast qlen 1000
    link/ether 00:0c:29:51:59:df brd ff:ff:ff:ff:ff:ff
    inet 192.168.1.103/24 brd 192.168.1.255 scope global eth0
    inet 192.168.1.108/32 scope global eth0
    inet6 fe80::20c:29ff:fe51:59df/64 scope link
        valid_lft forever preferred_lft forever
3: sit0: <NOARP> mtu 1480 qdisc noop
    link/sit 0.0.0.0 brd 0.0.0.0
```

在这个过程中，有大量的VRRP数据包，那么什么是VRRP呢？为了让大家对Keepalived有所了解，笔者将详细说明下虚拟路由冗余协议（VRRP）。

随着Internet的迅猛发展，基于网络的应用逐渐增多。这就对网络的可靠性提出了越来越高的要求。斥资对所有网络设备进行更新当然是一种很好的可靠性解决方案，但本着保护现有资产的角度考虑，可以采用廉价冗余的思路，在可靠性和经济性方面找到平衡点。

虚拟路由冗余协议就是一种很好的解决方案。在该协议中，对共享多存取访问介质（如以太网）上的终端IP设备的默认网关（Default Gateway）进行冗余备份，当其中一台路由设备宕机时，备份路由设备及时接管转发工作，向用户提供透明切换，提高了网络服务质量。

（1）协议概述

在基于TCP/IP协议的网络中，为了保证不直接物理连接的设备之间的通信，必须指定路由。目前指定路由的常用方法有两种：一种是通过路由协议（比如：内部路由协议 RIP 和 OSPF）动态学习；另一种是静态配置。在每一个终端都运行动态路由协议是不现实的，大多客户端操作系统平台都不支持动态路由协议，即使支持也受到管理开销、收敛度、安全性等诸多问题的限制。因此，普遍采用对终端 IP 设备进行静态路由配置的方式，一般是给终端设备指定一个或多个默认网关（Default Gateway）。静态路由的方法简化了网络管理的复杂度，也减轻了终端设备的通信开销，但它仍有一个缺点：如果作为默认网关的路由器损坏，所有使用该网关为下一跳主机的通信必然中断。即便配置了多个默认网关，如果不重新启动终端设备，依旧不能切换到新的网关上。但是采用虚拟路由冗余协议（Virtual Router Redundancy Protocol，简称 VRRP）就可以很好地避免静态指定网关的缺陷。

在 VRRP 协议中，有两组重要的概念——VRRP 路由器和虚拟路由器，主控路由器和备份路由器。VRRP 路由器是指运行 VRRP 的路由器，是物理实体，虚拟路由器是指 VRRP 协议创建的路由器，是逻辑概念。一组 VRRP 路由器协同工作，共同构成一台虚拟路由器。该虚拟路由器对外表现为一个具有唯一固定 IP 地址和 MAC 地址的逻辑路由器。处于同一个 VRRP 组中的路由器具有两种互斥的角色：主控路由器和备份路由器，一个 VRRP 组中有且只有一台处于主控角色的路由器，可以有一个或多个处于备份角色的路由器。VRRP 协议使用选择策略从路由器组中选出一台作为主控，负责 ARP 响应和转发 IP 数据包，组中的其他路由器作为备份的角色处于待命状态。当由于某种原因主控路由器发生故障时，备份路由器能在几秒钟的延时后升级为主路由器。由于此切换非常迅速，而且不用改变 IP 地址和 MAC 地址，故对终端使用者的系统是透明的。

（2）工作原理

一个 VRRP 路由器有唯一的标识：VRID，范围为 0～255。该路由器对外表现为唯一的虚拟 MAC 地址，地址的格式为 00-00-5E- 00-01-[VRID]。主控路由器负责对 ARP 请求用该 MAC 地址做应答。这样，无论如何切换，保证给终端设备的是唯一一致的 IP 和 MAC 地址，减少了切换对终端设备的影响。

VRRP 控制报文只有一种：VRRP 通告（advertisement）。它使用 IP 多播数据包进行封装，组地址为 224.0.0.18，发布范围只限于同一局域网内。这保证了 VRID 在不同的网络中可以重复使用。为了减少网络带宽消耗，只有主控路由器才可以周期性地发送 VRRP 通告报文。备份路由器在连续三个通告间隔内收不到 VRRP 或收到优先级为 0 的通告则启动新的一轮 VRRP 选举。

在 VRRP 路由器组中，按优先级选举主控路由器，VRRP 协议中的优先级范围是 0～255。若 VRRP 路由器的 IP 地址和虚拟路由器的接口 IP 地址相同，则称该虚拟路由器为 VRRP 组中的 IP 地址所有者，IP 地址所有者自动具有最高优先级：255。优先级 0 一般用在 IP 地址所有者主动放弃主控者角色时。可配置的优先级范围为 1～254，优先级的配置原则可以依据链路的速度、成本、路由器的性能和可靠性，以及其他管理策略来设定。在主控路由器的选举中，高优先级的虚拟路由器会获胜，因此，如果在 VRRP 组中有 IP 地址所有者，那么它总是作为主控路由的角色出现。对于有相同优先级的候选路由器，则按照 IP

地址的大小顺序选举。VRRP 还提供了优先级抢占策略，如果配置了该策略，高优先级的备份路由器便会剥夺当前低优先级的主控路由器，成为新的主控路由器。

为了保证 VRRP 协议的安全性，提供了两种安全认证措施：明文认证和 IP 头认证。明文认证方式要求：在加入一个 VRRP 路由器组时，必须同时提供相同的 VRID 和明文密码，适合于避免在局域网内的配置错误，但不能防止通过网络监听方式获得密码。IP 头认证的方式提供了更高的安全性，能够防止报文重放和修改等攻击。

我们可以通过 Tcpdump 抓包发现两台 Nginx 负载均衡器上有大量 VRRP 包，可在任何一台机器上开启 Tcpdump 进行抓包，命令如下：

```
tcpdump vrrp
```

命令显示结果如下：

```
tcpdump: verbose output suppressed, use -v or -vv for full protocol decode
listening on eth0, link-type EN10MB (Ethernet), capture size 96 bytes
18:04:16.372116 IP 192.168.1.103 > VRRP.MCAST.NET: VRRPv2, Advertisement, vrid
    51, prio 100, authtype simple, intvl 1s, length 20
18:04:17.374134 IP 192.168.1.103 > VRRP.MCAST.NET: VRRPv2, Advertisement, vrid
    51, prio 100, authtype simple, intvl 1s, length 20
18:04:18.375461 IP 192.168.1.103 > VRRP.MCAST.NET: VRRPv2, Advertisement, vrid
    51, prio 100, authtype simple, intvl 1s, length 20
18:04:19.376198 IP 192.168.1.103 > VRRP.MCAST.NET: VRRPv2, Advertisement, vrid
    51, prio 100, authtype simple, intvl 1s, length 20
18:04:20.377229 IP 192.168.1.103 > VRRP.MCAST.NET: VRRPv2, Advertisement, vrid
    51, prio 100, authtype simple, intvl 1s, length 20
18:04:20.378986 IP 192.168.1.104 > VRRP.MCAST.NET: VRRPv2, Advertisement, vrid
    51, prio 99, authtype simple, intvl 1s, length 20
18:0v4:20.381515 IP 192.168.1.103 > VRRP.MCAST.NET: VRRPv2, Advertisement, vrid
51, prio 100, authtype simple, intvl 1s, length 20
18:04:21.383936 IP 192.168.1.103 > VRRP.MCAST.NET: VRRPv2, Advertisement, vrid
    51, prio 100, authtype simple, intvl 1s, length 20
```

可以看到，优先级高的一方（即 priority 为 100 的机器），通过 VRRPv2，获得了 VIP 地址，而且 VRRPv2 包的发送极有规律，每秒发送一次，当然，这是通过配置文件进行控制的。通俗来说，它会不断发送 VRRPv2 包来告诉从机（作为第二名的机器），我是第一名，我已抢到 VIP 地址，你不要再抢啦。

4. 用 nginx_pid.sh 脚本监控 Nginx 进程

针对 Nginx+Keepalived 方案，编写了 Nginx 监控脚本 nginx_pid.sh 来实现真正意义上的高可用。此脚本的思路其实也很简单，即将其放置在后台一直监控 Nginx 进程。如果进程消失，则尝试重启 Nginx；如果失败，则立即停掉本机的 keepalived 服务，让另一台负载均衡器接手。此脚本直接从生产环境下载，内容如下所示：

```
#!/bin/bash
while  :
do
```

```
        nginxpid=`ps -C nginx --no-header | wc -l`
    if [ $nginxpid -eq 0 ];then
            /usr/local/nginx/sbin/nginx
        sleep 5
        if [ $nginxpid -eq 0 ];then
                /etc/init.d/keepalived stop
        fi
    fi
sleep 5
done
```

然后将其置于后台运行 sh /root/nginx_pid.sh &，此时大家需要注意，这种写法是有问题的，我们用 root 用户退出终端后，此进程便会消失。正确的命令如下所示：

```
nohup /bin/bash /root/nginx_pid.sh &
```

此脚本是直接从生产服务器上下载的，看到了 while : 的时候，大家也不用担心它会引起死循环的问题。这是一个无限循环的脚本，放在主 Nginx 机器上（因为目前主要由它提供服务），每隔 5 秒执行一次，用 ps -C 命令来收集 Nginx 服务的 PID 值到底是否为 0，如果是 0 的话（即 Nginx 进程死掉了），尝试启动 Nginx 进程；如果继续为 0（即 Nginx 启动失败），则关闭本机的 keepalived 进程，且 VIP 地址由备机接管，当然，整个网站也会由备机的 Nginx 来提供服务，这样保证了 Nginx 进程的高可用（虽然在实际生产环境中基本没发现 Nginx 进程死掉的情况，此步操作可做到有备无患）。我们在几次线上维护工作中，人为重启了主 Nginx 服务器，而从 Nginx 在非常短的时间就切换过来了，客户没有因为网站故障而进行投诉，事实证明此脚本还是有效的。

注意 附带说明 nohup 的作用。如果你正在运行一个进程，而且你觉得在退出账户时该进程还不应该结束，那么可以使用 nohup 命令，该命令可以在你退出 root 账户之后继续运行相应的进程。

5. 模拟故障测试

整套系统配置完成后，我们就可以通过 http://192.168.1.108/ 进行访问了，接下来要做的是一些模拟性故障测试，比如关掉一台 Nginx 负载均衡器，抽掉某台 Web 机器的网线或直接关机，甚至停掉其中一台 Nginx 服务器的 Nginx 服务。结果发现，无论在什么情况下，Nginx+Keeaplived 都可以正常提供服务，笔者有许多项目（包括电子商务网站）都是用此架构的，并且至少已在线上稳定运行几年。

6. Nginx 作为负载均衡器在工作中遇到的问题

（1）如何让 Nginx 负载均衡器也支持 https？

要让 Nginx 支持 https，方法其实很简单，在负载均衡器上开启 SSL 功能，监听 443 端口（防火墙上也要做好映射），将证书放在 Nginx 负载均衡器上（不是后面的 Web 服务器），就可轻松解决此问题，详见以下 nginx.conf 配置文件代码：

```
server {
listen  443;
server_name www.cn7788.com;

ssl on;
ssl_certificate /usr/local/nginx/keys/www.cn7788.com.crt;
ssl_certificate_key /usr/local/nginx/keys/www.cn7788.com.key;

ssl_protocols  SSLv3 TLSv1;
ssl_ciphers ALL:!ADH:!EXPORT56:RC4+RSA:+HIGH:+MEDIUM:-LOW:-SSLv2:-EXP;
}
```

（2）如何让后端的 Apache 服务器获取客户端的真实 IP？

跑在后端 Apache 服务器上的应用所获取到的 IP 都是 Nginx 负载均衡所在服务器的 IP，或者是本机 127.0.0.1。大家查看 Apache 的访问日志，就会见到来来去去的都是内网的 IP。虽然可以通过 Nginx 日志判断客户端的 IP，但有些考虑不周全的应用，例如 Tattertools（一款优秀的博客程序）就会犯错，在后台的访问日志上总显示访客数为 1，IP 来自 127.0.0.1。这时候就要想办法来处理了，我们可以通过修改 Nginx proxy 的参数令后端应用获取到 Nginx 发来的请求报文并获取外网的 IP，在 Nginx 的配置文件中记得加上：

```
proxy_set_header        Host $host;
proxy_set_header        X-Real-IP $remote_addr;
proxy_set_header        X-Forwarded-For $proxy_add_x_forwarded_for;
```

这仅仅是让 Nginx 获取外网 IP，Apache 未必买账，也就是说 Aapche 端同样需要进行设置，搜索发现 Apache 有一个来自第三方的 mod（模块）配合 Nginx proxy 使用。下面简要介绍一下这个模块。

- 模块的相关说明：http://stderr.net/apache/rpaf/。
- 模块的下载地址：http://stderr.net/apache/rpaf/download/。
- 最新版本为 mod_rpaf-0.6.tar.gz。

安装也相当简单，具体方法如下：

```
tar zxvf mod_rpaf-0.6.tar.gz
```

下载后解压，命令如下：

```
cd mod_rpaf-0.6
```

Apache 的目录按照读者自己的环境修改，并选择相应的安装方式，命令如下：

```
/usr/local/apache/bin/apxs -i -c -n mod_rpaf-2.0.so mod_rpaf-2.0.c
```

完成后会在 http.conf 的 LoadModule 区域多加一行内容，如下所示：

```
LoadModule mod_rpaf-2.0.so_module modules/mod_rpaf-2.0.so
```

经 Apache 2.2.6 的实验证明，使用这一行启动 Apache 的时候会报错。

需要将其改为：

```
LoadModule rpaf_module        modules/mod_rpaf-2.0.so
```

并在下方添加：

```
RPAFenable On
RPAFsethostname On
RPAFproxy_ips 127.0.0.1 192.168.1.101 192.168.102
RPAFheader X-Forwarded-For
```

在填写 Nginx 所在的内网 IP 时，Nginx 的内网地址是必写的，不然一样会失败，另外，有几个代理服务器的 IP 就写几个代理服务器的 IP。

保存退出后重启 Apache，再看看 Apache 的日志内容，应该已经很完美地解决了这个问题。

（3）如何正确区分 Nginx 的分发请求？

笔者参与某个小项目时，原本是基于 Nginx 的 1+3 架构，开发人员突然要求增加一台机器（Windows Server2003 系统）专门存放图片及 PDF 等资料，项目要求能在 Nginx 后的三台 Web 机器上显示图片，并且可下载 pdf。当时有点不知所措，因为程序用的是 Zend Framwork，所以一直在用正则表达式作为跳转，后来才想明白其中的“玄机”，IE 程序先在 Nginx 负载均衡器上提交申请，所以 nginx.conf 是在做分发而非正则跳转，此时最前端的 Nginx，既是负载匀衡器也是反向代理，明白这个就容易解决了。另外要注意 location /StockInfo 与 location ~^/StockInfo 的差异性，Nginx 默认为正则优先，顺便也说一下，proxy_pass 支持直接写 IP 的方式。Nginx 配置文件的部分代码如下：

```
upstream mysrv {
ip_hash;
    server 192.168.110.62;
    server 192.168.110.63;
}

upstream myjpg {
server 192.168.110.3:88;
}

server
{
    listen 80;
    server_name web.tfzq.com;
    proxy_redirect off;

    location ~ ^/StockInfo{
    proxy_pass http://myjpg;
        }
```

总结：目前此套架构在 2000 至 5000 左右并发活动连接数的电子商务网站上运行非常稳定，唯一的不足之处就是 Nginx 备机一直处于闲置状态。相对于双主 Nginx 负载均衡器而言，此架构比较简单，出现问题的几率也较小，而且出问题时容易排查，在网站收录方面需要考虑的问题也非常少，所以笔者一直采用这种方案。通过线上的观察不难发现，Nginx 作为负载均衡器 / 反向代理也是相当稳定的，可以媲美硬件级的 F5，这应该也是越来越多的朋友喜欢它的原因之一。

Nginx+Keepalived 用于生产环境的优势有很多，但由于其自身的限制，它目前只应用于 Web 集群环境，笔者目前在通过 51CTO 和 ChinaUnix 社区推广这种 Web 级负载均衡高可用架构，如果大家的网站或项目有这种需求，不妨考虑应用一下。

5.5.4 HAProxy 双机高可用方案之 HAProxy+Keepalived

由于公司的注册用户已超过 800 万，而且每天都有持续增长的趋势，同时 PV/ 日已经有向千万 / 日靠拢的趋势，原有的 Web 架构已越来越无法满足我们的需求，所以我们也考虑上能抗高并发的 HAProxy 来作为网站最前端的负载均衡器。因为笔者已经在东莞的两个金融项目上面成功实施了 HAProxy+Keepalived 双机方案，所以这里也尝试在公司的 CPA 电子广告平台上使用这种负载均衡高可用架构，即 HAProxy+Keepalived。

1. 做好整个环境的准备工作

两台服务器 DELL 2950 均要做好准备工作，比如设置好 hosts 文件及进行 NTP 对时。

网络拓扑很简单，如下所示：

```
ha1.offer99.com eth0:203.93.236.145
ha2.offer99.com eth0:203.93.236.142
```

网卡用其自带的千兆网卡即可。

硬盘模式没有要求，RAID0 或 RAID1 均可。

网站对外的 VIP 地址：203.93.236.149，这是通过 Keepalived 来实现的，原理请参考前面的章节，这也是网站的外网 DNS 对应的 IP。

在这里，HAProxy 采用七层模式，Frontend（前台）根据任意 HTTP 请求头内容做规则匹配，然后把请求定向到相关的 Bankend（后台）。

2. HAProxy 和 Keepalived 的安装过程

关于此安装过程，请大家参考前面的内容，当时用的是 HAProxy 最新版本 1.4.18，需要注意一下语法跟新版 HAProxy 的区别。这里就不重复了，主要是注意关键位置的改动。

1）首先在两台负载均衡机器上启动 HAProxy，命令如下所示：

```
/usr/local/haproxy/sbin/haproxy -c -q -f
/usr/local/haproxy/conf/haproxy.cfg
```

启动 HAProxy 程序后，我们又修改了 haproxy.cfg 文件，可以用如下命令平滑重启 HAProxy 使新配置文件生效，命令如下所示：

```
/usr/local/haproxy/sbin/haproxy -f /usr/local/haproxy/conf/haproxy.conf  -st
    `cat /usr/local/haproxy/haproxy.pid`
```

注：新版的 HAProxy 支持 reload 命令，即大家可以使用 service haproxy reload 命令重

载 HAProxy。

2）这里将网站生产环境下的配置文件 /usr/local/haproxy/conf/haproxy.cfg 举例说明，其具体内容如下所示（两台 HAProxy 机器的配置内容一样）：

```
global
    maxconn 65535
    chroot /usr/local/haproxy
    uid 99
    gid 99
    #maxconn 4096
    spread-checks 3
    daemon
    nbproc 1
    pidfile /usr/local/haproxy/haproxy.pid

defaults
    log     127.0.0.1       local3
    mode   http
    option httplog
    option httpclose
    option dontlognull
    option forwardfor
    option redispatch
    retries 10
    maxconn 2000
    stats  uri /haproxy-stats
    stats auth admin:admin
    contimeout      5000
    clitimeout      50000
    srvtimeout      50000

frontend HAProxy
    bind *:80
    mode http
    option httplog
    acl cache_domain path_end .css .js .gif .png .swf .jpg .jpeg
    acl cache_dir  path_reg /apping
    acl cache_jpg  path_reg /theme
    acl bugfree_domain path_reg /bugfree
use_backend varnish.offer99.com if cache_domain
    use_backend varnish.offer99.com if cache_dir
    use_backend varnish.offer99.com if cache_jpg
    use_backend bugfree.offer99.com if bugfree_domain
    default_backend www.offer99.com

backend bugfree.offer99.com
    server bugfree 222.35.135.151:80 weight 5 check inter 2000 rise 2 fall 3


backend varnish.offer99.com
```

```
    server varnish 222.35.135.152:81 weight 5 check inter 2000 rise 2 fall 3

backend www.offer99.com
    balance source
    option httpchk HEAD /index.php  HTTP/1.0
    server web1  222.35.135.154:80   weight 5  check inter 2000 rise 2 fall 3
    server web2  222.35.135.155:80  weight 5  check inter 2000 rise 2 fall 3
```

将 HAProxy 的配置文件正则情况稍作说明：

```
acl cache_domain path_end .css .js .gif .png .swf .jpg .jpeg
```

以上语句的作用是将 .css、.js 以及图片类型文件定义成 cache_domain。

```
acl cache_dir  path_reg /apping
acl cache_jpg  path_reg /theme
```

以上两句话的作用是定义静态页面路径，cache_dir 和 cache_jpg 是自定义的名字。

```
use_backend varnish.offer99.com if cache_domain
use_backend varnish.offer99.com if cache_dir
use_backend varnish.offer99.com if cache_jpg
```

如果满足以上文件后缀名或目录名，则 HAProxy 会将客户端请求定向到后端的 varnish 缓存服务器 varnish.offer99.com 上。

```
acl bugfree_domain path_reg /bugfree
use_backend bugfree.offer99.com if bugfree_domain
```

以上两句话的配置文件是将 bugfree 专门定义一个静态域，如果客户端有 bugfree 的请求，则专门定向到后端的 222.35.135.151 机器上。

```
default_backend www.offer99.com
```

如果客户端的请求都不满足上述条件，则分发到后端的两台 Apache 服务器上。

建议配置文件将写成这种 Frontend（前台）和 Backend（后台）的形式，方便我们根据需求利用 HAProxy 的正则做成动静分离或根据特定的文件名后缀（比如 .php 或 .jsp）访问指定的 phppool 池或 javapool 池（其实就是 php 或 java 集群）。我们还可以指定静态服务器池，让客户端对静态文件（比如 bmp 或 jsp 或 html）访问我们的 Varnish 缓存服务器集群，这就是大家常说的动静分离功能（Nginx 也能实现此项功能），所以前后台的模型是非常有用的。

更多配置可以参考 HAProxy 的官方说明，下面是 HAProxy 1.4 的一些常用配置，这些配置可以实现 HAProxy 的一些常用功能。大家在编写自己的 HAProxy 配置文件时，可以对比参考此配置文档。

配置的具体实例如下所示：

```
global
```

全局的日志配置，其中日志级别是 [err warning info debug]。

local3 是日志设备，必须为如下 24 种标准 syslog 设备的一种：

```
kern、user、mail、daemon、auth、syslog、lpr、news
uucp、cron、auth2、ftp、ntp、audit、alert、cron2
local0、local1、local2、local3、local4、local5、local6、local7
```

这里推荐 local3，日志设备格式如下：

```
log 127.0.0.1 local3 info #[err warning info debug]
```

此为最大连接数：

```
maxconn 4096
```

用户（推荐用 haproxy 用户）：

```
user nobody
```

用户组（推荐用 haproxy 用户组）：

```
group nobody
```

使 HAProxy 进程进入后台运行，这是推荐的运行模式：

```
daemon
```

创建 4 个进程进入 deamon 模式运行。此参数要求将运行模式设置为“daemon”：

```
nbproc 4
```

将所有进程的 pid 写入文件，启动进程的用户必须有访问此文件的权限：

```
pidfile /home/admin/haproxy/logs/haproxy.pid
defaults
```

默认模式 mode 有 3 个参数值可选：{tcp|http|health}，tcp 是 4 层，http 是 7 层，health 只会返回 OK，这里大家可以根据实际情况选择：

```
mode http
```

采用 http 日志格式：

```
option httplog
```

三次连接失败就认为是服务器不可用，也可以通过后面进行设置：

```
retries 3
```

如果 Cookie 写入了 ServerID 而客户端不会刷新 Cookie，待 ServerID 对应的服务器挂掉后，将强制定向到其他健康的服务器上：

```
option redispatch
```

当服务器负载很高的时候，自动结束掉当前队列处理较久的链接：

```
option abortonclose
```

默认的最大连接数：

```
maxconn 4096
```

表示连接超时：

```
contimeout 5000
```

表示客户端超时：

```
clitimeout 30000
```

表示服务器超时：

```
srvtimeout 30000
```

表示心跳检测超时：

```
timeout check 1000
```

注意　一些参数值为时间，比如说 timeout。通常时间值的单位为毫秒（ms），也可以通过加 # 后缀来使用其他单位。

下面是统计页面的配置：

```
listen admin_stats
```

监听端口：

```
bind 0.0.0.0:1080
```

http 的 7 层模式：

```
mode http
```

日志设置：

```
log 127.0.0.1 local0 err #[err warning info debug]
```

统计页面自动刷新时间：

```
stats refresh 30s
```

统计页面的 url：

```
stats uri /admin_stats
```

统计页面密码框上的提示文本：

```
stats realm Gemini\ Haproxy
```

统计页面用户名和密码设置：

```
stats auth admin:admin101
```

隐藏统计页面上 HAProxy 的版本信息：

```
stats hide-version
```

下面是网站检测的 listen 定义：

网站健康检测 URL，用于检测 HAProxy 管理的网站是否可用，它是依靠检查后端 Web 服务器是否存在 index.php 来判断后端主机是否挂掉。如果后端的所有 Web 机器上均没有 index.php 或全部挂掉，那么我们访问 HAProxy 主机地址，例如 http://192.168.1.103 时，浏览器就会返回如下报错信息：

```
503 Service Unavailable, No server is available to handle this request
```

网站检测的 listen 格式为：

```
listen web_proxy 192.168.1.103:80
```

关于监听的其他配置选项 HAProxy 本身已默认做好，建议不要太多人为干预。

下面是 frontend 配置：

```
frontend http_80_in
```

监听端口：

```
bind 0.0.0.0:80
```

http 的 7 层模式：

```
mode http
```

应用全局的日志配置：

```
log global
```

启用 http 的 log：

```
option httplog
```

每次请求完毕后主动关闭 http 通道，HA-Proxy 不支持 keep-alive 模式：

```
option httpclose
```

如果后端服务器需要获得客户端的真实 IP，则需要配置此参数，以便从 Http Header 中获得客户端 IP：

```
option forwardfor
```

下面是 HAProxy 的日志记录内容配置：

```
capture request header Host len 40
capture request header Content-Length len 10
capture request header Referer len 200
capture response header Server len 40
capture response header Content-Length len 10
capture response header Cache-Control len 8
```

下面是 ACL 的策略定义。

如果请求的域名满足正则表达式，返回true，-i表示忽略大小写：

```
acl denali_policy hdr_reg (host) -i ^(www.gemini.taobao.net|my.gemini.taobao.
net|auction1.gemini.taobao.net)$
```

如果请求域名满足trade.gemini.taobao.net，返回true，-i表示忽略大小写：

```
acl tm_policy hdr_dom (host) -i trade.gemini.taobao.net
```

如果在请求url中包含sip_apiname=，则此控制策略返回true，否则为false：

```
acl invalid_req url_sub -i sip_apiname=
```

如果在请求url中存在timetask作为部分地址路径，则此控制策略返回true，否则返回false：

```
acl timetask_req url_dir -i timetask
```

当请求的header中Content-length等于0，返回true：

```
acl missing_cl hdr_cnt (Content-length) eq 0
```

下面是与ACL策略匹配的相应配置。

当请求的Header中Content-length等于0，阻止请求返回403：

```
block if missing_cl
```

block表示阻止请求，返回403错误，如果不满足策略invalid_req，或者满足策略timetask_req，则阻止请求：

```
block if !invalid_req || timetask_req
```

当满足denali_policy策略时使用denali_server的backend：

```
use_backend denali_server if denali_policy
```

当满足tm_policy策略时使用tm_server的backend：

```
use_backend tm_server if tm_policy
```

reqisetbe关键字定义，根据定义的关键字选择backend：

```
reqisetbe ^Host:\ img dynamic
reqisetbe ^[^\ ]*\ /(img|css)/ dynamic
reqisetbe ^[^\ ]*\ /admin/stats stats
```

以上都不满足的时候使用默认mms_server的backend：

```
default_backend mms_server
```

HAProxy的错误页面设置如下所示：

```
errorfile 400 /home/admin/haproxy/errorfiles/400.http
errorfile 403 /home/admin/haproxy/errorfiles/403.http
errorfile 408 /home/admin/haproxy/errorfiles/408.http
errorfile 500 /home/admin/haproxy/errorfiles/500.http
```

```
errorfile 502 /home/admin/haproxy/errorfiles/502.http
errorfile 503 /home/admin/haproxy/errorfiles/503.http
errorfile 504 /home/admin/haproxy/errorfiles/504.http
```

下面是 backend 的设置：

```
backend mms_server
```

http 的 7 层模式：

```
mode http
```

负载均衡的方式，roundrobin 平均方式：

```
balance roundrobin
```

允许插入 ServerID 到 Cookie 中，ServerId 在后面可以定义：

```
cookie SERVERID
```

心跳检测的 URL，HTTP/1.1 和 Host:XXXX 指定了心跳检测的 HTTP 版本，XXX 为检测时请求服务器的 request 中的域名，如果在应用的检测 URL 对应的功能中有对域名依赖的话，需要如下设置：

```
option httpchk GET /member/login.jhtml HTTP/1.1\r\nHost:member1.gemini.taobao.net
```

服务器定义，cookie 1 表示 serverid 为 1，check inter 1500 是检测心跳频率。rise 3 是 3 次正确，认为服务器可用；fall 3 是 3 次失败，认为服务器不可用。weight 代表权重：

```
server mms1 10.1.5.134:80 cookie 1 check inter 1500 rise 3 fall 3 weight 1
server mms2 10.1.6.118:80 cookie 2 check inter 1500 rise 3 fall 3 weight 2
backend denali_server
mode http
```

负载均衡的方式，source 根据客户端 IP 进行哈希的方式：

```
balance source
```

如果设置了 backup，默认第一个 backup 优先，设置 option allbackups 后所有备份服务器的权重一样：

```
option allbackups
```

心跳检测 URL 设置：

```
option httpchk GET /mytaobao/home/my_taobao.jhtml HTTP/1.1\r\nHost:my.gemini.
    taobao.net
```

可以根据机器性能的不同，不使用默认的连接数配置而使用自己的特殊连接数配置，比如 minconn 10 maxconn 20：

```
server denlai1 10.1.5.114:80 minconn 4 maxconn 12 check inter 1500 rise 3 fall 3
server denlai2 10.1.6.104:80 minconn 10 maxconn 20 check inter 1500 rise 3 fall 3
```

备份机器的配置，正常情况下不会使用备份机，当主机的全部服务器都 down 的时候才会启用：

```
server dnali-back1 10.1.7.114:80 check backup inter 1500 rise 3 fall 3
server dnali-back2 10.1.7.114:80 check backup inter 1500 rise 3 fall 3
backend tm_server
mode http
```

负载均衡的方式，leastconn 根据服务器当前的请求数，取当前请求数最少的服务器：

```
balance leastconn
option httpchk GET /trade/itemlist/prepayCard.htm HTTP/1.1\r\nHost:trade.gemini.
    taobao.ne
server tm1 10.1.5.115:80 check inter 1500 rise 3 fall 3
server tm2 10.1.6.105:80 check inter 1500 rise 3 fall 3
```

下面是 reqisetbe 自定义的关键字匹配 backend 的部分：

```
backend dynamic
mode http
balance source
option httpchk GET /welcome.html HTTP/1.1\r\nHost:www.taobao.net
server denlai1 10.3.5.114:80 check inter 1500 rise 3 fall 3
server denlai2 10.4.6.104:80 check inter 1500 rise 3 fall 3
backend stats
mode http
balance source
option httpchk GET /welcome.html HTTP/1.1\r\n Host:www.163.com
server denlai1 10.5.5.114:80 check inter 1500 rise 3 fall 3
server denlai2 10.6.6.104:80 check inter 1500 rise 3 fall 3
```

参考文档：http://haproxy.1wt.eu/http://haproxy.1wt.eu/download/1.4/doc/configuration.txt。

Keepalived 的配置过程比较简单，这里略过，大家可以参考前面的配置，配置成功后可以分别在两台机器上启动 HAProxy 及 Keepalived 服务，主机上 Keepalived.conf 配置文件内容如下：

```
! Configuration File for keepalived
global_defs {
   notification_email {
         yuhongchun027@163.com
   }
   notification_email_from sns-lvs@gmail.com
   smtp_server 127.0.0.1
   router_id LVS_DEVEL
}
vrrp_instance VI_1 {
    state MASTER
    interface eth0
    virtual_router_id 51
    priority 100
    advert_int 1
    authentication {
```

```
        auth_type PASS
        auth_pass 1111
    }
    virtual_ipaddress {
    203.93.236.149
    }
}
```

3. 替 HAProxy 添加日志支持

编辑 /etc/syslog.conf 文件，添加内容如下：

```
local3.*        /var/log/haproxy.log
local0.*        /var/log/haproxy.log
```

编辑 /etc/sysconfig/syslog 文件，修改内容如下：

```
SYSLOGD_OPTIONS="-r -m 0"
```

重启 syslog 服务，命令如下：

```
service syslog restart
```

在这里有一点需要说明，在实际的生产环境下，开启 HAProxy 日志功能是需要硬件成本的，它会消耗大量的 CPU 资源导致系统速度变慢（这点在硬件配置较弱的机器上表现尤其突出），如果不需要开启 HAProxy 日志功能的朋友可以选择关闭，大家应根据实际需求选择是否开启 HAProxy 日志。当时线上采用的机器类型为 DELL 2950，机器 CPU 性能有些偏弱，上线以后我们关闭了 HAProxy 日志。

4. 验证此架构及注意事项

我们可以关闭主 HAProxy 机器或重新启动，查看此过程中 VIP 地址是否正确转移到从 HAProxy 机器上，是否影响我们访问网站。以上步骤笔者测试过多次，而且线上环境的稳定运行证明 HAProxy+Keepalived 双机方案确实是有效的。

关于 HAProxy+ Keepalived 这种负载均衡高可用架构，有些情况需要说明一下：

- 在此 HAProxy+Keepalived 负载均衡高可用架构中，我们是如何解决 Session 共享的问题呢？在这里采用的是它自身的 balance source 机制，它跟 Nginx 的 ip_hash 机制原理类似，是让客户机访问时始终访问后端的某一台真实的 Web 服务器，这样可使 Session 固定下来。这里我们为了节约机器成本，没有采用 memcached 或 redis 作为 session 共享机器。
- 健康检测机制，大家可以看下面这行代码：

```
option httpchk HEAD /index.php  HTTP/1.0
```

这行代码的作用是进行网页监控，如果 HAProxy 检测不到 Web 的根目录下没有 index.jsp，就会产生 503 报错。

5. HAProxy 的监控页面

可以在地址栏内输入 http://www.offer99.com/haproxy-stats/，输入用户名和密码后，显

示界面如图 5-9 所示（HAProxy 自带的监控页面，这是笔者非常喜欢的功能之一）。

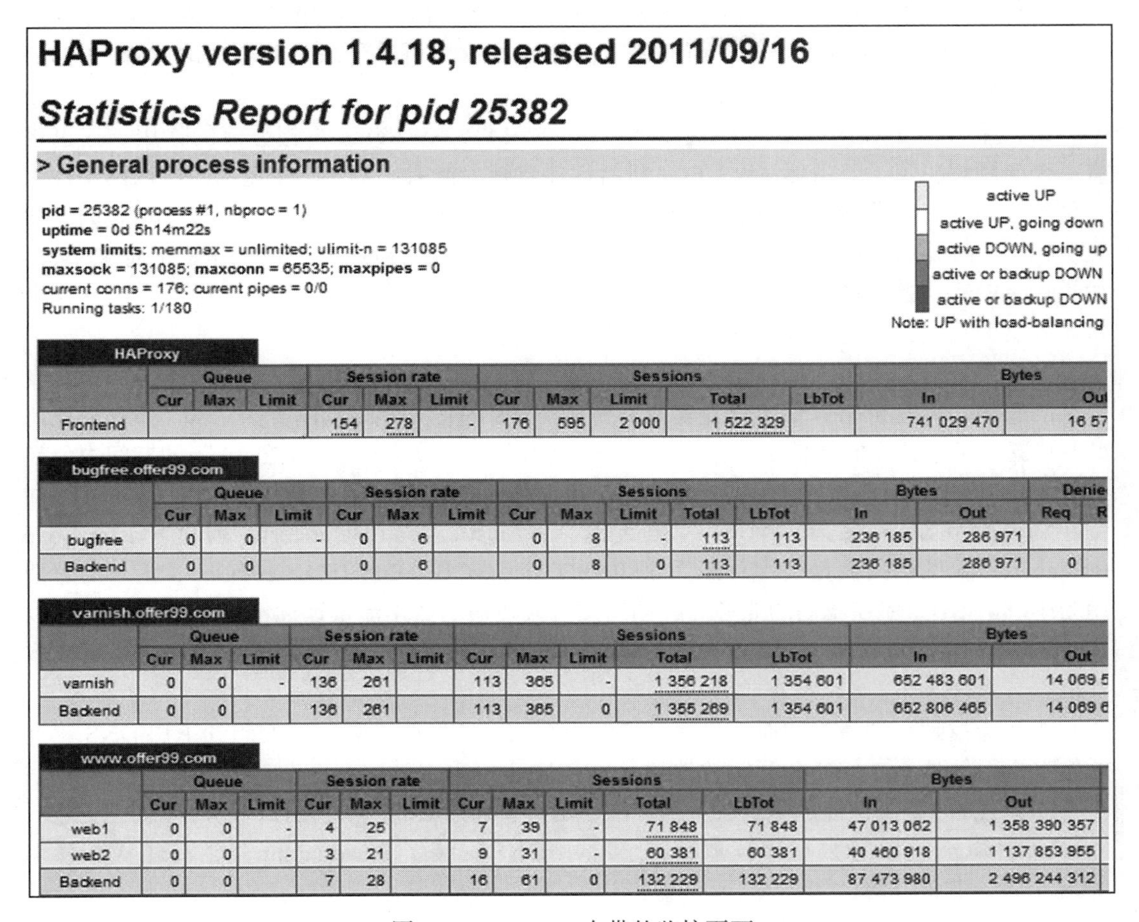

HAProxy version 1.4.18, released 2011/09/16

Statistics Report for pid 25382

> General process information

pid = 25382 (process #1, nbproc = 1)
uptime = 0d 5h14m22s
system limits: memmax = unlimited; ulimit-n = 131085
maxsock = 131085; maxconn = 65535; maxpipes = 0
current conns = 176; current pipes = 0/0
Running tasks: 1/180

active UP
active UP, going down
active DOWN, going up
active or backup DOWN
active or backup DOWN
Note: UP with load-balancing

HAProxy

	Queue			Session rate			Sessions					Bytes	
	Cur	Max	Limit	Cur	Max	Limit	Cur	Max	Limit	Total	LbTot	In	Out
Frontend				154	278	-	176	595	2 000	1 522 329		741 029 470	16 57

bugfree.offer99.com

	Queue			Session rate			Sessions					Bytes		Denied	
	Cur	Max	Limit	Cur	Max	Limit	Cur	Max	Limit	Total	LbTot	In	Out	Req	R
bugfree	0	0	-	0	6		0	8	-	113	113	236 185	286 971		
Backend	0	0		0	6		0	8	0	113	113	236 185	286 971	0	

varnish.offer99.com

	Queue			Session rate			Sessions					Bytes	
	Cur	Max	Limit	Cur	Max	Limit	Cur	Max	Limit	Total	LbTot	In	Out
varnish	0	0	-	136	261		113	365	-	1 356 218	1 354 601	652 483 601	14 069 5
Backend	0	0		136	261		113	365	0	1 355 269	1 354 601	652 806 465	14 069 6

www.offer99.com

	Queue			Session rate			Sessions					Bytes	
	Cur	Max	Limit	Cur	Max	Limit	Cur	Max	Limit	Total	LbTot	In	Out
web1	0	0	-	4	25		7	39	-	71 848	71 848	47 013 062	1 358 390 357
web2	0	0	-	3	21		9	31	-	60 381	60 381	40 460 918	1 137 853 955
Backend	0	0		7	28		16	61	0	132 229	132 229	87 473 980	2 496 244 312

图 5-9 HAProxy 自带的监控页面

> 注意 “Session rate”的“Cur”选项可以反映网站的即时并发数，这个是读者最关心的选项之一，大家还可以利用此监控页面关注 Web 服务器的存活信息等，相当实用。

此套集群方案上线几年了，HAProxy 负载均衡机器跑得相当稳定，在新广告上线（高流量高并发）的情况下基本没出现过宕机现象，所以我也没有像 Nginx+Keepalived 那样做 HAProxy 服务级别的监控了，仅仅做了双机的 Keepalived，以免单机服务器硬件故障。如果大家想在生产环境下实施 HAProxy+Keepalived，可以参考此文档来进行部署实施

5.5.5 巧用 DNS 轮询作负载均衡

笔者目前正在维护的 DSP 大型广告平台，用的是纯 AWS 云平台环境，业务高峰期时有十几万并发量，3 万左右的 QPS，不仅 Web 层面，后面的数据库和 redis 缓存数据库也面

临着巨大压力。这么巨大的流量和并发量，只能采用分布式的思路来解决。

第一个方案是采用 CDN 的方式来解决压力的问题。但由于 DSP 业务的特殊性质，3 万多 QPS 请求基本都是动态请求，而非静态图片或 CSS 等静态请求。所以前端放置 CDN 的方案不可行。

第二个方案是利用 AWS EC2 机器将其作为 HAProxy/Nginx 承担分流的作用，这里也有一个问题解决不了。虽然 AWS EC2 机器性能卓越，但它们是共享带宽的，所以网络性能还是有影响的。就算我们采用最好的 AWS EC2 机器，入口带宽也不可能超过 100M 的。而 3 万 QPS，假设单个请求的数据在 10KB 左右，那么就是 300MB/s，所以这样的意义不大。如果用 AWS EC2 机器作为 LB 提供网站入口，肯定有大量丢包和 timeout 现象发生，这个从业务层面来说，肯定也接受不了，所以此方案否决。

第三个方案是采用 AWS 本身提供的 Elastic Load Balancing 服务，就服务本身而言是没什么问题的，而且价格方面也比较实惠。按照 AWS 的官方介绍，以美国东部（弗吉尼亚北部）举例来说，具体价格是 $0.008/GB。如果该 Elastic Load Balancer 在 30 天的期间内最终传输了 100GB 数据流量，则该月 Elastic Load Balancer 使用小时数费用总额为 18 USD（即每小时 0.025USD× 每天 24 小时 ×30 天 ×1 个 Elastic Load Balancer），通过 Elastic Load Balancer 传输的数据流量费用总额为 0.80USD（即每 GB 0.008USD×100GB），该月的总费用为 18.80USD。但在我们的业务高峰期间，每天传输的数据流量远远不止 100GB。长此以往，Elastic Load Balancing 服务的费用也是一笔不菲的开销，会大大增加网站的运营成本开销。

能不能找到一种最节约而性价比又高的负载均衡方案呢？最后我们想到了用 DNS 轮询的方案，用的是 PowerDNS 开源软件和 ruby-pdns。

PowerDNS 是高性能的域名服务器，除了支持普通的 Bind 配置文件，还可以从 MySQL、Oracle、PostgreSQL 等数据库读取数据。PowerDNS 安装了 Poweradmin，能实现 Web 管理 DNS 记录，非常方便。

ruby-pdns 是一个简单的 Ruby 库，用于开发动态基于 PowerDNS 的 DNS 记录应用，它将复杂的 DNS 操作过程封装起来并提供简单易用的方法，示例代码如下：

```
module Pdns
    newrecord("www.your.net") do |query, answer|
        case country(query[:remoteip])
            when "US", "CA"
                answer.content "64.xx.xx.245"

            when "ZA", "ZW"
                answer.content "196.xx.xx.10"

            else
                answer.content "78.xx.xx.140"
            end
    end
end
```

工作中采用它的主要原因是：修改 PowerDNS 记录是即时生效的，无需重启 PowerDNS 服务。在此业务系统中，笔者还用其搭建简单的类 CDN 系统，方便美国东西部客户就近连接业务图片机器，加快用户访问速度，提升用户体验，代码如下所示：

```
newrecord("bid-east.example.net") do |query, answer|
    ips = ["54.175.1.2", "54.164.1.2", "52.6.1.2","54.164.1.2", "54.175.1.2","54
         .175.1.3","54.175.1.4","52.4.1.2"…… ]
    #bidder机器大约20台左右，公网IP作了无害处理
    ips = ips.randomize([1, 1, 1, 1, 1, 1, 1, 1])
    answer.shuffle false
    answer.ttl 30
    answer.content ips[0]
    answer.content ips[1]
    answer.content ips[2]
    answer.content ips[3]
    answer.content ips[4]
    answer.content ips[5]
    answer.content ips[6]
    answer.content ips[7]
end

module Pdns
    newrecord("ads.bilinmedia.net") do |query, answer|
        country_, region_ = country(query[:remoteip])
            answer.qclass query[:qclass]
            answer.qtype :A
            case country_
                when "US"
                    case region_
                        when  "WI","IL","TN","MS","ID","KY","AL","OH","WV","VA","
                            NC","SC","GA","FL","NY","PA","ME","VT","NH","MA","RI
                            ","CT","NJ","DE","MD","DC"
                        #东部地区用户访问东部图片服务器
                        answer.ttl 300
                        answer.content "54.165.1.2"
                        else
                        #西部地区用户访问西部图片服务器
                        answer.ttl 300
                        answer.content "54.67.1.2"
                    end
                else
                    #如果用户IP都不在上面的城市，则选择默认的西部机器
                    answer.ttl 300
                    answer.content "54.67.1.2"
        end
    end
end
```

DNS 轮询主要靠如下代码实现：

```
newrecord("bid-east.example.net") do |query, answer|
```

```
    ips = ["54.175.1.2", "54.164.1.2", "52.6.1.2","54.164.1.2", "54.175.1.2","54
          .175.1.3","54.175.1.4","52.4.1.2"…… ]
    #bidder机器大约20台左右，公网IP作了无害处理
    ips = ips.randomize([1, 1, 1, 1, 1, 1, 1, 1])
    answer.shuffle false
    answer.ttl 30
    answer.content ips[0]
    answer.content ips[1]
    answer.content ips[2]
    answer.content ips[3]
    answer.content ips[4]
    answer.content ips[5]
    answer.content ips[6]
    answer.content ips[7]
end
```

我们可以用 dig 命令解析下 bid-east.example.com 域，命令如下：

```
dig bid-east.example.com
```

命令如下所示：

```
; <<>> DiG 9.3.6-P1-RedHat-9.3.6-20.P1.el5_8.6 <<>> bid-east.bilinmedia.net
;; global options:  printcmd
;; Got answer:
;; ->>HEADER<<- opcode: QUERY, status: NOERROR, id: 36017
;; flags: qr rd ra; QUERY: 1, ANSWER: 8, AUTHORITY: 1, ADDITIONAL: 1

;; QUESTION SECTION:
;bid-east.bilinmedia.net. IN      A

;; ANSWER SECTION:
bid-east.bilinmedia.net. 30      IN      A       54.175.1.2
bid-east.bilinmedia.net. 30      IN      A       54.164.1.2
bid-east.bilinmedia.net. 30      IN      A       52.6.1.2
bid-east.bilinmedia.net. 30      IN      A       54.164.1.2
bid-east.bilinmedia.net. 30      IN      A       54.175.1.2
bid-east.bilinmedia.net. 30      IN      A       54.175.1.3
bid-east.bilinmedia.net. 30      IN      A       54.175.1.4
bid-east.bilinmedia.net. 30      IN      A       52.4.1.2
……

;; AUTHORITY SECTION:
bid-east.bilinmedia.net. 1799    IN      NS      ns.bilinmedia.net.

;; ADDITIONAL SECTION:
ns.bilinmedia.net. 599    IN      A       54.173.66.112

;; Query time: 1530 msec
;; SERVER: 10.143.22.116#53(10.143.22.116)
;; WHEN: Thu Jan 14 09:55:23 2016
;; MSG SIZE  rcvd: 202
```

这样配置以后，观察业务最繁忙的时间段可知：20 台 bidder 机器，Nginx+Lua 作为 Web 服务器，平均每台的活动连接数在 20000～22000 左右，流量被平均分担下去，达到了负载均衡的目的。我们可以用 Ansible 工具抽取空闲时间（晚上凌晨 2 点左右）bidder 集群机器的活动连接数情况，命令如下所示：

```
ansible bidder -m script  -a "/home/ec2-user/counter.sh"
```

结果如下所示：


```
bidder1 | SUCCESS => {
    "changed": true,
    "rc": 0,
    "stderr": "",
    "stdout": "FIN_WAIT1 13,ESTABLISHED 3193,LISTEN 6\r\n",
    "stdout_lines": [
        "FIN_WAIT1 13,ESTABLISHED 3193,LISTEN 6"
    ]
}
bidder2 | SUCCESS => {
    "changed": true,
    "rc": 0,
    "stderr": "",
    "stdout": "TIME_WAIT 1,FIN_WAIT1 9,ESTABLISHED 3175,SYN_RECV 2,LISTEN 8\r\n",
    "stdout_lines": [
        "TIME_WAIT 1,FIN_WAIT1 9,ESTABLISHED 3175,SYN_RECV 2,LISTEN 8"
    ]
}
bidder4 | SUCCESS => {
    "changed": true,
    "rc": 0,
    "stderr": "",
    "stdout": "FIN_WAIT1 15,ESTABLISHED 3176,LISTEN 6\r\n",
    "stdout_lines": [
        "FIN_WAIT1 15,ESTABLISHED 3176,LISTEN 6"
    ]
}
bidder5 | SUCCESS => {
    "changed": true,
    "rc": 0,
    "stderr": "",
    "stdout": "TIME_WAIT 1,FIN_WAIT1 10,ESTABLISHED 3262,LISTEN 6\r\n",
    "stdout_lines": [
        "TIME_WAIT 1,FIN_WAIT1 10,ESTABLISHED 3262,LISTEN 6"
    ]
}
bidder3 | SUCCESS => {
    "changed": true,
    "rc": 0,
    "stderr": "",
    "stdout": "TIME_WAIT 2,FIN_WAIT1 15,ESTABLISHED 3857,LISTEN 6\r\n",
```

```
        "stdout_lines": [
            "TIME_WAIT 2,FIN_WAIT1 15,ESTABLISHED 3857,LISTEN 6"
        ]
    }
    bidder7 | SUCCESS => {
        "changed": true,
        "rc": 0,
        "stderr": "",
        "stdout": "FIN_WAIT1 7,ESTABLISHED 2821,LISTEN 6\r\n",
        "stdout_lines": [
            "FIN_WAIT1 7,ESTABLISHED 2821,LISTEN 6"
        ]
    }
    bidder6 | SUCCESS => {
        "changed": true,
        "rc": 0,
        "stderr": "",
        "stdout": "TIME_WAIT 1,FIN_WAIT1 8,ESTABLISHED 3239,LISTEN 6\r\n",
        "stdout_lines": [
            "TIME_WAIT 1,FIN_WAIT1 8,ESTABLISHED 3239,LISTEN 6"
        ]
    }
    bidder8 | SUCCESS => {
        "changed": true,
        "rc": 0,
        "stderr": "",
        "stdout": "TIME_WAIT 1,FIN_WAIT1 7,ESTABLISHED 3238,LISTEN 6\r\n",
        "stdout_lines": [
            "TIME_WAIT 1,FIN_WAIT1 7,ESTABLISHED 3238,LISTEN 6"
        ]
    }
```

Nginx 的活动并发连接数基本上比较平均，维持在 3200～3800 左右，证明流量是平均分配下来的，P-dns 轮询功能是生效的，业务繁忙的时候通过 ruby-pdns 修改其配置文件，动态地添加 bidder 业务机器，就可以轻松进行水平扩展了。

5.5.6 百万级 PV 高可用网站架构设计

在许多小公司和小企业，尤其是涉及电子广告和电子资讯类的网站，其网站的日 PV 不超过 500 万，注册用户数也并不多，即使在高峰期，网站的并发连接数也并不高。但由于其重要性，也会要求网站具备负载均衡高可用的特点。另一方面，由于成本的制约，公司都会要求系统架构师设计的方案用最少的预算实现这个要求，那么作为系统架构设计师的我们，应该如何实现这个要求呢？

首先是机房的选择，如果公司有自己的机房是最好的，如果没有自己的机房，建议大家放在 BGP 机房内托管，如果有选择的话，最好是选择带有硬件防火墙的 BGP 机房（可以帮忙防御部分 DDos 攻击），这样在安全方面也有保障。另外，该如何选择服务器呢？在有了负载均衡高可用的集群环境后，我们完全可以自己组装服务器，这样在性价比上也是最高的。像 IBM 和 DELL 的品牌服务器，虽然质量有保障，但价格比较昂贵。当然，一切以稳定为最高原则。

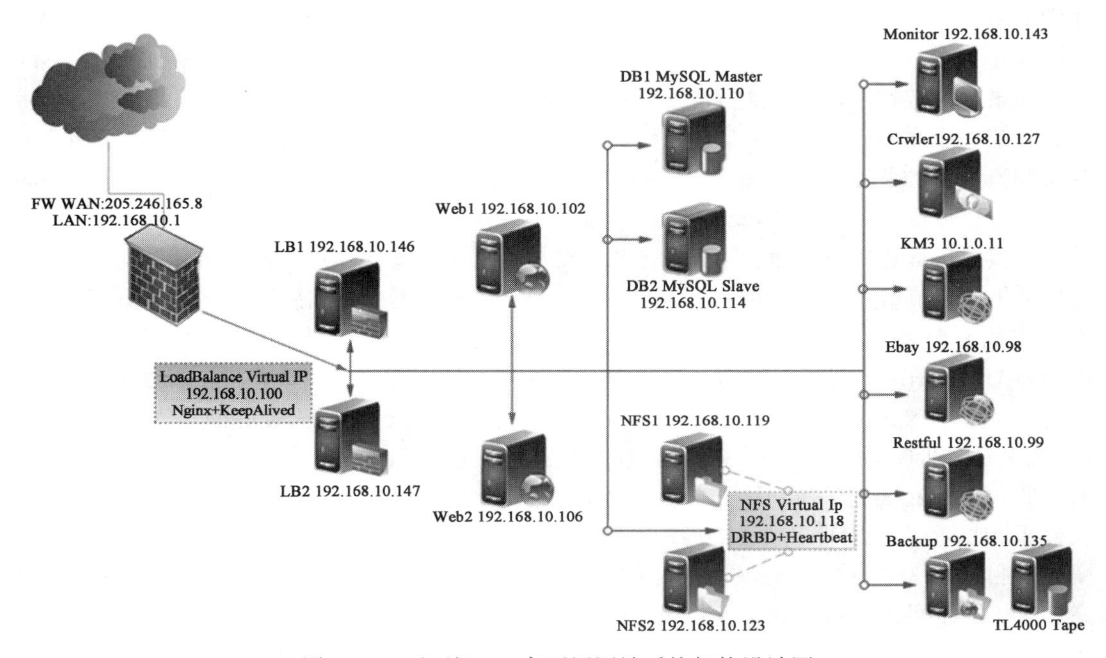

图 5-10　百万级 PV 高可用网站系统架构设计图

另外，如果考虑用云产品来部署自己的网站，我们可以对比下阿里云和亚马逊云的价格，亚马逊 AWS 宣布入华后，阿里云的全线产品下降 30%。而云计算相比传统 IT 最大的优势在于成本。我们可以对比下同等规模的机器，阿里云在价格上具有绝对的优势。所以，如果是小型网站并且流量均来自国内，大家可以考虑采用阿里云的方式部署。如果业务客户主要分布在国外，则建议大家采用 AWS 云计算主机的方式部署。

网站架构设计首先考虑的是负载均衡设备的选择。我们可以有两种选择，一种是通过硬件进行，常见的硬件有比较昂贵的 NetScaler、F5 Big-IP 等商用负载均衡器，优点就是有专业的维护团队来对这些服务进行后期维护，缺点就是开销太大，对于规模较小的网络服务来说暂时没有必要使用。另外一种就是类似于 LVS/HAProxy、Nginx 的基于 Linux 的开源免费的负载均衡软件策略，这些都是通过软件级别实现的，所以费用非常低廉，小型企业和公司由于费用的问题，通常会选择软件级别的负载均衡。

至于负载均衡高可用架构，笔者首推的是 Nginx/HAProxy+Keepalived 架构，这时很多朋友会有疑问，为什么不选择 LVS/DR+Keepalived 的集群方案呢？这是因为我们部署的网站一般都有动静分离、正则分发的需求，如果我们最前面选用 LVS+Keepalived 的架构，那么至少要在中间加一层二级负载均衡的费机器，这样比较耗费机器，无形中也会增加整个网站的成本。另外，很多朋友都比较担心 Nginx/HAProxy+Keepalived 的稳定性不如 LVS+Keepalived，这其实是个误解，我们通过十几个项目的成功实施，再加上几年时间的观察期，发现这些软件级别的负载均衡器的稳定性确实很好，在高并发的情况下宕机的可能性微乎其微。而近期实施的一个商业网站，用的是HAProxy+Keepalived，在亿PV/日高并发流量的冲击下，HAProxy稳如磐石。而小公司的并发和流量一般不是特别大，大概一天持续在100万/日至500万/日之间，所以这里向大家推荐Nginx/HAProxy+Keepalived。

如果网站放在IDC机房托管，而机房最前面也没有硬件防火墙防护时，此时建议大家大家开启机器的iptables防火墙及TCP_Wrapper，服务器上尽量少开端口。除此之外，还要做好流量监控的工作，笔者一般会在主Nginx/HAProxy负载均衡器上安装MRTG+Nload软件来对流量进行监控，Nload可以对流量进行即时监控。

很多对集群感兴趣的朋友问我，如果网站要部署负载均衡高可用的Linux集群方案，而公司又想用最节省成本的方式来实施，一般需要几台服务器呢？如果资金比较充裕，笔者推荐大家用8台来实施，即LB（2台）+Web（2台）+MySQL（2台）+NFS（2台），NFS采用DRBD+Heartbeat高可用方案。如果资金不充裕，这个方案还可以压缩，即2+2+1架构，最前面是2台Nginx/HAProxy+Keepalived机器，后面是2台配置比较好的Web机器（推荐DELL R710或DELL R910），MySQL数据库采用一主一从的方式，分别放在2台Web机器上，监控的Nagios部署在从Nginx/HAProxy机器上，流量监控一般放主Nginx/HAProxy，软件采用的是MRTG+Nload的方式，文件服务器这里用的是单NFS，Web机器采用挂载NFS的目录作为本地的代码或图片存放的方法。当然，如果大家的公司对文件服务器有更高要求（比如网站的图片数量比较多的时候），可以考虑再增加一台存储作为专门的文件服务器。

类似以上的小公司集群架构里，我们是如何解决Session共享的问题呢？可以采用Nginx的ip_hash和HAProxy的balance source算法，它们的算法原理是一样的，都会让某一客户机在相当长的一段时间内只访问固定后端的某台真实的Web服务器。这样Session会话就会得以保持，我们在网站页面进行Login的时候，就不会在两台Web服务器之间跳来跳去了，自然也不会出现登录一次后网站又提醒没有登录，需要重新登录的情况。事实上，在千万级PV/日的网站上我们也尝试过用这些方式来解决Session同步的问题，效果相当不错。

另外，小公司的Web服务器至少有两种选择：一种是Apache，另一种是Nginx。在流量和并发不大的环境下，完全可以选择Apache作为我们的Web服务器，虽然它的抗并发能力不高，但它的稳定性是最好的，笔者的许多电子商务网站都是基于Apache来提供Web应用。

另外，由于这种百万PV流量的小型网站，不存在红包领抢、订单下订等各种高并发问题，后端的MySQL压力很小，所以这里没有考虑采用消息队息（任务队列）模型及NoSQL。

MySQL在这里用的是一主一从的架构设计方案（采用InnoDB引擎），虽然很多朋友觉得这种设计比较简单，但事实证明它是最稳定的。笔者的电子商务网站也是采用这种架构，几年下来，从没有因为数据库的故障发生过丢单现象。另外，从MySQL机器并非仅仅只起一个备份和备机的作用，我们设计数据库的读写分离，将后台的复杂查询转到从 MySQL 机器上来减轻主 MySQL 数据库的压力。当然，MySQL 的主从复制状态监控也是非常重要的，笔者一般是通过 Nagios（短信报警）的监控方式。

如何帮企业节约硬件成本其实也是系统架构设计师的工作职责之一，希望大家能在工作中领悟到这点。这样设计出来的网站，极具性价比，同时也具备高可用的特点，特别适合流量不大，但稳定性要求较高的网站，有需求的朋友可以参考此架构设计。

5.5.7 千万级 PV 高性能高并发网站架构设计

随着网站的知名度越来越高，注册用户超过千万，而且每天都有持续增长的趋势，PV/日已经有向千万级甚至亿级 / 日靠拢的趋势，那么原有的 Web 架构就越来越满足不了我们的需求。所以这时候需要设计高性能高可用的网站架构，在这套架构里，系统架构师要做的是提升站点整体的性能、可用性，不只是前端代理，后端应用服务器、数据库、缓存中间件等都要综合考虑。这个架构中的任何一个点存在瓶颈，整体系统处理能力就大打折扣，我们不能让它们之一形成短板效应，网站拓扑图如图 5-11 所示。

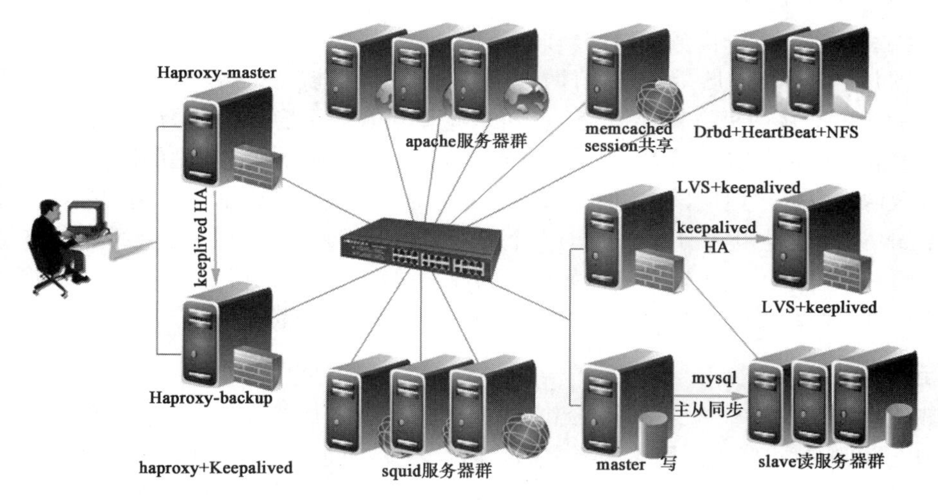

图 5-11 网站系统架构设计图

机房应尽量选择 BGP 机房，双线次之。BGP 机房的优势如下：

- ❑ 服务器只需要设置一个 IP 地址，最佳访问路由是由网络上的骨干路由器根据路由跳数与其他技术指标确定的，不会占用服务器的任何系统资源。服务器的上行路由与下行路由都能选择最优的路径，所以能真正实现单 IP 的高速访问。
- ❑ 由于 BGP 协议本身具有冗余备份、消除环路的特点，所以当 IDC 服务商有多条 BGP 互联线路时可以实现路由的相互备份，在一条线路出现故障时路由会自动切换到其他线路。
- ❑ 使用 BGP 协议还可以使网络具有极强的扩展性，可以将 IDC 网络与其他运营商互联，轻松实现单 IP 多线路，做到所有互联运营商的用户访问都很快速，这个是双 IP 双线无法比拟的。

1. 硬件防火墙

硬件防火墙的模式有路由和透明两种选择，根据具体环境而定。防火墙的型号一般选择华赛或 Juniper，这些都可以根据自己的业务网站的实际需求加以选择，硬件防火墙的主要作用是防止 DDoS 攻击和端口映射。当然，现在的网站基本都会上 CDN 服务，可以考虑是否增加硬件防火墙。

如果我们的网站是用于电子商务支付系统的，建议前端要放置硬件防火墙，国内的 DDoS 攻击非常流行，对付 DDoS 是一个比较复杂而庞大的系统工程，想仅仅依靠某种系统或产品抵挡 DDOS 是不现实的，可以肯定的是，目前完全杜绝 DDOS 是不可能的，但可以做到通过适当的措施抵御 90% 的 DDoS 攻击，由于攻击和防御都有成本开销，若通过适当的办法增强了抵御 DDOS 的能力，也就意味着加大了攻击者的攻击成本，那么绝大多数攻击者将放弃攻击，也就相当于成功抵御了 DDoS 攻击。

2. CDN 静态文件缓存

对于图片较多的电子商务网站和新闻资讯类网站而言，前端静态文件 CDN 缓存（主要针对的是图片 /FLV/CSS/JS 等静态文件）的意义重大：智能 view 解析，加快全国用户访问本地网站的速度，从而提升用户体验。另外，这里还有一个隐含的更为重要的作用，在遇到 DDos 攻击的时候，CDN 会帮忙抗住大部分的流量，这里分摊到源站的流量就会非常少，不可能导致源站瘫痪。但应该使用哪种 CDN 系统呢？这就让我们面临着两种选择：使用自己搭建 CDN 系统还是租赁别人的 CDN。个人觉得自己搭建 CDN 系统是件非常消耗财力和人力的事情，而且达不到预期目标，如果需要前端缓存，建议以租赁 CDN 为主，把更多的资金流投入到后端的文件存储和 NoSQL 缓存服务及数据库上面去。

3. 负载均衡器

负载均衡器的选择根据它们的特点来挑选即可，LVS 是性能最好的，特别是后端的节点超过 10 个以上时，但它对网络的要求高，而且不支持动静分离，所以建议暂时将其作为数据库的负载均衡。HAProxy 性能优异，稳定性强，自带强大的监控页面，并且支持动静分离，我们已用 HAProxy+Keepalived 实现了亿级 / 日的网站，在高并发的业务时间段，单 HAProxy 也非常稳定，没有发生过宕机情况。

在大公司的网站架构里，多级负载均衡也是很好的设计方案，最外面流量的负载均衡用硬件负载均衡器，例如 F5/ NetScaler，Nginx 或 HAProxy 作为二层负载均衡，根据频道或业务来分流。现在很多朋友参考淘宝的架构，说网站最前端一定要放四层负载均衡，这个其实是针对淘宝这种巨量级别的业务，如果是千万级 PV/ 日的网站，甚至是亿级 PV/ 日的网站，使用 HAProxy/Nginx+Keepalived 基本就可以满足需求了。另外，通过观察线上高流量网站的 HAProxy 负载情况，发现 HAProxy 在高并发的情况下还是比较耗费 CPU 资源的，建议大家在此架构中采用高性能的服务器，如 Dell PowerEdge R710 或更高型号的机器。另外，HAProxy/Nginx 相对于 LVS 的优势如下：

- 配置简单，语法通俗易懂。
- HAProxy/Nginx 对网络的依赖性小，理论上只要 ping 得通的网络就可以部署实施七层负载均衡。
- 根据应用配置 URI 路由规则，集中热点来提高缓存的命中率。
- 根据 URI 路由规则来进行动静分离。

4. Web 缓存层

Web 缓存层可以使用 Squid 或 Varnish。笔者在公司以前的项目中多次应用 Squid 服务器，它作为老牌的反向代理服务器，在生产环境下的稳定性是有保证的。但 Squid 对多核 CPU 的支持并不好，大家可以尝试下新兴的 Varnish，它的稳定性和性能不亚于 Squid，而且多核发 CPU 支持得好，性能也优于 Squid。

有的朋友可能不能理解，为什么我们前端已经有了 CDN 缓存，这里还需要自己架设一层 Web 缓层呢？如果有高并发高流量项目的朋友应该会发现，后端 NFS 文件服务器（或者本地商业存储）的 I/O 压力是巨大的，有时甚至会发生拒绝提供服务的现象，有了这层 Web 缓存，可以起到加速后端 Web 服务及减小 NFS（或本地商业存储）文件服务器磁盘 I/O 压力的作用。

5. Web 服务器及开发语言的选择

关于 Web 服务器的选择，Apache 作为 Web 传统服务器，用于电子商务 / 电子广告 / 页游网站都非常稳定，在 16GB 内存的标准配置下，抗并发能力也非常不错。许多公司的网站架构其实都是由最原始的一台 Apache Web 服务器发展起来的（公司高层要求平滑不中断业务升级）。如果是我们这种并发量和访问量比较大的网站，建议用 Nginx 作为 Web 服务器。

至于开发语言的选择，对比 Nginx_php，建议采用 Nginx_lua。

其实还有很多人一直在使用 Nginx_php 这种组合搭配，那么 Nginx_lua 组合的优势在哪里呢？事实上，Nginx+php 之间是要有进程之间通信的，这样一来，基础的性能开销就很大。lua 是嵌在 Nginx 进程内部的，它不需要有两套进程在那里独立工作，所以从结构上来说就有决定性的优势。再加上线程之间通讯的时候需要大量的反序列化和序列化的工作，然后两套进程带来额外情况是更多的进程加更多的切换开销，所以单机上面 Nginx_php 要比 Nginx_lua 低很多。但相对来说，仍然要回归到我们正在做什么事情上面来讨论，因为 Nginx_lua 目前最大的劣势就是周边模块相当不健全，我们需要大量的时间来积累这些模块。而 PHP 已经积累了十几年的时间，如果说读者对性能的要求并不是那么高，并发数只是几十，那么使用 PHP 就是最合适的。但是像笔者这种访问量频繁的电子商务网站，对外提供服务的数据接口会被频繁访问，并发数又非常大，而机器数就那么多，希望在对外的数据接口方面尽可能降低成本，PHP 肯定不行，那么此时就要选择 Nginx_lua。但这块话对模块的劣势看起来不是很大，因为它的逻辑相对来说较为固定，我们可以忍受这样的成本，去为这个逻辑定制一些模块。

我们可以总结下 Nginx_lua 的适用场景：

- 网络 I/O 阻塞时间远远高于 CPU 计算占用时间，同时上游资源非瓶颈（可伸缩）的网络应用，如高性能网络中间层、HTTP REST 接口服务等。
- 期望简化系统架构，让服务向 Nginx 同质化的 Web 站点。

对于 Nginx_lua 的劣势，刚刚和 Nginx_php 对比的时候也介绍了一些如周边模块不完善、不健全的问题。如果我们用到的这个东西比较复杂，有可能生产力会上不去，目前 Nginx_lua 最适合的人员是数据接口层，以及所有的网络中间层，需要追求并发，高性能的网络中间层。因为相对来说它本身的逻辑比较简单，或者完全用 lua 本身就可以变现出来，这个用起来收效比例是最大的。如果你目前要做一个复杂的 web 访问站，需要套用大量模板，且有大量的复杂逻辑嵌在里面，然后访问邮件服务的同时还要访问其他服务，目前而言，笔者认为最好的选择还是 Nginx_php。

参考文档：http://developer.51cto.com/art/201207/350070.htm。

6. 文件服务器层

由于网站后期的宣传策划，客户越来越多，原先的 DRBD+Heartbeat+NFS 高可用文件服务器磁盘 I/O 压力也越来越大，此时就应该考虑采用分布式文件存储方案了，如今 MooseFS 或 GlusterFS 在国内也是很流行的趋势。

虽然分布式文件存储对于减轻文件服务器压力方面有所效果，但弊端也很明显：分布式文件存储占用机器的数量较多，维护起来比较复杂，而单 NFS 维护起来非常容易。事实上，在有前端 CDN 和缓存层的前提下，我们可以针对文件服务器进行 NFS 分组，这样从业务层面来说就会进一步减小 NFS 的压力。

推荐性价比较高的国产商业存储，比如说龙存。

再说下关于图片服务器的问题，建议大家采用独立域名而非二级域名的方式，原因如下：

1）为了避免传输不必要的 cookie，从而提升速度且减少不必要的攻击，因为跨域是不会传输 cookie 的。

2）多个域名可以增加浏览器并行下载条数，因为浏览器对同一个域的域名下载条数是有限制的。

7. Session 的问题

Session 数据默认在各个服务器上分别存放，如果在某一次 PHP 请求过后，Apache 将 PHP 请求发送到了集群中的另外一台机器，那么就会导致 Session 的丢失。所以这里使用一台独立 memcached 或 redis 服务器来存储整个网站的 Session 数据，再通过改写 PHP 的 Session 处理函数来对 memcached 或 redis 服务器进行数据读写，然后解决各个服务器中 Session 不同步的问题。

这里不推荐将 Session 放进 MySQL 的做法，在这个高流量的网站中，数据库压力是非常大的，我们不应该再让 Session 的问题增加数据库方面的压力。另外，也不推荐采用 Session

复制的方式，Session 复制的原理是通过组播的方式进行集群间的 Session 共享，比如目前常用的 Tomcat 就具备这样的功能。优点是 Web 容器自身支持，配置简单，这种处理 Session 的方式适合小中型网站。缺点是当一台机器上的 Session 变更后会将变更的数据以组播的形式分发给集群间的所有节点，这对网络和所有的 Web 容器都存在开销，集群越大，浪费越严重。

系统架构设计师可以根据网站的实际情况来选择是否采用这种做法。

8. NoSQL 数据库缓存

redisNoSQL 数据库作为数据库缓存非常理想，它们在减轻数据库读写压力方面效果显著。这里以实际场景进行说明。

比如日常签到获取积分功能，这是种用户高聚的情况。

场景中的这些业务基本都是用户进入 APP 后会操作到的，除了活动日（如年中大促、11 月 11 日等），这些业务的用户量都不会高聚集，同时这些业务相关的表都是大数据表，业务多为查询操作，所以我们需要减少用户直接命中 DB 的查询，优先查询 redis 缓存，如果缓存不存在，再进行 DB 查询，将查询结果缓存起来。更新用户相关缓存需要分布式存储，比如使用用户 ID 进行 hash 分组，把用户分布到不同的缓存中，这样一个缓存集合的总量不会很大，也不会影响查询效率。

具体流程为：计算出用户分布的 key,redis hash 中查找用户今日签到信息→如果查询到签到信息，返回签到信息；如果没有查询到，DB 查询今日是否进行签到，如果签到过，就把签到信息同步 redis 缓存→如果 DB 中也没有查询到今日的签到记录，则进行签到逻辑，操作 DB 添加今日签到记录，添加签到积分（整个 DB 操作为一个事务）→缓存签到信息到 redis，返回签到信息。

电子商务网站还有一种常见的场景：秒抢红包或者秒杀，这种场景在电商平台是很常见的，像这种用户在瞬间涌入产生高并发请求情况需要引入消息中间件，例如 RabbitMQ 集群，机器数量视实际的应用而定。

场景中的红包定时领取是一个高并发的业务，像活动用户在约定的时间涌入，DB 瞬间受到一记暴击，Hold 不住就会宕机，然后影响整个业务。

像这种不是只有查询的操作并且会有高并发的插入或者更新数据的业务，前面提到的通用方案就无法支撑，并发的时候都是直接命中 DB。设计这块业务的时候就会使用消息队列，可以将参与用户的信息添加到消息队列中，然后编写一个多线程程序去消耗队列，给队列中的用户发放红包。具体流程可以参考图 5-12。

方案如下所示：一般习惯使用 redis 的 List（列表）类型→当用户参与活动，将用户参与信息 push 到队列中→编写一个多线程程序去 pop 数据，进行发放红包的业务→这样可以支持高并发下的用户都正常参与活动，并且避免数据库服务器宕机的危险。

参考文档：https://blog.thankbabe.com/2016/09/14/high-concurrency-scheme/。

9. 数据库的压力

最后再说下数据库方面的压力，这个环节经常是整个网站性能的瓶颈所在，所以我们要投入足够多的精力在这上面。网站上线以后，如果数据库读写压力过大，磁盘I/O负载越来越高，这时候应该怎么办呢？

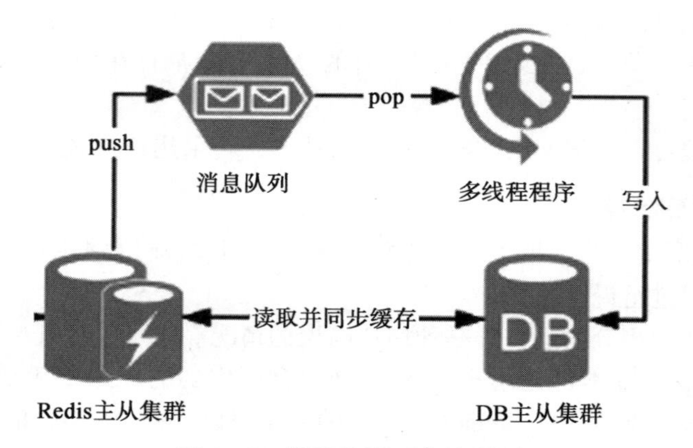

图 5-12 消息队列工作流程图

首先是增加数据库缓存，redis、memcached等NoSQL数据库作为数据库缓存都非常理想，它们在减轻数据库读写压力方面效果显著。事实上，很多业务数据放在redis上的效果要远比放在MySQL里面好得多，比如我们的IP（即IP List）业务数据，一次导入量动辄十几亿条，放在Redis里面的话，程序读取速度远远优于MySQL数据库，同时也会大大减轻MySQL数据库的压力。在这里大家也要注意一个情况：虽然我们可以用redis来提升网站性能，但也有一个弊端，如果需要Cache的数据对象非常多的时候，应用程序要增加的代码量就会很多，同时网站复杂度及维护成本也将直线上升，此时就需要开发部门和系统部门的同事协同工作了。

1）数据库架构可以采用一主多从，读写分离的方案，用LVS+Keepalived作为从数据库的负载均衡器，读写通过程序上实现分离，前后台业务逻辑分离，将针对后台的查询全部转到Slave机器上，这样就算查询的业务量很大也不会影响主要业务逻辑。

2）对网站的业务数据库进行分库，后面的业务都是一组数据库，如web、bbs、blog等，对主要业务数据库进行数据的水平切分或垂直切分也是非常有必要的。

综上所述，设计这种高流量高并发的网站系统架构，我们应该尽量做到以下几点：

- 尽量把用户往外面推，保证源站的压力小。
- 在网站测试阶段尽量做好压力测试的工作。
- 保证网站的高可用。
- 保证网站的高可扩展性。
- 多利用Nosql来减轻后端数据库的压力。
- 合理优化数据库。

做到了以上几点，我们的网站应该就能承受更大流量和并发的冲击。而且像这种千万级/亿级PV的网站很容易扩展，设计好中间的NoSQL数据缓存和后端的数据库架构，很容易扩展到十几亿PV/日。世上没有绝对完美的架构，完美的架构都是根据实际需求，一点点演变和设计出来的。

5.6　软件级负载均衡器的特点介绍与对比

现在网站发展的趋势对网络负载均衡的使用是随着网站规模的提升根据不同的阶段来使用不同的技术：

一种是通过硬件进行，常见的硬件有比较昂贵的 NetScaler、F5 Big-IP 等商用负载均衡器，它的优点是有专业的团队对这些服务进行维护，缺点是花销太大，所以对于规模较小的网络服务来说暂时没有必要使用；另一种就是类似于 LVS/HAProxy、Nginx 的基于 Linux 的开源免费的负载均衡软件策略，这些都是通过软件级别实现的，所以费用非常低廉。笔者个人比较推荐大家采用第二种方案来实施自己网站的负载均衡需求。

很多读者担心软件级别的负载均衡在高并发流量冲击下的稳定情况，我们通过一些成功上线的网站和系统发现，软件级别的负载均衡的稳定性也非常好，宕机的可能性微乎其微，下面对它们的特点和适用场合分别进行说明。

LVS：使用集群技术和 Linux 操作系统实现一个高性能、高可用的服务器，它具有很好的可伸缩性（Scalability）、可靠性（Reliability）和可管理性（Manageability），感谢章文嵩博士为我们提供如此强大实用的开源软件。

LVS 的特点是：

- 抗负载能力强，工作在网络 4 层之上仅作分发之用，DR 模式没有流量的产生，这个特点也决定了它在负载均衡软件里的性能是最强的。
- 配置性较低，这是一个缺点也是一个优点，因为没有太多可配置的东西，所以并不需要太多接触，大大减少了人为出错的几率。
- 工作稳定，自身有完整的双机热备方案，如 LVS+Keepalived 和 LVS+Heartbeat，不过我们在项目实施中用得最多的还是 LVS/DR+Keepalived。
- 无流量，保证均衡器 IO 的性能不会受到大流量的影响。
- 应用范围较广，可以对所有应用做负载均衡。
- 软件本身不支持正则处理，不能做动静分离，这是比较遗憾的一点。其实现在许多网站在这方面都有较强的需求，这个是 Nginx/HAProxy+Keepalived 的优势所在。
- 如果网站应用比较庞大，实施 LVS/DR+Keepalived 就比较复杂了，特别是后面有 Windows Server 应用机器的话，实施及配置还有维护过程就会比较复杂，相对而言，Nginx/HAProxy+Keepalived 就简单多了。

Nginx 的特点是：

- 工作在网络的 7 层之上，可以针对 http 应用做一些分流的策略，比如针对域名、目录结构，它的正则规则比 HAProxy 更为强大和灵活，这也是许多朋友喜欢它的原因之一。
- Nginx 对网络的依赖非常小，理论上能 ping 通就能进行负载功能，这也是它的优势所在。

- ❑ Nginx 安装和配置比较简单，测试起来比较方便。
- ❑ 可以承担高的负载压力且稳定，一般能支撑超过几万次的并发量。
- ❑ Nginx 可以通过端口检测到服务器内部的故障，比如根据服务器处理网页返回的状态码、超时等，并且会把返回错误的请求重新提交到另一个节点，不过其中的缺点是不支持 url 检测。
- ❑ Nginx 仅能支持 HTTP 和 Email，这样在适用范围上就会小很多，这是它的弱势。
- ❑ Nginx 不仅仅是一款优秀的负载均衡器 / 反向代理软件，同时也是功能强大的 Web 应用服务器。LNMP 现在也是非常流行的 web 架构，大有和以前最流行的 LAMP 架构分庭抗争之势，在高流量的环境中也有很好的效果。

现在 Nginx 作为 Web 反向加速缓存越来越成熟了，很多朋友都已在生产环境中投入生产，而且反映效果不错，速度比传统的 Squid 服务器更快，有兴趣的朋友可以考虑用其作为反向代理加速器。

HAProxy 的特点是：

- ❑ 抗负载能力强，兼备 4 层和 7 层负载均衡的作用，可以代替 LVS 用于 4 层负载均衡分发流量。
- ❑ HAProxy 支持虚拟主机。
- ❑ 能够补充 Nginx 的一些缺点，比如 Session 的保持、Cookie 的引导等工作。
- ❑ 支持 URL 检测，这种检测机制对于后端的服务器中出问题的检测会有很好的帮助。
- ❑ 它跟 LVS 一样，本身仅仅只是一款负载均衡软件，单纯从效率而言，HAProxy 比 Nginx 有更出色的负载均衡速度，在并发处理上也更优于 Nginx。
- ❑ HAProxy 可以用于 MySQL 读写分离架构时对 Mysql 读功能的集群机器进行负载均衡，对后端的 MySQL 节点进行负载均衡，不过在后端的 MySQL 节点机器数量超过 10 台时，性能不如 LVS。

5.7 四层负载均衡和七层负载均衡工作流程的对比

按照七层网络协议栈的层的划分，负载均衡设备可以划分为四层负载均衡和七层负载均衡。其中，四层负载均衡是基于 IP+ 端口的负载均衡，它能够对报文进行按 IP 分发，七层负载均衡是基于 URL 地址的服务器负载均衡，它能够针对七层报文内容进行解析，并根据其中的 URL 关键字进行逐包转发，比较常见的功能就是我们说的“动静分离”（即静态内容，如 JPG、HTML、CSS 和 JS 文件分发到 Nginx 服务器处理，PHP 或 JSP 动态文件分发到 Apache 服务器或 Tomcat 服务器处理）。四层负载均衡的典型代表是 LVS，七层负载均衡的典型代表是 Nginx 和 HAProxy（注：HAProxy 既可以做四层均衡设备，又可以做七层负载均衡设备）。

这里以常见的 LVS/DR 模式举例说明四层负载均衡工作流程，如图 5-13 所示。

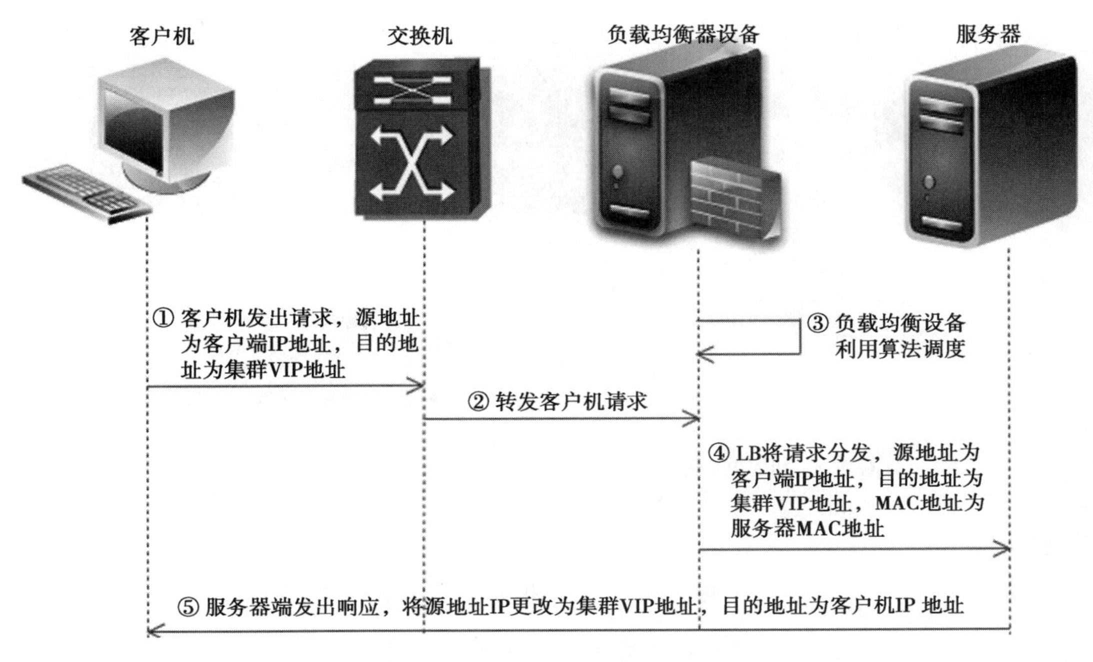

图 5-13　LVS/DR 四层负载均衡工作流程

如图 5-13 所示，LVS/DR 四层负载均衡工作流程如下：

1）客户机向负载均衡设备发出请求，源地址为客户机的 IP 地址，目的地址为整个集群的 VIP 地址；

2）交换机转发客户机的请求；

3）LVS 负载均衡服务器利用自带的算法（一般是 wrr 或 wlc）进行算法调度，将请求转到后端的某一台真实 Web 服务器；

4）此时请求报文的源地址仍为客户机的 IP 地址，目的地址为集群 VIP 地址，但 MAC 地址被 LVS 负载均衡服务器更改为后端的真实服务器 MAC 地址；

5）后端的真实服务器发出响应，源地址为集群 VIP 地址，目的地址为客户端 IP 地址，不通过 LVS 负载均衡服务器（报文仍然要经过交换机）直接与客户机发生联系，回应客户机最初发出的 HTTP 请求。

这里以常用的 Nginx 负载均衡设备举例说明七层负载均衡工作流程，如图 5-13 所示：

如图 5-14 所示，七层负载均衡工作流程如下：

1）客户机向 Nginx 负载均衡设备发送请求，建立 TCP 连接，源地址为客户端 IP 地址，目的地址为集群 VIP 地址；

2）Nginx 均衡设备利用自带的算法（如 wrr、ip_hash 等）进行调度，建立 TCP 连接，将客户机的请求发送到后面的某一台真实 Web 服务器上面，此时源地址为客户机 IP 地址，目的地址为某台真实服务器的 IP 地址；

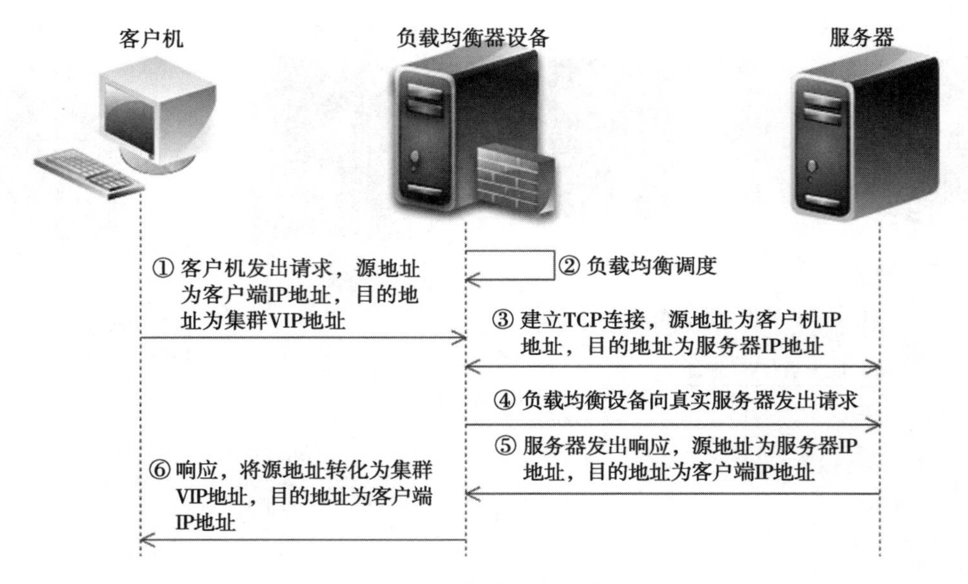

图 5-14　七层负载均衡工作流程

3）Nginx 负载均衡设备向后端的某台真实服务器发出请求；

4）真实 Web 服务器端发出响应，此时源地址为真实服务器 IP 地址，目的地址为客户端 IP 地址；

5）报文经过 Nginx 七层负载均衡设备时，源地址被还原为集群 VIP 地址，目的地址为客户端 IP 地址。

以上就是四七层负载均衡设备的工作流程，通过对比可以发现：四层负载均衡设备（如 LVS/DR）的优势在于面对大流量的冲击时，报文只是单方面经过四层负载均衡设备，负载均衡设备负担很小，不易成为网站或系统瓶颈（特别适用于 CDN 场景）；而七层负载均衡在分流过程中能够对应用层协议进行深度识别，带来更精细化均衡的可能，再加上 HTTP 协议应用广泛并且相对简单，所以七层负载均衡对 HTTP 请求进行负载均衡的商用能力最强。四层负载均衡（LVS）因无法对七层业务实现按内容转发，限制了其适用范围，因此目前七层负载均衡（HAproxy 或 Nginx）已逐渐成为负载均衡技术的主流（尤其在电子商务领域）。

5.8　Linux 集群的总结和思考

下面结合工作中的实践，跟大家分享和交流关于 Linux 集群的几个重要知识点，希望能对大家的工作有所帮助。

1）目前网站架构一般分为负载均衡层、Web 层和数据库层，笔者一般还会多加一层，即文件服务器层，因为随着网站的流量越来越多，文件服务器的压力也越来越大，如果觉得 DRBD+Heartbeat+NFS 架构在后期压力太大，可以考虑图片单独分离，或者在前端采用

CDN的方式来解缓海量图片的压力。网站最前端的负载均衡层称为Director，它起分摊请求的作用，最常见的就是轮询，这是每一台负载均衡器都自带的基本功能。

2）F5是通过硬件的方式实现负载均衡的，在CDN系统上使用较多，用于Squid/Varnish反向加速集群的负载均衡，是专业的硬件负载均衡设备，适合每秒新建连接数和并发连接数要求高的场景。LVS和HAProxy是通过软件的方式实现的，但其稳定性也相当强悍，在处理高并发的情况时有着相当不俗的表现。至于Nginx，笔者比较倾向于将其放在整个系统或网站的中间层，让其作为中间层的负载均衡器，这样效果更好。

3）Nginx对网络的依赖较小，理论上只要ping得通，网页访问正常，Nginx就能连得通。Nginx还能区分内外网，如果是同时拥有内外网的节点，就相当于单机拥有了备份线路。LVS则比较依赖于网络环境，如果采用的是LVS/DR模式，利用LVS分流的服务器都必须在同一机房的同一交换机上，有时不得不考虑单交换机带来的单点故障问题。

4）集群是指负载均衡后面的Apache集群或Tomcat集群等，但有时候大家所谈论的Linux集群却泛指了整个系统架构，既包括了负载均衡器，也包括了后端的应用服务器集群等。其实可以这样来加以区分，如果专指小范围的集群概念，可以指Web集群、Squid集群等，如果指广泛意义上的集群，我们可以接受Linux集群这种叫法，这样大家就不至于在概念上混淆了。

5）负载均衡高可用中的"高可用"指的是实现负载均衡器的HA，即一台负载均衡器坏掉后另一台可以在小于1秒的时间内切换，最常用的软件就是Keepalived和Heartbeat。在成熟的生产环境下负载均衡器方案有LVS+Keepalived/Heartbeat、Nginx+Keepalived。如果能保证Heartbeat的心跳线稳定，Heartbeat+DRBD也可应用于成熟的生产环境下，适合NFS文件服务器或MySQL的高可用环境。

6）LVS的优势非常多，如抗负载能力强、工作稳定性高（因为有成熟的HA方案）、无流量的转发、效率高、基本支持所有的TCP应用（当然包括Web）等。基于上述优点，LVS拥有不少的粉丝，但它也有缺点，对网络的依赖性太大了。在网络环境相对复杂的应用场景中，我们不得不放弃它而选用HAProxy或Nginx。

7）Nginx对网络的依赖性小，而且它的正则表达式强大且灵活（个人觉得比HAProxy简单），其稳定的特点吸引了不少人，而且配置起来也相当方便和简约，在中小型项目的实施过程中基本都会考虑用它。另外，Nginx+Lua不仅能作为Web级别的防火墙，还能搞定业务中许多复杂的需求。

8）在大型网站架构中其实可以结合使用F5/LVS或Nginx，根据情况选择其中的两种或全部选择。如果因为预算而不能选择F5的话，那么网站最前端的指向应该是LVS，也就是DNS的指向应为LVS均衡器，LVS的优点令它非常适合这个任务。那些重要的IP地址，最好交由LVS托管，比如数据库的IP、提供Web服务的IP等，随着时间的推移，这些IP地址的使用面会越来越大。如果更换IP则故障会接踵而至，所以将这些重要IP交给LVS托管是最为稳妥的。

9）在实际项目实施过程中，我们发现HAProxy和Nginx对HTTPS的支持都非常好，尤其是Nginx，相对而言处理起来更为简便。至于HAPoryx的ACL规则，这也是一个仁者见仁，智者见智的问题，依照个人的习惯进行选择，跟Nginx的rewrite有很多功能上的重复，大家二选一即可。

10）如果是基于LVS+Keepalived及Nginx+Keepalived架构的Web网站发生故障时，处理起来是很方便的。如果发生了系统故障或服务器相关故障，可以将DNS指向后端的某台真实Web机器上，达到短期处理故障的目的。对于广告网站和电子商务网站来说，流量就是业务，流量就是金钱，所以如果电子商务网站出了问题，还是得尽可能在最短的时间内修复故障。

11）之前Linux集群都被大家夸大化了，其实它并不是很复杂，关键看个人的应用场景，哪种适合就选用哪种。Nginx、HAProxy、LVS和F5都不是万能的，都有自身的缺陷，我们应该扬长避短，最大限度地发挥它们的优势。

12）另外关于Session共享的问题（这也是一个老生常谈的问题了），Nginx可以用ip_hash机制解决，HAProxy可以用balance source解决，而LVS则可以用会话保持机制来解决。此外，还可以将Session写进NoSQL数据库（例如memcached或redis），这也是一个解决Session共享的好办法。

13）现在很多朋友都用Nginx（尤其是作为Web服务器），其实在服务器性能优异且内存足够的情况下，Apache的抗并发能力并不弱（16GB的内存下Apache过2000并发问题也不大，当然，配置文件也要优化），整个网站的瓶颈应该还是在数据库方面，建议大家全面了解Apache和Nginx。前端可以用Nginx作负载均衡器，后端用Apache集群作Web应用服务器，这样升级以前的Apache集群版本时可以采用切量的方式，达到平滑升级的目的，这样给网站带来的影响也是最小的。

14）Heartbeat的“脑裂”问题没有想象中的那么严重，可以考虑在线上环境下使用。DRDB+Heartbeat算是成熟的应用了，建议大家掌握这个知识热点。笔者曾在相当多的场合中使用此组合替代EMC共享存储，毕竟并不是每个人都能够接受商业存储的价格。

15）无论设计的方案多么成熟，还是建议配置Nagios/Zabbix监控机制来实时监控服务器的情况。建议邮件和短信报警全都开启，毕竟手机可以随身携带。有条件的话还可以购买专门的商业扫描网站服务，例如Alertbot，它会以1秒为频率扫描你的网站，如果发现网站有宕机的情况，立即向你的邮箱中发送警告邮件。

16）关于网站的安全性问题，建议大家使用硬件防火墙，比较推荐的是华赛或Juniper系列的防火墙，DDoS的安全防护一定要到位（国内的DDoS攻击还是挺多的，硬件防火墙能在一定程度上帮忙防御部分流量攻击）。实在没有硬件防火墙的环境，建议应用服务器开启Linux服务器本身的iptables防火墙，很多对外的API一定要限制公网IP地址访问。另外，为了安全起见，服务器的应用还是开启得越少越好，这样端口数量也开放的更少。

5.9 小结

这一章主要向大家介绍了Linux集群技术采用的软件，例如LVS、HAProxy、Nginx、

Keepalived 及 Heartbeat 等，并介绍了负载均衡中用到的常见技术，如 Session 共享、会话保持以及一些常见的算法等。另外，通过真实项目演示着重介绍了现在比较流行的 Nginx/HAProxy+Keepalived、DRBD+Heartbeat 及 DN 轮询等常见的负载均衡高可用技术，并简单介绍了上百万 PV/ 日和上千万 PV/ 日网站的架构设计技术。相信通过这节内容，大家会对生产环境下的 Linux 集群有所了解。如今，越来越多的公司和企业意识到了 Linux 集群的稳定和高效，都考虑采用它为企业提供负载均衡高可用方案。笔者希望大家能熟练掌握 Linux 集群的相关知识，为自己的职业技能添加技术含金量，这对自身的成长也是非常有帮助的。

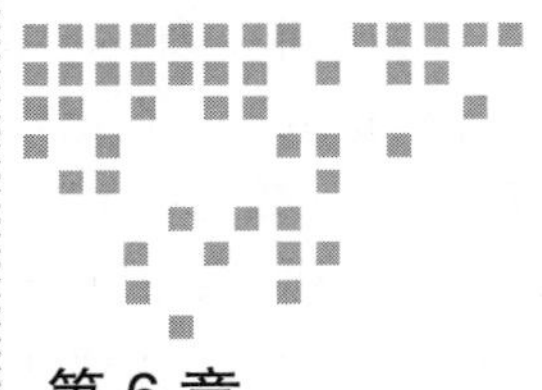

Chapter 6 第6章

MySQL 性能调优及高可用案例分享

随着网站的UV和PV日渐增多，POST请求越来越多，数据库的压力也随之增加。究竟应该如何对MySQL数据库进行优化呢？下面笔者将从MySQL服务器对硬件的选择、MySQL的安装、my.cnf配置文件的优化及架构调整等方面进行说明。在本章最后，还会与大家分享MySQL和Redis的高可用案例。

6.1 MySQL数据库的优化

首先，笔者将给大家分享工作中关于MySQL数据库优化方面的内容。

6.1.1 服务器物理硬件的优化

在挑选MySQL服务器的硬件时，我们应该从以下几个方面着重对MySQL服务器的硬件配置进行优化，也就是说将项目中的资金着重投入到以下几处：

（1）磁盘寻道能力（磁盘I/O），现在笔者维护的网站中采用的MySQL基本上都是SAS 15000转的硬盘，6块硬盘做RAID 10。MySQL每一秒钟都在进行大量、复杂的查询操作，对磁盘的读写量可想而知，所以，通常认为磁盘I/O是制约MySQL性能的最大因素之一。对于日均访问量在500万PV以上的Discuz论坛，如果磁盘I/O性能不好，直接造成的后果就是MySQL性能非常低下。解决这一制约因素可以考虑的方案是：使用RAID 10磁盘阵列，注意不要使用RAID 5磁盘阵列，MySQL在RAID5磁盘阵列上的效率不会像预期中的那样快，如果资金条件允许，可以选择固态SSD硬盘来代替SAS硬盘做RAID 10。

（2）CPU对于MySQL的影响也不容忽视，建议选择运算能力强悍的CPU，如DELL

PowerEdge R910、英特尔 XEON E5504（双四核）等，商家的卖点也是强大的虚拟化和数据处理能力。

（3）对于一台使用 MySQL 的数据库服务器而言，建议服务器的内存不要小于 4GB，推荐使用 8GB 以上的物理内存，不过内存对于现在的服务器而言基本是一个可以忽略的问题，如果是高端服务器，内存基本都超过了 32GB，我们的数据库服务器都是 64GB DDR3。

注意　建议采用 64 位的 MySQL 数据库系统，32 位的系统制约非常多，这一点会在后面加以实例详细说明。

6.1.2　MySQL 配置文件的优化

解决了上述的服务器硬件制约因素，接下来再看看 MySQL 自身的优化是如何操作的。MySQL 自身的优化主要是对其配置文件 my.cnf 中的各项参数进行优化调整。下面将介绍一些对性能影响较大的参数。

我们根据以上推荐的硬件配置并结合一份已经优化好的 my.cnf 进行说明。

以下只列出 my.cnf 文件中 [mysqld] 段落里的内容，其他段落的内容对 MySQL 的运行性能影响甚微，比如 MySQL 的语言和日志配置选项，这里暂且忽略。

```
[mysqld]
```

[mysqld] 组中包括了 mysqld 服务启动时的参数，它涉及的方面很多，包含 MySQL 的目录和文件、通信、网络、信息安全、内存管理、优化、查询缓存区，还有 MySQL 日志设置等。

```
port = 3306
```

mysqld 服务运行时的端口号。

```
socket = /tmp/mysql.sock
```

socket 文件是在 Linux 环境下特有的，用户在 Linux 环境下进行客户端连接时可以不通过 TCP/IP 网络而直接使用 socket 连接 MySQL。

```
skip-external-locking
```

避免 MySQL 的外部锁定，减少出错几率，增强稳定性。

```
skip-name-resolve
```

禁止 MySQL 对外部连接进行 DNS 解析，使用这一选项可以消除 MySQL 进行 DNS 解析的时间。需要注意的是，如果开启该选项，所有远程主机连接授权都要使用 IP 地址方式，否则 MySQL 将无法正常处理连接请求。

```
back_log = 384
```

back_log 参数的值指出在 MySQL 暂时停止响应新请求之前，短时间内可以有多少个请求被存在堆栈中。如果系统在短时间内有很多连接，则需要增大该参数的值，该参数值指定到来的 TCP/IP 连接的侦听队列的大小。不同的操作系统在这个队列的大小上有它自己的限制。如果试图将 back_log 设定得高于操作系统的限制将是无效的，其默认值为 50，对于 Linux 系统而言，推荐设置为小于 512 的整数。

```
key_buffer_size = 384M
```

key_buffer_size 指定用于索引的缓冲区大小，增加它可得到更好的索引处理性能。对于内存在 4GB 左右的服务器来说，该参数可设置为 256MB 或 384MB。不建议将该参数值设置得过大，这样反而会使服务器的整体效率降低。

```
max_allowed_packet = 4M
```

在网络传输中，一次消息传输量的最大值，系统默认值为 1MB，最大值是 1GB，必须设定为 1024 的倍数，单位为字节。

```
thread_stack = 256K
```

设置 MySQL 每个线程的堆栈大小，默认值足够大，可满足普通操作。可设置范围为 128KB 至 4GB，默认值为 192KB。

```
table_cache = 614K
```

table_cache 表示表高速缓存的大小。当 MySQL 访问一个表时，如果在 MySQL 表缓冲区中还有空间，那么这个表就被打开并放入表缓冲区，这样做的好处是可以更快速地访问表中的内容。一般来说，可以通过查看数据库运行峰值时间的状态值 Open_tables 和 Opened_tables，用以判断是否需要增加 table_cache 值，即 open_tables 接近 table_cache 的时候，并且 Opened_tables 这个值在逐步增加，那就要考虑增加这个值的大小了。

```
sort_buffer_size = 6M
```

查询排序时所能使用的缓冲区大小，系统默认大小为 2MB。从 5.1.23 版本开始，在除了 Windows 之外的 64 位平台上可以超出 4GB 的限制。

> **注意** 该参数对应的分配内存是每个连接独占的，如果有 100 个连接，那么实际分配的总排序缓冲区大小为 100×6MB＝600MB。所以，对于内存在 4GB 左右的服务器来说，推荐将其设置为 6MB～8MB。

```
read_buffer_size = 4M
```

读查询操作所能使用的缓冲区大小。和 sort_buffer_size 一样，该参数对应的分配内存也是每个连接独享。

```
join_buffer_size = 8M
```

联合查询操作所能使用的缓冲区大小，和 sort_buffer_size 一样，该参数对应的分配内存也是每个连接独享。

```
myisam_sort_buffer_size = 64M
```

设置在 REPAIR TABLE 或用 CREATE INDEX 创建索引或 ALTER TABLE 的过程中排序索引所分配的缓冲区大小，可设置范围 4M 至 4GB，默认为 8MB。

```
thread_cache_size = 64
```

设置 Thread Cache 池中可以缓存的连接线程最大数量，可设置为 0 至 16384，默认为 0。这个值表示可以重新利用保存在缓存中线程的数量，当断开连接时，如果缓存中还有空间，那么客户端的线程将被放到缓存中。如果线程重新被请求，那么请求将从缓存中读取；如果缓存中是空的或者是新的请求，那么这个线程将被重新创建；如果有很多新的线程，增加这个值可以改善系统性能。通过比较 Connections 和 Threads_created 状态的变量，可以看到这个变量的作用。我们可以根据物理内存设置规则如下：1G 内存配置为 8，2G 内存配置为 16，3G 内存配置为 32，4G 或 4G 以上配置为 64 或更大的数值。

```
query_cache_size = 64M
```

指定 MySQL 查询缓冲区的大小。可以通过在 MySQL 控制台观察，如果 Qcache_lowmem_prunes 的值非常大，则表明经常出现缓冲不够的情况；如果 Qcache_hits 的值非常大，则表明查询缓冲使用得非常频繁。另外，如果该值较小反而会影响效率，那么可以考虑不用查询缓冲。对于 Qcache_free_blocks，如果该值非常大，则表明缓冲区中碎片很多。

```
tmp_table_size = 256M
```

设置内存临时表最大值。如果超过该值，则会将临时表写入到磁盘，其范围为 1KB 到 4GB。

```
max_connections = 768
```

指定 MySQL 允许的最大连接进程数。如果在访问论坛时经常出现 Too Many Connections 的错误提示，则需要增大该参数值。

```
max_connect_errors = 1000
```

设置每个主机的连接请求异常中断的最大次数，当超过该次数，MySQL 服务器将禁止 host 的连接请求，直到 MySQL 服务器重启或通过 flush hosts 命令清空此 host 的相关信息，此值可设置为 1 至 4G，默认为 10。

```
wait_timeout = 10
```

指定一个请求的最大连接时间，对于 4GB 左右内存的服务器来说，可以将其设置为 5～10。

```
thread_concurrency = 8
```

该参数取值为服务器逻辑 CPU 数量乘以 2，在本例中，服务器有 2 个物理 CPU，而每个物理 CPU 又支持 H.T 超线程，所以实际取值为 4×2=8，这也是目前双四核主流服务器的配置。

```
skip-networking
```

开启该选项可以彻底关闭 MySQL 的 TCP/IP 连接方式，如果 Web 服务器是以远程连接的方式访问 MySQL 数据库服务器，不要开启该选项，否则将无法正常连接。

```
table_cache=1024
```

物理内存越大，设置就越大。默认为 2402，调整到 512～1024 之间最佳。

```
innodb_additional_mem_pool_size=4M
```

默认为 2MB。

```
innodb_flush_log_at_trx_commit=1
```

设置为 0 就是等到 innodb_log_buffer_size 列队满后再统一储存，默认为 1。

```
innodb_log_buffer_size=2M
```

默认为 1MB。

```
innodb_thread_concurrency=8
```

服务器有几个 CPU 就设置为几，建议用默认设置，一般为 8。

```
tmp_table_size=64M
```

默认设置内存临时表最大值。如果超过该值，则会将临时表写入到磁盘，设置范围为 1KB 至 4GB。

```
read_rnd_buffer_size=16M
```

read_rnd_buffer_size 是设置进行随机读的时候所使用的缓冲区。此参数和 read_buffer_size 设置的 Buffer 相反，一个是顺序读的时候使用，另一个是随机读的时候使用。但两者都是针对于线程的设置，每个线程都可以产生两种 Buffer 中的任何一个。read_rnd_buffer_size 的默认值为 256KB，最大值为 4GB。

值得注意的是，如果 key_reads 太大，则应该把 my.cnf 中的 key_buffer_size 变大，保持 key_reads/key_read_requests 至少在 1/100 以上，越小越好；如果 qcache_lowmem_prunes 很大，就应增加 query_cache_size 的值。

不过，很多时候需要具体情况具体分析，其他参数的变更可以等 MySQL 稳定上线一段时间后根据 status 值进行调整。

6.1.3 MySQL 上线后根据 status 状态进行适当优化

MySQL 数据库上线后，可以等其稳定运行一段时间后再根据服务器的 “ status ” 状态进行适当优化，我们可以用如下命令列出 MySQL 服务器运行的各种状态值：

```
mysql> show global status;
```

笔者个人较喜欢的用法是 show status like ' 查询值 %'。

1. 慢查询

有时为了定位系统中效率比较低下的 Query 语名，需要打开慢查询日志，也就是 Slow

Query Log，查询慢查询日志的相关命令如下：

```
mysql> show variables like '%slow%';
+---------------------+---------+
| Variable_name       | Value   |
+---------------------+---------+
| log_slow_queries    | ON      |
| slow_launch_time    | 2       |
+---------------------+---------+
mysql> show global status like '%slow%';
+---------------------+---------+
| Variable_name       | Value   |
+---------------------+---------+
| Slow_launch_threads | 0       |
| Slow_queries        | 4148    |
+---------------------+---------+
```

打开慢查询日志可能会对系统性能有一点影响，如果你的 MySQL 是主 – 从结构，可以考虑打开其中一台从服务器的慢查询日志，这样既可以监控慢查询，对系统性能影响也会很小。另外，可用 MySQL 自带的命令 mysqldumpslow 进行查询，比如，下面的命令可以查出访问次数最多的 20 个 sql 语句：

```
mysqldumpslow -s c -t 20 host-slow.log
```

2. 连接数

如果经常遇见“MySQL: ERROR 1040: Too manyconnections”的问题，一种情况是访问量确实很高，MySQL 服务器抗不住，这个时候需要考虑增加从服务器分散读压力；另外一种情况是 MySQL 配置文件中 max_connections 的值过小。举例说明：

```
mysql> show variables like 'max_connections';
+-----------------+-------+
| Variable_name   | Value |
+-----------------+-------+
| max_connections | 256   |
+-----------------+-------+
```

这台 MySQL 服务器的最大连接数是 256，然后查询一下该服务器响应的最大连接数：

```
mysql> show global status like 'Max_used_connections';
+----------------------+-------+
| Variable_name        | Value |
+----------------------+-------+
| Max_used_connections | 245   |
+----------------------+-------+
```

MySQL 服务器过去的最大连接数是 245，没有达到服务器连接数的上限 256，应该不会出现 1040 错误，比较理想的设置是：

```
Max_used_connections / max_connections   * 100% ≈ 85%
```

最大连接数占上限连接数的 85% 左右，如果发现比例在 10% 以下，则说明 MySQL 服务器连接数的上限设置过高。

3. Key_buffer_size

key_buffer_size 是设置 MyISAM 表索引擎缓存空间的大小，此参数对 MyISAM 表性能影响最大，下面是一台以 MyISAM 为主要存储引擎服务器的配置：

```
mysql> show variables like 'key_buffer_size';
+-----------------+-----------+
| Variable_name   | Value     |
+-----------------+-----------+
| key_buffer_size | 536870912 |
+-----------------+-----------+
```

从上面的配置可以看出，系统分配了 512MB 内存给 key_buffer_size，我们再查看一下 key_buffer_size 的使用情况：

```
mysql> show global status like 'key_read%';
+--------------------+-------------+
| Variable_name      | Value       |
+--------------------+-------------+
| Key_read_requests  | 27813678764 |
| Key_reads          | 6798830     |
+--------------------+-------------+
```

一共有 27813678764 个索引读取请求，有 6798830 个请求在内存中没有找到，直接从硬盘读取索引，计算索引未命中缓存的概率：key_cache_miss_rate＝Key_reads/Key_read_requests * 100%。

比如上面的数据，key_cache_miss_rate 为 0.0244%，4000 个索引读取请求才有一个直接读硬盘，已经很 BT 了，key_cache_miss_rate 在 0.1% 以下都很好（每 1000 个请求有一个直接读硬盘），如果 key_cache_miss_rate 在 0.01% 以下，说明 key_buffer_size 分配过多，可以适当减少。

MySQL 服务器还提供了 key_blocks_* 参数，如下所示：

```
mysql> show global status like 'key_blocks_u%';
+--------------------+----------+
| Variable_name      | Value    |
+--------------------+----------+
| Key_blocks_unused  | 0        |
| Key_blocks_used    | 413543   |
+--------------------+----------+
```

Key_blocks_unused 表示未使用的缓存簇（blocks）数，Key_blocks_used 表示曾经用到的最大的 blocks 数，比如这台服务器，所有的缓存都用到了，要么增加 key_buffer_size，要么就是过渡索引，把缓存占满了。比较理想的设置是：Key_blocks_used/（Key_blocks_unused + Key_blocks_used)*100%≈80%。

4. 临时表

当执行语句时，关于已经被创造的隐含临时表的数量，我们可以用如下命令查知其具体情况：

```
mysql> show global status like 'created_tmp%';
+-------------------------+---------+
| Variable_name           | Value   |
+-------------------------+---------+
| Created_tmp_disk_tables | 21197   |
| Created_tmp_files       | 58      |
| Created_tmp_tables      | 1771587 |
+-------------------------+---------+
```

每次创建临时表时，Created_tmp_tables 都会增加，如果是在磁盘上创建临时表，Created_tmp_disk_tables 也会增加。Created_tmp_files 表示 MySQL 服务创建的临时文件数，比较理想的配置是：Created_tmp_disk_tables/Created_tmp_tables*100%<=25%。

比如上面的服务器 Created_tmp_disk_tables/Created_tmp_tables*100%＝1.20%，应该说已经相当不错了。我们再看一下 MySQL 服务器对临时表的配置：

```
mysql> show variables where Variable_name in ('tmp_table_size', 'max_heap_table_
size');
+---------------------+-----------+
| Variable_name       | Value     |
+---------------------+-----------+
| max_heap_table_size | 268435456 |
| tmp_table_size      | 536870912 |
+---------------------+-----------+
```

只有 256MB 以下的临时表才能全部放在内存中，超过的就会放到硬盘临时表。

5. Open Table 的情况

Open_tables 表示打开表的数量，Opened_tables 表示打开过的表数量，可以用如下命令查看其具体情况：

```
mysql> show global status like 'open%tables%';
+---------------+-------+
| Variable_name | Value |
+---------------+-------+
| Open_tables   | 919   |
| Opened_tables | 1951  |
+---------------+-------+
```

如果 Opened_tables 数量过大，说明配置中 table_cache（MySQL5.1.3 之后这个值叫做 table_open_cache）的值可能太小，我们查询一下服务器 table_cache 值：

```
mysql> show variables like 'table_cache';
+---------------+-------+
| Variable_name | Value |
+---------------+-------+
```

```
| table_cache    | 2048  |
+---------------+-------+
```

比较合适的值为：

```
Open_tables / Opened_tables   * 100% >= 85%
Open_tables / table_cache * 100% <= 95%
```

6. 进程使用情况

如果我们在 MySQL 服务器的配置文件中设置了 thread_cache_size，当客户端断开之时，服务器处理此客户请求的线程将会缓存起来以响应下一个客户而不是销毁（前提是缓存数未达上限）。Threads_created 表示创建过的线程数，可以用如下命令查看：

```
mysql> show global status like 'Thread%';
+-------------------+-------+
| Variable_name     | Value |
+-------------------+-------+
| Threads_cached    | 46    |
| Threads_connected | 2     |
| Threads_created   | 570   |
| Threads_running   | 1     |
+-------------------+-------+
```

如果发现 Threads_created 的值过大，表明 MySQL 服务器一直在创建线程，这也是比较耗费资源的，可以适当增大配置文件中 thread_cache_size 的值，查询服务器 thread_cache_size 配置，如下所示：

```
mysql> show variables like 'thread_cache_size';
+-------------------+-------+
| Variable_name     | Value |
+-------------------+-------+
| thread_cache_size | 64    |
+-------------------+-------+
```

示例中的 MySQL 服务器还是比较健康的。

7. 查询缓存（query cache）

它涉及的主要有两个参数，qrery_cache_size 和 query_cache_type。其中 query_cache_size 设置 MySQL 的 Query Cache 大小，query_cache_type 设置使用查询缓存的类型，可以用如下命令查看其具体情况：

```
mysql> show global status like 'qcache%';
+-------------------------+-----------+
| Variable_name           | Value     |
+-------------------------+-----------+
| Qcache_free_blocks      | 22756     |
| Qcache_free_memory      | 76764704  |
| Qcache_hits             | 213028692 |
```

```
| Qcache_inserts           | 208894227 |
| Qcache_lowmem_prunes     | 4010916   |
| Qcache_not_cached        | 13385031  |
| Qcache_queries_in_cache  | 43560     |
| Qcache_total_blocks      | 111212    |
+--------------------------+-----------+
```

MySQL 查询缓存变量的相关解释如下所示：

- Qcache_free_blocks：缓存中相邻内存块的个数，数目大说明可能有碎片。FLUSH QUERY CACHE 会对缓存中的碎片进行整理，从而得到一个空闲块。
- Qcache_free_memory：缓存中的空闲内存。
- Qcache_hits：表示有多少次命中。通过这个参数可以查看到 Query Cache 的基本效果。
- Qcache_inserts：每插入一个查询时就会增大。命中次数除以插入次数就是不中比率。
- Qcache_lowmem_prunes：表示有多少条 Query 因为内存不足而被清除出 Query Cache。通过"Qcache_lowmem_prunes"和"Qcache_free_memory"相互结合，能够更清楚地了解系统中 Query Cache 的内存大小是否真的足够，是否频繁出现因为内存不足而有 Query 被换出的情况。
- Qcache_not_cached：不适合进行缓存的查询数量，通常是由于这些查询不是 SELECT 语句或用了 now() 之类的函数。
- Qcache_queries_in_cache：当前缓存的查询（和响应）数量。
- Qcache_total_blocks：缓存中块的数量。

我们再查询一下服务器上关于 query_cache 的配置：

```
mysql> show variables like 'query_cache%';
+------------------------------+-----------+
| Variable_name                | Value     |
+------------------------------+-----------+
| query_cache_limit            | 2097152   |
| query_cache_min_res_unit     | 4096      |
| query_cache_size             | 203423744 |
| query_cache_type             | ON        |
| query_cache_wlock_invalidate | OFF       |
+------------------------------+-----------+
```

各字段的解释如下所示：

- query_cache_limit：超过此大小的查询将不缓存。
- query_cache_min_res_unit：缓存块的最小值。
- query_cache_size：查询缓存大小。
- query_cache_type：缓存类型，决定缓存什么样的查询，示例中表示不缓存 select sql_no_cache 查询。
- query_cache_wlock_invalidate：表示当有其他客户端正在对 MyISAM 表进行写操作时，读请求是要等 WRITE LOCK 释放资源后再查询还是允许直接从 Query Cache 中读取结果，默认为 FALSE（可以直接从 Query Cache 中取得结果）。

query_cache_min_res_unit 的配置是一柄“双刃剑”，默认是 4KB，设置值大对大数据查询有好处，但如果都是小数据查询，就容易造成内存碎片和浪费。

查询缓存碎片率＝Qcache_free_blocks / Qcache_total_blocks * 100%

如果查询缓存碎片率超过 20%，可以用 FLUSH QUERY CACHE 整理缓存碎片，或者如果你的查询都是小数据量，尝试减小 query_cache_min_res_unit。

查询缓存利用率＝（query_cache_size－Qcache_free_memory）/query_cache_size*100%

查询缓存利用率在 25% 以下说明 query_cache_size 设置过大，可适当减小；查询缓存利用率在 80% 以上且 Qcache_lowmem_prunes＞50 则说明 query_cache_size 可能过小，或是碎片太多。

查询缓存命中率＝（Qcache_hits－Qcache_inserts）/Qcache_hits*100%

示例服务器中的查询缓存碎片率等于 20.46%，查询缓存利用率等于 62.26%，查询缓存命中率等于 1.94%，说明命中率很差，可能写操作比较频繁，而且可能存在碎片。

8. 排序使用情况

表示系统中对数据进行排序时使用的 Buffer，我们可以用如下命令查看：

```
mysql> show global status like 'sort%';
+-------------------+------------+
| Variable_name     | Value      |
+-------------------+------------+
| Sort_merge_passes | 29         |
| Sort_range        | 37432840   |
| Sort_rows         | 9178691532 |
| Sort_scan         | 1860569    |
+-------------------+------------+
```

Sort_merge_passes 包括如下步骤：MySQL 首先会尝试在内存中排序，使用的内存大小由系统变量 sort_buffer_size 决定，如果它不够大，则把所有的记录都读到内存中，而 MySQL 则会把每次在内存中排序的结果存到临时文件中，等 MySQL 找到所有记录之后，再把临时文件中的记录做一次排序，这次再排序就会增加 sort_merge_passes。实际上，MySQL 会用另一个临时文件来存储再次排序的结果，所以我们通常会看到 sort_merge_passes 增加的数值是创建临时文件数的两倍。因为用到了临时文件，所以速度可能会较慢，增大 sort_buffer_size 会减少 sort_merge_passes 和创建临时文件的次数，但盲目地增大 sort_buffer_size 并不一定能提高速度。

9. 文件打开数（open_files）

我们在处理 MySQL 故障时发现，当 open_files 大于 open_files_limit 值时，MySQL 数据库就会发生卡住的现象，导致 Apache 服务器也打不开相应页面，大家在工作中要注意这个问题，我们可以用如下命令查看其具体情况：

```
mysql> show global status like 'open_files';
```

```
+------------------+-------+
| Variable_name    | Value |
+------------------+-------+
| Open_files       | 1410  |
+------------------+-------+
mysql> show variables like 'open_files_limit';
+------------------+-------+
| Variable_name    | Value |
+------------------+-------+
| open_files_limit | 4590  |
+------------------+-------+
```

比较合适的设置是：Open_files/open_files_limit*100%<=75%。

10. Innodb_buffer_pool_size 的合理设置

InnoDB 存储引擎的缓存机制和 MyISAM 的最大区别在于，InnoDB 不仅仅缓存索引，同时还会缓存实际的数据。此参数用于设置 InnoDB 最主要的 buffer（InnoDB buffer pool）大小，也就是用户表及索引数据的最主要缓存空间，对 InnoDB 整体性能的影响也最大。

无论是 MySQL 官方手册还是网络上许多人分享的 InnoDB 优化建议，都是建议简单地将此值设置为整个系统物理内存的 50%～80% 之间。这种做法其实是不妥的，我们应根据实际的运行场景来正确设置此项参数。以笔者的生产数据库（因为历史遗留问题，表引擎有 InnoDB 和 MyISAM 两种）为例，物理服务器总内存为 8 GB，配置 Innodb_buffer_pool_size 为 2048 MB，网站稳定上线后，通过以下命令观察：

```
mysql> show status like 'Innodb_buffer_pool_%';
+-----------------------------------+------------+
| Variable_name                     | Value      |
+-----------------------------------+------------+
| Innodb_buffer_pool_pages_data     | 118505     |
| Innodb_buffer_pool_pages_dirty    | 30         |
| Innodb_buffer_pool_pages_flushed  | 4061659    |
| Innodb_buffer_pool_pages_free     | 0          |
| Innodb_buffer_pool_pages_misc     | 12567      |
| Innodb_buffer_pool_pages_total    | 131072     |
| Innodb_buffer_pool_read_ahead_rnd | 18293      |
| Innodb_buffer_pool_read_ahead_seq | 19019      |
| Innodb_buffer_pool_read_requests  | 3533588224 |
| Innodb_buffer_pool_reads          | 1138442    |
| Innodb_buffer_pool_wait_free      | 0          |
| Innodb_buffer_pool_write_requests | 58802802   |
+-----------------------------------+------------+
12 rows in set (0.00 sec)
```

通过此命令得出的结果可以计算出 InnoDB buffer pool 的 read 命中率大约为：(3533588224－1138442)/3533588224＝99.96%。

write 命令中率大约为：118505/131072＝90.41%。

我们发现这个值设置过小，后期考虑将其增加到 4GB 左右（这个值的设定具体要求也要根据服务器的物理内存而定）。

> 注意 32 位 CentOS 因为系统方面的制约，此值最大也只能配置为 2.7GB 左右，所以建议大家的数据库系统选择为 64 位的系统。

6.1.4 利用 tuning-primer 脚本进行数据库调优

在工作中，等 MySQL 在线上稳定运行一段时间后，可以调用 MySQL 调优脚本 tuning-primer.sh 来检查我们的参数是否合理，它的下载地址为：http://launchpad.net/mysql-tuning-primer/trunk/1.5-r5/+download/tuning-primer.sh。

该脚本使用“SHOW STATUS LIKE…”和“SHOW VARIABLES LIKE…”命令获得 MySQL 的相关变量和运行状态。然后根据推荐的调优参数对当前的 MySQL 数据库进行测试。最后根据不同颜色的标识来提醒用户需要注意的各个参数设置。

当前版本会处理如下这些推荐的参数：

- Slow Query Log（慢查询日志）
- Max Connections（最大连接数）
- Worker Threads（工作线程）
- Key Buffer（Key 缓冲）
- Query Cache（查询缓存）
- Sort Buffer（排序缓存）
- Joins（连接）
- Temp Tables（临时表）
- Table（Open & Definition）Cache（表缓存）
- Table Locking（表锁定）
- Table Scans（read_buffer)(表扫描，读缓冲）
- InnoDB Status（InnoDB 状态）

笔者用 tuning-primer.sh 脚本扫描新接手的一台 MySQL 数据库服务器后发现还是有很多问题的，比如：

1）MySQL 有时连接非常慢，严重时会被拖死。

通过 Show processlist 发现大量的 unauthenticated user 连接，数据库肯定每次都要响应，所以速度越来越慢。解决方法其实很简单，在 mysql.cnf 里添加 skip-name-resolve 即可，也就是不启用 DNS 反应解析。

发生这种情况的原因也很简单，MySQL 的认证实际上是 user+host 的形式（也就是说 user 可以相同)，所以 MySQL 在处理新连接时会尝试解析客户端连接的 IP，启用参数 skip-name-resolve 后 MySQL 授权的时候就只能用纯 IP 的形式了。

2）数据库在繁忙期间负载很大，长期达到了 13，远远超过了系统平均负载 4。

通过脚本扫描，发现没有建立 thread_cache_size，所以加上 thread_cache_size=256 后，

重启数据库，数据库的平均负载一下子降到了 5～6。

3）数据库中有张 new_cheat_id 表被读取频繁，而且长期处于 Sending data 状态。

初步怀疑为磁盘 I/O 压力过大所致，所以操作如下：

```
explain SELECT count(new_cheat_id)  FROM new_cheat WHERE account_id = '14348612'
    AND offer_id = '689'\G;
*************************** 1. row ***************************
           id: 1
  select_type: SIMPLE
        table: new_cheat
         type: ALL
possible_keys: NULL
          key: NULL
      key_len: NULL
          ref: NULL
         rows: 2529529
        Extra: Using where
1 row in set (0.00 sec)
```

这个问题很严重，后来跟研发团队确认，此表忘记建立索引了，导致每次都是全表扫描 2529529 行记录，严重消耗服务器的 I/O 资源，所以立即建好索引，并用 show index 命令查看表索引：

```
mysql> show index from new_cheat;
+-------------+------------+------------+-------------+-------------+----------
+-------------+------------+------------+-------------+-------------+---------+
| Table       | Non_unique | Key_name   | Seq_in_index | Column_name | Collation|
  Cardinality | Sub_part   | Packed     | Null        | Index_type  | Comment |
+-------------+------------+------------+-------------+-------------+----------
+-------------+------------+------------+-------------+-------------+---------+
| new_cheat   |          0 | PRIMARY    |       1     | new_cheat_id | A       |
  2577704     |       NULL | NULL       |             | BTREE       |         |
| new_cheat   |          1 | ip         |       1     | ip          | A       |
 1288852      |       NULL | NULL       |             | BTREE       |         |
| new_cheat   |          1 | account_id |       1     | account_id  | A       |
  1288852     |       NULL | NULL       |             | BTREE       |         |
+-------------+------------+------------+-------------+-------------+----------
+-------------+------------+------------+-------------+-------------+---------+
3 rows in set (0.01 sec)
```

我们再看 explain 结果：

```
mysql> explain SELECT count(new_cheat_id)  FROM new_cheat WHERE account_id =
'14348612' AND offer_id = '689'\G;
*************************** 1. row ***************************
           id: 1
  select_type: SIMPLE
        table: new_cheat
         type: ref
possible_keys: account_id
```

```
          key: account_id
      key_len: 4
          ref: const
         rows: 6
        Extra: Using where
1 row in set (0.00 sec)
```

大家可以发现，建立索引后，此 SQL 通过 account_id 索引直接读取了 6 条记录就获得了查询结果，系统负载由 5～6 直接降到了 3.07～3.66。

附上我们的电子订单系统 MySQL 数据库（服务器为 DELL R710，16G 内存，RAID 10，表引擎为 MyISAM）调整后所运行的配置文件 /etc/my.cnf，大家可以根据自己实际的 MySQL 数据库的硬件情况调整此配置文件，其文件内容如下所示：

```
[client]
default-character-set=utf8
port                         = 3306
socket                       = /tmp/mysql.sock

[mysqld]
user                         = mysql
port                         = 3306
socket                       = /tmp/mysql.sock
basedir                      = /usr/local/mysql
datadir                      = /data/mysql/data
log-error                    = /data/mysql/mysql-error.log
pid-file                     = /data/mysql/mysql.pid
old-passwords                = 1

log_slave_updates            = 1
log-bin                      = /data/mysql/binlog/mysql-bin
binlog_format                = mixed
binlog_cache_size            = 4M
max_binlog_cache_size        = 8M
max_binlog_size              = 1G
expire_logs_days             = 90
binlog-ignore-db             = mysql
binlog-ignore-db             = test
binlog-ignore-db             = information_schema

key_buffer_size              = 384M
sort_buffer_size             = 2M
read_buffer_size             = 2M
read_rnd_buffer_size         = 16M
join_buffer_size             = 2M
thread_cache_size            = 8
query_cache_size             = 32M
query_cache_limit            = 2M
query_cache_min_res_unit     = 2k
thread_concurrency           = 32

table_cache                          = 614
```

```
table_open_cache                = 512
open_files_limit                = 10240
back_log                        = 600
max_connections                 = 5000
max_connect_errors              = 6000
external-locking                = FALSE

max_allowed_packet              = 16M
default-storage-engine          = MyISAM
thread_stack                    = 192K
transaction_isolation           = READ-COMMITTED
tmp_table_size                  = 256M
max_heap_table_size             = 512M

bulk_insert_buffer_size         = 64M
myisam_sort_buffer_size         = 64M
myisam_max_sort_file_size       = 10G
myisam_repair_threads           = 1
myisam_recover

long_query_time                 = 2
slow_query_log
slow_query_log_file             = /data/mysql/slow.log
skip-name-resolve
skip-locking
skip-networking

innodb_additional_mem_pool_size = 16M
innodb_buffer_pool_size         = 512M
innodb_data_file_path           = ibdata1:256M:autoextend
innodb_file_io_threads          = 4
innodb_thread_concurrency       = 8
innodb_flush_log_at_trx_commit  = 2
innodb_log_buffer_size          = 16M
innodb_log_file_size            = 128M
innodb_log_files_in_group       = 3
innodb_max_dirty_pages_pct      = 90
innodb_lock_wait_timeout        = 120
innodb_file_per_table           = 0

[mysqldump]
quick
max_allowed_packet = 64M

[mysql]
no-auto-rehash
Remove the next comment character if you are not familiar with SQL
safe-updates

[myisamchk]
key_buffer_size                 = 256M
```

```
sort_buffer_size = 256M
read_buffer      = 2M
write_buffer     = 2M

[mysqlhotcopy]
interactive-timeout
```

6.1.5 MySQL 架构设计调优

笔者曾在前面的章节提到，在设计高并发高性能网站，后端的 MySQL 数据库压力巨大且涉及定时抢红包和秒杀等特殊业务的时候，无论怎么设计和调优 MySQL 数据库层，在单位时间都是顶不住压力的。这个时候，我们需要在 MySQL 数据库层的前面引入 NoSQL 数据缓存，比如最常见的成熟开源软件 redis，这里也设计成集群的形式，提供对外服务。这里可以做几部分工作：第一，把部分业务直接分到 redis 集群，程序直接读取 redis 集群来缓减 MySQL 的压力；第二，redis 缓存海量的小数据文件，程序先读取 redis 缓存，如果没有的话，再到后端 MySQL 数据库上去读取数据；第三，引入 RabbitMQ 消息中间件，以任务异步的方式来处理业务。这样设计的话，MySQL 数据库层面的压力就会小很多。

其实很多时候我们会发现，在工作中通过参数设置进行性能优化所带来的提升，并不如许多人想象的那样产生质的飞跃，除非是之前的设置存在严重不合理的情况。我们不能将性能调优完全依托于通过 DBA 在数据库上线后进行参数调整，而应该在系统架构设计和开发阶段就尽可能地减少性能问题。

6.2 MySQL 数据库的高可用架构方案

如果凭借 MySQL 的优化仍无法顶住压力，这个时候就必须考虑 MySQL 的可括展性架构了（也有人将它说成是 MySQL 集群），它的优势还是很明显的，如：

- 成本低，很容易通过价格低廉的 PC Server 搭建出一个处理能力非常强大的计算机集群。
- 不太容易遇到瓶颈，因为很容易通过添加主机来增加处理能力。
- 单节点故障对系统的整体影响较小。

目前可行的方案有：

1）MySQL Cluster：其特点为可用性非常高，性能非常好。每份数据至少可在不同主机上存一份拷贝，且冗余数据拷贝实时同步。但它的维护非常复杂，存在很多 Bug，目前还不适合比较核心的线上系统，所以并不推荐这个方案。

2）DRBD 磁盘网络镜像方案：其特点为软件功能强大，数据可在底层块设备级别跨物理主机镜像，且可根据性能和可靠性要求配置不同级别的同步。I/O 操作会保持顺序，可满足数据库对数据一致性的苛刻要求。但非分布式文件系统环境无法支持镜像数据同时可见，性能和可靠性两者相互矛盾，无法适用于性能和可靠性要求都比较苛刻的环境，且维护成本高于 MySQL Replication。另外，DRBD 是官方推荐的可用于 MySQL 高可用方案之一，大家可根据实际环境考虑是否部署。

3）MySQL Replication：在工作中，此种 MySQL 高可用、高扩展性架构使用最多，笔者也推荐此种方案，下面将向大家介绍几种 MySQL Replication 的高可用架构方案。

6.2.1　生产环境下的 DRBD+Heartbeat+MySQL 双机高可用

DELL 供应商的售后人员在机器进机房上架前就已将系统安装完毕，系统为 CentOS 5.8 x86_64。在安装完 drbd 包后 modprobe drbd 报错，在加载 drbd 模块时报错，报错信息如下所示：FATAL: Module drbd not found drbd，后面发现系统安装了双内核并用新内核启动的原因，即 default 设置成 1，然后执行 reboot，退回到老版本内核运行系统，此报错就没有了。/etc/grub.conf 配置文件如下所示：

```
default=1
timeout=5
splashimage=(hd0,0)/grub/splash.xpm.gz
hiddenmenu
title CentOS (2.6.18-238.el5xen)
    root (hd0,0)
    kernel /xen.gz-2.6.18-238.el5
    module /vmlinuz-2.6.18-238.el5xen ro root=LABEL=/ rhgb quiet
    module /initrd-2.6.18-238.el5xen.img
title CentOS-base (2.6.18-238.el5)
    root (hd0,0)
    kernel /vmlinuz-2.6.18-238.el5 ro root=LABEL=/ rhgb quiet
    initrd /initrd-2.6.18-238.el5.img
```

服务器的型号是 DELL R710（双至强 Xeon E5606 四核 CPU），6 块 SAS 600G 硬盘作为 RAID 10，考虑到 RAID 10 作为文件系统的速度及高效，这里单独划分了接近 1.5T 的硬盘空间给 DRBD 系统使用（在安装系统时选择将此空间作为 Free 空间，此网站为电子订单系统，1.5T 的硬盘空间基本上满足了 5 年以上的存储需求），此外还采用了二根交叉线作为心跳线，思科 CISCO WS-C2960S-24TS-L 交换机。

两台机器的基本情况如下所示：

```
centos1.mypharma.com 112.112.68.170，心跳线为：192.168.1.1 10.0.0.1
centos2.mypharma.com 112.112.68.172，心跳线为：192.168.1.2 10.0.0.2
Heartbeat的vip为 112.112.68.174
```

两台机器的 hosts 文件内容如下所示：

```
112.112.68.170 centos1.mypharma.com centos1
112.112.68.172 centos2.mypharma.com centos2
```

在实验前就应该配置好两台机器的 hostname 及 ntp 对时等内容，iptables 防火墙和 SElinux 关闭，具体配置这里略过，硬盘情况可以使用 fdisk 查看，具体如下所示：

```
fdisk -l
```

此命令结果如下所示：

```
Disk /dev/sda: 1798.6 GB, 1798651772928 bytes
255 heads, 63 sectors/track, 218673 cylinders
Units = cylinders of 16065 * 512 = 8225280 bytes

   Device Boot      Start         End      Blocks   Id  System
/dev/sda1   *           1          16      128488+  83  Linux
/dev/sda2              17        5237    41937682+  82  Linux swap / Solaris
/dev/sda3            5238       11764    52428127+  83  Linux
/dev/sda4           11765      218673  1661996542+   5  Extended
/dev/sda5           11765       15710    31696213+  83  Linux
/dev/sda6           15711      198076  1464854863+  83  Linux
```

1. DRBD 的部署安装

两台机器分别用如下命令来安装 drbd 软件：

```
yum -y install drbd83 kmod-drbd83
```

载入 drbd 模块并检测模块是否正常载入，命令如下所示：

```
modprobe drbd
lsmod | grep drbd
```

如果正确显示如下类似信息，表示 DRBD 已成功安装：

```
drbd      300440  4
```

使用 cat 命令查看两台机器的 drbd.conf 配置文件内容如下所示（两台机器的配置是一样的）：

```
global {
# minor-count dialog-refresh disable-ip-verification
usage-count no;        #统计drbd的使用
}
common {
syncer  { rate 30M; } #同步速率，视带宽而定
}
resource r0 {          #创建一个资源，名字叫“r0”
protocol C;            #选择的是drbd的C协议（数据同步协议，C为收到数据并写入后返回，确认成功）
handlers {             #默认drbd的库文件
pri-on-incon-degr "/usr/lib/drbd/notify-pri-on-incon-degr.sh; /usr/lib/drbd/
notify-emergency-reboot.sh; echo b > /proc/sysrq-trigger ; reboot -f";
pri-lost-after-sb "/usr/lib/drbd/notify-pri-lost-after-sb.sh; /usr/lib/drbd/
notify-emergency-reboot.sh; echo b > /proc/sysrq-trigger ; reboot -f";
local-io-error "/usr/lib/drbd/notify-io-error.sh;
/usr/lib/drbd/notify-emergency-shutdown.sh; echo o > /proc/sysrq-trigger ; halt
-f";
# fence-peer "/usr/lib/drbd/crm-fence-peer.sh";
# split-brain "/usr/lib/drbd/notify-split-brain.sh root";
# out-of-sync "/usr/lib/drbd/notify-out-of-sync.sh root";
# before-resync-target "/usr/lib/drbd/snapshot-resync-target-lvm.sh -p 15 -- -c
```

```
16k";
# after-resync-target /usr/lib/drbd/unsnapshot-resync-target-lvm.sh;
}
startup {
# wfc-timeout degr-wfc-timeout outdated-wfc-timeout wait-after-sb
wfc-timeout 120;
degr-wfc-timeout 120;
}
disk {
# on-io-error fencing use-bmbv no-disk-barrier no-disk-flushes
# no-disk-drain no-md-flushes max-bio-bvecs
on-io-error detach;
}
net {
# sndbuf-size rcvbuf-size timeout connect-int ping-int ping-timeout max-buffers
# max-epoch-size ko-count allow-two-primaries cram-hmac-alg shared-secret
# after-sb-0pri after-sb-1pri after-sb-2pri data-integrity-alg no-tcp-cork
max-buffers 2048;
cram-hmac-alg "sha1";
shared-secret "123456";
#DRBD同步时使用的验证方式和密码信息
#allow-two-primaries;
}
syncer {
rate 30M;
# rate after al-extents use-rle cpu-mask verify-alg csums-alg
}
on centos1.mypharma.com {  #设定一个节点，分别以各自的主机名命名
device   /dev/drbd0;        #设定资源设备/dev/drbd0 指向实际的物理分区 /dev/sda6
disk     /dev/sda6;
address 192.168.1.1:7788; #设定监听地址以及端口
meta-disk       internal;
}
on centos2.mypharma.com {  #设定一个节点，分别以各自的主机名命名
device   /dev/drbd0;        #设定资源设备/dev/drbd0 指向实际的物理分区 /dev/sdb1
disk     /dev/sda6;
address 192.168.1.2:7788; #设定监听地址以及端口
meta-disk       internal; #internal表示是在同一个局域网内
}
}
```

1）需要执行 drbdadm create-md r0 命令来创建 DRBD 元数据信息，执行命令如下所示（两台机器都需要执行此步骤），可能出现下列报错：

```
Device '0' is configured!
Command 'drbdmeta 0 v08 /dev/sda6 internal create-md' terminated with exit code 20
drbdadm create-md r0: exited with code 20
```

为了避免此错误，建议用 dd 破坏文件分区，命令如下所示：

```
dd if=/dev/zero of=/dev/sda6 bs=1M count=100
```

在 centos1 的机器上操作，命令如下：

```
[root@centos1 ~]# drbdadm create-md r0
```

命令结果如下所示：

```
Writing meta data...
initializing activity log
NOT initialized bitmap
New drbd meta data block successfully created.
```

在 centos2 的机器上操作，命令如下：

```
[root@centos2 ~]# drbdadm create-md r0
```

命令结果如下所示：

```
Writing meta data...
initializing activity log
NOT initialized bitmap
New drbd meta data block successfully created.
```

两台机器分别有上面的显示结果则表明一切正常。

2）启动 DRBD 设备，在两台机器上分别执行如下命令：

```
service drbd start
```

如果此时没有正常关闭 iptables 服务，则会产生如下报错信息：

```
Starting DRBD resources: [ d(r0) s(r0) n(r0) ].........
***************************************************************
DRBD's startup script waits for the peer node(s) to appear.
- In case this node was already a degraded cluster before the
  reboot the timeout is 120 seconds. [degr-wfc-timeout]
- If the peer was available before the reboot the timeout will
  expire after 120 seconds. [wfc-timeout]
  (These values are for resource 'r0'; 0 sec -> wait forever)
 To abort waiting enter 'yes' [  50]:
```

关闭 SELinux 和 iptables 后，此错误信息消失，二台机器上均可成功启动 DRBD 服务。

3）我们在 centos1 的机器上查看 DRBD 状态，命令如下所示：

```
[root@centos1 ~]# service drbd status
```

命令显示结果如下：

```
drbd driver loaded OK; device status:
version: 8.3.13 (api:88/proto:86-96)
GIT-hash: 83ca112086600faacab2f157bc5a9324f7bd7f77 build by mockbuild@builder10.
    centos.org, 2012-05-07 11:56:36
m:res  cs         ro                   ds                         p  mounted  fstype
0:r0   Connected  Secondary/Secondary  Inconsistent/Inconsistent  C
```

4）将 centos1 的机器作为 DRBD 的 Primary 机器，命令如下所示：

```
drbdsetup /dev/drbd0 primary -o
drbdadm primary r0
```

然后我们再查看其状态，命令如下所示：

```
[root@centos1 ~]# service drbd status
```

此命令结果如下所示：

```
drbd driver loaded OK; device status:
version: 8.3.13 (api:88/proto:86-96)
GIT-hash: 83ca112086600faacab2f157bc5a9324f7bd7f77 build by mockbuild@builder10.
    centos.org, 2012-05-07 11:56:36
m:res  cs          ro                 ds                       p  mounted  fstype
...    sync'ed:    0.1%               (1429092/1430476)M
0:r0   SyncSource  Primary/Secondary  UpToDate/Inconsistent    C
```

我们发现，Primary/Secondary 关系已经形成，而且数据在进行同步，已同步了 0.1%，接近 1.5T 容量大小的 DRBD 数据同步传输的速度非常慢，建议将此传输安排在空闲时间，如笔者特地将其安排在下班以后。经过漫长的等待以后，我们再查看 Primary 机器的 DRBD 状态，如下所示：

```
[root@centos1 ~]# service drbd status
```

命令结果如下所示：

```
drbd driver loaded OK; device status:
version: 8.3.13 (api:88/proto:86-96)
GIT-hash: 83ca112086600faacab2f157bc5a9324f7bd7f77 build by mockbuild@builder10.
    centos.org, 2012-05-07 11:56:36
m:res  cs         ro                 ds                 p  mounted  fstype
0:r0   Connected  Primary/Secondary  UpToDate/UpToDate  C
UpToDate/UpToDate表示数据已经同步完成了。
```

DRBD 的性能优化：由于 DELL 机器上的网卡都是千兆网卡，在此例中，笔者已在二台 DRLL 710 机器上安装了二条交叉线作为心跳线，为了排除正常业务数据对 DRBD 数据同步的影响和心跳监测，专门选用其中一条心跳线（192.168.1.1-->192.168.1.2）作为专用的 DRBD 数据同步线路。

5）在两台机器上都建立 /drbd 分区，准备将其作为 MySQL 的挂载目录，命令如下所示：

```
mkdir /drbd
```

6）格式化 Primary 机器的 DRBD 分区并挂载使用。

```
[root@centos1 ~]# mkfs.ext3 /dev/drbd0
```

命令结果如下所示：

```
mke2fs 1.39 (29-May-2006)
Filesystem label=
```

```
OS type: Linux
Block size=4096 (log=2)
Fragment size=4096 (log=2)
183107584 inodes, 366202530 blocks
18310126 blocks (5.00%) reserved for the super user
First data block=0
Maximum filesystem blocks=4294967296
11176 block groups
32768 blocks per group, 32768 fragments per group
16384 inodes per group
Superblock backups stored on blocks:
    32768, 98304, 163840, 229376, 294912, 819200, 884736, 1605632, 2654208,
    4096000, 7962624, 11239424, 20480000, 23887872, 71663616, 78675968,
    102400000, 214990848

Writing inode tables: done
Creating journal (32768 blocks): done
Writing superblocks and filesystem accounting information:
done

This filesystem will be automatically checked every 28 mounts or
180 days, whichever comes first.  Use tune2fs -c or -i to override.
```

将 /dev/drbd0 设备挂载至 /drbd 分区

```
mount /dev/drbd0 /drbd/
```

注意 Secondary 节点不允许对 DRBD 设备进行任何操作，包括只读，所有的读写操作都只能在 Primary 节点上进行，只有当 Primary 节点挂掉时，Secondary 代替主节点作为 Primary 节点时才能进行读写操作。

7）两台机器都将 DRBD 设为自启动服务，命令如下：

```
chkconfig drbd on
```

2. Heartbeat 的安装和部署

1）在两台机器上分别使用 yum 安装 heartbeat，即操作两次如下命令：

```
yum -y install heartbeat
```

如果只操作一次，将发现 heartbeat 第一次时并没有安装成功。

2）两个节点的 heartbeat 配置文件，分别如下所示。

centos1.mypharma.com 的配置文件：

```
logfile /var/log/ha-log
#定义Heartbeat的日志名字及位置
logfacility local0
keepalive 2
#设定心跳（监测）时间为2秒
deadtime 15
```

```
#设定死亡时间为15秒
ucast eth0 112.112.68.172
ucast eth2 10.0.0.2
ucast eth3 192.168.1.2
#采用单播的方式，IP地址指定为对方IP，这里为了防止脑裂，特地用了两条心跳线外加公网地址IP作为心跳
 监测线路，事实上，在项目上线测试阶段，除非人为手动破坏，不然没有发生脑裂的可能。
auto_failback off
#当Primary机器发生故障切换到Secondary机器后不再进行切回操作。
node centos1.mypharma.com centos2.mypharma.com
```

centos2.mypharma.com 的配置文件：

```
logfile /var/log/ha-log
logfacility local0
keepalive 2
deadtime 15
ucast eth0 112.112.68.170
ucast eth2 10.0.0.1
ucast eth3 192.168.1.1
auto_failback off
node centos1.mypharma.com centos2.mypharma.com
#参数情况跟centos1类似，这里不再做重复性解释。
```

3）编辑双机互连验证文件 authkeys，如下所示：

cat /etc/ha.d/authkeys：

```
auth 1
1 crc
```

需要将此文件设定为 600 权限，否则会在启动 heartbeat 服务时报错，命令如下所示：

```
chmod 600 /etc/ha.d/authkeys
```

4）编辑集群资源文件 /etc/ha.d/haresources：

```
centos1.mypharma.com IPaddr::112.112.68.174/29/eth0 drbddisk::r0 Filesystem::/
    dev/drbd0::/drbd::ext3  mysqld
```

该文件在两台机器上都是一样的，这个就不要轻易改动了。

mysqld 为 mysql 服务器启动、重启及关闭脚本，这个是安装 MySQL 时自带的，稍后会在安装 MySQL 中提到此步。

3. 源码编译安装 mysql 5.1.47 并部署 haresource

之所以选择 mysql 5.1.47 版本，是因为此版本的 mysql 在以前其他项目或网站中运行稳定，所以在部署此项目时也考虑采用此版本。在 MySQL 官方网站上下载 mysql5.1.47 的源码包，在两台机器上分别安装，这里跟单纯编译安装 mysql5.1.47 还是略有不同的，所有笔者将其详细步骤整理如下：

1）安装 gcc 等基础库文件：

```
yum install gcc gcc-c++ zlib-devel libtool ncurses-devel libxml2-devel -y
```

生成 mysql 用户及用户组：

```
groupadd mysql
useradd -g mysql mysql
```

源码编译安装 mysql 5.1.47：

```
tar zxvf mysql-5.1.47.tar.gz
cd mysql-5.1.47
./configure --prefix=/usr/local/mysql --with-charset=utf8 --with-extra-
    charsets=all --enable-thread-safe-client --enable-assembler --with-readline
    --with-big-tables --with-plugins=all  --with-mysqld-ldflags=-all-static
    --with-client-ldflags=-all-static
make
make install
```

2）对 mysql 进行权限配置，使其能顺利启动：

```
cd /usr/local/mysql
cp /usr/local/mysql/share/mysql/my-medium.cnf /etc/my.cnf
cp /usr/local/mysql/share/mysql/mysql.server /etc/init.d/mysqld
cp /usr/local/mysql/share/mysql/mysql.server /etc/ha.d/resource.d/mysqld
chmod +x /etc/init.d/mysqld
chmod +x /etc/ha.d/resource.d/mysqld
chown -R mysql:mysql /usr/local/mysql
```

3）在两台机器上的 /etc/my.cnf 的 [mysqld] 项下面重新配置 mysql 运行时的数据存放路径：

```
datadir=/drbd/data
```

4）在 Primary 机器上运行如下命令，使其数据库目录生成数据，Secondary 机器不需要运行此步：

```
/usr/local/mysql/bin/mysql_install_db --user=mysql --datadir=/drbd/data
```

注意 这里是整个实验环境中的一个重要环节，笔者在搭建此步时出过几次问题，我们运行 MySQL 是在启动 DRBD 设备之后，即将 /dev/drbd0 目录正确挂载到 /drbd 目录后，而并非没挂载就去启动 MySQL，这会导致整个实验完全失败。做完这步以后，我们不需要启动 MySQL，它可以靠脚本自行启动，如果已经启动了 MySQL 请手动关闭。

---

4. 将 DRBD 和 Heartbeat 设置成自启动方式

在两台机器上将 DRBD 和 Heartbeat 都设成自启动方式：

```
service drbd start
chkcfonig drbd on
service heartbeat start
chkconfig heartbeat on
```

通过观察 Primary 机器上的信息可以得知，Primary 机器已经正确启动 MySQL 和 Heartbaet，信息如下所示：

```
[root@centos1 ~]# ip addr
```

此命令结果如下所示：

```
1: lo: <LOOPBACK,UP,LOWER_UP> mtu 16436 qdisc noqueue
    link/loopback 00:00:00:00:00:00 brd 00:00:00:00:00:00
    inet 127.0.0.1/8 scope host lo
2: eth0: <BROADCAST,MULTICAST,UP,LOWER_UP> mtu 1500 qdisc pfifo_fast qlen 1000
    link/ether 84:8f:69:dd:5f:f1 brd ff:ff:ff:ff:ff:ff
    inet 112.112.68.170/29 brd 114.112.69.175 scope global eth0
    inet 112.112.68.174/29 brd 114.112.69.175 scope global secondary eth0:0
3: eth1: <BROADCAST,MULTICAST> mtu 1500 qdisc pfifo_fast qlen 1000
    link/ether 84:8f:69:dd:5f:f3 brd ff:ff:ff:ff:ff:ff
4: eth2: <BROADCAST,MULTICAST,UP,LOWER_UP> mtu 1500 qdisc pfifo_fast qlen 1000
    link/ether 84:8f:69:dd:5f:f5 brd ff:ff:ff:ff:ff:ff
    inet 10.0.0.1/24 brd 10.0.0.255 scope global eth2
5: eth3: <BROADCAST,MULTICAST,UP,LOWER_UP> mtu 1500 qdisc pfifo_fast qlen 1000
    link/ether 84:8f:69:dd:5f:f7 brd ff:ff:ff:ff:ff:ff
    inet 192.168.1.1/24 brd 192.168.1.255 scope global eth3
6: virbr0: <BROADCAST,MULTICAST,UP,LOWER_UP> mtu 1500 qdisc noqueue
    link/ether 00:00:00:00:00:00 brd ff:ff:ff:ff:ff:ff
    inet 192.168.122.1/24 brd 192.168.122.255 scope global virbr0
```

通过查看 3306 端口被占用的情况可以得知 mysql 服务已被正常开启。

```
[root@centos1 data]# lsof -i:3306
```

此命令结果如下所示：

```
COMMAND  PID  USER   FD   TYPE DEVICE SIZE NODE NAME
mysqld  4341 mysql   18u  IPv4   9807       TCP *:mysql (LISTEN)
```

5. 给远程用户授权

另外，在 Primayry 机器上授权给一个远程用户，如 admin，方便程序进行连接，如下所示：

```
mysql> grant all privileges on *.* to 'admin'@'%' identified by 'admin@change20110101';
```

修改 PHP 连接 MySQL 的配置文件，如 config.inc.php 或 configuration.php，如下所示：

```
public $host = '112.112.68.174';
public $user = 'admin';
public $password = 'admin@change20120101';
```

注意　此时程序连接的是 Heartbeat 采生的 VIP 地址，即 112.112.68.174，如果连接到真实的物理机器的 IP，则在机器遇到故障的时候，Heartbeat 起不到高可用的作用。

6. 测试工作

其余的工作就比较容易测试了，主要是在模拟 Primary 机器重启或死机时，查看 Secondary 机器能否自动接管过来并启动 MySQL，我们重启 Primary 机器后再重启 Secondary

机器，正常结果应该是：无论如何重启机器，只要保证有一台机器存活，MySQL 均能正常提供服务，我们可以在 Primary 机器上通过 tail 命令进行观察。

命令如下所示：

```
[root@centos1 ~]# tail -n 100/var/log/messages
```

结果摘录部分如下所示：

```
Oct 12 15:19:42 centos1 kernel: block drbd0: peer( Unknown -> Secondary ) conn(
   WFReportParams -> WFBitMapS ) pdsk( DUnknown -> Consistent )
Oct 12 15:19:43 centos1 kernel: block drbd0: helper command: /sbin/drbdadm
   before-resync-source minor-0
Oct 12 15:19:43 centos1 kernel: block drbd0: helper command: /sbin/drbdadm
   before-resync-source minor-0 exit code 0 (0x0)
Oct 12 15:19:43 centos1 kernel: block drbd0: conn( WFBitMapS -> SyncSource )
   pdsk( Consistent -> Inconsistent )
Oct 12 15:19:43 centos1 kernel: block drbd0: Began resync as SyncSource (will
   sync 92 KB [23 bits set]).
Oct 12 15:19:43 centos1 kernel: block drbd0: updated sync UUID 1FA7ABFFB384C72F:
   D10282C4C4051EC9:D10182C4C4051EC9:68D8873ACC229C92
Oct 12 15:19:43 centos1 kernel: block drbd0: Resync done (total 1 sec; paused 0
   sec; 92 K/sec)
Oct 12 15:19:43 centos1 kernel: block drbd0: updated UUIDs 1FA7ABFFB384C72F:0000
   000000000000:D10282C4C4051EC9:D10182C4C4051EC9
Oct 12 15:19:43 centos1 kernel: block drbd0: conn( SyncSource -> Connected )
   pdsk( Inconsistent -> UpToDate )
Oct 12 15:19:43 centos1 kernel: block drbd0: bitmap WRITE of 11174 pages took 58
   jiffies
Oct 12 15:19:43 centos1 kernel: block drbd0: 0 KB (0 bits) marked out-of-sync by
   on disk bit-map.
Oct 12 15:19:44 centos1 heartbeat: [4074]: info: Heartbeat restart on node
   centos2.mypharma.com
Oct 12 15:19:44 centos1 heartbeat: [4074]: info: Link centos2.mypharma.com:eth2
   up.
Oct 12 15:19:44 centos1 heartbeat: [4074]: info: Status update for node centos2.
   mypharma.com: status init
Oct 12 15:19:44 centos1 heartbeat: [4074]: info: Link centos2.mypharma.com:eth3 up.
Oct 12 15:19:44 centos1 heartbeat: [4074]: info: Status update for node centos2.
   mypharma.com: status up
Oct 12 15:19:44 centos1 harc[6268]: info: Running /etc/ha.d/rc.d/status status
Oct 12 15:19:44 centos1 harc[6284]: info: Running /etc/ha.d/rc.d/status status
Oct 12 15:19:44 centos1 heartbeat: [4074]: info: Status update for node centos2.
   mypharma.com: status active
Oct 12 15:19:44 centos1 harc[6300]: info: Running /etc/ha.d/rc.d/status status
Oct 12 15:19:45 centos1 heartbeat: [4074]: info: remote resource transition
   completed.
Oct 12 15:19:46 centos1 heartbeat: [4074]: info: Link centos2.mypharma.com:eth0 up.
```

待系统稳定以后，我们可以隔一段时间用命令抽查一下 Heatbeat 日志，如下：

```
[root@centos1 ~]# tail -n 100 /var/log/ha-log
```

此命令结果如下所示（由于日志内容较多，仅截取部分日志内容）：

```
heartbeat[4063]: 2012/10/15_16:57:46 info: cl_malloc stats: 668/19656763  123856/60302
    [pid4063/MST_CONTROL]
heartbeat[4063]: 2012/10/15_16:57:46 info: RealMalloc stats: 597304 total malloc
    bytes. pid [4063/MST_CONTROL]
heartbeat[4063]: 2012/10/15_16:57:46 info: Current arena value: 0
heartbeat[4063]: 2012/10/15_16:57:46 info: MSG stats: 0/4 ms age 257977840
    [pid4080/HBFIFO]
heartbeat[4063]: 2012/10/15_16:57:46 info: cl_malloc stats: 312/413  36320/16115
    [pid4080/HBFIFO]
heartbeat[4063]: 2012/10/15_16:57:46 info: RealMalloc stats: 38892 total malloc
    bytes. pid [4080/HBFIFO]
heartbeat[4063]: 2012/10/15_16:57:46 info: Current arena value: 0
heartbeat[4063]: 2012/10/15_16:57:46 info: MSG stats: 0/0 ms age 4553292800
    [pid4081/HBWRITE]
heartbeat[4063]: 2012/10/15_16:57:46 info: cl_malloc stats: 332/163986  39824/18379
    [pid4081/HBWRITE]
heartbeat[4063]: 2012/10/15_16:57:46 info: RealMalloc stats: 48136 total malloc
    bytes. pid [4081/HBWRITE]
heartbeat[4063]: 2012/10/15_16:57:46 info: Current arena value: 0
…
heartbeat[4063]: 2012/10/17_16:58:12 info: Current arena value: 0
heartbeat[4063]: 2012/10/17_16:58:12 info: These are nothing to worry about.
```

最后一句话表示整个Heartbeat+DRBD+MySQL环境是稳定的，无须担心，我们已经观察网站稳定运行了159天，DRBD+Heartbeat也没有任何异常，用uptime命令观察得知，系统很稳定正常，命令如下所示：

```
uptime
```

命令结果如下所示：

```
15:21:30 up 159 days, 22:25,  1 user,  load average: 0.11, 0.04, 0.01
```

DRBD+Heartbeat目前存在着的问题：

- 脑裂问题，这个是大家在工作中讨论得最多的问题，但是我们在网站的维护工作中发现，由于NFS服务器和MySQL都是采用的DRBD双机，只要不轻易触碰机器的交叉线（即心跳线），保证交换机的稳定性，出现此问题的几率微乎其微。
- DRBD本身对磁盘I/O性能有一定的影响，这个是由DRBD本身的写文件机制造成的，我们通过sysbench做基准测试也能发现此问题，记得将除系统表之外的所有表引擎转为InnoDB引擎。
- DRBD+Heartbeat浪费了宝贵的服务器资源，目前DRBD的备机还不能提供读功能，生产环境下的MySQL服务器硬件基本都是顶配，这样浪费了一台机器比较可惜。不过可以将此机器作为其他用途，比如数据备份机器。

MySQL中MyISAM转InnoDB的SHELL脚本如下所示：

```
#/bin/bash
```

```
    DB=pharma
USER=root
PASSWD=root@change


/usr/local/mysql/bin/mysql   -u$USER  -p$PASSWD  $DB  -e  "select  TABLE_NAME  from
information_schema.TABLES  where  TABLE_SCHEMA='"$DB"'  and  ENGINE='"MyISAM"';"  |
grep -v "TABLE_NAME" > mysql_table.txt
#for t_name in `cat tables.txt`


cat  mysql_table.txt | while read LINE
do
    echo "Starting convert table engine..."
    /usr/local/mysql/bin/mysql -u$USER -p$PASSWD $DB -e "alter table $LINE  engine=
'"InnoDB"'"
    sleep 1
done
```

实施整个过程需要注意以下几点：

- Secondary 主机用来做 DRBD 的硬盘时可以跟 Primar 主机的大小不一样，但请不要小于 Primary 主机，以免发生数据丢失的现象。但建议在生产环境下保持大小一致，如果实在不能保持一样的大小，Secondary 机器的 DRBD 分区要大于 Primary 机器；
- 推荐千兆系列的服务器网卡及交换机，在测试中发现其同步速率介于 100M-200M 之间，这里采用官方的建议，以最小值的 30% 带宽设置 rate 速率，笔者这里配置为 30M，大家也可根据自己的实际网络环境来设定此值；
- DRBD 对网络环境要求很高，建议用单独的交叉线作为二台主机之间的心跳线，如果条件允许，可以考虑用两根以上的心跳线。如果这个环节做得好，基本上不会存在脑裂的问题。
- 安装 Heartbeat 时需要安装两遍，即 yum -y install heartbeat 要执行两次；
- 建议不要用根分区作为 MySQL 的数据目录，不然 show database 时会出现名为 #mysql50#lost+found 的数据库，这也是笔者将 MySQL 的数据库目录设置为 /drbd/data 的原因。
- 就算发生脑裂的问题，DRBD 也不会丢失数据，手动解决此脑裂问题即可，而且用两根或两根以上的心跳线，出现脑裂的几率非常少。正因为 DRBD 十分可靠，MySQL 也推荐将其作为 MySQL 实现高可用的方案之一。
- MySQL 的 DRBD 方案不能达到毫秒级的切换速度，MyISAM 引擎的表在系统宕机后需要很长的修复时间，而且也有可能发生表损坏的情况，建议大家将所有除了系统表之外的表引擎改为 InnoDB 引擎。

6.2.2 生产环境下的 MySQL 数据库主从 Replication 同步

MySQL 的主从 Replication 同步（又叫主从复制）是一个很成熟的架构，笔者的许多电商平台线上环境都采用了这种方案。

1. MySQL 的主从 Replication 同步概述

MySQL 的主从 Replication 同步的优点为：

- 在业务繁忙阶段，我们可以在从服务器上执行查询工作（即我们常说的读写分离），降低主服务器压力。
- 在从服务器上进行备份，避免备份期间影响主服务器服务。
- 当主服务器出现问题时，可以迅速切换到从服务器，这样不影响线上环境。
- 数据分布。由于 MySQL 复制并不需要很大的带宽，所以可以在不同的数据中心实现数据的拷贝。

主从复制同步的原理：主从复制是 MySQL 数据库提供的一种高可用、高性能的解决方案，它其实是一种异步的实时过程，并不是完全的实时，如果由于网络的原因延迟比较严重，此时要考虑将其延迟时间作为 Nagios 报警的选项参数，其具体工作步骤为：

1）主服务器把数据更新记录到二进制日志中。

2）从服务器把主服务器的二进制日志拷贝到自己的中继日志中，这个由从服务器的 I/O 线程负责。

3）从服务器执行中继日志，把其更新应用到自己的数据库上，这个由从服务器的 SQL 线程负责。

鉴于生产环境下对 MySQL 严谨性的要求，推荐采用 MySQL 源码编译的方法。以下内容曾在笔者的个人博客中阐述过，并且收到了许多热心网友中肯的意见，我根据大家的意见对此进行了五次修改，如果大家在工作中有相应的需求，可以参考。编译安装 MySQL 数据库之前，建议在服务器上安装基础库文件，命令如下：

```
yum -y install gcc gcc-c++ autoconf libjpeg libjpeg-devel libpng libpng-devel
    freetype freetype-devel libxml2 libxml2-devel zlib zlib-devel glibc glibc-
    devel glib2 glib2-devel bzip2 bzip2-devel ncurses ncurses-devel curl curl-
    devel e2fsprogs e2fsprogs-devel krb5 krb5-devel libidn libidn-devel openssl
    openssl-devel cmake
```

由于服务器采用的是最小化安装，建议大家也安装一下开发工具和开发库，防止源码编译安装 MySQL 时报错。另外，MySQL 从 5.5 版本开始，通过 ./configure 进行编译配置的方式已经被取消，取而代之的是 cmake 工具，因此，我们首先要在系统中源码编译安装 cmake 工具。

MySQL 数据库涉及的文件及对应目录如下所示：

- MySQL 的安装位置：/usr/local/mysql。
- MySQL 的配置配置文件：/etc /my.cnf。
- MySQL 数据库位置：/data/mysql/。

下面介绍一下工作环境，如下所示：

主数据库：192.168.1.205

从数据库：192.168.1.204

系统：CentOS 6.8 x86-64

MySQL 版本：mysql 5.5.40

服务器硬件环境：DELL PowerEdge R710

RAID10 磁盘情况：6 块 300G SAS300G

1）在 MySQL 官方网站（http://downloads.mysql.com/archives/community/）上下载 mysql 5.5.40 的源码包，在两台机器上分别安装，具体步骤如下。

生成 mysql 用户及用户组，命令如下所示：

```
groupadd mysql
useradd -g mysql mysql
mkdir -p /data/mysql
chown -R mysql:mysql /data/mysql
```

源码编译安装 mysql 5.5.40，命令如下所示：

```
cd /usr/local/src/
tar xvf mysql-5.5.40.tar.gz
cd mysql-5.5.40
cmake  -DCMAKE_INSTALL_PREFIX=/usr/local/mysql  -DMYSQL_DATADIR=/data/mysql
    -DDEFAULT_CHARSET=utf8  -DDEFAULT_COLLATION=utf8_unicode_ci  -DWITH_
    READLINE=1  -DWITH_SSL=system  -DWITH_EMBEDDED_SERVER=1  -DENABLED_LOCAL_
    INFILE=1  -DDEFAULT_COLLATION=utf8_general_ci  -DWITH_MYISAM_STORAGE_
    ENGINE=1  -DWITH_INNOBASE_STORAGE_ENGINE=1  -DWITH_DEBUG=0
make && make install && cd ../
```

2）对 mysql 进行权限配置，将 mysql 的数据安装路径设为 /data/mysql，并配置 mysql 为服务启动状态，步骤如下：

```
cd /usr/local/src/mysql-5.5.40
cp  ./support-files/my-huge.cnf /etc/my.cnf
cp  ./support-files/mysql.server /etc/init.d/mysqld
chmod +x /etc/init.d/mysqld
chown -R mysql:mysql /usr/local/mysql
```

这里暂时只用系统自带的 my-huge.cnf 作为 MySQL 数据库的配置文件，后期根据 MySQL 的 status 运行状态进行调优整理。

3）修改这两台服务器 MySQL 服务器下的 /etc/my.cnf 的 [mysqld] 项，在这个下面添加 mysql 运行时的数据存放路径，如下所示：

```
datadir=/data/mysql
```

4）在这两台服务器上分别运行如下初始化数据库命令，在 /data/mysql 下生成 MySQL 的初始化文件和初始库等，命令如下所示：

```
/usr/local/mysql/scripts/mysql_install_db  --user=mysql  --basedir=/usr/local/
    mysql  --datadir=/data/mysql
```

5）此时就可以顺利地以服务形式启动 MySQL 了，如下所示：

```
service mysqld start
```

我们将其配置为自启动状态，命令如下：

```
chkconfig mysqld on
```

配置完成后可用如下命令检查：

```
chkconfig --list mysqld
```

结果显示如下，表示上面的设定是成功的：

```
mysqld              0:off   1:off   2:on    3:on    4:on    5:on    6:off
```

6）我们将 MySQL 的执行路径添加进 PATH 环境变量，在 /etc/profile 最后一行添加如下内容：

```
export PATH=$PATH:/usr/local/mysql/bin
```

执行如下命令使其更改立即生效：

```
source /etc/profile
```

2. 主从复制同步的过程

下面将详细介绍主从复制同步的过程。

（1）设置主库

1）修改主库 my.cnf，主要是设置一个不一样的 server-id，以及要同步的数据库的名字。我们可以用 vim 编辑 /etc /my.cnf 文件，在 [mysqld] 段下增加如下内容：

```
server-id = 1
log-bin= binlog
binlog_format=mixed
```

从库 my.cnf 文件跟主库还是不一样的，具体改动如下：

```
server-id=2
log-bin= binlog
binlog_format=mixed
replicate_wild_do_table=adserver.%
replicate_wild_ignore_table=mysql.%
```

adserver 为要同步的数据库的名字，mysql 为不需要同步的数据库，这里为了避免发生跨库同步失败的问题，建议在从库里面这样配置。从库所在服务器的 server-id 修改为非 1 的数字即可，否则会在同步的过程中发现错误，主库所在的机器必须开启二进制日志，其日志格式为 mixed，而从库服务器没有要求必须开启二进制日志。

2）分别重启主从库服务器使修改的配置生效，命令如下：

```
service mysqld restart
```

3）登录主库：

```
mysql -u root -p
```

此处不输入密码即可进行，这是由于 MySQL 服务器是刚配置的，所以 MySQL 数据库的 root 密码暂时没有配置。为了安全起见，大家可以稍后再进行设置。

4）赋予从库权限账号，允许用户在主库上读取日志，命令如下：

```
mysql> grant replication slave on *.* to 'admin'@'192.168.11.27' identified by
    'admin@101';
```

replication slave 是一个基本必需的权限，它直接授予从机服务器以该账户连接主机可以执行 replication 操作的权限。为了安全起见，建议只为 admin 账户分配 replication slave 权限。

此操作完成以后，建议立即在从机上进行验证，如果成功显示 mysql 登录界面，表示设置成功，命令如下所示：

```
mysql -u admin -p -h 192.168.1.204
Enter password:
```

输入 admin 密码以后应该显示成功登陆的界面，如下所示：

```
Welcome to the MySQL monitor.  Commands end with ; or \g.
Your MySQL connection id is 9
Server version: 5.5.40-log Source distribution
Copyright (c) 2000, 2014, Oracle and/or its affiliates. All rights reserved.
Oracle is a registered trademark of Oracle Corporation and/or its
affiliates. Other names may be trademarks of their respective
owners.
Type 'help;' or '\h' for help. Type '\c' to clear the current input statement.
mysql>
```

这里有个知识点需要说明一下，MySQL 数据库的权限系统在实现上比较简单，相关权限信息主要存储在几个被称之为 grant tables 的系统表中，即：mysql.user、msyql.db、mysql.host、mysql.table_priv 和 mysql.columm_priv。由于权限信息的数据量比较小，访问又非常频繁，所以 MySQL 在启动的时候就会将所有的权限信息都加载到内存中，并保存在几个特定的结构里。这就使得每次手动修改了相关权限表之后，都需要执行 flush privileges 来通知 MySQL 重新加载 MySQL 的权限信息。当然，如果通过 grant、revoke 或 drop user 命令修改相关权限，则不需要手动执行 flush privileges 命令。

5）检查创建是否成功，命令结果如下所示（我们关注 user 名为 admin 的那行代码即可）：

```
mysql> select user,host from mysql.user;
+-------+---------------+
| user  | host          |
+-------+---------------+
| root  | 127.0.0.1     |
| admin | 192.168.1.205 |
| root  | ::1           |
|       | fabric        |
| root  | fabric        |
|       | localhost     |
```

```
| root   | localhost      |
+-------+---------------+
7 rows in set (0.01 sec)
```

6）锁主库表，命令如下所示（建议此终端不要退出，以免锁表失败）：

```
mysql> flush tables with read lock;
```

7）显示主库信息。

记录 File 和 Position，将会用到从库设置，命令如下：

```
mysql> show master status;
+------------------+----------+--------------+------------------+
| File             | Position | Binlog_Do_DB | Binlog_Ignore_DB |
+------------------+----------+--------------+------------------+
| mysql-bin.000004 |      106 | mydata       |                  |
+------------------+----------+--------------+------------------+
1 row in set (0.00 sec)
```

8）Slave 端机器获取 Master 端 MySQL 数据库的“快照”时有两种方法，第一种是锁表后直接用 tar 将原 Master 打包给 Slave 机器，这种情况适用于网站初始化，并且数据库比较单一时；如果是已在线了一段时间，并且机器上存在着不同的数据库，那么就不适合用 tar 打包了，比如数据库上面的生产数据库数据差不多有 9.8GB，321 张表，但有的数据库不需要同步，所以需要用别的方法来进行，比如 mysqldump，它可以单独对某个特定的数据库进行逻辑备份。下面笔者将重点讲解这种方法。

如果只需单独备份主机上的 mydata 数据库，可以用如下的方式：

```
mysqldump --master-data -u root -p adserver  > adserver.sql
```

另外，稍微解释一下 --master-data 参数的作用，mysqldump 程序的开发者给程序设计这项参数是为了帮助获取对应的 Log Position，添加了这个参数选项以后，mysqldump 会在 dump 文件中产生一条 CHANGE MASTER TO 命令，命令中记录了 dump 时刻对应的详细 Log Position 信息。

（2）设置从库

1）在主库上将 mydata.sql 传输给从机，推荐使用 rsync，如果是生产环境下的数据库，那么 rsync 尤其适合在服务器之间传输上百个 G 的生产数据库数据，命令如下：

```
rsync -vzrtopg adserver.sql root@192.168.1.205:/root/
```

2）登录从库，建立 mydata 数据库，命令如下：

```
mysql>create database adserver;
```

然后，退出 mysql 命令行，导入 mydata.sql 数据，命令如下：

```
mysql -u root -p adserver < /root/adserver.sql
```

3）解锁主库表，命令如下所示：

```
mysql> unlock tables;
```

4）在从库上设置同步。设置连接 MASTER MASTER_LOG_FILE 为主库的 File，MASTER_LOG_POS 为主库的 Position，命令如下所示：

```
mysql> slave stop;
mysql> change master to master_host='192.168.1.204',master_user='admin', master_
    password='admin@101',
master_log_file='mysql-bin.000004', master_log_pos=7323251;
mysql> slave start;
```

5）查看从库的 status 状态，命令如下所示：

```
mysql>show slave status\G;
```

结果如下所示：

```
*************************** 1. row ***************************
               Slave_IO_State: Waiting for master to send event
                  Master_Host: 192.168.1.204
                  Master_User: admin
                  Master_Port: 3306
                Connect_Retry: 60
              Master_Log_File: mysql-bin.000004
          Read_Master_Log_Pos: 7323251
               Relay_Log_File: localhost-relay-bin.000002
                Relay_Log_Pos: 253
        Relay_Master_Log_File: mysql-bin.000004
             Slave_IO_Running: Yes
            Slave_SQL_Running: Yes
              Replicate_Do_DB:
          Replicate_Ignore_DB:
           Replicate_Do_Table:
       Replicate_Ignore_Table:
      Replicate_Wild_Do_Table: adserver.%
  Replicate_Wild_Ignore_Table: mysql.%
                   Last_Errno: 0
                   Last_Error:
                 Skip_Counter: 0
          Exec_Master_Log_Pos: 7323251
              Relay_Log_Space: 413
              Until_Condition: None
               Until_Log_File:
                Until_Log_Pos: 0
           Master_SSL_Allowed: No
           Master_SSL_CA_File:
           Master_SSL_CA_Path:
              Master_SSL_Cert:
            Master_SSL_Cipher:
               Master_SSL_Key:
        Seconds_Behind_Master: 0
Master_SSL_Verify_Server_Cert: No
```

```
                 Last_IO_Errno: 0
                 Last_IO_Error:
                Last_SQL_Errno: 0
                Last_SQL_Error:
  Replicate_Ignore_Server_Ids:
              Master_Server_Id: 1
1 row in set (0.00 sec)

ERROR:
No query specified
```

注意图中两部分的显示内容：Slave_IO_Running: Yes（网络正常）；Slave_SQL_Running: Yes（表结构正常）。根据 MySQL 主从同步的原理，这两个部分必须都为 YES（正常）才表示同步是成功的，此外，我们还要注意 Seconds_Behind_Master 这个选项，它表示主从同步延迟时间，在一些对数据即时性要求高的生产场景，这个选项应该也要引起我们的重视。

6）进行一些测试工作。在主库上的 adserver 数据上建立名为 yuhongchun 的表，如下所示：

```
mysql> CREATE TABLE `yuhongchun` (
`id` INT(5 ) UNSIGNED NOT NULL AUTO_INCREMENT ,
`username` VARCHAR(20) NOT NULL ,
`password` CHAR(32) NOT NULL ,
`time` DATETIME NOT NULL ,
`number` FLOAT(10) NOT NULL ,
`content` TEXT NOT NULL ,
PRIMARY KEY (`id`)
) ENGINE = MYISAM ;
```

在从机中马上可以看到，mydata 数据库下产生了名为 yuhongchun 的表，只不过目前表记录为空，另外，我们观察下从机的中继日志，可以使用如下命令：

```
mysqlbinlog localhost-relay-bin.000002
```

结果显示如下：

```
/*!50530 SET @@SESSION.PSEUDO_SLAVE_MODE=1*/;
/*!40019 SET @@session.max_insert_delayed_threads=0*/;
/*!50003 SET @OLD_COMPLETION_TYPE=@@COMPLETION_TYPE,COMPLETION_TYPE=0*/;
DELIMITER /*!*/;
# at 4
#150707  4:16:16 server id 2  end_log_pos 107        Start: binlog v 4, server v 5.5.40-
 log created 150707  4:16:16
BINLOG '
0IqbVQ8CAAAAZwAAAGsAAAAAAAQANS41LjQwLWxvZwAAAAAAAAAAAAAAAAAAAAAAAAAAAAAAAA
AAAAAAAAAAAAAAAAAAAAAAAAEzgNAAgAEgAEBAQEEgAAVAAEGggAAAAICAgCAA==
'/*!*/;
# at 107
#691231 19:00:00 server id 1  end_log_pos 0        Rotate to mysql-bin.000004   pos:
 7323251
# at 150
```

```
#150707  3:11:08 server id 1  end_log_pos 0 Start: binlog v 4, server v 5.5.40-log
 created 150707  3:11:08
BINLOG '
jHubVQ8BAAAAZwAAAAAAAAAAAAAQANS41LjQwLWxvZwAAAAAAAAAAAAAAAAAAAAAAAAAAAAAAAAAA
AAAAAAAAAAAAAAAAAAAAAAAAAEzgNAAgAEgAEBAQEEgAAVAAEGggAAAAICAgCAA==
'/*!*/;
# at 253
#150707  4:20:17 server id 1  end_log_pos 7323578        Query   thread_id=12
 exec_time=0   error_code=0
use `adserver`/*!*/;
SET TIMESTAMP=1436257217/*!*/;
SET @@session.pseudo_thread_id=12/*!*/;
SET @@session.foreign_key_checks=1, @@session.sql_auto_is_null=0, @@session.
     unique_checks=1, @@session.autocommit=1/*!*/;
SET @@session.sql_mode=0/*!*/;
SET @@session.auto_increment_increment=1, @@session.auto_increment_offset=1/*!*/;
/*!\C utf8 *//*!*/;
SET @@session.character_set_client=33,@@session.collation_connection=33,@@session.
     collation_server=33/*!*/;
SET @@session.lc_time_names=0/*!*/;
SET @@session.collation_database=DEFAULT/*!*/;
CREATE TABLE `yuhongchun` (
`id` INT(5 ) UNSIGNED NOT NULL AUTO_INCREMENT ,
`username` VARCHAR(20) NOT NULL ,
`password` CHAR(32) NOT NULL ,
`time` DATETIME NOT NULL ,
`number` FLOAT(10) NOT NULL ,
`content` TEXT NOT NULL ,
PRIMARY KEY (`id`)
) ENGINE = MYISAM
/*!*/;
DELIMITER ;
# End of log file
ROLLBACK /* added by mysqlbinlog */;
/*!50003 SET COMPLETION_TYPE=@OLD_COMPLETION_TYPE*/;
/*!50530 SET @@SESSION.PSEUDO_SLAVE_MODE=0*/;
```

这表明主从同步复制是成功的，MySQL 主从 Replication 复制非常快，在保证网络的前提下，小数据的改变几乎感觉不到延迟（但还是属于异步同步），通常在 Master 端改动以后，Slave 端也会立即改动，这种模式非常适合那种对延时性要求很低的工作环境，比如线上的 BBS 论坛。如果是电子商务网站，由于对数据的即时性要求很高，建议不用读写分离方案，即所有的读写操作均在主机上实现，从机只是作为主机的备份。

（3）MySQL 主从复制同步心得

笔者近期将公司的 MySQL 架构调整了一下，由原先的一主多从换成了 DRBD+Heartbeat 双主多从，正好手上也有一个电子商务网站新项目准备上线，用的是 DRBD+Heartbeat 双主一从，由于此过程还是有别于以前的 MyISAM 引擎的主从复制，所以这里也将其心得归纳总结了一下：

1）在 3 条交叉线作为心跳线的前提下，Heartbeat 的表现相当不错，它是极其稳定的，不会出现大家担心的“脑裂”问题。

2）MySQL 的 replication 过程是一个异步同步的过程，并非完全的主从同步，所以同步的过程中有延迟，如果做了读写分离的业务，建议要用 Nagios 监控此延迟时间。

3）MySQL 的 master 与 slave 机器要记得 server-id 保持不一致，如果一样，replication 过程中会出现如下报错：

```
Fatal error: The slave I/O thread stops because master and slavehave equal MySQL
    server ids; these ids must be different for replication to work(or the
    --replicate-same-server-id option must be used on slave but this doesnot
    always make sense; please check the manual before using it).
```

这个问题很好处理，即将 slave 机的 server-id 修改成跟 master 机器不一致即可。

4）笔者以前有一个关于 MySQL 主从复制的误区：slave 机器是用自己的二进制日志完成 replication 过程，其实并非这样，根据复制的工作原理，slave 服务器是 copy 主服务器的二进制日志到自己的中继日志，即 relay-log 日志（即 centos3-relay-bin.000002 这种名字）中，然后再把更新应用用到自己的数据库上，所以 slave 机器不需要开启二进制日志，过程一样会成功。除非是准备做主架构，才需要 slave 机器开启二进制日志，这个问题的正确性也很好验证，大家可以关闭从机的二进制日志，然后依照上面的步骤进行操作，查看 MySQL 主从复制能否正常进行。

5）在 master 主机上授权时，尽量只给某一个或某几个固定机器权限，让它们只有 replication slave 权限，尽量不要给予过高权限。另外，虽然数据库一般是通过内网操作，但越是在内网对 MySQL 数据库进行授权操作，越要注意安全。

6）按照正常流程搭建 MySQL 主从复制的话，很容易实施成功，如果出错，多检查网络环境及权限问题。

在数据库设计初期，笔者已经将此电子商务的数据库引擎设计定义为 InnoDB，除了数据库中原有的系统表之外，其他表全部由 MyISAM 转为 InnoDB，原因如下：

1）电子商务业务会涉及交易付款，在这种基本 OLTP 的应用中，InnoDB 应该作为核心应用表的首选存储引擎（它支持事务，并符合 ACID 特性）。

2）DRBD 系统的重启过程比较缓慢，会频繁读表，如果表引擎为 MyISAM，极有可能出现损坏情况。为了避免造成不必要的问题，笔者将数据库的表引擎由 MyISAM 全部转成了 InnoDB 引擎的表，但是在与开发组的同事进行工作交接和技术交流时，仍发现不少开发组的同事在建表时忽略了此问题，所以后期自己动手编写了一段 SHELL 代码，定期检查和自动更新。

（4）工作中遇到的主从复制的问题

熟悉 MySQL 主从复制架构的朋友应该对一些常见的错误十分熟悉，主要就是网络、权限、iptables 和 SELinux 等的问题，平时注意检查这些问题，处理起来就不会很困难。由于 MySQL 主从服务器一般放在内网环境里，记得在内网环境内关闭 iptables 和 SELinux，注意 Slave_IO_Running 和 Slave_SQL_Running 的状态必须确保为 YES，另外也要注意从机的

Seconds_Behind_Master 值。

1）主从 replication 复制时遇到了 1062 报错。

工作中搭建 replication 环境时遇到了 1062 报错，详细过程如下：

初期参考 MySQL 手册操作，取 Master 主机的快照备份，用的是 --single-transaction 选项，然后同步过程频繁 1062 报错，报错日志如下：

Last_SQL_Error: Error 'Duplicate entry 'd36ad91bff36308de540bbd9ae6f4279' for key 'PRIMARY'' on query. Default database: 'mypharma'. Query: 'INSERT INTO `lee_sessions` (`session_id`, `ip_address`, `user_agent`, `last_activity`, `user_data`) VALUES ('d36ad91bff36308de540bbd9ae6f4279', '180.153.201.218', 'Mozilla/4.0', 1353394206, '')'。

随后改变思路，用 --master-data 选项获取主 master 快照备份，命令如下所示：

```
mysqldump -uroot --quick --flush-logs --master-data=1 -p myproject > myproject.sql
```

--master-data 的用法为：通过此参数获备份 SQL 文件时会建议一个 slave replication，当其值为 1 时，SQL 文件中会记录 change master 语句；当其值为 2 时，change master 会被写成 SQL 注释。--master-data 在没有使用 --single-transaction 选项的情况下会自动使用 lock-all-tables 选项（即这两个选项不要搭配使用）。

如何查找 SQL 中的 LOG_FILE 及 LOG_POS 呢？可以使用如下命令（请注意 change 单词为大写）：

```
grep "CHANGE " myproject.sql
```

此命令结果如下所示：

```
CHANGE MASTER TO MASTER_LOG_FILE='mysql-bin.000008', MASTER_LOG_POS=106;
```

接下来的 replication 过程就不详细说明了，同步完成后经过一段时间的观察，再也没有发生 1062 报错，如下所示：

```
mysql> show slave status \G;
*************************** 1. row ***************************
               Slave_IO_State: Waiting for master to send event
                  Master_Host: 192.168.11.174
                  Master_User: rep1
                  Master_Port: 3306
                Connect_Retry: 60
              Master_Log_File: mysql-bin.000008
          Read_Master_Log_Pos: 27880
               Relay_Log_File: centos3-relay-bin.000002
                Relay_Log_Pos: 28025
        Relay_Master_Log_File: mysql-bin.000008
             Slave_IO_Running: Yes
            Slave_SQL_Running: Yes
              Replicate_Do_DB:
          Replicate_Ignore_DB:
           Replicate_Do_Table:
       Replicate_Ignore_Table:
```

```
         Replicate_Wild_Do_Table:
     Replicate_Wild_Ignore_Table:
                      Last_Errno: 0
                      Last_Error:
                    Skip_Counter: 0
             Exec_Master_Log_Pos: 27880
                 Relay_Log_Space: 28182
                 Until_Condition: None
                  Until_Log_File:
                   Until_Log_Pos: 0
              Master_SSL_Allowed: No
              Master_SSL_CA_File:
              Master_SSL_CA_Path:
                 Master_SSL_Cert:
               Master_SSL_Cipher:
                  Master_SSL_Key:
           Seconds_Behind_Master: 0
   Master_SSL_Verify_Server_Cert: No
                   Last_IO_Errno: 0
                   Last_IO_Error:
                  Last_SQL_Errno: 0
                  Last_SQL_Error:
1 row in set (0.00 sec)
```

以前的项目也较多牵涉了 InnoDB 引擎数据库的备份及主从复制，常用做法是停库进行主从复制，虽然这也是解决问题的一种方法，但毕竟属于停机维护，在一些特殊应用场景中是不允许的，我们应该多尝试采用 mysqldump 这种逻辑备份方式来取 master 主机快照。

目前还在测试 Eext3 和 Ext4 文件系统对数据库的影响，感觉 MySQL 性能优化不大，反而，SSD 固态硬盘对于提升磁盘 I/O 方面的影响较大，如果大家对 MySQL 的磁盘 I/O 性能比较看重，建议上 SSD 固态硬盘。

2）主从同步遇到的外键问题。

公司的电子商务网站 MySQL 主从同步遇到的外键问题如下：

```
120307 14:44:50 [ERROR] Slave: Error 'Cannot add or update a child row: a foreign
    key constraint fails (`offer99/fulfillment`, CONSTRAINT `fulfillment_
    ibfk_1` FOREIGN KEY (`offer_id`) REFERENCES `offer` (`offer_id`))' on query.
    Default database: 'offer99'. Query: 'INSERT INTO fulfillment (account_
    id,product_id,f_record_ts,fulfilled_ts,transaction_id,statuscode,gross_rev_
    in,gross_rev_out,merch_rev,net_rev,vc_points,vc_exchange_rate,offer_id,tab_
    name,advertising) VALUES ('9496896','613','2012-03-07 09:33:46','2012-
    03-07 09:30:02','10139126','1','20.00','12.00','12.00','8','120000',
    '10000.00','663','-1','1')', Error_code: 1452
```

主从同步时又遇到了外键的问题，起初笔者以为是外键约束的问题，在这上面浪费了不少时间。注意，千万不要盲目地删除外键，这会导致在以后的 MySQL 主从同步维护工作中后患无穷，是个治标不治本的方法。这个时候更应该静下心来处理这个问题，笔者仔细检查了两边数据库的 fulfillment 和 offer 表，发现两边的 offer 表数据不一致，特别是从数据库差了 3 条数据，那么我们如何从几万条数据中找到究竟是差了哪 3 条数据呢？

这里可以用 select into outfile 的方法导出两边 offer 表的数据，保存为 txt 文件，然后用 Linux 下的 diff 命令比较（相信大家很熟悉 SVN 的 merge 问题），这样就能很快找出差的数据的 offer_id 值，然后可以在图形化工具 SQLyog 中将主机上的这三条记录用如下命令导出，保存为 SQL 格式导进从机，然后在从机上重新执行 slave start 命令进行同步，至此，故障排除。

```
SELECT * FROM offer WHERE offer_id IN (658,663,694)
```

3）非表结构不同导致的从机更新失败。

根据 MySQL 官方文档，如果碰到错误的 SQL 执行语句，故障的表象是 Slave 不会去同步主库，所以要手工让这个语句不去执行，跳 N 个事件步骤后处理下一个事件，而这个跳过去的事件对数据完整性没什么影响。一般设置 SET GLOBAL sql_slave_skip_counter = 1 就可以过去了，如果过不去，就要具体判断要跳多少步才能正确了。

这里提供一个具体案例供大家参考，我们本来在从机上安装了 bugfree 数据库，结果笔者不小心在主数据库上也安装了 bugfree 数据库，此时从机上不能再创建 bugfree 数据库，直接导致 replication 同步失败。这个时候可以用 set global sql_slave_skip_counter = N 忽略这个操作（N 值取决于在主机建 bugfree 库和表的值），让数据库主从同步正常。

4）主机硬件故障，如何切换主从服务器（一主多从）。

某次笔者早上一来就发现公司的网站打不开了，初步断定是主数据库出了问题，发现 SSH 无法登录，此时紧急联系机房人员让他们帮忙重启，发现居然无法重启，他们断定是服务器硬件出了问题。这时候需要紧急将从机提升为主服务器，应该如何操作呢？按照如下步骤进行：

（a）用 stop slave IO_THREAD 命令在从机上停掉 IO_Thread 进程，确保从机上没有在同步的 SQL 语句，即出现 Has read all relay log 语句字样。

（b）在从数据库上执行 stop slave 停止从机服务，然后 reset master 将其设置成主数据库。

（c）在从机上将原有的主机 IP 地址更换为此机器（现在为 master 主数据库）地址。

（d）删除新的主数据库服务器的 master.info 和 relay-log.info 文件，防止它下次重启时还会按照从机启动。

MySQL 主从 Replication 复制非常快，加上我们一般将其同时置于同一交换机，所以网络方面的影响非常小，小数据量的改变几乎感觉不到延迟（但还是属于异步同步），通常在 Master 端改动以后，Slave 端也会立即改动，非常方便。不过，使用 MySQL 的 Replication 也有它的弊端，如果 Master 端有误操作的话，Slave 也会误操作，这样的话会非常麻烦。所以，如果是作为备份机使用的话，我们应该采取延时 Replication 的方法，通常是延迟一天，这种工作需求大家可以自行研究。

6.3 小结

在网站维护后期，MySQL 数据库可以说是影响整个项目或网站最大的因素，也可以说是网站的瓶颈所在，压力都直接在 MySQL 数据库上，所以建议大家在设计好数据库的架构、调整好数据库的参数后，多将精力放在 SQL 语句的调优上，在设计 MySQL 高可用架构上也要多花心思，思考是否增加高性能的 redis 数据库缓存，数据库层面是否做读写分离来提高数据库服务器性能等。在平常的系统运维工作中，我们也应该多多关注数据库方面，这样对自己的系统运维 / 架构设计职业生涯大有益处。

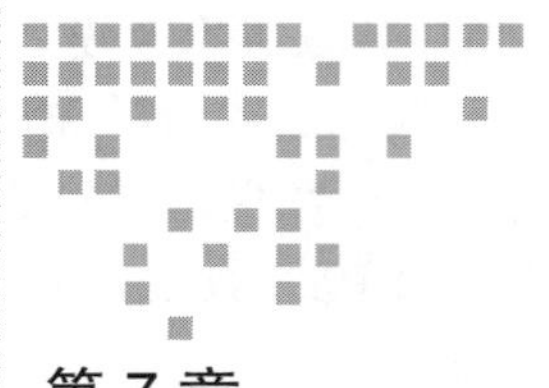

Chapter 7 第 7 章

Linux 防火墙介绍

本章首先会向大家介绍 Linux 下的防火墙（即 iptables，下面的内容简称其为 iptables）的详细使用方法，然后介绍 Linux 服务器下的安全防护手段。初学 Linux 防火墙的读者可能会觉得 iptables 语法复杂，又在纯字符下操作，不容易学习。事实上只要掌握正确的方法，严格按照 iptables 的语法规则执行，循序渐进，上手也是件很容易的事情。学习 iptables 跟学习英语一样，都有语法和规律可言，建议大家参考笔者所提供的 iptables 学习脚本和 iptables 线上脚本一起学习，相信在了解 iptables 的语法规则后，很快就可以掌握 iptables 的用法了。

7.1 基础网络知识

这一节将向大家介绍几个关于网络的知识点，理解这些基础点，会对以后学习 Linux 防火墙 iptables 的工作流程很有帮助。

7.1.1 OSI 网络参考模型

OSI（Open System Interconnection）模型表示一种层次型的网络架构。该模型共有七层，每一层都提供了其独特功能，如图 7-1 所示。

图 7-1 OSI 模型的七层参考模型

各层作用的具体说明如下。

- 物理层：主要定义物理设备标准，如网线的接口类型、光线的接口类型、各种传输介质的传输速率等。它的主要作用是传输比特流（即由 1、0 转化为电流强弱来进行传输，到达目的地后再转化为 1、0，也就是我们常说的模数转换与数模转换）。这一层的数据叫做比特，网卡在此层工作。一般物理层较少关心网络入侵分析，更关注于保证设备的电缆安全。

- **数据链路层**：主要将从物理层接收的数据进行 MAC 地址（网卡的地址）的封装与解封装。我们常把这一层的数据称为帧。在这一层工作的设备是交换机，数据通过交换机进行传输（三层交换机不在此层工作）。
- **网络层**：主要用于将从下层接收到的数据进行 IP 地址（例如 192.168.0.1/24）的封装与解封装。在这一层工作的设备是路由器，我们常把这一层的数据称为数据包。
- **传输层**：定义了一些传输数据的协议和端口号（如 www 端口 80 等），比如：TCP（传输控制协议，传输效率低，可靠性强，用于传输可靠性要求高且数据量大的数据）和 UDP（用户数据报协议，与 TCP 的特性恰恰相反，传输的是可靠性要求不高且数据量小的数据，如 QQ 聊天数据等）等。主要是将从下层接收的数据进行分段传输，到达目的地址后再重组。我们常把这一层的数据称为段。
- **会话层**：通过传输层（端口号：传输端口与接收端口）建立数据传输的通路。主要是在系统之间发起会话或接受会话请求（设备之间可通过 IP，也可通过 MAC 或主机名相互认识）。
- **表示层**：主要是对接收的数据进行解释、加密与解密、压缩与解压缩等操作（也就是把计算机能够识别的东西转换成人能够能识别的东西，比如图片、声音等）。
- **应用层**：主要是一些终端的应用，如 FTP（文件下载）、Web（IE 浏览）、QQ 等（把它理解成我们在电脑屏幕上可以看到的东西即可，也就是终端应用），也可以说应用层就是负责向用户或应用程序显示数据的。

7.1.2 TCP/IP 三次握手的过程详解

下面为大家介绍 TCP/IP 三次握手 / 四次挥手的详细过程。

1. 建立连接协议（三次握手）

TCP/IP 三次握手的详细过程如下：

1）客户端发送一个带 SYN 标志的 TCP 报文到服务器。这是三次握手过程中的报文 1。

2）服务器端回应客户端的是三次握手中的第 2 个报文。这个报文同时带 ACK 标志和 SYN 标志，它表示对刚才客户端 SYN 报文的回应，同时又将标志 SYN 传给客户端，询问客户端是否准备好进行数据通信。

3）客户必须再次回应服务段一个 ACK 报文，这是报文 3。

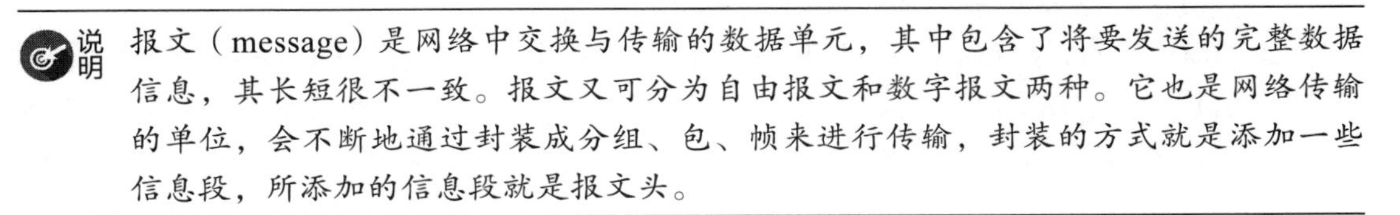

说明 报文（message）是网络中交换与传输的数据单元，其中包含了将要发送的完整数据信息，其长短很不一致。报文又可分为自由报文和数字报文两种。它也是网络传输的单位，会不断地通过封装成分组、包、帧来进行传输，封装的方式就是添加一些信息段，所添加的信息段就是报文头。

2. 连接终止协议（四次挥手）

由于 TCP 连接是全双工的，因此每个方向都必须单独进行关闭。原则上是当一方完成它的数据发送任务时就发送一个 FIN 来终止这个方向的连接。收到一个 FIN 只意味着这一方向上没有数据流动了，一个 TCP 连接在收到一个 FIN 后仍能发送数据。首先关闭的一方将执行主动关闭，而另一方则执行被动关闭。具体步骤如下：

1）TCP 客户端发送一个 FIN，用于关闭客户到服务器的数据传送（报文 4）。

2）服务器收到这个 FIN，它发回一个 ACK，确认序号为收到的序号加 1（报文 5）。和 SYN 一样，一个 FIN 将占用一个序号。

3）服务器关闭客户端的连接，发送一个 FIN 给客户端（报文 6）。

4）客户段发回 ACK 报文确认，并将确认序号设置为收到的序号加 1（报文 7）。

在 TCP 三次握手 / 四次挥手的过程中存在着多种 TCP 连接状态，如下。

- CLOSED：这个没什么好说的了，表示初始状态。
- LISTEN：这也是非常容易理解的一个状态，表示服务器端的某个 SOCKET 处于监听状态，可以接受连接了。
- SYN_RCVD：这个状态表示接收到了 SYN 报文，在正常情况下，这个状态是服务器端的 SOCKET 在建立 TCP 连接时的三次握手会话过程中的一个中间状态，很短暂，基本上用 netstat 命令很难看到这种状态，除非特意写了一个客户端测试程序，故意将三次 TCP 握手过程中最后一个 ACK 报文不予发送。在这种情况下，当收到客户端的 ACK 报文时，它会进入到 ESTABLISHED 状态。
- SYN_SENT：这个状态与 SYN_RCVD 互相呼应，当客户端 SOCKET 执行 CONNECT 连接时，它首先会发送 SYN 报文，随即进入 SYN_SENT 状态，并等待服务端发送三次握手中的第 2 个报文。SYN_SENT 状态表示客户端已发送 SYN 报文。
- ESTABLISHED：这个容易理解，表示连接已经建立了。
- FIN_WAIT_1：这个状态要好好解释一下，其实 FIN_WAIT_1 和 FIN_WAIT_2 状态的真正含义都是表示等待对方的 FIN 报文。而这两种状态的区别是，FIN_WAIT_1 状态实际上是当 SOCKET 在 ESTABLISHED 状态时，它想主动关闭连接，于是向对方发送了 FIN 报文，然后该 SOCKET 就进入到 FIN_WAIT_1 状态了。而在对方回应 ACK 报文后，则进入 FIN_WAIT_2 状态，当然在实际的正常情况下，无论对方处于何种情况下，都应该马上回应 ACK 报文，所以一般比较难见到 FIN_WAIT_1 状态，而 FIN_WAIT_2 状态常常可以用 netstat 看到。
- FIN_WAIT_2：上面已经详细解释了这种状态，实际上 FIN_WAIT_2 状态下的 SOCKET 表示半连接，即有一方要求 close 连接，同时还会告诉对方，我暂时还有点数据需要传送给你，稍后再关闭连接。
- TIME_WAIT：表示收到了对方的 FIN 报文，并发送出了 ACK 报文，就等 2MSL 后回到 CLOSED 可用状态。如果 FIN_WAIT_1 状态下，收到了对方同时带 FIN 标志和 ACK 标志的报文，可以直接进入到 TIME_WAIT 状态，而无须经过 FIN_

WAIT_2 状态。

- CLOSING：这种状态比较特殊，在实际应用中很少见，属于一种比较罕见的例外状态。正常情况下，当你发送 FIN 报文时，按理来说应该先收到（或同时收到）对方的 ACK 报文，再收到对方的 FIN 报文。但是 CLOSING 状态表示你发送 FIN 报文后，并没有收到对方的 ACK 报文，而是收到了对方的 FIN 报文。在什么情况下会出现此状况呢？如果双方几乎在同时 close 一个 SOCKET，那么就会出现双方同时发送 FIN 报文的情况，也会出现 CLOSING 状态，表示双方都正在关闭 SOCKET 连接。
- CLOSE_WAIT：这种状态的含义其实是表示正在等待关闭。当对方 close 一个 SOCKET 后发送 FIN 报文给自己，系统毫无疑问会回应一个 ACK 报文给对方，此时则进入到 CLOSE_WAIT 状态。实际上接下来你真正需要考虑的事情是，查看你是否还有数据要发送给对方，如果没有的话，那么你就可以 CLOSE 这个 Socket，发送 FIN 报文给对方，即关闭连接。所以在 CLOSE_WAIT 状态下，你需要完成的事情是等待，然后关闭连接。
- LAST_ACK：这个状态还是比较好理解的，它是被动关闭的一方在发送 FIN 报文后，最后等待对方的 ACK 报文。当收到 ACK 报文时，就表示可以进入 CLOSED 可用状态了。

现在，请大家思考一个问题：为什么 TIME_WAIT 状态还需要等 2MSL（报文最大生存时间）后才能返回到 CLOSED 状态？

答案是虽然双方都同意关闭连接了，而且握手的 4 个报文也都协调发送完毕，按理可以直接回到 CLOSED 状态（就好比从 SYN_SEND 状态到 ESTABLISH 状态），但是因为我们必须要假想网络是不可靠的，你无法保证最后发送的 ACK 报文一定会被对方收到，比如对方处于 LAST_ACK 状态下的 SOCKET 可能会因为超时未收到 ACK 报文，此时就需要重发 FIN 报文了，所以这个 TIME_WAIT 状态的作用就是用于重发可能丢失的 ACK 报文。

希望下面的流程图能够帮助大家理解这个过程，如图 7-2 所示。

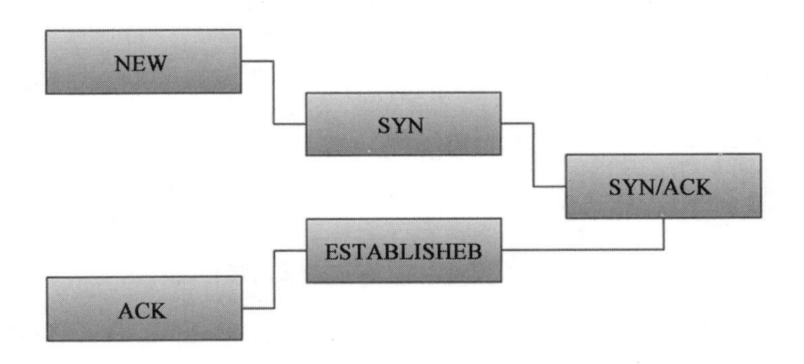

图 7-2　TCP/IP 三次握手流程图（顺序为 NEW→SYN/ACK→ACK）

7.1.3　Socket 应用

随着 TCP/IP 协议的使用，Socket（套接字）也越来越频繁地被使用在网络应用程序的构建中。实际上，Socket 编程已经成为了网络中传送和接收数据的首选方法。套接字相当于应用程序访问下层网络服务的接口，使用套接字，可以让不同的主机之间可以进行通信，从而实现数据交换。Socket 通信则用于在双方建立起连接后直接进行数据的传输，还可以在连接时实现信息的主动推送，而不需要每次由客户端向服务器发送请求。Socket 的主要特点包括数据丢失率低、使用简单且易于移植等。

套接字在工作的时候会将连接的对端分成服务器端和客户端，服务器程序将在一个众所周知的端口上监听服务请求，换而言之，服务进程始终是存在的，直到有客户端的访问请求唤醒服务器进程，此时，服务器进程会和客户端进程之间进行通信，交换数据。Socket 服务器端和客户端通信的流程图如图 7-3 所示。

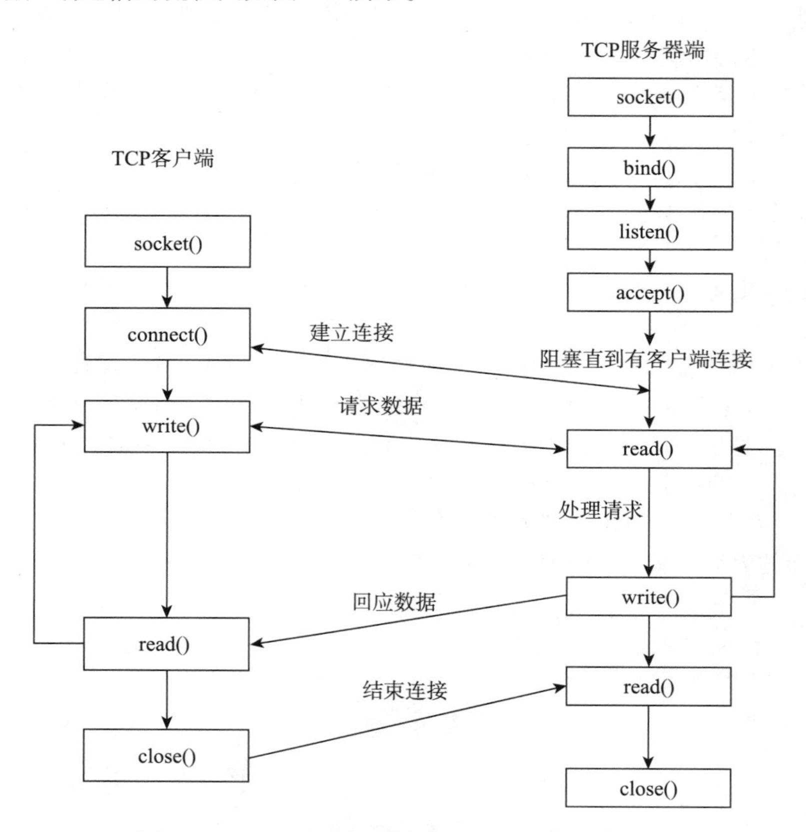

图 7-3　Socket 服务器端和客户端通信过程流程图

有兴趣的朋友可以研究下现在流行的开源翻墙软件 Shadowsocks，以此来加深 socket 服务器端和客户端的通信流程。Shadowsocks 是一个安全的 socks5 代理，用于保护网络流量，也是一个开源项目。通过客户端以指定的密码、加密方式和端口连接服务器成功连接到服务器后，客户端在用户的电脑上构建一个本地 socks5 代理，使用时将流量分到本地 socks5 代理，客户端将自动加密并转发流量到服务器，服务器以同样的加密方式将流量回传给客户端，以此实现代理上网。

7.1.4 其他基础网络知识

希望大家也能够了解和掌握其他关于网络的基础知识，比如子网划分、UDP 的连接原理、硬件防火墙的工作模式等。如果确实对网络这块不熟悉，建议先预习下 CCNA 的基础知识和概念，这对于我们掌握接下来的 Linux 防火墙知识还是很有帮助的。无论读者从事的是系统工作还是 DevOps 开发工作，基础的网络知识都是必不可少的，推荐大家有时间阅读一下 CCNA 的基础网络知识，限于篇幅，本书就不做详细说明了。

7.2 Linux 防火墙的状态机制

iptables 的最大优点是它可以配置有状态的防火墙，这是 ipfwadm 和 ipchains 等工具都无法提供的一种重要功能。状态机制是 iptables 中较为特殊的一部分，这也是 iptables 和之前的工具比较大的区别之一，运行状态机制（连接跟踪）的防火墙称作带有状态机制的防火墙，以下简称为状态防火墙。状态防火墙比非状态防火墙更安全，因为它允许我们编写更严密的规则。

有状态的防火墙能够指定并记住为发送或接收信息包所建立的连接状态。防火墙可以从信息包的连接跟踪状态获得该信息。在决定过滤新的信息包时，防火墙所使用的这些状态信息可以增加其效率和速度。这里有四种有效状态，分别为 ESTABLISHED、INVALID、NEW 和 RELATED，详细介绍如下：

- ESTABLISHED 指出该信息包属于已建立的连接，该连接一直用于发送和接收信息包并且完全有效。
- INVALID 指出该信息包与任何已知的流或连接都不关联，它可能包含错误的数据或头。
- NEW 意味着该信息包已经或即将启动新的连接，或者它与尚未用于发送和接收信息包的连接相关联。
- RELATED 表示该信息包正在启动新连接，以及它与已建立的连接相关联。由于 iptables 的状态在 iptables 脚本里用得比较多，将会在后面的章节中详细介绍说明。

iptables 的另一个重要优点是，它可以使用户完全控制防火墙的配置和信息包过滤，可以通过定制规则来满足自己的特定需求，从而只允许自己想要的网络流量进入系统。

另外，iptables 是免费的，它可以代替昂贵的防火墙解决方案。

7.3 Linux 防火墙在企业中的应用

Linux 防火墙（即 Netfilter/Iptables IP 过滤系统）在企业中应用非常广泛，那么，它究竟应用在哪些方面呢？

- 对于 IDC 机房的服务器，可以用 Linux 防火墙代替硬件机防火墙，由于 IDC 机房的机器一般没有硬件防火墙，用开源免费的 iptables 是一个性价比较高的选择；
- 利用 iptables 作为企业的 NAT 路由器，从而代替传统的路由器供企业内部员工上网，Linux 防火墙在节约成本和有效控制上也有它独有的优势。
- 端口转发的作用，比如说要访问某台应用服务器的 80 端口，但通过 iptables 的端口转发，可以让其转发到别的机器的 8080 端口。
- 结合 Squid 作为企业内部上网的透明代理。传统的代理需要在浏览器里配置代理服务器信息，而 iptables 结合 Squid 的透明代理可以把客户端的请求重定向到代理服务器的端口，让客户端感觉不到代理的存在，当然，客户端也无须做任何代理设置。
- 用于外网 IP 向内网 IP 映射。假设有一家 ISP 提供园区 Internet 接入服务，为了方便管理，该 ISP 分配给园区用户的 IP 地址都是内网 IP，但是部分用户要求建立自己的 Web 服务器对外发布信息，此时，可以在防火墙的外部网卡上绑定多个合法 IP 地址，然后通过 IP 映射使发给其中某一个 IP 地址的包转发至内部用户的 Web 服务器上，这样内部的 Web 服务器也可以对外提供服务了，这种形式的 NAT 一般称为 DNAT，在后面的集群架构环节，经常将负载均衡器的内网 VIP 的 80 和 443 端口通过防火墙映射成公网 IP 的 80 和 443 端口，这也是 DNAT 的实现形式之一。
- 防止轻量级的 DOS 攻击，比如 ping 攻击及 SYN 洪水攻击。我们利用 iptables 实现相关安全策略还是很有效果的。

7.4 Linux 防火墙的语法

对于数据报而言，有以下几个流向：

- PREROUTING→FORWARD→POSTROUTING
- PREROUTING→INPUT→本机 OUTPUT→POSTROUTING

大家可能会发现，数据报的两种主要流向其实也是后面 iptables 的两种工作模式：一种是用做 NAT 路由器，另一种是用做主机防火墙，所以要对应地在 iptables 的规则链上做文章（工作中多用后面一种，大家也可以将学习的重心放在这上面）。更为详细的 iptables 数据流入和流出流程，建议参考图 7-4。

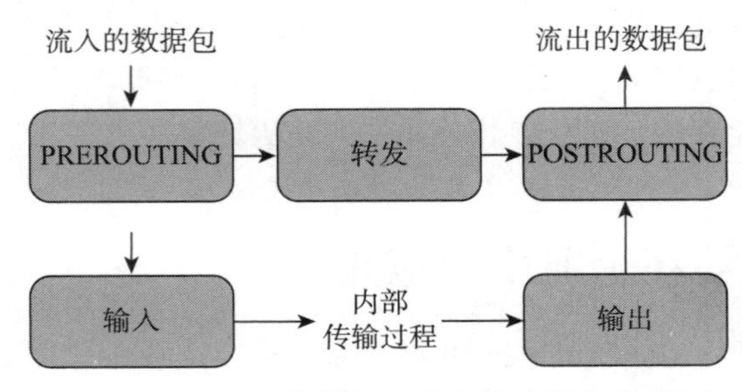

图 7-4　iptables 数据包流入和流出详细流程图

iptables 会根据不同的数据包处理功能使用不同的规则表。它包括如下三个表：filter、nat 和 mangle。

- filter 是默认的表，包含真正的防火墙过滤规则。内建的规则链包括：INPUT、OUTPUT 和 FORWARD。
- nat 表包含源地址、目的地址及端口转换使用的规则，内建的规则链包括 PERROUTING、OUTPUT 和 POSTROUTING。
- mangle 表包含用于设置特殊的数据包路由标志的规则。这些标志随后被 filter 表中的规则检查。内建的规则链包括：PREROUTING、INPUT、FORWARD、POSTROUTING 和 OUTPUT。

表对应的相关规则链的功能如下。

- INPUT 链：当一个数据包由内核中的路由计算确定为本地的 Linux 系统后，它会通过 INPUT 链的检查。
- OUTPUT 链：保留给系统自身生成的数据包。
- FORWARD 链：经过 Linux 系统路由的数据包（即当 iptables 防火墙用于连接两个网络时，两个网络之间的数据包必须流经该防火墙）。
- PREROUTING 链：用于修改目的地址（DNAT）。
- POSTROUTING 链：用于修改源地址（SNAT）。

iptables 详细语法如下所示：

```
iptables [-t表名] <-A| I |D |R >链名[规则编号] [-i | o 网卡名称] [-p 协议类型] [-s 源IP
    地址 | 源子网][--sport 源端口号] [-d 目标IP地址 | 目标子网][--dport 目标端口号] <-j
    动作>
```

> 注意 此语法规则详细，逻辑清晰，推荐以此语法公式记忆。在刚开始写 iptables 规则时就应该养成良好的习惯，用公式来规范脚本，这对以后的工作大有帮助。

下面是关于语法的详细说明。

1. 定义默认策略

作用：当数据包不符合链中任意一条规则时，iptables 将根据该链预先定义的默认策略来处理数据包。

默认策略的定义格式为：

```
iptables   [-t 表名]   <-P> <链名> <动作>
```

参数说明如下：

```
[-t 表名]
```

指默认策略将应用于哪个表，可以使用 filter、nat 和 mangle，如果没有指定使用哪个表，iptables 就默认使用 filter 表。

```
<-P>
```

定义默认策略。

```
<链名>
```

指默认策略将应用于哪个链，可以使用 INPUT、OUTPUT、FORWARD、PREROUTING、OUTPUT 和 POSTROUTING。

```
<动作>
```

处理数据包的动作，可以使用 ACCEPT（接收数据包）和 DROP（丢弃数据包）。

2. 查看 iptables 规则

查看 iptables 规则的命令格式为：

```
iptables   [-t 表名]   <-L>   [链名]
```

参数说明如下：

```
[-t 表名]
```

指查看哪个表的规则列表，表名可以使用 filter、nat 和 mangle，如果没有指定使用哪个表，iptables 就默认查看 filter 表的规则列表。

```
<-L>
```

查看指定表和指定链的规则列表。

```
[链名]
```

指查看指定表中哪个链的规则列表，可以使用 INPUT、OUTPUT、FORWARD、PREROUTING、OUTPUT 和 POSTROUTING，如果不指明哪个链，则将查看某个表中所有链的规则列表。

3. 增加、插入、删除、替换 iptables 规则

参数说明如下：

```
[-t 表名]
```

定义默认策略将应用于哪个表，可以使用 filter、nat 和 mangle，如果没有指定使用哪个表，iptables 就默认使用 filter 表。

```
-A
```

新增一条规则，该规则将会增加到规则列表的最后一行，该参数不能使用规则编号。

```
-I
```

插入一条规则，原本该位置上的规则将会往后顺序移动，如果没有指定规则编号，则在第一条规则前插入。

```
-D
```

从规则列表中删除一条规则，可以输入完整规则，或直接指定规则编号加以删除。

-R

替换某条规则，规则被替换并不会改变顺序，必须要指定替换的规则编号。

<链名>

指定查看表中哪个链的规则列表，可以使用 INPUT、OUTPUT、FORWARD、PREROUTING、OUTPUT 和 POSTROUTING。

[规则编号]

规则编号在插入、删除和替换规则时使用，编号按照规则列表的顺序排列，规则列表中第一条规则的编号为 1。

[-i | o 网卡名称]

i 用于指定数据包从哪块网卡进入，o 用于指定数据包从哪块网卡输出。网卡名称可以使用 ppp0、eth0 和 eth1 等。

[-p 协议类型]

可以指定规则应用的协议，包含 TCP、UDP 和 ICMP 等。

[-s 源IP地址|源子网]

-s 后面接源主机的 IP 地址或子网地址。

[--sport 源端口号]

--sport 后面接数据包的 IP 源端口号。

[-d 目标IP地址|目标子网]

-d 后面接目标主机的 IP 地址或子网地址。

[--dport 目标端口号]

--dport 后面接数据包的 IP 目标端口号。

<-j 动作>

下面是处理数据包的动作，以及各个动作的详细说明。

- ACCEPT：接收数据包。
- DROP：丢弃数据包。
- REDIRECT：将数据包重新转向到本机或另一台主机的某一个端口，通常实现透明代理或对外开放内网的某些服务。
- REJECT：拦截该数据封包，并发回封包通知对方。
- SNAT：源地址转换，即改变数据包的源地址。例如：将局域网的 IP（10.0.0.1/24）转化为广域网的 IP（203.93.236.141/24），在 NAT 表的 POSTROUTING 链上进行该动作。
- DNAT：目标地址转换，即改变数据包的目的地址。例如：将广域网的 IP（203.

93.236.141/24）转化为局域网的 IP（10.0.0.1/24），在 NAT 表的 PREROUTING 链上进行该动作。

- MASQUERADE：IP 伪装，即常说的 NAT 技术，MASQUERADE 只能用于 ADSL 等拨号上网的 IP 伪装，也就是主机的 IP 由 ISP 分配动态，如果主机的 IP 地址是静态固定的，就要使用 SNAT。
- LOG：日志功能，将符合规则的数据包相关信息记录在日志中，以便管理员的分析和排错。

4. 清除规则和计数器

在新建规则时，往往需要清除原有的旧规则，以免它们影响新设定的规则。如果规则较多，逐条删除就会十分麻烦，此时可以使用 iptables 提供的清除规则参数达到快速删除所有规则的目的。

定义参数的格式为：

```
iptables   [-t 表名]  <-F | Z>
```

参数说明如下：

```
[-t 表名]
```

指定默认策略将应用于哪个表，可以使用 filter、nat 和 mangle，如果没有指定使用哪个表，iptables 就默认使用 filter 表。

```
-F
```

通过如下命令删除指定表中的所有规则。

```
-Z
```

将指定表中的数据包计数器和流量计数器归零。

7.5 iptables 的基础知识

7.5.1 iptables 的状态 state

在 7.2 节中提到了 state 这个定义，这里将对 iptables 防火墙的状态（state）进行说明。

比如，当我们用 PieTTY 远程工具访问远程主机的 SSH 端口时，主机会和远程主机进行通信。此时，静态的防火墙会这样处理：检查进入机器的数据包，发现数据的来源是 22 端口，当这些数据包允许时进入主机本身，连接之后相互通信的数据也一样，检查每个数据，如果发现数据包来源于 22 端口，允许通过。

如果用有状态的防火墙该如何处理呢？

在连接远程主机成功之后，主机会把这个连接记录下来，当有数据从远程 SSH 服务器进入你的机器时，它会检查自己的连接状态表，如果发现这个数据来源于一个已经建立的连接，则允许这个数据包进入。

以上两种处理方法中，明显静态防火墙比较生硬，而 iptables 防火墙相对智能一些，这也是 iptables 防火墙的特点之一。

下面将解释以下几种 state 状态。

- NEW：如果你的主机向远程机器发出一个连接请求，这个数据包的状态是 NEW。
- ESTABLISHED：在连接建立之后（完成 TCP 的三次握手后），远程主机和你的主机通信数据的状态为 ESTABLISHED。
- RELATED：和现有联机相关的新联机封包。像 FTP 这样的服务，用 21 端口传送命令，而用 20 端口（port 模式）或其他端口（PASV 模式）传送数据。在已有的 21 端口上建立好连接后发送命令，用 20 或其他端口传送的数据（FTP-DATA），其状态是 RELATED。
- INVALID：无效的数据包，不能被识别属于哪个连接或没有任何状态，通常这种状态的数据包会被丢弃。

了解以上知识后，就可以进行一个简单的实验了。

首先，还是来设置默认规则，如下所示。

```
iptables -P INPUT DROP
```

这样你的机器会将进入你主机的所有数据全部丢弃，建议大家写 iptables 脚本时就先默认禁止一切连接，然后再根据应用或需求开放相应的端口。

如果有一台主机只是用于个人桌面应用的，也就是说此主机不提供任何服务，那么，可以禁止其他的机器向你的机器发送任何连接请求，命令如下：

```
iptables -A INPUT -m state --state NEW -j DROP
```

这个规则是将所有发送到你机器上的数据包（状态是 NEW 的包）丢弃，也就是不允许其他的机器主动发起对你的机器的连接，但是你却可以主动连接其他的机器，不过仅仅是连接而已，连接之后的数据是 ESTABLISHED 状态的。这时，再加上下面这一条语句，这一条语句的作用是允许所有已经建立连接，或者与之相关的数据通过：

```
iptables -A INPUT -m state --state ESTABLISHED,RELATED -j ACCEPT
```

现在根据上面的语句写一个简单的 iptables 脚本作为个人桌面主机的防火墙，如下：

```
#/bin/bash
iptables -F
iptables -F -t nat
iptables -X
iptables -Z
iptables -P INPUT DROP
iptables -A INPUT -m state --state NEW -j DROP
iptables -A INPUT -m state --state ESTABLISHED,RELATED -j ACCEPT
```

给此脚本 x 权限，命令如下所示：

```
chmod +x iptables.sh
```

前面几条语句是将其默认规则全部清除，让此脚本后面的语句生效。

其实第二条可以被注释掉，那条一规则完全可以省去，让默认规则处理就可以了。

对于个人桌面应用来说，只需要用刚才介绍的那两条语句，就能让你接入 Internet 网的主机足够安全，而且可以随意访问 Internet，但是外部却不能主动发起对你的机器的连接。

可以看到有状态的防火墙要比静态防火墙"智能"一些，而且规则也更容易设置一些。

执行以上脚本后查看 iptables 规则，命令如下：

```
iptables -nv -L
```

命令显示结果如下：

```
Chain INPUT (policy DROP 0 packets、 0 bytes)
pkts bytes target     prot opt in     out     source               destination
    0     0 DROP       all  --  *     *     0.0.0.0/0   0.0.0.0/0       state NEW
   37  2520 ACCEPT     all  --  *     *     0.0.0.0/0    0.0.0.0/0    state RELATED、
        ESTABLISHED
Chain FORWARD (policy ACCEPT 0 packets、 0 bytes)
pkts bytes target     prot opt in     out     source               destination
Chain OUTPUT (policy ACCEPT 1532 packets、 1224K bytes)
pkts bytes target     prot opt in     out     source               destination
```

另外，在执行以上脚本后，理论上此机器会拒绝一切的数据接入，但是我们发现原先的 SSH 并没有被断开，这是为什么呢？因为脚本里的这句代码发挥了作用，如下所示：

```
iptables -A INPUT -m state --state ESTABLISHED、RELATED -j ACCEPT
```

这里由于我们原先建立的连接还存在，而此时 iptables 为开启状态，所以主机不会将此 ESTABLISHED 连接断掉，state 的优势在这里发挥得淋漓尽致。

> 注意 以上脚本在实验环境下尝试即可，切勿直接应用于生产服务器，因为会默认拒绝一切连接。

7.5.2 iptables 的 Conntrack 记录

先来看看怎样阅读 /proc/net/nf_conntrack 里的 conntrack 记录。这些记录表示的是当前被跟踪的连接。如果安装了 nf_conntrack 模块，可以查看 nf_conntrack 记录，命令如下：

```
cat /proc/net/nf_conntrack
```

命令显示结果如下：

```
ipv4     2 tcp      6 431999 ESTABLISHED src=192.168.1.204 dst=192.168.1.11
    sport=22 dport=50233 src=192.168.1.11 dst=192.168.1.204 sport=50233 dport=22
    [ASSURED] mark=0 secmark=0 use=2
ipv4     2 tcp      6 431993 ESTABLISHED src=192.168.1.211 dst=192.168.1.204
    sport=41039 dport=80 src=192.168.1.204 dst=192.168.1.211 sport=80 dport=41039
    [ASSURED] mark=0 secmark=0 use=2
```

```
ipv4     2 udp      17 26 src=0.0.0.0 dst=255.255.255.255 sport=68 dport=67
    [UNREPLIED] src=255.255.255.255 dst=0.0.0.0 sport=67 dport=68 mark=0
    secmark=0 use=2
```

Conntrack模块维护的所有信息都包含在这个例子中了，通过它们就可以知道某个特定的连接处于什么状态。首先显示的是协议，这里是tcp，接着是十进制的6（tcp的协议类型代码是6）。之后的117是这条conntrack记录的生存时间，它会有规律地被消耗，直到收到这个连接更多的包。到那个时候，该值就会被设为当时那个状态的默认值。接下来的是这个连接在当前时间点的状态。上面的例子说明了这个包处于状态SYN_SENT下，这个值是iptables显示的，便于我们理解，而内部用的值稍有不同。SYN_SENT说明我们正在观察的这个连接只在一个方向发送了一个TCP SYN包。再下面是源地址、目的地址、源端口和目的端口。其中有个特殊的词UNREPLIED，说明这个连接还没有收到任何回应。最后，是希望接收的应答包的信息，它们的地址和端口与前面相反。

当一个连接在两个方向上都有传输时，conntrack记录就会删除[UNREPLIED]标志，然后重置。在末尾有[ASSURED]的记录说明两个方向已没有流量。这样的记录是确定的，在连接跟踪表满时不会被删除，没有[ASSURED]记录的就要被删除。连接跟踪表能容纳多少记录是被一个变量控制的，它可由内核中的ip- sysctl函数设置。默认值取决于你的内存大小，128MB可以包含8192条目录，256MB可以包含16376条目录，如果在生产服务器上通过加载模块的方法开启了nf_conntract功能，就要注意内存方面的使用情况，此模块是极消耗内存的，对系统性能有很大影响，而且极容易发生以下错误：

```
nf_conntrack: table full, dropping packet
```

具体原因是线上的机器启用了nf_conntract模块以后，服务器的连接数太大，内核的Connection Tracking System没有足够的空间来存放连接的信息，解决方法就是调整内核参数来增大这个空间。

注意　基于上述原因，除了特殊情况以外，不建议在线上服务器中开启iptable的Conntrack功能。另外，老版的iptables的conntrack称为ip_conntrack，新版的名为nf_conntrack。nf_conntrack支持IPv4和IPv6，而ip_conntrack只支持IPv4。

7.5.3 关于iptables模块的说明

大多数Linux版本实现iptables时会使用一系列可载入的程序模块，几乎所有的模块在第一次使用时都会自动动态载入，当然，我们在撰写iptables脚本时也可以通过modprobe有选择地载入模块，示例如下：

```
modprobe ipt_MASQUERADE
modprobe nf_conntrack_ftp
modprobe nf_nat_ftp
```

新版的iptables有一点很智能，对于以前的一些老模块（比如ip_nat_ftp和ip_conntrack_

ftp）也能载入，并且会自动更改模块名称，可以用如下命令查看：

```
lsmod | grep ip
```

命令结果如下所示：

```
ipt_MASQUERADE           2338  0
nf_nat                  22676  2   ipt_MASQUERADE,nf_nat_ftp
nf_conntrack_ipv4        9154  2   nf_nat
nf_defrag_ipv4           1483  1   nf_conntrack_ipv4
nf_conntrack            79206  5   ipt_MASQUERADE,nf_nat_ftp,nf_nat,nf_conntrack_
    ipv4,nf_conntrack_ftp
ipv6                   335525  18
```

现在许多朋友喜欢自己开发新的模块来实现更为强大的功能，这个问题不是本书重点，有兴趣的朋友可以自行开发和测试。

7.5.4 iptables 防火墙初始化的注意事项

在与一些系统管理员朋友线下交流时，笔者发现大家在操作 iptables 防火墙时经常遇到一个问题：有时误操作 iptables 而将自己也拦截在机器之外，如果没有 KVM 切换器的话就只有去机房重启机器或者授权 IDC 机房人员进行重启机器的操作。其实这个问题是有办法解决的，特别推荐给大家。

可以先配置一个 crontab 计划任务，每 5 分钟运行一次，脚本内容如下：

```
*/5 * * * * /etc/init.d/iptables stop
```

这样即使你的脚本存在错误设置（或丢失）的规则，也不至于将你锁在计算机外而无法返回与计算机的连接，可让你放心大胆地调试脚本。鉴于许多读者在学习及调试 iptables 脚本时使用的也是托管 IDC 机房，所以推荐用此方法。

7.5.5 如何保存运行中的 iptables 规则

使用 iptables-save 和 iptables-restore 的一个最重要的原因是，它们能在相当程度上提高装载并保存规则的速度。使用脚本更改规则的一个问题是，改动每个规则都要调用命令 iptables，而每一次调用 iptables，都要先把 Netfilter 内核空间中的整个规则集提取出来，然后再插入或附加，或做其他的改动，最后，再把新的规则集从它的内存空间插入到内核空间中，这会花费很多时间。

为了解决这个问题，可以使用命令 iptables-save 和 iptables-restore。iptables-save 用于把规则集保存到一个特殊格式的文本文件里，而 iptables-restore 用于把这个文件重新装入内核空间。这两个命令最好的地方在于只需要调用一次就可以装载和保存规则集，而不像在脚本中每个规则改动都要调用一次 iptables。iptables-save 运行一次就可以把整个规则集从内核里提取出来，并保存到文件里，而 iptables-restore 每次只会装入一个规则表。换句话说，对于一个很大的规则集，如果用脚本来设置，那这些规则就会被反反复复地卸载、安装，而我们现在可以把整个规则集一次性保存下来，安装时一次一个规则表表，这节约了大量的时间。如果你的工作对象是一组巨大的规则，采用这两个工具将是明智的选择。

系统启动 iptables 的规则后，默认就有如下规则（虽然比较人性化，但很多时候达不到我们的要求，所以这里大家了解一下就好，不需要做深入研究，可以使用 cat 命令来查看）：

```
cat/etc/sysconfig/iptables
```

命令结果如下所示：

```
# Firewall configuration written by system-config-securitylevel
# Manual customization of this file is not recommended.
*filter
:INPUT ACCEPT [0:0]
:FORWARD ACCEPT [0:0]
:OUTPUT ACCEPT [0:0]
:RH-Firewall-1-INPUT - [0:0]
-A INPUT -j RH-Firewall-1-INPUT
-A FORWARD -j RH-Firewall-1-INPUT
-A RH-Firewall-1-INPUT -i lo -j ACCEPT
-A RH-Firewall-1-INPUT -p icmp --icmp-type any -j ACCEPT
-A RH-Firewall-1-INPUT -p 50 -j ACCEPT
-A RH-Firewall-1-INPUT -p 51 -j ACCEPT
-A RH-Firewall-1-INPUT -p udp --dport 5353 -d 224.0.0.251 -j ACCEPT
-A RH-Firewall-1-INPUT -p udp -m udp --dport 631 -j ACCEPT
-A RH-Firewall-1-INPUT -p tcp -m tcp --dport 631 -j ACCEPT
-A RH-Firewall-1-INPUT -m state --state ESTABLISHED、RELATED -j ACCEPT
-A RH-Firewall-1-INPUT -m state --state NEW -m tcp -p tcp --dport 22 -j ACCEPT
-A RH-Firewall-1-INPUT -j REJECT --reject-with icmp-host-prohibited
COMMIT
```

目前编写和调试 iptables 防火墙的通用做法还是通过脚本来进行，这相对而言更为方便，调试的效率也更高，特别是按照标准流程编写 iptables 脚本以后。当然，这两种方法各有各的优点，我们可以根据自己的环境来选择到底采用哪种方法保存 iptables 脚本，个人还是倾向于自己手动编写 iptables 脚本。

7.6　如何流程化编写 iptables 脚本

大家可以参考下面的标准流程来编写自己的 iptables 脚本，如下所示：

1. 根据需求调整系统内核

例如 TCP 的 SYN 缓冲（cookies）是一种快速检测和防御 SYN 洪水攻击的机制，如下的命令可以启用 SYN 缓冲：

```
echo "1" > /proc/sys/net/ipv4/tcp_syncookies
```

另外，如果以 iptables 作为 NAT 路由器，对于存在着多网卡的情况，要开启 ip 转发功能，用于多网卡之间数据的流通，命令如下：

```
echo "1" > /proc/sys/net/ipv4/ip_forward
```

其他适用于 iptables 防火墙的内核调整可以根据需求自行设定。

2. 加载 iptables 模块

由于这里不是以服务的方式，而是采用 service 方式启动 iptables 的，所以需要手动加载 iptables 模块，例如：

```
modprobe ip_tables
modprobe iptable_nat
modprobe ip_nat_ftp
modprobe ip_nat_irc
modprobe nf_conntrack
modprobe ip_conntrack_ftp
modprobe ipt_MASQUERADE
```

接下来可以使用 lsmod 查看加载的模块，命令如下：

```
lsmod | grep "ip"
```

此命令显示结果如下：

```
ipt_MASQUERADE           2466  0
iptable_nat              6158  0
nf_nat                  22759  4 ipt_MASQUERADE,nf_nat_irc,nf_nat_ftp,iptable_nat
nf_conntrack_ipv4        9506  3 iptable_nat,nf_nat
nf_conntrack            79357  8 ipt_MASQUERADE,nf_nat_irc,nf_conntrack_irc,nf_nat_
    ftp,nf_conntrack_ftp,iptable_nat,nf_nat,nf_conntrack_ipv4
nf_defrag_ipv4           1483  1 nf_conntrack_ipv4
ip_tables               17831  1 iptable_nat
```

新版的 iptables 会自动用新模块名称来代替旧模块名称。

3. 清空所有的表链规则（包括自定义的）

命令如下：

```
iptables -F
iptables -X
iptables -Z
iptables -F -t nat
iptables -X -t nat
iptables -Z -t nat
iptables -X -t mangle
```

4. 定义默认策略

一般来说，为了搭建安全的防火墙，默认是拒绝一切流量连接的，所以三表五链默认规则都应该是 DROP，但对于实际线上的 iptables 脚本，建议按如下方式配置（具体对 INPUT 链进行操作，因为我们一般认为从服务器 OUPPUT 出去的数据和 NAT 出去的数据是安全的）：

```
iptables -P INPUT DROP
iptables -P FORWARD ACCEPT
iptables -P OUTPUT ACCEPT
iptables -t nat -P PREROUTING ACCEPT
iptables -t nat -P POSTROUTING ACCEPT
iptables -t nat -P OUTPUT ACCEPT
```

5. 打开“回环”口以避免不必要的麻烦

这样做是为了避免不必要的麻烦，命令如下。

```
iptables -A INPUT -i lo -j ACCEPT
iptables -A OUTPUT -o lo -j ACCEPT
```

6. 允许状态为 ESTABLISHED 的数据包进入机器

命令如下：

```
iptables -A INPUT -m state --state ESTABLISHED,RELATED -j ACCEPT
```

7. 根据需求建立防火墙规则

比如上一章节介绍的完整的桌面主机防火墙脚本如下：

```
#/bin/bash
modprobe ip_tables
modprobe iptable_nat
modprobe nf_conntrack

iptables -F
iptables -X
iptables -Z
iptables -F -t nat
iptables -X -t nat
iptables -Z -t nat
iptables -X -t mangle

iptables -P INPUT DROP
iptables -P FORWARD ACCEPT
iptables -P OUTPUT ACCEPT
iptables -t nat -P PREROUTING ACCEPT
iptables -t nat -P POSTROUTING ACCEPT
iptables -t nat -P OUTPUT ACCEPT

iptables -A INPUT -i lo -j ACCEPT
iptables -A OUTPUT -o lo -j ACCEPT

iptables -A INPUT -m state --state NEW -j DROP
iptables -A INPUT -m state --state ESTABLISHED,RELATED -j ACCEPT
```

此脚本执行后，本来正常提供的 samba 服务马上断开了，客户端连接此机的 samba 报错，可以查看 iptables 的 conntrack 记录，命令如下：

```
cat /proc/net/pf_conntrack
```

此命令显示结果如下：

```
udp      17 15 src=192.168.1.101 dst=192.168.1.255 sport=137 dport=137 packets=20
   bytes=1920 [UNREPLIED] src=192.168.1.255 dst=192.168.1.101 sport=137 dport=137
   packets=0 bytes=0 mark=0 secmark=0 use=1
udp      17 12 src=192.168.1.101 dst=192.168.1.255 sport=138 dport=138 packets=1
   bytes=269 [UNREPLIED] src=192.168.1.255 dst=192.168.1.101 sport=138 dport=138
   packets=0 bytes=0 mark=0 secmark=0 use=1
```

Samba 建立连接的 135-139 及 445 端口只有一边有流量，TCP 的三次握手被拒，这个肯定是提供不了 Samba 服务的，证明此脚本是有效的。

8. 给脚本 x 权限以便执行

给脚本 x 权限后就可以直接执行此脚本了。

大家编写 iptable 脚本时可以参考上述步骤逐步进行，这样不容易出错，以后熟练了就“习惯成自然”了。

7.7 学习 iptables 应该掌握的工具

7.7.1 命令行的抓包工具 TCPDump

TCPDump 是入侵分析人员工具包中的一个重要工具。在底层上，TCPDump 是一个捕获和分析数据包的软件，也就是说 TCPDump 可以用来监听网络通信，但是实际能够监听到什么样的数据流取决于所在网络的拓扑结构。它是一款基于命令行的工具，可以通过不同的命令行选项来改变状态，它也提供丰富的选项使我们可以很容易地改变程序的运行方式。在使用 TCPDump 的过程中，我们会发现大部分捕获数据的动作只需要用到一些常用的选项，而不需要用到其他全部的选项。另外，TCPDump 存在于绝大多数的 Linux 系统中，这是不需要安装就可使用的。下面举例说明它的使用方法。

1）想要截获 210.27.48.1 主机收到和发出的所有数据包，命令如下：

```
tcpdump host 210.27.48.1
```

2）想要截获主机 210.27.48.1 和主机 210.27.48.2 或 210.27.48.3 的通信，使用如下命令（在命令行中使用括号时，要用转义符 \ 对（ ）进行转义）：

```
tcpdump host 210.27.48.1 and \(210.27.48.2 or 210.27.48.3 \)
```

3）如果想要获取主机 210.27.48.1 和所有主机（除了 210.27.48.2）通信的 ip 包，使用如下命令：

```
tcpdump ip host 210.27.48.1 and !210.27.48.2
```

4）如果想要获取主机 210.27.48.1 接收或发出的 smtp 包，使用如下命令：

```
tcpdump tcp port 25 and host 210.27.48.1
```

5）如果怀疑系统正受到拒绝服务（Dos）攻击，网络管理员可以通过截获发往本机的所有 ICMP 包，来确定目前是否有大量的 ping 指令流向服务器，此时可用如下命令：

```
tcpmdump icmp -n -i eth0
```

6）如果想将其结果生成详细的报告，可以用如下命令：

```
tcpdump tcp port 25 and host 211.147.1.11 > awstat.txt
```

用 TCPDump 捕获的 TCP 包的一般输出信息是：

```
src> dst: flags data-seqno ack window urgent options
```

这里说明一下 TCPDump 抓取 TCP 包的情况。

src>dst: 表明从源地址到目的地址，flags 是 TCP 包中的标志信息，S 代表 SYN 标志，F 代表 FIN，P 代表 PUSH，R 代表 RST，"." 表示没有标记。data-seqno 是数据包中数据的顺序号，ack 是下次期望的顺序号，window 是接收缓存的窗口大小，urgent 表明数据包中是否有紧急指针，options 是选项。

由于所涉及的服务器协议大部分是 TCP 协议，因此这里只介绍了 TCP 包的输出信息。至于 UDP 和 ICMP 协议信息，可以根据上面介绍的 TCPDump 语法自行研究。

7.7.2 图形化抓包工具 Wireshark

Wireshark 是世界上最流行的网络分析工具。这个强大的工具可以捕捉网络中的数据，并为用户提供关于网络和上层协议的各种信息。与很多其他网络工具一样，Wireshark 也是使用 pcap network library 来进行封包捕捉的，wireshark 的前身是 Ethereal，网络管理员使用 Wireshark 检测网络问题，网络安全工程师使用 Wireshark 检查资讯安全相关问题，开发者使用 Wireshark 为新的通信协定除错，普通使用者使用 Wireshark 学习网络协定的相关知识。Wireshark 不是入侵侦测软件（Intrusion DetectionSoftware,IDS），对于网络上的异常流量行为，它不会产生警示或任何提示。然而，仔细分析 Wireshark 撷取的封包能够帮助使用者对于网络行为有更清楚的了解。Wireshark 不会对网络封包内容进行修改，它只会反映出目前流通的封包资讯。Wireshark 本身也不会把封包送到网络上。

Wireshark 在 CentOS 6.8 x86_64 下的安装极为方便，首先，准备一台安装了图形化界面的机器（因为 Wireshark 是基于图形化的工具），然后执行如下命令：

```
yum -y install wireshark*
```

之后在命令下面用 Xshell 5 登录，直接输入命令 wireshark 即可。

下面以一个简单的例子来说明一下，假设客户端是 192.168.1.100，用 Xshell 5 了 192.168.1.101 的 Server 上面，端口为 22，那么，如何用 wireshark 来进行抓包工作呢？步骤如下。

1）在 Server 上面执行 wireshark，打开此工具，新版的 wireshark 图形界面如图 7-5 所示。

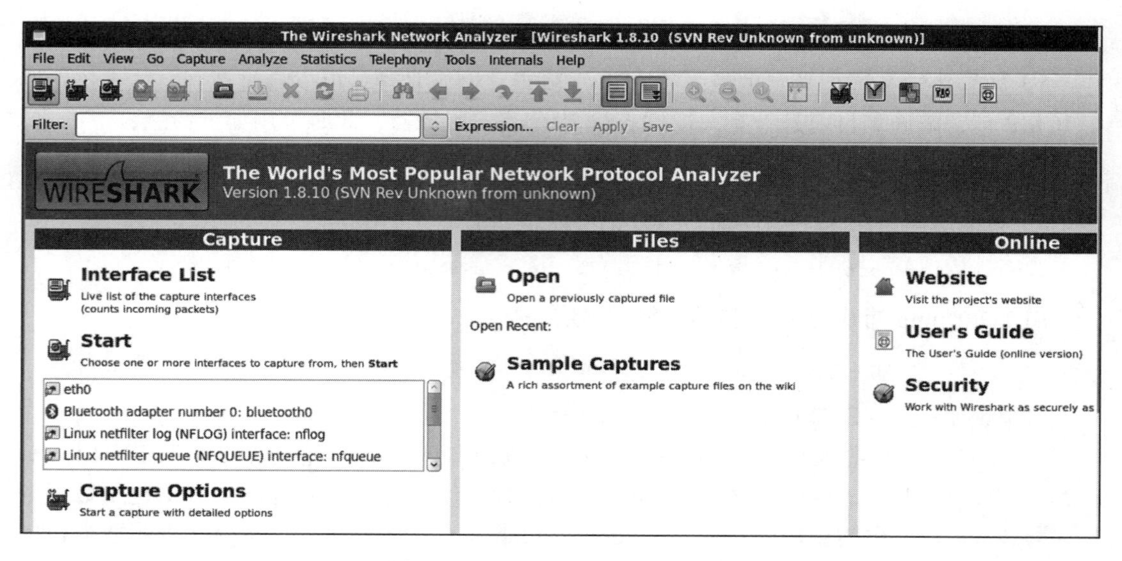

图 7-5 wireshark 工作工作界面

2）选择 wireshark 菜单中“Capture”的“interface”选项，选中“eth0”设备以后，再选中“start”菜单，如下图 7-6 所示：

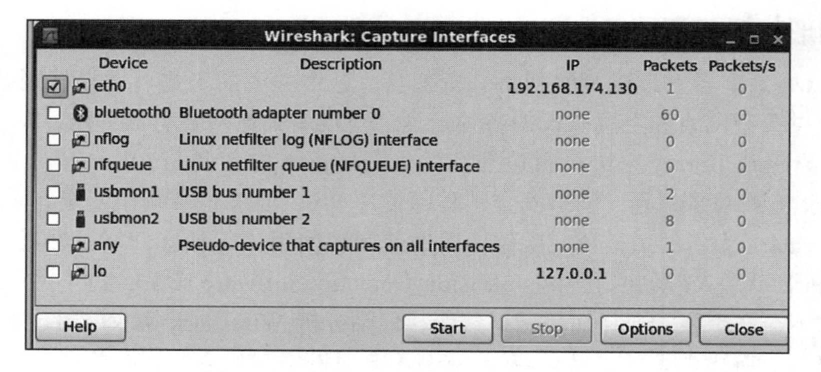

图 7-6 wireshark 选择 interfaces 图示

3）然后我们选择菜单“Capture”，随后选择“Options”菜单以及“HTTP TCP port(80)”如图 7-7 所示。

4）然后我们从客户端机器进行访问本机的 Apache 服务，此时，观察抓包结果，如图 7-8 所示。

大家自行分析抓包结果，在实际工作中可以根据当前服务器的实际状态来选择采用何种抓包工具。Wireshark 是有图形化界面的，TCPDump 则是没有图形化界面的，建议将以上两种工具都掌握，因为它们的语法规则基本是类似的。有兴趣的朋友可以直接在规则里输入 icmp（这是用来运行 ping 的协议），然后在另外的机器上 ping 通 Server，这就可以更直观地看到数据的走向，这对于以后编写 iptables 脚本大有帮助。这里跟大家交流一个 wireshark 的使用经验，如果我们不知道某项服务要用到哪些协议、哪些端口，可以用 wireshark 进行抓包分析。

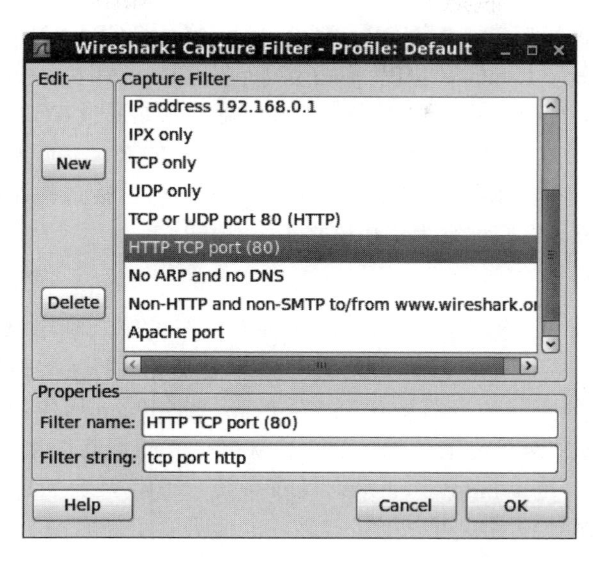

图 7-7　编写 wireshark 工具抓包规则

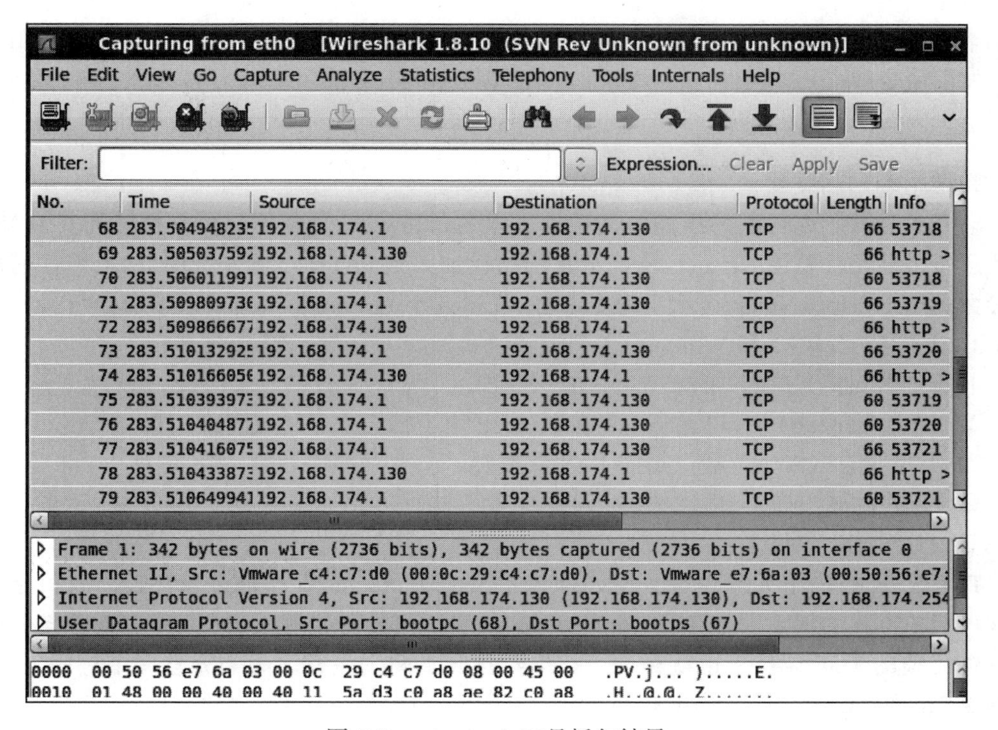

图 7-8　wireshark 工具抓包结果

7.7.3 强大的命令行扫描工具 Nmap

Nmap 被系统管理员用于查看一个大的网络系统有哪些主机，以及其上运行了何种服务。它支持多种协议的扫描，如 UDP、TCP connect()、TCP SYN（half open）、ftp proxy（bounce attack）、Reverse-ident、ICMP（ping sweep）、FIN、ACK sweep、Xmas Tree、SYN sweep 和 Null 扫描等。Nmap 还提供了一些实用功能，比如通过 TCP/IP 来甄别操作系统类型、秘密扫描、动态延迟和重发、平行扫描，通过并行的 PING 侦测下属的主机、欺骗扫描、端口过滤探测、直接的 RPC 扫描、分布扫描、灵活的目标选择及端口的描述。它的扫描功能异常强大，以至于人们称它为“扫描之王”。

1. 安装 Nmap

安装 Nmap 要用到一个称为“ Windows 包捕获库”的驱动程序 WinPcap。如果你经常从网上下载流媒体电影，可能已经很熟悉这个驱动程序了——某些流媒体电影的地址是加密的，侦测这些电影的真实地址就要用到 WinPcap。WinPcap 的作用是帮助调用程序（即这里的 Nmap）捕获通过网卡传输的原始数据。WinPcap 的最新版本在 http://netgroup-serv.polito.it/winpcap 上，支持 Windows 全系列操作系统，下载得到的是一个执行文件，双击安装，一路确认使用默认设置就可以了，安装好之后需要重新启动。除了命令行版本之外，www.insecure.org 还提供了一个带 GUI 的 Nmap 版本。和其他常见的 Windows 软件一样，GUI 版本需要安装，该版本的功能和命令行版本基本一样，鉴于许多人更喜欢用命令行版本，本文后面的说明就以命令行版本为主。而在 CentOS 6.4 下安装 Nmap 就简单多了，直接用如下命令即可：

```
yum -y intall nmap
```

2. 常用的扫描类型

解开 Nmap 命令行版的压缩包之后，进入 Windows 的命令控制台，再转到安装 Nmap 的目录（如果经常要用 Nmap，最好把它的路径加入到 PATH 环境变量中）。不带任何命令行参数运行 Nmap，Nmap 显示出命令语法，Linux 下是 nmap --help（以下命令行操作均适用于 Centos、FreeBSD 和 Windows 系列）。

下面是 Nmap 支持的四种最基本的扫描方式：

- ❑ TCP connect() 端口扫描（-sT 参数、-sP 用于扫描整个局域网段）
- ❑ TCP 同步（SYN）端口扫描（-sS 参数）
- ❑ UDP 端口扫描（-sU 参数）
- ❑ TCP ACK 扫描（-sA 参数）

TCP SYN 扫描不太好理解，但如果将它与 TCP connect() 扫描进行比较，就很容易看出这种扫描方式的特点。在 TCP connect() 扫描中，扫描器利用操作系统本身的系统调用打开一个完整的 TCP 连接，也就是说，扫描器打开了两个主机之间的完整握手过程（SYN、SYN-ACK 和 ACK）。一次完整执行的握手过程表明远程主机端口是打开的。TCP SYN 扫描创建的是半打开的连接，它与 TCP connect() 扫描的不同之处在于，TCP SYN 扫描发送的是复位（RST）标记而不是结束 ACK 标记（即 SYN、SYN-ACK 或 RST）。如果远程主机正在监听且端口是打开的，远程主机用 SYN-ACK 应答，Nmap 发送一个 RST；如果远程主机的端口是关闭的，它的应答将是 RST，此时 Nmap 转入下一个端口。TCP SYN 的扫描速度要超过 TCP connect() 扫描。如果采用默认计时选项，在 LAN 环境下扫描一个主机，Ping 扫描耗时不到十秒，TCP SYN 扫描大约需要十三秒，而 TCP connect() 扫描耗时最多，大约需要 7 分钟。需要说明的是，TCP SYN 扫描又称隐蔽扫描，扫描时可隐藏自身 IP，因为它很少在目标机上留下记录，三次握手的过程从来都不会完全实现。

3. 命令行参数说明

Nmap 支持丰富、灵活的命令行参数。例如，如果要扫描 192.168.7 网络，可以用 192.168.7.x/24 或 192.168.7.0-255 的形式指定 IP 地址范围。指定端口范围使用 -p 参数，如果不指定要扫描的端口，Nmap 默认扫描从 1 到 1024 再加上 nmap-services 列出的端口，namp -sS -O 192.168.0.1 这样的命令可以对此主机进行操作系统识别。

如果要查看 Nmap 运行的详细过程，只要启用 verbose 模式，即加上 -v 参数，或者加上 -vv 参数获得更加详细的信息，命令如下所示：

```
nmap -sS 192.168.7.1-255 -p 20,21,53-110,30000 --v
```

这表示执行一次 TCP SYN 扫描，启用 verbose 模式，要扫描的网络是 192.168.7.0，检测 20、21、53 到 110 及 30000 以上的端口（指定端口清单时中间不要插入空格）。再举一个例子：

```
nmap -sS 192.168.7.1/24 -p 80
```

它扫描 192.168.0 子网，查找在 80 端口监听的服务器（通常是 Web 服务器）。

有些网络设备，例如路由器和网络打印机，可能会禁用或过滤掉某些端口，从而禁止对该设备或跨越该设备的扫描。初步侦测网络情况时，-host_timeout< 毫秒数 > 参数很有用，它表示超时时间，例如 nmap sS host_timeout 10000 192.168.0.1 命令规定的超时时间是 10000 毫秒。

网络设备上被过滤掉的端口一般会大大延长侦测时间，设置超时参数有时可以显著降低扫描网络所需的时间。Nmap 会显示出哪些网络设备响应超时，此时就可以对这些设备个别处理，从而保证大范围网络扫描的整体速度。当然，host_timeout 到底可以节省多少扫描时间，最终还是由网络上被过滤的端口数量决定。

4. 注意事项

也许你对其他端口扫描器比较熟悉，但 Nmap 绝对值得一试。建议先用 Nmap 扫描一个熟悉的系统，感觉一下 Nmap 的基本运行模式，待熟悉之后，再将扫描范围扩大到其他系统。首先扫描内部网络看看 Nmap 报告的结果，然后从一个外部 IP 地址扫描，注意防火墙、入侵检测系统（IDS）及其他工具对扫描操作的反应。通常，TCP connect() 会引起 IDS 系统的反应，但 IDS 不一定会记录俗称为“半连接”的 TCP SYN 扫描。最好将 Nmap 扫描网络的报告整理存档，以便参考。

下面有几个关于 Nmap 的注意事项：

（1）避免误解

不要随意选择测试 Nmap 的扫描目标。许多单位把端口扫描视为恶意行为，所以测试 Nmap 最好在内部网络进行。如有必要，应该告诉同事你正在试验端口扫描，因为扫描可能引发 IDS 警报及其他网络问题。如果不是在你控制的网络、系统及站点上使用该工具，应该先查看许可权。记住，尊重他人网络和系统的隐私意味着别人以后也会这样尊重你。

（2）关闭不必要的服务

根据 Nmap 提供的报告（同时考虑网络的安全要求），关闭不必要的服务，或者调整路由器的访问控制规则（ACL），禁用网络开放给外界的某些端口。

（3）建立安全基准

在 Nmap 的帮助下加固网络，在搞清楚哪些系统和服务可能受到攻击之后，下一步是从这些已知的系统和服务出发建立一个安全基准，如果以后要启用新的服务或服务器，就可以方便地根据这个安全基准来执行。

7.7.4 使用 TCPPing 工具检测 TCP 延迟

我们可以使用 ping、mtr、tracert 等命令测试网络的延迟，但是测试 TCP 端口的访问延迟无法使用以上软件完成，此时可以使用 TCPPing 工具来测试 TCP 端口的延迟情况。

TCPPing 工具的使用方法比较简单，这里具体介绍其在 CentOS 6.8 x86_64 下的安装，具体步骤如下。

1）先提前安装 tcptraceroute 工具，命令如下所示：

```
yum -y install tcptraceoute
```

2）再安装 Linux 下的 bc 计算器，因为 tcpping 工具使用的时候依赖 bc，安装命令为：

```
yum -y install bc
```

3）然后就可以安装 tcpping 工具了，具体方法为：

```
cd /usr/bin
wget http://www.vdberg.org/~richard/tcpping
chmod +x tcpping
```

其实 tcpping 就是 Shell 脚本，有兴趣的朋友可以打开此文件进行详细分析。

4）使用方法很简单，在 tcpping 后面接上域名即可，如下所示：

```
tcpping www.163.com
```

结果如下所示：

```
seq 0: tcp response from 211.161.149.37 [open]  20.065 ms
seq 1: tcp response from 211.161.149.37 [open]  5.834 ms
seq 2: tcp response from 211.161.149.37 [open]  22.856 ms
seq 4: tcp response from 211.161.149.37 [open]  21.325 ms
seq 5: tcp response from 211.161.149.37 [open]  18.012 ms
```

```
seq 6:  tcp response from 211.161.149.37 [open]  9.805 ms
seq 7:  tcp response from 211.161.149.37 [open]  21.123 ms
seq 3:  tcp response from 211.161.149.37 [open]  8.525 ms
seq 13: tcp response from 211.161.149.37 [open]  16.109 ms
seq 9:  tcp response from 211.161.149.37 [open]  22.865 ms
seq 10: tcp response from 211.161.149.37 [open]  21.574 ms
seq 11: tcp response from 211.161.149.37 [open]  16.966 ms
seq 12: tcp response from 211.161.149.37 [open]  7.998 ms
seq 8:  tcp response from 211.161.149.37 [open]  19.788 ms
seq 14: tcp response from 211.161.149.37 [open]  18.438 ms
seq 16: tcp response from 211.161.149.37 [open]  23.798 ms
seq 18: tcp response from 211.161.149.37 [open]  22.595 ms
seq 15: tcp response from 211.161.149.37 [open]  20.535 ms
seq 17: tcp response from 211.161.149.37 [open]  21.041 ms
seq 23: tcp response from 211.161.149.37 [open]  13.793 ms
seq 29: tcp response from 211.161.149.37 [open]  16.227 ms
seq 20: tcp response from 211.161.149.37 [open]  8.123 ms
seq 25: tcp response from 211.161.149.37 [open]  10.385 ms
```

7.8　iptables 的简单脚本学习

这一节通过编写一个简单的 iptables 脚本来熟悉 iptables 语法规则。网络拓扑很简单，安装 iptables 的机器 IP 为：10.0.0.15，另一台机器的 IP 为：10.0.0.16，系统均为 CentOS 6.8 x86_64。

7.8.1　普通的 Web 主机防护脚本

普通的 Web 主机防护脚本比较容易实现，Web 主机主要开放两个端口：80 和 22，其他端口则关闭，另外由于这里没有涉及多少功能，所以模块的载入也很简单，且只涉及了 iptables 的 Filter 表的 INPUT 链，所以脚本的初始化也很简单。

可以按照编写 iptables 的流程顺序来写脚本，脚本内容如下：

```
#/bin/bash
iptables -F
iptables -X
iptables -Z

modprobe ip_tables
modprobe nf_nat
modprobe nf_conntrack

iptables -P INPUT DROP
iptables -P FORWARD ACCEPT
iptables -P OUTPUT ACCEPT

iptables -A INPUT -i lo -j ACCEPT
iptables -A OUTPUT -o lo -j ACCEPT
```

```
iptables -A INPUT -p tcp -m multiport --dports 22,80 -j ACCEPT
iptables -A INPUT -m state --state RELATED,ESTABLISHED -j ACCEPT
```

这里的 #iptables -P INPUT DROP 符合我们编写 iptables 的习惯，即开启 iptables 时默认拒绝一切连接，后面通过 -A 参数开放我们需要提供的端口。

iptables 脚本开启后，可以用如下命令查看结果：

```
iptables -nv -L
```

此命令显示结果如下：

```
Chain INPUT (policy DROP 3364 packets, 204K bytes)
pkts bytes target     prot opt in     out     source    destination
    0   0 ACCEPT    all  --  lo *  0.0.0.0/0  0.0.0.0/0
84  5372 ACCEPT    tcp  --  *  *  0.0.0.0/0  0.0.0.0/0  multiport dports 22,80
    0   0 ACCEPT    all  --  *  *  0.0.0.0/0  0.0.0.0/0  state RELATED, ESTABLISHED
Chain FORWARD (policy ACCEPT 0 packets, 0 bytes)
pkts bytes target     prot opt in     out     source    destination
Chain OUTPUT (policy ACCEPT 43 packets, 5532 bytes)
pkts bytes target     prot opt in     out     source    destination
    0   0 ACCEPT    all  --  *  lo 0.0.0.0/0  0.0.0.0/0
```

iptables 防火墙运行后，尝试启动此机器的 postfix 服务，打开服务器端口 25，然后通过内网在另外一台机器上 telnet，命令如下：

```
telnet 192.168.1.204 25
```

命令显示结果如下：

```
Trying 10.0.0.15...
telnet: connect to address 10.0.0.15: Connection timed out
```

最小化安装的 CentOS 6.8 x86_64 系统默认没有 Nmap，可以通过 yum 命令进行安装，如下：

```
yum -y install nmap
```

此时，在另一台机器上开启 nmap 扫描，发现 samba 提供服务的端口已经被 iptables 屏蔽了，命令如下：

```
nmap -sT 10.0.0.15
```

此命令显示结果如下：

```
Starting Nmap 5.51 ( http://nmap.org ) at 2017-05-20 16:43 BST
Nmap scan report for 10.0.0.15
Host is up (0.00083s latency).
Not shown: 998 filtered ports
PORT   STATE  SERVICE
22/tcp open   ssh
80/tcp closed http
MAC Address: 08:00:27:6C:51:E5 (Cadmus Computer Systems)
Nmap done: 1 IP address (1 host up) scanned in 5.11 seconds
```

7.8.2 如何让别人 ping 不到自己，而自己能 ping 通别人呢？

我们如何通过 iptables 控制别人不能 ping 通我们的主机，而我们的主机却能 ping 通别人呢？达到此目的所牵涉的表和链不多，脚本也进行了简化处理，代码如下：

```
#/bin/bash
iptables -F
iptables -F -t nat
iptables -X
iptables -Z

modprobe ip_tables
modprobe iptable_nat
modprobe ip_nat_ftp
modprobe ip_nat_irc
modprobe ip_conntrack
modprobe ip_conntrack_ftp

iptables -P INPUT DROP
iptables -P OUTPUT DROP
iptables -P FORWARD DROP

iptables -A INPUT -i lo -j ACCEPT
iptables -A INPUT -m state --state ESTABLISHED,RELATED -j ACCEPT
iptables -A INPUT -p tcp -m multiport --dport 80,22 -j ACCEPT
iptables -A INPUT -p icmp --icmp-type 0 -j ACCEPT

iptables -A OUTPUT -o lo -j ACCEPT
iptables -A OUTPUT -m state --state ESTABLISHED,RELATED -j ACCEPT
iptables -A OUTPUT -p tcp -m multiport --sport 80,22 -j ACCEPT
iptables -A OUTPUT -p icmp --icmp-type 8 -j ACCEPT
```

执行此脚本后，我们还是照常用 iptables -nv -L 查看执行后的结果，命令如下：

```
iptables -nv -L
```

此命令显示结果如下：

```
Chain INPUT (policy DROP 71 packets, 5964 bytes)
pkts bytes  target      prot opt in      out      source                  destination
    0     0 ACCEPT      all  --  lo      *        0.0.0.0/0               0.0.0.0/0
  312 21904 ACCEPT      all  --  *       *        0.0.0.0/0               0.0.0.0/0
      state RELATED,ESTABLISHED
    0     0 ACCEPT      tcp  --  *       *        0.0.0.0/0               0.0.0.0/0
        multiport dports 80,22
    0     0 ACCEPT      icmp --  *       *        0.0.0.0/0               0.0.0.0/0
        icmp type 0

Chain FORWARD (policy DROP 0 packets, 0 bytes)
pkts bytes target       prot opt in      out      source                  destination

Chain OUTPUT (policy DROP 4 packets, 288 bytes)
```

```
pkts bytes target     prot opt in     out     source               destination
    0     0 ACCEPT     all  --  *      lo      0.0.0.0/0            0.0.0.0/0
  253 28748 ACCEPT     all  --  *      *       0.0.0.0/0            0.0.0.0/0
      state RELATED,ESTABLISHED
    0     0 ACCEPT     tcp  --  *      *       0.0.0.0/0            0.0.0.0/0
        multiport sports 80,22
    1    84 ACCEPT     icmp --  *      *       0.0.0.0/0            0.0.0.0/0
        icmp type 8
```

开启另一台服务器，IP 为 10.0.0.16，然后互相 ping 一下试试，我们会发现，10.0.0.15 可以 ping 通 10.0.0.16，但 10.0.0.16 上面却 ping 不通 10.0.0.15，命令如下：

```
ping 10.0.0.15
```

此命令执行结果如下：

```
PING 10.0.0.15 (10.0.0.15) 56(84) bytes of data.
```

我们可以在 10.0.0.16 上抓包试一下，这里为了简化操作，用 TCPDump 即可，命令如下：

```
tcpdump -i eth1 host 10.0.0.15 -vv
```

结果如下：

```
03:24:15.569748 IP (tos 0x0, ttl 64, id 0, offset 0, flags [DF], proto ICMP (1),
    length 84)
    10.0.0.16 > 10.0.0.15: ICMP echo request, id 3590, seq 169, length 64
03:24:16.569767 IP (tos 0x0, ttl 64, id 0, offset 0, flags [DF], proto ICMP (1),
    length 84)
    10.0.0.16 > 10.0.0.15: ICMP echo request, id 3590, seq 170, length 64
03:24:17.569522 IP (tos 0x0, ttl 64, id 0, offset 0, flags [DF], proto ICMP (1),
    length 84)
    10.0.0.16 > 10.0.0.15: ICMP echo request, id 3590, seq 171, length 64
03:24:18.570498 IP (tos 0x0, ttl 64, id 0, offset 0, flags [DF], proto ICMP (1),
    length 84)
    10.0.0.16 > 10.0.0.15: ICMP echo request, id 3590, seq 172, length 64
03:24:19.571417 IP (tos 0x0, ttl 64, id 0, offset 0, flags [DF], proto ICMP (1),
    length 84)
    10.0.0.16 > 10.0.0.15: ICMP echo request, id 3590, seq 173, length 64
03:24:20.578735 IP (tos 0x0, ttl 64, id 0, offset 0, flags [DF], proto ICMP (1),
    length 84)
    10.0.0.16 > 10.0.0.15: ICMP echo request, id 3590, seq 174, length 64
03:24:21.587630 IP (tos 0x0, ttl 64, id 0, offset 0, flags [DF], proto ICMP (1),
    length 84)
    10.0.0.16 > 10.0.0.15: ICMP echo request, id 3590, seq 175, length 64
03:24:22.588459 IP (tos 0x0, ttl 64, id 0, offset 0, flags [DF], proto ICMP (1),
    length 84)
    10.0.0.16 > 10.0.0.15: ICMP echo request, id 3590, seq 176, length 64
03:24:23.589338 IP (tos 0x0, ttl 64, id 0, offset 0, flags [DF], proto ICMP (1),
    length 84)
    10.0.0.16 > 10.0.0.15: ICMP echo request, id 3590, seq 177, length 64
```

```
03:24:24.590390 IP (tos 0x0, ttl 64, id 0, offset 0, flags [DF], proto ICMP (1),
    length 84)
    10.0.0.16 > 10.0.0.15: ICMP echo request, id 3590, seq 178, length 64
03:24:25.595589 IP (tos 0x0, ttl 64, id 0, offset 0, flags [DF], proto ICMP (1),
    length 84)
    10.0.0.16 > 10.0.0.15: ICMP echo request, id 3590, seq 179, length 64
```

具体原因分析如下：在 icmp 协议里，icmy-type 为 8 表示 ping request，即 ping 请求，而 icmp-type 为 0 表示 echo relay，即回显应答。ICMP 也是 TCP/IP 协议的一种，它也需要三次握手。10.0.0.16 向 10.0.0.15 发送 ping request 请求，但收不到 10.0.0.15 的 echo relay 消息，三次握手完成不了，所以 10.0.0.16 的机器 ping 不通 10.0.0.15。反之，10.0.0.15 的机器能 ping 通 10.0.0.16（10.0.0.16 的机器上面没有做任何 iptables 策略），这样就达到了我们要实现的目的。

7.8.3　建立安全的 vsftpd 服务器

vsftpd 有两种运行模式，一种是主动模式（ACTIVE），一种是被动模式（即大家非常熟悉的 PASV）。它们的工作机制又是怎样的呢？

21 端口是 FTP 的命令传输端口，而数据的传输分为主动模式和被动模式，主动模式下的工作原理为：

客户端向服务器的 FTP 端口（默认是 21）发送连接请求，服务器接受连接，建立一条命令链路。当需要传送数据时，客户端在命令链路上用 PORT 命令告诉服务器："我打开了 xx 端口，你过来连接我"。于是服务器从 20 端口向客户端的 xx 端口发送连接请求，建立了一条数据链路来传送数据。

这种被动方式是为了解决服务器发起到客户连接的问题而开发的一种不同的 FTP 连接方式，或者叫做 PASV，当客户端通知服务器它处于被动模式时才会启用。

在被动方式 FTP 中，命令连接和数据连接都由客户端发起，这样就可以解决从服务器到客户端数据端口的入方向连接被防火墙过滤掉的问题。它的工作原理是：当开启一个 FTP 连接时，客户端打开两个任意的非特权本地端口（N>1024 和 N+1），第一个端口连接服务器的 21 端口，但与主动方式的 FTP 不同的是，客户端不会提交 PORT 命令并允许服务器来回连接它的数据端口，而是提交 PASV 命令。这样做的结果是服务器会开启一个任意的非特权端口（端口大于 1024），并发送 PORT 命令给客户端。然后客户端发起从本地端口 N+1 到服务器端口的连接，以传送数据。

对于服务器端的防火墙来说，必须允许下面的通信才能支持被动方式的 FTP：

- 可从任何端口到服务器的 21 端口（客户端初始化的连接 Client → Server）。
- 可从服务器的 21 端口到任何大于 1024 的端口（服务器响应到客户端的控制端口的连接 S → C）。
- 可从任何端口到服务器的大于 1024 的端口（客户端初始化数据连接到服务器指定的任意端口 Client → Server）。

- 可从服务器的大于 1024 的端口到远程的大于 1024 的端口（服务器发送 ACK 响应和数据到客户端的数据端口 Server → Client）。

请大家注意选择模式的原则，如下所示：

- Client 没有防火墙时，用主动模式连接即可。
- Server 没有防火墙时，用被动模式连接即可。
- 双方都有防火墙时，vsftpd 设置被动模式高端口范围，server 打开那段范围，client 用被动模式连接即可。

这里我们重开局域网的两台机器，vsftpd 的机器 IP 为 192.168.185.153，系统为 CentOS 6.8 x86_64，vsftpd 客户端机器 IP 为 192.168.184.36，系统为 windows 8.1 x86_64，在此机器上部署了 64 位的 wireshark（主要是考虑进行图形化操作时 windows 系统更为方便）。首先，在 vsftpd 机器执行 iptables 相关脚本，计划以被动模式连接（vsftpd 服务器没有开放 20 端口）。代码如下所示：

```
#!/bin/bash
iptables -F
iptables -X
iptables -Z

#FTP需要ip_nat_ftp模块
modprobe ip_conntrack_ftp
modprobe ip_nat_ftp

#这里为了实验效果，OUTPUT默认策略也定义为DROP
iptables -P INPUT DROP
iptables -P OUTPUT DROP
iptables -P FORWARD ACCEPT

#打开回环口，免得不必要的麻烦
iptables -A INPUT -i lo  -j ACCEPT
iptables -A OUTPUT -o lo -j ACCEPT

#22和21端口都打开，确认这二个端口的数据都会被顺利放行,但请大家注意的是，这里并没有开放20端口
iptables -A INPUT -p tcp --dport 22 -j ACCEPT
iptables -A OUTPUT -p tcp --sport 22 -j ACCEPT
iptables -A INPUT -p tcp --dport 21 -j ACCEPT
iptables -A OUTPUT -p tcp --sport 21 -j ACCEPT

#与FTP-DATA有关的RELATED包都会被放行，用状态来约束数据包比用端口智能些
iptables -A INPUT -p tcp  -m state --state ESTABLISHED,RELATED  -j ACCEPT
iptables -A OUTPUT -p tcp -m state --state ESTABLISHED,RELATED  -j ACCEPT
```

执行脚本后，照例查看执行后的 iptables 结果，命令如下：

```
iptables -nv -L
```

此命令显示结果如下：

```
Chain INPUT (policy DROP 0 packets, 0 bytes)
```

```
pkts bytes target     prot opt in     out     source               destination
    0     0 ACCEPT     all  --  lo     *       0.0.0.0/0            0.0.0.0/0
33  2152     ACCEPT     tcp  --  *      *       0.0.0.0/0            0.0.0.0/0
    tcp dpt:22
    0     0 ACCEPT     tcp  --  *      *       0.0.0.0/0            0.0.0.0/0
        tcp dpt:21
    0     0 ACCEPT     tcp  --  *      *       0.0.0.0/0            0.0.0.0/0
        state RELATED,ESTABLISHED

Chain FORWARD (policy ACCEPT 0 packets, 0 bytes)
pkts bytes target     prot opt in     out     source               destination

Chain OUTPUT (policy DROP 0 packets, 0 bytes)
pkts bytes target     prot opt in     out     source               destination
    0     0 ACCEPT     all  --  *      lo      0.0.0.0/0            0.0.0.0/0
17   1596 ACCEPT      tcp  --  *      *       0.0.0.0/0            0.0.0.0/0
      tcp spt:22
    0     0 ACCEPT     tcp  --  *      *       0.0.0.0/0            0.0.0.0/0
        tcp spt:21
    0     0 ACCEPT     tcp  --  *      *       0.0.0.0/0            0.0.0.0/0
        state RELATED,ESTABLISHED
```

然后我们启动 vsftpd 服务，因为是实验环境，可以将其 chkconfig 状态也配置为 on，具体命令如下所示：

```
service vsftpd start
chkconfig vsftpd on
```

在客户端机器上用 wireshark 进行抓包，其规则如图 7-9 所示。

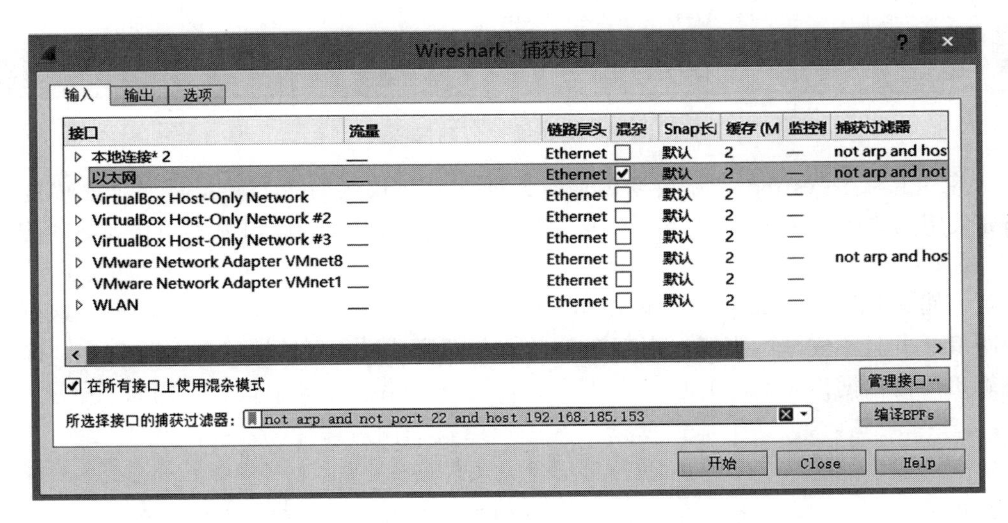

图 7-9　wireshark 工具抓包规则图示

我们在客户机机器上面用 ftp 相关工具进行登录，这里的用户和相关密码为 yhc:yhc

87654321，然后进行相关下载和上传工作，我们发现一切顺利，证明此脚本是生效的。而此时 vsftpd 机器上面的抓包结果如图 7-10 和图 7-11 所示。

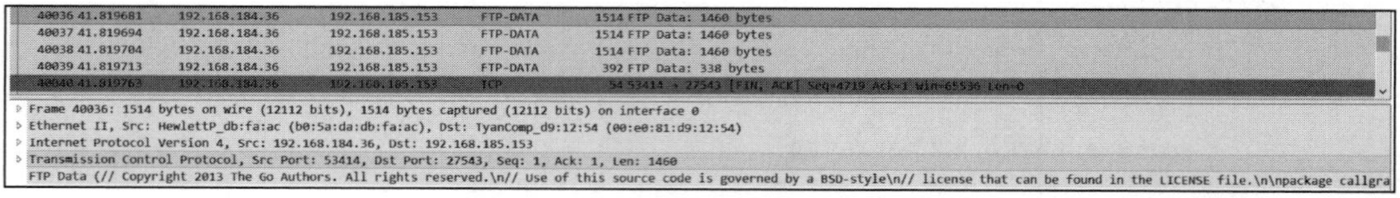

图 7-10 vsftpd 抓包结果图（一）

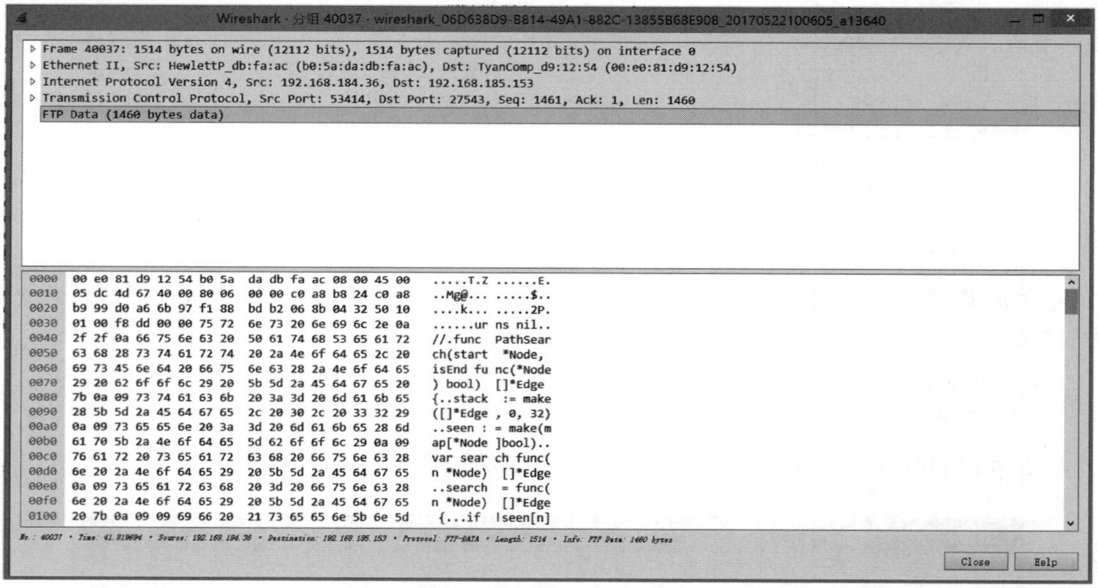

图 7-11 vsftpd 抓包结果图（二）

大家可以关注 vsftpd 实际数据传输时，即此时协议为 FTP-DATA 时，客户端机器和 vsftpd 采用的均为大于 1024 的端口传输数据，正好验证了我们此前关于 vsftpd 被动传输时的观点。

大家可以思考下，如果我们不采用状态的方式而用端口的方式来处理的话，这里会是一件很麻烦并且不安全的事情。由于 FTP 数据包的源端口和目的端口都大于 1024，而且还是多端口传输数据，如果这个地方采用端口号的方式来做会非常麻烦，代码如下所示：

```
iptables -A INPUT -p tcp --sport 1024:  --dport 1024: -j ACCEPT
iptables-A OUTPUT -p tcp --sport 1024: --dport 1024: -j ACCEPT
```

如果加上这两句话，相当于开放了 1024 以上的所有端口，那还有何安全可言？如果要在这种情况下对端口进行限制，就需要在 vsftpd 配置多个端口，然后分别针对这些端口进行允许的操作。但是如果用状态来设置就会简单方便得多，所以这也是 iptables 状态防火墙更智能的原因。

7.9　线上生产服务器的 iptables 脚本

在编写安全的 iptables 脚本之前，要先做好准备工作。现在比较新的 Centos 系统版本是 CentOS 6.8 x86_64，可以通过如下命令查看它自带的 iptables 版本：

```
iptables --version
```

或者使用另一个命令：

```
iptables -V
```

两者皆可以显示如下结果：

```
iptables v1.4.7
```

如果要查看系统的内核版本号，可以用如下命令：

```
uname -r
```

命令显示结果如下：

```
2.6.32-642.el6.x86_64
```

为什么要采用较新的 Centos 系统呢，这是因为 iptables 现在有许多新的模块，如果在原有的老系统和老内核上采用这些新的 iptables 模块，必须要采取重新编译内核的方法。不过现在新版的 Centos 系统自带的 iptables 新版本已经支持了原先不支持的许多模块，如 connlimit、recent 模块等，所以我们部署 iptables 防火墙就容易多了。

注意　鉴于 iptables v1.3.x 和 iptablesv1.4.7 的语法有细微的区别，除了线上生产服务器（基于稳定的原则，线上环境不可能随便去更改内核及 iptables 版本），以下所有的 iptables 脚本都以 CentOS 6.x86_64 系统、内核版本 2.6.32-642.el6.x86_64、iptables 版本 1.4.7 为平台进行说明。

在调试 iptables 脚本之前，由于这里的服务器都涉及生产服务器，为了防止意外事件发生，配置了一个 Crontab 计划任务，每 5 分钟关闭一次防火墙，免得将自己千里之外的防火墙 SSH 连接都断掉，那样就得不偿失了，编辑 /etc/crontab 计划任务，如下：

```
*/5 * * * * root /etc/init.d/iptables stop
```

等确保 iptables 万无一失以后，才能清除掉此计划任务。

7.9.1　安全的主机 iptables 防火墙脚本

下面以笔者自己的线上 iRedMail 邮件服务器（此机器系统为 CentOS 5.1 x86_64，此邮件服务器上线时间比较早，2008 年左右）为例进行说明，系统的默认策略是 INPUT 为

DROP，OUTPUT、FORWARD 链为 ACCEPT，DROP 设置得比较宽松，因为我们知道出去的数据包比较安全。

脚本代码如下：

```
#/bin/bash
iptables -F
iptables -F -t nat
iptables -X

iptables -P INPUT DROP
iptables -P OUTPUT ACCEPT
iptables -P FORWARD ACCEPT

#load connection-tracking modules
modprobe ip_conntrack
modprobe iptable_nat

iptables -A INPUT -f -m limit --limit 100/sec --limit-burst 100 -j ACCEPT
iptables -A FORWARD -p icmp --icmp-type echo-request -m limit --limit 1/s
    --limit-burst 10 -j ACCEPT
iptables -A INPUT -p tcp -m tcp --tcp-flags SYN,RST,ACK SYN -m limit --limit 20/
    sec --limit-burst 200 -j ACCEPT

iptables -A INPUT -i lo -j ACCEPT
iptables -A OUTPUT -o lo -j ACCEPT
iptables -A INPUT -m state --state ESTABLISHED,RELATED -j ACCEPT
iptables -A INPUT -p tcp -m multiport --dport 80,443,25,465,110,995,143,993,587,
    465,22 -j ACCEPT
```

查看 iptables 的详细规则，命令如下：

```
iptables -nv -L
```

此命令显示结果如下：

```
Chain INPUT (policy DROP 0 packets, 0 bytes)
pkts bytes target     prot opt in     out     source               destination
    0     0 ACCEPT     all  -f  *      *       0.0.0.0/0            0.0.0.0/0
        limit: avg 100/sec burst 100
    0     0 ACCEPT     tcp  --  *      *       0.0.0.0/0            0.0.0.0/0
        tcp flags:0x16/0x02 limit: avg 20/sec burst 200
    0     0 ACCEPT     all  --  lo     *       0.0.0.0/0            0.0.0.0/0
26  1925 ACCEPT     all  --  *      *       0.0.0.0/0            0.0.0.0/0
        state RELATED,ESTABLISHED
    0     0 ACCEPT     tcp  --  *      *       0.0.0.0/0            0.0.0.0/0
        multiport dports 80,443,25,465,110,995,143,993,587,465,22
Chain FORWARD (policy ACCEPT 0 packets, 0 bytes)
pkts bytes target     prot opt in     out     source               destination
    0     0 ACCEPT     icmp --  *      *       0.0.0.0/0            0.0.0.0/0
        icmp type 8 limit: avg 1/sec burst 10
Chain OUTPUT (policy ACCEPT 20 packets, 1873 bytes)
```

```
 pkts bytes target     prot opt in     out     source               destination
    0     0 ACCEPT     all  --  *      lo      0.0.0.0/0            0.0.0.0/0
```

我们在主机的防护上配置了一些安全措施，以防止外部的 ping 和 SYN 洪水攻击，并且考虑到外部的疯狂端口扫描软件可能会影响服务器的入口带宽，所以在这里也做了限制。命令如下：

```
iptables -A INPUT -p tcp --syn -m limit --limit 100/s --limit-burst 100-j  ACCEPT
```

上面的命令表示每秒钟最多允许 10 个新连接，请注意这里的新连接指的是 state 为 New 的数据包，在后面也配置了允许状态为 ESTABLISHED 和 RELATED 的数据通过。另外，100 这个阈值则要根据服务器的实际情况来调整，如果是并发量不大的服务器，则要将这个数值调小，如果是访问量非常大且并发数不小的服务器，则这个值还需要调大。再看以下命令：

```
iptables -A FORWARD -p icmp --icmp-type echo-request -m limit --limit 1/s -limit
    -burst 10 -j ACCEPT
```

这是为了防止 ping 洪水攻击，限制每秒的 ping 包不超过 10 个。

```
iptables -A INPUT -p tcp -m tcp --tcp-flags SYN,RST,ACK SYN -m limit --limit 20/
    sec --limit-burst 200 -j ACCEPT
```

上面的命令防止各种端口扫描，将 SYN 及 ACK SYN 限制为每秒钟不超过 200 个，避免将数务器带宽耗尽。

还可以运行 nmap 工具扫描此机器的公网地址 211.143.x.x（此公网 IP 已做无害处理），命令如下：

```
nmap -P0 -sS 211.143.x.x
```

此命令的执行结果如下：

```
Starting Nmap 4.11 ( http://www.insecure.org/nmap/ ) at 2009-03-29 16:21 CST
Interesting ports on 211.143.x.x:
Not shown: 1668 closed ports
PORT      STATE SERVICE
22/tcp     open    ssh
25/tcp     open    smtp
80/tcp     open    http
110/tcp    open    pop3
111/tcp    open    rpcbind
143/tcp    open    imap
443/tcp    open    https
465/tcp    open    smtps
587/tcp    open    submission
993/tcp    open    imaps
995/tcp    open    pop3s
1014/tcp open     unknown
```

在这里发现有一个 1014 端被某个进程打开了，用如下命令查看：

```
lsof -i:1014
```

查看发现又是 rpc.statd 打开的，该服务每次用的端口都不一样。本想置之不理，但如果 rpc.statd 不能正确处理 SIGPID 信号，远程攻击者可利用这个漏洞关闭进程，进行拒绝服务攻击，所以还是得想办法解决。可以看到，rpc.statd 是由服务 nfslock 开启的，进一步查询得知它是一个可选的进程，它允许 NFS 客户端在服务器上对文件加锁。这个进程对应于 nfslock 服务，于是考虑关闭此服务，命令如下：

```
service nfslock stop
chkconfig nfslock off
```

7.9.2 自动分析黑名单及白名单的 iptables 脚本

本 iptables 脚本是一个自动分析黑名单和白名单的安全脚本，脚本路径为 /root/deny_100.sh。运行此脚本时要注意的是：

- 此脚本能自动过滤掉企业中通过 NAT 出去的白名单 IP，很多中小企业都是以 iptables 作为 NAT 软路由上网的，可以将一些与我们有往来的公司及本公司的安全 IP 添加进白名单，以防错误过滤。
- 这里定义的阈值 DEFIIN 是 100，其实这个值应该根据具体生产环境而定，50～100 较好。
- 此脚本原理其实很简单，通过判断瞬间连接数是否大于 100 来决择，如果是白名单里的 IP 则跳过，如果不是，则用 iptables -I 参数将此恶意 IP 禁掉。这里建议不要用 -A，-A 在 iptables 的规则里是最后添加的，往往达不到即时剔除的效果。大家都知道，iptables 中针对链的操作其实是有规则编号的，-I 表示在规则的最前面插入，而 iptables 是按照规则的顺序来生效的，所以可以采用 -I 实现立即禁止某 IP 的目的。
- 此脚本是在线上的邮件服务器上进行调试的，系统为 CentOS5.1 x86_64。

可以用 cat 命令来查看脚本内容，如下：

```
cat /root/deny_100.sh
```

/root/deny_100.sh 脚本的内容如下：

```
#/bin/bash
netstat -an| grep :25 | grep -v 127.0.0.1 |awk '{ print $5 }' | sort|awk -F:
    '{print $1,$4}' | uniq -c | awk '$1 >50 {print $1,$2}' > /root/black.txt

for i in `awk '{print $2}' /root/black.txt`
do
COUNT=`grep $i /root/black.txt | awk '{print \$1}'`
DEFINE="1000"
ZERO="0"
if [ $COUNT -gt $DEFINE ];
    then
    grep $i /root/white.txt > /dev/null
```

```
    if [ $? -gt $ZERO ];
    then
echo "$COUNT $i"
iptables -I INPUT -p tcp -s $i -j DROP
fi
fi
done
```

2009 年 3 月 30 日下午 14:25 分，用下列命令监控：

```
netstat -an| grep :25 | grep -v 127.0.0.1 |awk '{ print $5 }' | sort|awk -F:
    '{print $1}' | uniq -c | awk '$1 >100'
```

此命令执行后显示的内容如下：

```
1122 219.136.163.207
17 61.144.157.236
```

219.136.163.207 这个 IP 的瞬间连接数为 1122，这个值明显不正常，这极有可能是一个攻击 IP，用 http://www.ip138.com 查证，发现如下结果：

```
ip138.com IP查询（搜索IP地址的地理位置）
您查询的IP:219.136.163.207
本站主数据：广东省广州市电信（荔湾区）
参考数据一：广东省广州市电信（荔湾区）
参考数据二：广东省广州市荔湾区电信ADSL
```

调用 deny_100.sh 将此 IP 禁止，再运行 ./root/count.sh 后就无显示了，表明脚本执行成功，可用 iptables -nL 验证，另外，要允许此脚本每 10 分钟执行一次，命令如下：

```
*/10 * * * * root /bin/sh /root/deny_100.sh
```

一般来说，10 分钟或更长时间执行一次此脚本是没有问题的，因为此脚本只要发现有大量可疑 IP 连接，在排除是白名单的情况下会立即禁止此 IP 访问。

注意 有的朋友喜欢使用 while 循环的方法，这里也可以用，但要注意防止出现死循环的问题，故而一定要记得带上 sleep 语句。

在局域网下模拟测试攻击来测试此脚本：

我们可以在本机 iptables 防火墙（Server 机器 IP 为 10.0.0.15）上，将此脚本监听端口由 25 改成 80 端口，记得提前开启 Appache 服务。然后在另一台 CentOS 6.8x86_64 机器，比如 10.0.0.16 上安装 webbench 软件，用它来模拟 80 端口的攻击。

Webbench 是一个在 linux 下使用非常简单的网站压测工具。它使用 fork() 模拟多个客户端同时访问我们设定的 URL，测试网站在压力下工作的性能，最多可以模拟 3 万个并发连接去测试网站的负载能力。Webbench 使用 C 语言编写，代码十分简洁，源码加起来不到 600 行。

推荐下载地址为：https://github.com/EZLippi/WebBench。

先进入 /usr/local/src 目录，然后 git clone，如下：

```
https://github.com/EZLippi/WebBench.git
```

源码编译安装之前记得先提前安装好 gcc 等基础库，命令如下所示：

```
yum install gcc gcc-c++ make ctags
```

然后再进行编译安装，如下所示：

```
make && make install
```

命令显示结果如下，表示安装成功了：

```
install -d /usr/local/webbench/bin
install -s webbench /usr/local/webbench/bin
ln -sf /usr/local/webbench/bin/webbench /usr/local/bin/webbench
install -d /usr/local/man/man1
install -d /usr/local/webbench/man/man1
install -m 644 webbench.1 /usr/local/webbench/man/man1
ln -sf /usr/local/webbench/man/man1/webbench.1 /usr/local/man/man1/webbench.1
install -d /usr/local/webbench/share/doc/webbench
install -m 644 debian/copyright /usr/local/webbench/share/doc/webbench
install -m 644 debian/changelog /usr/local/webbench/share/doc/webbench
```

大家可以用 webben -h 命令来查看详细使用说明，如下所示：

```
webbench [option]... URL
    -f|--force                 Don't wait for reply from server.
    -r|--reload                Send reload request - Pragma: no-cache.
-t|--time <sec>                Run benchmark for <sec> seconds.Default 30.
    -p|--proxy <server:port> Use proxy server for request.
    -c|--clients <n>           Run <n> HTTP clients at once. Default one.
-9|--http09                    Use HTTP/0.9 style requests.
-1|--http10                    Use HTTP/1.0 protocol.
-2|--http11                    Use HTTP/1.1 protocol.
    --get                      Use GET request method.
    --head                     Use HEAD request method.
    --options                  Use OPTIONS request method.
    --trace                    Use TRACE request method.
    -?|-h|--help               This information.
    -V|--version               Display program version.
```

然后用以下命令进行压力测试（模拟端口攻击）：

```
webbench -t 1000 -c 150 http://10.0.0.15/
```

此行的意思是在 1000s 的单位时间内，模拟 150 个并发去访问 http://10.0.0.15 的网站。我们在服务器上可以执行如下命令，观测 iptables 的执行结果：

```
iptables -nv -L
```

命令显示结果如下：

```
Chain INPUT (policy ACCEPT 41 packets, 2749 bytes)
```

```
pkts bytes target     prot opt in     out     source               destination
2165  125K DROP       tcp  --  *      *       10.0.0.16            0.0.0.0/0

Chain FORWARD (policy ACCEPT 0 packets, 0 bytes)
pkts bytes target     prot opt in     out     source               destination

Chain OUTPUT (policy  ACCEPT 1096 packets, 1524K bytes)
pkts bytes target     prot opt in     out     source               destination
```

然后试着在 10.0.0.16 的机器上用 elinks 或 curl 访问 10.0.0.15 的 Apache 服务，这时已经访问不了了，证明此脚本运行成功，有兴趣的朋友可以依照以上步骤进行实验。

将此脚本放在线上服务器使用时，发现对于非 Web 的应用服务器，如 Mail、DNS 等应用服务器确实有效果，而对于 Web 应用服务器效果不是特别明显。这是因为现在有许多 Web 服务器，特别是存储海量图片小文件的服务器，如果单击某一个链接，可能会同时产生许多对应页面的链接，而这个 IP 在 netstat 中对应的链接数就有 100 多个，故而脚本会认为此 IP 是危险的，应该 DROP 掉它，但我们通过 Nginx 的日志分析，发现这个客户端的 IP 是一个正常的客户 IP，因此将此脚本应用于 Web 服务器不太合适。笔者目前也只将其用于邮件服务器和 DNS 服务器，请大家在实际工作中也注意甄别使用，如果确实需要限制 IP 在单位时间内的连接次数，可以利用 iptables 的 recent 模块进行，下一节将会跟大家详细说明。

7.9.3　利用 recent 模块限制同一 IP 的连接数

上一节向大家演示了自动区别黑名单和白名单的 iptables 脚本，发现将其应用于 Web 服务器的效果并不是太好，如果想限制瞬间连接数过大的恶意 IP 地址，可以考虑使用 iptables 的模块 recent。

新版的 iptables 有个简单高效的功能，可以用它阻止瞬间联机太多的源 IP。这种阻挡功能在某些地方很受欢迎，比如说某大型讨论区网站，每个网页都有可能遭到无聊人士的连接，一瞬间太多的链接访问导致服务器呈呆滞状态。

此时需要使用下列三行指令，代码内容如下：

```
iptables -I INPUT -p tcp --dport 80 -m state --state NEW -m recent --name web
    --set
iptables -A INPUT -m recent --update --name web --seconds 60 --hitcount 20 -j LOG
    --log-prefix 'HTTP attack: '
iptables -A INPUT -m recent --update --name web --seconds 60 --hitcount 20 -j
    DROP
```

第一行：-I 表示将本规则插入到 INPUT 链的最上方。什么规则呢？ iptables 判断只要是 TCP 性质的联机，目标端口是 80 并且目标 IP 是我们机器 IP 的联机，就将这个联机列入这份 Web 清单中。

第二行：-A 表示将本规则附在 INPUT 链的最末端。如果在 60 秒内，同一个来源连续产生了多个联机，在到达第 20 个联机时，对此联机留下 Log 记录。记录行会以 HTTP attack 开头。

第三行：-A 表示将本规则附在 INPUT 链的最末端。在与第二行同样的条件下，本次的动作则是将此联机给断掉，即将每 60 秒内有 20 个联机的数据包给 DROP 掉。

所以，这三行规则表示，我们允许一个客户端，每一分钟内可以接上服务器的 20 个新连接，具体数值由具体的生产环境决定。这些规则也可以用在其他对 Internet 开放的应用服务上，例如 Mail 邮件服务器和 DNS 解析服务器。

为什么新版的 iptables 在阻挡上很有效率呢？因为在旧版的 iptables 中并没有这些新模块功能，导致我们需要使用操作系统的 SHELL（比如 netstat）接口，周期性地执行网络检查与拦阻动作。前者只动用到网络层的资源，而后者已经是应用层的大量（相对而言）运算。试想，服务器资源都已被非法客户端消耗殆尽，哪还有余力周期性地呼叫软件层级的计算来阻挡非法客户端呢？新版的 iptables 增加了此模块后就可以直接禁止恶意 IP，而不再需要调用操作系统的 SHELL 接口，所以更有效率。

接下来测试一下这个脚本的效果，步骤如下。

1）将这三句话写成脚本形式，方便执行操作（此机器系统为 CentOS 6.8 x86_64，IP 为 10.0.0.12），代码如下：

```
#!/bin/bash
iptables -I INPUT -p tcp --dport 80 -m state --state NEW -m recent --name web
    --set
iptables -A INPUT -m recent --update --name web --seconds 60 --hitcount 20 -j LOG
    --log-prefix 'HTTP attack: '
iptables -A INPUT -m recent --update --name web --seconds 60 --hitcount 20 -j
    DROP
```

执行结果如下：

```
Chain INPUT (policy ACCEPT 53 packets, 3524 bytes)
pkts bytes target      prot opt in     out     source               destination
    0     0            tcp  --  *      *       0.0.0.0/0            0.0.0.0/0
        tcp dpt:80 state NEW recent: SET name: web side: source
    0     0 LOG        all  --  *      *       0.0.0.0/0            0.0.0.0/0
        recent: UPDATE seconds: 60 hit_count:  20 name: web side: source LOG flags
        0 level 4 prefix `HTTP attack: '
    0     0 DROP       all  --  *      *       0.0.0.0/0            0.0.0.0/0
        recent: UPDATE seconds: 60 hit_count:  20 name: web side: source

Chain FORWARD (policy  ACCEPT 0 packets, 0 bytes)
pkts bytes target      prot opt in     out     source               destination

Chain OUTPUT (policy   ACCEPT 28 packets, 2556 bytes)
pkts bytes target      prot opt in     out     source               destination
```

2）这台机器开启了 Apache 服务，对外提供 httpd 服务，可以在另一台 IP 为 10.0.0.13 的机器上面运行 Webbench 压力测试工具来模拟非法攻击，命令如下：

```
webbench -t 1000 -c 500 http://10.0.0.12/
```

命令显示结果如下：

```
Webbench - Simple Web Benchmark 1.5
Copyright (c) Radim Kolar 1997-2004, GPL Open Source Software.
Request:
GET / HTTP/1.0
User-Agent: WebBench 1.5
Host: 10.0.0.12
Runing info: 500 clients, running 1000 sec.
```

3）观察结果可以得知，在相当长的时间内（即时间为 1000s 的时间段内），IP 地址为 10.0.0.13 的机器访问不了 10.0.0.12 的 Web 服务（用 elinks 访问的话，会提示“Connection timeout”的错误），只有过了这段压力测试的时间后，此机器才能正常访问 10.0.0.12 的 Web 服务，证明脚本是有效果的。

此时观察 Apache 主机上的防火墙规则，发现很多数据包都被 Drop 掉了，如下所示：

```
Chain INPUT (policy ACCEPT 2096 packets, 1629K bytes)
pkts bytes target      prot opt in      out     source                destination
11721  703K            tcp  --  *       *       0.0.0.0/0             0.0.0.0/0
    tcp dpt:80 state NEW recent: SET name: web side: source
12010  727K LOG        all  --  *       *       0.0.0.0/0             0.0.0.0/0
    recent: UPDATE seconds: 60 hit_count: 20 name: web side: source LOG flags 0
    level 4 prefix `HTTP attack: '
12010  727K DROP       all  --  *       *       0.0.0.0/0             0.0.0.0/0
    recent: UPDATE seconds: 60 hit_count: 20 name: web side: source

Chain FORWARD (policy  ACCEPT 0 packets, 0 bytes)
pkts bytes target      prot opt in      out     source                destination

Chain OUTPUT (policy ACCEPT 1246 packets, 228K bytes)
pkts bytes target      prot opt in      out     source                destination
```

还可以查看服务器的 iptables 日志，输入以下命令即可查看系统的最后 100 条日志（iptables 日志默认放在 /var/log/messages 里）：

```
tail -n100 /var/log/messages
```

执行结果如下：

```
52653 DPT=80 WINDOW=457 RES=0x00 ACK PSH URGP=0
May 21 11:10:14 server kernel: HTTP attack: IN=eth1 OUT= MAC=08:00:27:9a:6b:2e:0
   8:00:27:cc:fa:a4:08:00 SRC=10.0.0.13 DST=10.0.0.12 LEN=113 TOS=0x00 PREC=0x00
   TTL=64 ID=59263 DF PROTO=TCP SPT=52654 DPT=80 WINDOW=457 RES=0x00 ACK PSH
   URGP=0
May 21 11:10:14 server kernel: HTTP attack: IN=eth1 OUT= MAC=08:00:27:9a:6b:2e:0
   8:00:27:cc:fa:a4:08:00 SRC=10.0.0.13 DST=10.0.0.12 LEN=113 TOS=0x00 PREC=0x00
   TTL=64 ID=48259 DF PROTO=TCP SPT=52651 DPT=80 WINDOW=457 RES=0x00 ACK PSH
   URGP=0
May 21 11:10:14 server kernel: HTTP attack: IN=eth1 OUT= MAC=08:00:27:9a:6b:2e:0
   8:00:27:cc:fa:a4:08:00 SRC=10.0.0.13 DST=10.0.0.12 LEN=113 TOS=0x00 PREC=0x00
```

```
    TTL=64 ID=9265 DF PROTO=TCP SPT=52661 DPT=80 WINDOW=457 RES=0x00 ACK PSH
    URGP=0
May 21 11:10:14 server kernel: HTTP attack: IN=eth1 OUT= MAC=08:00:27:9a:6b:2e:0
    8:00:27:cc:fa:a4:08:00 SRC=10.0.0.13 DST=10.0.0.12 LEN=113 TOS=0x00 PREC=0x00
    TTL=64 ID=38952 DF PROTO=TCP SPT=52658 DPT=80 WINDOW=457 RES=0x00 ACK PSH
    URGP=0
May 21 11:10:14 server kernel: HTTP attack: IN=eth1 OUT= MAC=08:00:27:9a:6b:2e:0
    8:00:27:cc:fa:a4:08:00 SRC=10.0.0.13 DST=10.0.0.12 LEN=52 TOS=0x00 PREC=0x00
    TTL=64 ID=16836 DF PROTO=TCP SPT=52652 DPT=80 WINDOW=547 RES=0x00 ACK FIN
    URGP=0
May 21 11:10:14 server kernel: HTTP attack: IN=eth1 OUT= MAC=08:00:27:9a:6b:2e:0
    8:00:27:cc:fa:a4:08:00 SRC=10.0.0.13 DST=10.0.0.12 LEN=52 TOS=0x00 PREC=0x00
    TTL=64 ID=24508 DF PROTO=TCP SPT=52650 DPT=80 WINDOW=638 RES=0x00 ACK FIN
    URGP=0
May 21 11:10:14 server kernel: HTTP attack: IN=eth1 OUT= MAC=08:00:27:9a:6b:2e:
    08:00:27:cc:fa:a4:08:00 SRC=10.0.0.13 DST=10.0.0.12 LEN=52 TOS=0x00 PREC=0x00
    TTL=64 ID=7479 DF PROTO=TCP SPT=52649 DPT=80 WINDOW=547 RES=0x00 ACK FIN URGP=0
May 21 11:10:14 server kernel: HTTP attack: IN=eth1 OUT= MAC=08:00:27:9a:6b:2e:0
    8:00:27:cc:fa:a4:08:00 SRC=10.0.0.13 DST=10.0.0.12 LEN=52 TOS=0x00 PREC=0x00
    TTL=64 ID=28075 DF PROTO=TCP SPT=52656 DPT=80 WINDOW=547 RES=0x00 ACK FIN
    URGP=0
May 21 11:10:14 server kernel: HTTP attack: IN=eth1 OUT= MAC=08:00:27:9a:6b:2e:0
    8:00:27:cc:fa:a4:08:00 SRC=10.0.0.13 DST=10.0.0.12 LEN=52 TOS=0x00 PREC=0x00
    TTL=64 ID=16022 DF PROTO=TCP SPT=52655 DPT=80 WINDOW=547 RES=0x00 ACK FIN
    URGP=0
May 21 11:10:16 server kernel: HTTP attack: IN=eth1 OUT= MAC=08:00:27:9a:6b:2e:0
    8:00:27:cc:fa:a4:08:00 SRC=10.0.0.13 DST=10.0.0.12 LEN=64 TOS=0x00 PREC=0x00
    TTL=64 ID=28076 DF PROTO=TCP SPT=52656 DPT=80 WINDOW=547 RES=0x00 ACK URGP=0
May 21 11:10:16 server kernel: HTTP attack: IN=eth1 OUT= MAC=08:00:27:9a:6b:2e:0
    8:00:27:cc:fa:a4:08:00 SRC=10.0.0.13 DST=10.0.0.12 LEN=64 TOS=0x00 PREC=0x00
    TTL=64 ID=16023 DF PROTO=TCP SPT=52655 DPT=80 WINDOW=547 RES=0x00 ACK URGP=0
May 21 11:10:16 server kernel: HTTP attack: IN=eth1 OUT= MAC=08:00:27:9a:6b:2e:0
    8:00:27:cc:fa:a4:08:00 SRC=10.0.0.13 DST=10.0.0.12 LEN=64 TOS=0x00 PREC=0x00
    TTL=64 ID=16837 DF PROTO=TCP SPT=52652 DPT=80 WINDOW=547 RES=0x00 ACK URGP=0
May 21 11:10:16 server kernel: HTTP attack: IN=eth1 OUT= MAC=08:00:27:9a:6b:2e:0
    8:00:27:cc:fa:a4:08:00 SRC=10.0.0.13 DST=10.0.0.12 LEN=64 TOS=0x00 PREC=0x00
    TTL=64 ID=24509 DF PROTO=TCP SPT=52650 DPT=80 WINDOW=638 RES=0x00 ACK URGP=0
May 21 11:10:16 server kernel: HTTP attack: IN=eth1 OUT= MAC=08:00:27:9a:6b:2e:0
    8:00:27:cc:fa:a4:08:00 SRC=10.0.0.13 DST=10.0.0.12 LEN=64 TOS=0x00 PREC=0x00
    TTL=64 ID=7480 DF PROTO=TCP SPT=52649 DPT=80 WINDOW=547 RES=0x00 ACK URGP=0
```

我们监测到大量带有 HTTP attack 日志头的 iptables 日志，如果在工作中发现此 IP 数量重复很多，直接用 iptables-I 命令将其禁止掉，防止它下次又重新发包攻击。

值得注意的是，iptables 的 recent 模块功能虽然强大，但它并不适用于有些基于 LVS+Keepalived 的 Linux 集群环境，这是因为后端的 Web 都是通过前端的 LVS 负载均衡器来连接的，有时遇到并发数较大的情况，比如单位时间内的并发数超过 2000，这时候用 recent 模块肯定不行，另外为了数据包转包的高效性，往往要在采用 LVS+Keepalived 集群架构中的机器上关掉 iptables 防火墙。

大家都知道，LVS/DR 模式是基于公网地址的，现在 SSH 暴力破解工具比比皆是，我们又应该如何采用简单有效的方法来防止 SSH 暴力破解呢？

7.9.4　利用 DenyHosts 工具和脚本来防止 SSH 暴力破解

笔者用 Nagios 外网监控服务器进行测试时设置的密码是 redhat123456，但是放进公网的第一天就被其他人采用暴力破解的手段更改了 root 密码，后来环境部署成熟以后发现仍然有不少外网 IP 在扫描和试探，于是想到了 DenyHosts 工具，它是用 Python2.3 写的一个程序，会分析 /var/log/secure 等日志文件，当发现同一 IP 在进行多次 SSH 密码尝试时就会记录 IP 到 /etc/hosts.deny 文件上，从而达到自动屏蔽该 IP 的目的。

DenyHosts 官方下载地址为：https://github.com/denyhosts/denyhosts/releases。

安装 DenyHosts 的详细步骤如下。

1. 检查安装条件

1）首先判断系统安装的 sshd 是否支持 tcp_wrappers（默认都支持），命令如下：

```
ldd /usr/sbin/sshd | grep libwrap.so.0
libwrap.so.0 => /lib64/libwrap.so.0 (0x00007f018d14d000)
```

2）然后判断默认安装的 Python 版本，命令如下：

```
python -V
```

命令显示结果如下：

```
Python 2.6.6
```

CentOS 6.8x86_64 已默认安装了 Python 2.6.6。

2. 安装及配置 DenyHosts 工具

在确认系统已安装 Python2.3 以上版本的情况下，执行以下步骤。

1）安装 DenyHosts，命令如下：

```
cd /usr/local/src
wget https://github.com/denyhosts/denyhosts/archive/v3.1.tar.gz
tar xvf v3.1.tar.gz
cd denyhosts-3.1
python setup.py install
```

2）将源码目录中的 denyhosts.cfg 文件拷贝到 /etc 目录，命令如下所示：

```
cp/usr/local/src/denyhosts-3.1/denyhosts.cfg /etc/
```

此时，我们可以根据自己的需要对文件 denyhosts.cfg 进行相应的修改，具体配置如下：

```
SECURE_LOG = /var/log/auth.log
```

上面表示 Centos 系统中安全日志的文件位置。

```
HOSTS_DENY = /etc/hosts.deny
```

DENY 配置读取的是系统的 /etc/hosts.deny 文件。

```
PURGE_DENY = 30m
```

表示过多久后清除。

```
DENY_THRESHOLD_INVALID = 5
```

表示允许无效用户（/etc/passwd 未列出）登录失败的次数。

```
DENY_THRESHOLD_VALID = 10
```

表示允许有效（普通）用户登录失败的次数。

```
DENY_THRESHOLD_ROOT = 1
```

表示允许 root 登录失败的次数。

```
HOSTNAME_LOOKUP=NO
```

表示是否做域名反解。

3）启动 DenyHosts 工具，可以参考官方网站的文档，地址为：https://github.com/denyhosts/denyhosts/blob/master/README.md。具体配置步骤如下：

```
cp daemon-control-dist daemon-control
```

然后编辑 daemon-control 文件，修改内容如下所示：

```
DENYHOSTS_BIN   = "/usr/bin/denyhosts.py"
DENYHOSTS_LOCK  = "/var/lock/subsys/denyhosts"
DENYHOSTS_CFG   = "/etc/denyhosts.conf"
```

然后执行如下步骤，进行授权等操作：

```
chown root daemon-control
chmod 700 daemon-control
```

最后执行以下命令来启动 denyhosts 程序：

```
./daemon-control start
```

执行的时候如果有以下报错：

```
starting DenyHosts:     /usr/bin/env python /usr/bin/denyhosts.py --daemon
    --config=/etc/denyhosts.conf
Can't read: /var/log/auth.log
[Errno 2] No such file or directory: '/var/log/auth.log'
Error deleting DenyHosts lock file: /var/run/denyhosts.pid
[Errno 2] No such file or directory: '/var/run/denyhosts.pid'
[root@server denyhosts-3.1]# touch /var/log/auth.log
[root@server denyhosts-3.1]# ./daemon-control start
starting DenyHosts:     /usr/bin/env python /usr/bin/denyhosts.py --daemon
    --config=/etc/denyhosts.conf
```

记得提前建立 denyhosts 的日志文件以修正此错误，如下所示：

```
touch /var/log/auth.log
```

然后使用下面的命令启动 DenyHosts，如下所示：

```
/usr/share/denyhosts/daemon-control start
```

如果要使 DenyHosts 每次重启后自动启动，还需做如下设置：

```
# cd /etc/init.d
ln -s /usr/share/denyhosts/daemon-control denyhosts
chkconfig --add denyhosts
chkconfig --level 345 denyhosts on
```

启动命令如下：

```
service denyhosts start
```

4）如果希望 DenyHosts 随开机启动，可以执行如下操作：

```
cd /etc/init.d
ln -s /usr/share/denyhosts/daemon-control denyhosts
chkconfig --add denyhosts
```

DedyHosts 的原理很简单，就是收集 /var/log/secure 的信息，如果用户登录失败的次数超过配置文件规定的次数，则将其写进 /etc/hosts.deny 文件中，从而达到禁止访问的目的。

通常，通过 SSH 登录远程服务器时，使用密码认证，分别输入用户名和密码，两者满足一定规则就可以登录。但是密码认证有以下缺点：

- 密码配置过长容易遗忘密码，比如笔者公司内部的开发服务器经常就有进入单用户改 root 密码的需求。
- 简单密码容易被人采用暴力手段破解。
- 服务器上的一个账户若要给多人使用，则必须让所有使用者知道密码，导致密码容易泄露，而且如果有系统管理员离职，修改密码时必须通知所有人。

而使用公钥认证则可以解决上述问题，其优点如下：

- 公钥认证允许使用空密码，省去每次登录都需要输入密码的麻烦。
- 多个使用者可以通过各自的密钥登录到系统上的同一个用户。
- 用户的私匙可以加密，安全系数高。
- 方便自动化运维部署。

综上所述，建议大家采用 SSH key 认证登录的方式来代替传统的密码登录验证的方式。

7.10　工作中的 Linux 防火墙总结

以下是笔者在工作中使用 iptables 后得到的总结。

1）iptables 防火墙并不能阻止 DDOS 攻击，建议在项目实施中采购硬件防火墙，并将其置于整个系统之前，用于防 DDOS 攻击和端口映射。如果对安全有特殊要求，可再加上应用层级的防火墙，如天泰应用防火墙，其功能会更强大。应用层级的防火墙能够基于对数据报文头部和载荷的完整检测，对 Web 应用客户端输入进行验证，从而对各类已知及新兴的 Web 应用威胁提供全方位的防护，如 SQL 注入、跨站脚本、蠕虫、黑客扫描和攻击等。

2）如果线上的机器启用了 LVS/DR 集群架构方案，建议关闭 iptables 防火墙，这样做的目的是更好地提高后端服务器的网络性能，方便数据流在整个业务系统内部流通。

3）线上的机器（包括 AWS EC2 云主机）一般都有公网和内网两个 IP 地址，除了 Web 对外的业务（即 80 和 443）对公网开放以外，其他数据尽量不要对公网开放，走内网地址，比如 MySQL 或 Redis 业务等（也包括 SSH 服务）。

4）iptables 的 L 是命令，而 -v 和 -n 只是选项，它们不能进行组合，如 -Lvn。如果要列出防火墙详细规则，可采用 iptables -nv -L 或 iptables -n -v -L。

5）如果使用远程调试 iptables 防火墙，最好设置 Crontab 作业定时停止防火墙，以防止自己被锁定，5 分钟停止一次 iptables 即可，等整个脚本完全稳定后再关闭此 Crontab 作业。

6）如果使用默认禁止一切策略，在写防火墙策略时应该开放回环接口 lo（因为禁止一切就包括了 lo 回环口），回环接口 lo 在 Linux 系统中被用来作为提供本地、基于网络服务的专用网络接口，不用通过网络接口驱动器发送本地数据流，而是采用操作系统通过回环接口发送，这大大提高了性能，且关闭 lo 也会带来一些莫名其妙的问题，所以 iptables 脚本建议开启 lo 回环接口。

7）如果是电信、双线或 BGP 机房托管的服务器，在没有配置前端硬件防火墙的情况下，建议一定要开启 Linux 机器的 iptables 防火墙。

8）如果经费足够，最前端的硬件防火墙最好也做双机冗余，防止单防火墙出问题导致整个网站 Crash，防火墙跟人一样，总有顶不住压力的时候，如果有双机的话，网站出问题的几率会大大减小。

9）工作中可以利用 iptables 加上 TCP_wrappers 双结合的方法来对主机进行防护，如果说 iptables 是基于 IP 进行过滤，那么 TCP_wrappers 就是一种应用级的防火墙（下一章节会详细介绍），两者相结合后会进一步提高 Linux 系统的安全性。

10）如果业务机器需要放置于公网，建议不要用标准 22 端口提供对外服务，可以改成自定义的端口，防止一些恶意的暴力破解攻击手段。如果有可能，不要开放密码登录，走公私钥 SSH key 的方式。iptables 除了开放必要的服务以外，禁止一切 INPUT 链接。

在上面的 iptables 相关环节里，主要向大家介绍了工作中 iptables 经常涉及的部分，而 iptables 的 mangle 链以及 iptables 的模块开发并没有涉及，这个在平时的工作中用得较少，有兴趣的朋友可以自行研究。如果环境允许，可以多熟悉下硬件防火墙的性能和特点，这些在我们的工作中很有可能涉及。

7.11　小结

本章向大家详细介绍了 iptables 和 TCP_wrappers 的语法，并演示了生产环境下的 iptables 安全脚本及其在 AWS EC2 主机中的应用。然后向大家介绍了一些比较实用的安全工具，比如命令行抓包工具 TCPDump、图形化抓包工具 wireshark，以及安全扫描工具 namp 和 hping，并且总结了 Linux 服务器在工作中可采取的安全措施，希望大家通过本章内容的学习能对系统安全防护概念有所了解，掌握 Linux 服务器防护技巧并且编写适合自己服务器的 iptabales 安全脚本。

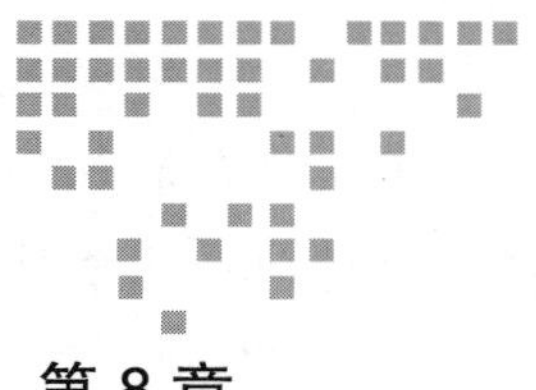

Chapter 8 第8章

Linux 系统安全相关篇

了解 iptables 防火墙后，大家可能会对它强大的 IP 过滤功能感到惊叹，但是在日常工作中，有时仅仅过滤 IP 满足不了我们的工作需求，因此，这里再介绍一种 Linux 基于应用级别的防火墙，它就是强大的 TCP_wrappers。

8.1 TCP_wrappers 应用级防火墙的介绍和应用

我们为什么总说 Linux 服务器安全呢？大家可以通过下面的流程看出，一个客户端访问 Linux 服务器的资源，其实也是一件不容易的事情，它需要突破层层封锁和权限控制。

Linux 系统访问控制的流程如下：

客户端→iptables→TCP_wrappers→服务本身的访问控制

具体说明如下：

- iptables：基于原 IP、目的 IP、原端口、目的端口进行控制。
- TCP_wrappers：对服务的本身进行控制。
- Service 本身的控制：对行为进行控制（它会结合文件和目录权限做更细致的控制）。

需要注意的是，一些特殊的应用服务是不受 TCP_wrappers 控制的，例如 httpd 和 samba，有兴趣的朋友可以通过相关实验进行验证。

TCP_wrappers 是根据 /etc/hosts.allow 及 /etc/hosts.deny 两个文件来判断用户是否能够访问服务器资源。其实，/etc/hosts.allow 与 /etc/hosts.deny 是 /usr/sbin/tcpd 的设定档，/usr/sbin/tcpd 则是用来分析进入系统的 TCP 封包的一个软件，它是由 TCP wrappers 提供的。那为什么叫做 TCP_wrappers 呢？其中 wrappers 有包裹的意思，也就是说，这个软件本身的功能就是分析 TCP 网络资料封包。前面提到网络的封包资料是以 TCP 封包为主的，这个 TCP 封包的档头至少记录了来源与目的主机的 IP 与 PORT，因此，通过分析 TCP 封包，就可以判断是否允许让这个客户端访问服务器资源。

Tcp_wrappwes 的访问控制主要通过以下两个文件实现：

```
/etc/hosts.allow
/etc/hosts.deny
```

/etc/hosts.allow 用于定义允许的访问，/etc/hosts.deny 用于定义拒绝的访问。

其实，在 /etc/hosts.allow 里也可以定义拒绝的访问，/etc/hosts.deny 也可以定义允许的访问，但不推荐大家这样操作，为什么我们要将简单的问题复杂化呢？

先来了解一下 TCP_wrappers 的访问控制判断顺序，如果客户端 IP 在通过 iptables 防火墙后想访问我们服务器的资源，系统会查看此客户端请求 IP 是否存在于 /etc/hosts.allow 列表里，如果存在，则接受此 IP；如果不存在，则继续比对 /etc/hosts.deny 列表，如果存在于 hosts.deny 列表里，则拒绝此 IP 请求；如果此 IP 在两个文件里都不存在，则接受此 IP 请求。其工作流程如图 8-1 所示。此流程图逻辑清晰，建议大家也以此流程图进行记忆。

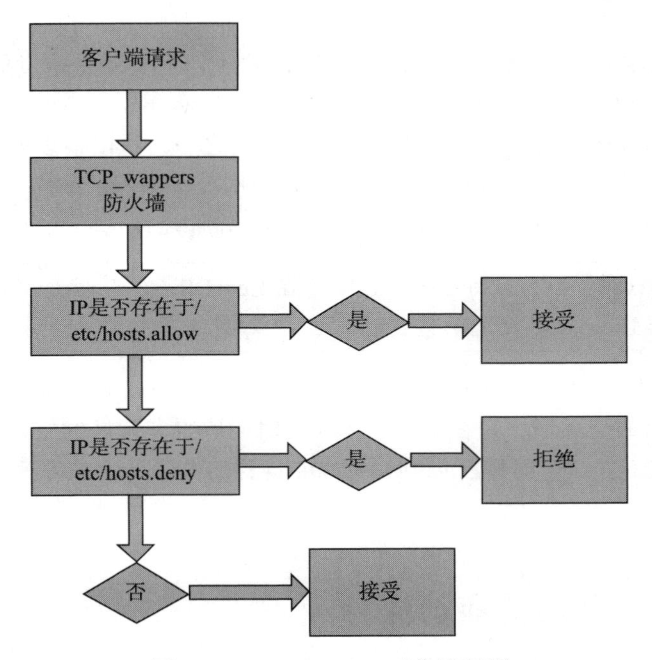

图 8-1　TCP_wappers 工作流程图

TCP_wappers 的语法格式如下：

```
<service>:<IP,domain,hostname...>:<allow|deny>
```

其语法很简单，前面接服务名，中间是冒号，后面是 IP 或 IP 段，最后的 allow 或 deny 可以省略。这里也跟大家分享一个小知识：在 Linux 系统里，点分十进制是除了 iptables 外，支持所有服务的语法，比如我们可以 /etc/hosts.allow 里写上如下内容：

```
sshd:192.168.1.0/255.255.255.0
```

即表示此服务器接受所有来自 192.168.1.0/255.255.255.0 网段机器的 SSH 请求。下面请大家思考一个比较复杂的问题，如果一个 IP 既存在于 /etc/hosts.allow 中，又存在于 /etc/deny 中（例如 192.168.1.102 这个 IP 既存在于服务器 192.168.1.104 的 /etc/hosts.allow 中，也存在于 /etc/hosts.deny 中），那么这个 IP 会被服务器接受吗？其实使用上面的流程图判断就可以得出结论，192.168.1.104 允许 192.168.1.102 的机器 SSH 登录。

那么，我们该如何利用 TCP_wappers 呢（测试机器为 CentOS 6.8 x86_64）？

一些比较复杂的服务（例如 NFS 服务）在与客户端通信时会打开几个端口，如果不在配置文件里做修改，它通信的端口会与 vsftpd 服务的被动模式一样，也就是说端口都是随机的，这样我们用 iptables 来做安全策略时非常麻烦，不过，如果通过 TCP_wappers 来设置相应的限制策略就会非常容易，例如通过配置 /etc/hosts.deny 文件来限制 192.168.1.102 的机器访问本机的 NFS 资源，可以按如下方式编辑 /etc/hosts.deny 文件，添加内容如下所示：

```
rpcbind:192.168.1.102
```

如果要使用 iptables 防火墙的 IP+ 端口的防护方法，至少要先通过抓包弄清楚 NFS 的端口问题才能够写 iptables 的规则，但如果是利用 TCP_wrappers 则可以轻松地完成这个工作，可以说 TCP_wrappers 是 iptables 最好的补充手段之一，所以很多朋友也称其为应用级防火墙。我们在做好服务器的防护工作时，可以利用 iptables 防火墙 +TCP_wrappers 的方法对服务器资源进行保护，这样其安全性也可进一步增强。

注意 CentOS 5.8 x86_64 下面的 portmap 服务在 CentOS 6.8 下面更改为 rpcbind，请大家注意不同的 Linux OS 之间的差别。

到目前为止，我们已经知道了如何使用 iptables+TCP_wrappers 建造及维护一个 Linux 系统 IP 级及应用级的防火墙，它在防范外部攻击时能取得非常好的效果，但它防范不了来自防火墙内部的攻击。这个时候可以利用 Linux 自身的 SELinux 机制来强化内核，使我们的计算机更加安全。

8.2 DDos 攻击和运营商劫持

在笔者完稿的这段时间内，WannaCry（比特币敲诈病毒）正在全球泛滥，给大家带来了巨大的麻烦和损失。而在笔者从事的 CDN 行业，DDos 攻击和劫持攻击出现的频率也很高，此外，还有之前的暴力破解和针对 Web 层的攻击，所以系统安全是一个非常重要的环节和手段。

DDos 攻击就不多说了，应该是大家都很熟悉的攻击手段，引用知乎的例子就能明白：某饭店可以容纳 100 人同时就餐，某日有个商家恶意竞争，雇佣了 200 人来这个饭店坐着

不吃不喝，导致饭店满满当当无法正常营业。（DDOS 攻击成功）

老板当即大怒，派人把不吃不喝影响正常营业的人全都轰了出去，且不再让他们进来捣乱，饭店恢复了正常营业。（添加规则和黑名单进行 DDOS 防御，防御成功）

主动攻击的商家心存不满，这次请了五千人分批次过来捣乱，导致该饭店再次无法正常营业。（增加 DDOS 流量，改变攻击方式）

饭店把那些捣乱的人轰出去之后，另一批接踵而来。此时老板将饭店营业规模扩大，该饭店可同时容纳 1 万人就餐，5000 人同时来捣乱也不会影响饭店营业。（增加硬防与其抗衡）

一般普通的网站很难防止 DDos 攻击，像笔者目前的公司，因为带宽与机房资源比较雄厚，所以一般会通过前端 LVS 切量的方式来转移 DDos 流量，从而达到减少 DDos 攻击带来的损失。

这里主要说下运营商劫持。

运营商的劫持主要分 DNS 劫持和 HTTP 劫持两种。

简单介绍一下 DNS 劫持和 HTTP 劫持的概念，也就是运营商通过某些方式篡改了用户正常访问的网页，插入广告或者其他一些杂七杂八的东西。

首先对运营商的劫持行为做一些分析，他们的目的无非就是赚钱和节约成本（即减少出网流量，少掏成本），而赚钱的方式有两种：

- 对正常网站加入额外的广告，这包括网页内浮层或弹出广告窗口。
- 针对一些广告联盟或带推广链接的网站，加入推广尾巴。

在具体的做法上，一般分为 DNS 劫持和 HTTP 劫持。

1. DNS 劫持

一般而言，用户上网的 DNS 服务器都是运营商分配的，所以在这个节点上运营商可以为所欲为。

例如，访问 http://jiankang.qq.com/index.html，正常 DNS 应该返回腾讯的 ip，而 DNS 劫持后，会返回一个运营商的中间服务器 ip。访问该服务器会一致性地返回 302，让用户浏览器跳转到预处理好的带广告的网页，然后在该网页中通过 iframe 打开用户原来访问的地址。

这种情况在小 ISP 运营商处比较常见，这个比较难处理，尤其是托管了 DNS 服务的，我们一般的做法是更改 DNS 设备的常规服务端口，比如将常规的 53 改成 5353。最直接有效的措施是直接进行投诉处理，一般情况下，运营商是会处理的（投诉到工信部，这也是 ISP 运营商不愿意看到的）。

2. HTTP 劫持

在运营商的路由器节点上设置协议检测，一旦发现是 HTTP 请求，而且是 HTTP 类型请求，拦截处理。后续做法往往分为两种，第一种是类似 DNS 劫持返回 302 让用户浏览器跳转到另外的地址，另外一种做法是在服务器返回的 HTML 数据中插入 JS 或 DOM 节点（广告）。

在用户角度，这些劫持的表现分为：

- ❑ 网址被无辜跳转，多了推广尾巴。
- ❑ 页面出现额外的广告（IFRAM 模式或者直接同页面插入 DOM 节点）。

解决方法：最根本的解决办法是使用 HTTPS，不过这个涉及很多业务的修改，成本很高。

参考文档：http://www.cnblogs.com/kenkofox/p/4919668.html。

8.3 Linux 服务器的安全防护

综上所述，Linux 的系统安全其实是一件重要而且不容忽视的问题，那么我们平时在 Linux 系统的运维工作中怎样进行安全防护工作呢？

8.3.1 Linux 服务器基础防护篇

现在许多生产服务器都是放置在 IDC 机房的，有的并没有专业的硬件防火墙保护，我们应该如何做好其基础的安全措施呢？个人认为应该从如下方面着手。

1）首先要保证自己的 Linux 服务器的密码绝对安全，笔者一般将 root 密码设置为 28 位以上，而且某些重要的服务器只有几个人知道 root 密码，这根据公司管理层的权限来设置，如果有系统管理员级别的相关人员离职，root 密码一定要更改。现在我们的做法一般是禁止 root 远程登录，只分配一个具有 sudo 权限的用户。服务器的账号管理一定要严格，服务器上除了 root 账号外，系统用户越少越好，如果非要添加用户作为应用程序的执行者，请将他的登录 Shell 设为 nologin，即此用户没有权利登录服务器。终止未授权用户，定期检查系统有无多余的用户都是很有必要的工作。另外，像 vsftpd、Samba 及 MySQL 的账号也要严格控制，尽可能只给他们基本工作需求的权限，而像 MySQL 等的账号，不要给任何用户 grant 权限。针对公司运营人员提出的查询报表功能，我们可以在跳板机上面开启 SSH 隧道，从而达到访问后端 MySQL 数据库的目的。如果公司有条件的话，可以配合前端人员开发相关的界面功能，尽量减小非运维人员登陆 Linux 服务器的几率。

2）防止 SSH 暴力破解是一个老生常谈的问题，解决这个问题有许多种方法：有的朋友喜欢用 iptables 的 recent 模块来限制单位时间内 SSH 的连接数，有的用 DenyHost 防 SSH 暴力破解工具，尽可能采用部署服务器密钥登录的方式，这样就算对外开放 SSH 端口，暴力破解也完全没有用武之地。

3）分析系统的日志文件，寻找入侵者曾经试图入侵系统的蛛丝马迹。last 命令是另外一个可以用来查找非授权用户登录事件的工具。last 命令输入的信息来自 /var/log/wtmp，这个文件详细地记录着每个系统用户的访问活动。但是有经验的入侵者往往会删掉 /var/log/wtmp 以清除自己非法行为的证据，但是这种清除行为还是会露出蛛丝马迹：在日志文件里留下一个没有退出的操作和与之对应的登录操作（虽然在删除 wtmp 的时候没有了登录记录，但是待其登出的时候，系统还是会把它记录下来），不过高明的入侵者会用 at 或

crontab 等自己登出之后再删除文件。

4）建议不定期用 grep error /var/log/messages 检查自己的服务器是否存在硬件损坏的情况。以笔者之前的运维经验而言，由于 Linux 服务器长年搁置在机房中，最容易损坏的就是硬盘和风扇，因此在进行日常维护时要注意这些方面，最好是组织运维同事定期巡视我们的 IDC 托管机房，出现相关问题时要及时处理。

5）建议不定期使用 Chkrootkit 应用程序对 rootkit 的踪迹和特征进行查找，我们可以从它的报告中分析服务器否已经感染木马。

6）推荐使用 Tiprwire 开源软件来检查文件系统的完整性，并做好相应的日志分析。

7）停掉一些系统不必要的服务，强化内核。多关注服务器的内核漏洞，现在 Linux 的很多攻击都是针对内核的，尽量保证内核版本是最新的。

8.3.2 Linux 服务器高级防护篇

另外，我们还可以设计代码级别的 WAF 软件防火墙，主要由 ngx_lua 模块实现，由于 LUA 语言的性能接近于 C 语言，而且 ngx_lua 模块本身就是基于为 Nginx 开发的高性能的模块，所以性能方面很好，可以实现如下功能的安全防护：

- ❑ 支持 IP 白名单和黑名单功能，直接将黑名单的 IP 访问拒绝。
- ❑ 支持 URL 白名单，将不需要过滤的 URL 进行定义。
- ❑ 支持 User-Agent 的过滤，匹配自定义规则中的条目，然后进行处理，返回 403。
- ❑ 支持 CC 攻击防护，单个 URL 指定时间的访问次数超过设定值，直接返回 403。
- ❑ 支持 Cookie 过滤，匹配自定义规则中的条目，然后进行处理，返回 403。
- ❑ 支持 URL 过滤，匹配自定义规则中的条目，如果用户请求的 URL 包含这些，返回 403。
- ❑ 支持 URL 参数过滤，原理同上。
- ❑ 支持日志记录，将所有拒绝的操作记录到日志中。

1. WAF 的特点

WAF 级 Web 应用防护系统，又称网站应用级入侵防御系统 ，英文为 Web Application Firewall。利用国际上公认的一种说法：Web 应用防火墙是通过执行一系列针对 HTTP/HTTPS 的安全策略来专门为 Web 应用提供保护的一款产品。

WAF 具有如下特点：

- ❑ **异常检测协议**：Web 应用防火墙会对 HTTP 的请求进行异常检测，拒绝不符合 HTTP 标准的请求。并且，它也可以只允许 HTTP 协议的部分选项通过，从而减少攻击的影响范围。甚至，一些 Web 应用防火墙还可以严格限定 HTTP 协议中那些过于松散或未被完全制定的选项。
- ❑ **增强的输入验证** ：增强输入验证可以有效防止网页篡改、信息泄露、木马植入等恶意网络入侵行为，从而减小 Web 服务器被攻击的可能性。
- ❑ **及时补丁** ：修补 Web 安全漏洞是 Web 应用开发者最头痛的问题，没人知道下一秒会有怎样的漏洞出现，会为 Web 应用带来怎样的危害。WAF 可以为我们做这项工作——只要有全面的漏洞信息，WAF 能在不到一个小时的时间内屏蔽掉这个漏洞。当然，这种屏蔽掉漏洞的方式可能不是非常完美，并且没有安装对应的补丁本身就是一种安全威胁，但我们在没有选择的情况下，任何保护措施都比没有保护措施更好。

- **基于规则的保护和基于异常的保护**：基于规则的保护可以提供各种 Web 应用的安全规则，WAF 生产商会维护这个规则库，并时时为其更新。用户可以按照这些规则对应用进行全方位的检测。还有的产品可以基于合法应用数据建立模型，并以此为依据判断应用数据的异常。但这需要对用户企业的应用具有十分透彻的了解才可能做到，这在现实中是一件十分困难的事情。
- **状态管理**：WAF 能够判断用户是否为第一次访问并且将请求重定向到默认登录页面并记录事件。通过检测用户的整个操作行为可以更容易地识别攻击。状态管理模式还能检测出异常事件（比如登录失败），并且在达到极限值时进行处理。这对暴力攻击的识别和响应十分有利。
- **其他防护技术**：WAF 还有一些安全增强的功能，可以用来解决 WEB 程序员过分信任输入数据带来的问题。比如：隐藏表单域保护、抗入侵规避技术、响应监视和信息泄露保护。

2. WAF 与网络防火墙的区别

网络防火墙作为访问控制设备，主要工作在 OSI 模型的三层和四层，基于 IP 报文进行检测，只是对端口做限制，对 TCP 协议做封堵。其产品设计无需理解 HTTP 会话，也就决定了无法理解 Web 应用程序语言，如 HTML、SQL 语言等。因此，它不可能对 HTTP 通讯进行输入验证或攻击规则分析。针对 Web 网站的恶意攻击绝大部分都将封装为 HTTP 请求，从 80 或 443 端口顺利通过防火墙检测。

一些定位比较综合、提供丰富功能的防火墙，也具备一定程度的应用层防御能力，如果能根据 TCP 会话异常性及攻击特征阻止网络层的攻击，通过 IP 分拆和组合也能判断是否有攻击隐藏在多个数据包中，但从根本上说，它仍然无法理解 HTTP 会话，难以应对如 SQL 注入、跨站脚本、cookie 窃取、网页篡改等应用层攻击。

Web 应用防火墙能在应用层理解分析 HTTP 会话，因此能有效防止各类应用层攻击，同时向下兼容，具备网络防火墙的功能。

3. Web 应用防火墙的具体搭建

实现 WAF 一句话描述，就是解析 HTTP 请求（协议解析模块），规则检测（规则模块），做不同的防御动作（动作模块），并将防御过程（日志模块）记录下来。所以本文中的 WAF 实现由五个模块（配置模块、协议解析模块、规则模块、动作模块、错误处理模块）组成。下面是 Web 应用防火墙的具体搭建流程，如下所示：

（1）这里软件包的下载路径均为 /usr/local/src，我们首先进入此目录，下载新版的 Nginx 和 PCRE 软件包。系统为 CentOS 6.8 x86_64，IP 地址为 10.0.0.88，命令如下所示：

```
wget http://nginx.org/download/nginx-1.9.4.tar.gz
wget ftp://ftp.csx.cam.ac.uk/pub/software/programming/pcre/pcre-8.40.tar.gz
```

（2）下载当前最新的 LuaJIT 和 ngx_devel_kit，以及章亦春（春哥）编写的 lua-nginx-module，命令如下所示：

```
wget http://luajit.org/download/LuaJIT-2.0.4.tar.gz
wget https://github.com/simpl/ngx_devel_kit/archive/v0.2.19.tar.gz
wget https://github.com/openresty/lua-nginx-module/archive/v0.9.16.tar.gz
```

最后，创建 Nginx 运行的普通用户 [root@nginx-lua src]# useradd -s /sbin/nologin -M www。

（3）解压 NDK、lua-nginx-module 以及 PCRE 软件包，命令如下所示：

```
tar xvf pcre-8.40.tar.gz
tar xvf v0.2.19.tar.gz
tar xvf v0.9.16.tar.gz
```

解压以后的目录如下：

```
pcre-8.40
ngx_devel_kit-0.2.19
lua-nginx-module-0.9.16
```

（4）安装 LuaJIT，Luajit 是 Lua 即时编译器，命令如下所示：

```
tar zxvf LuaJIT-2.0.3.tar.gz
cd LuaJIT-2.0.3
make && make install
```

（5）生成运行 Nginx 服务的 www 用户，并安装 Nginx。

```
useradd -s /sbin/nologin -M www
tar xvf nginx-1.9.4.tar.gz
cd nginx-1.9.4
./configure --prefix=/usr/local/nginx --user=www --group=www       --with-
    http_ssl_module --with-http_stub_status_module --with-file-aio --with-
    http_dav_module --add-module=../ngx_devel_kit-0.2.19/ --add-module=../
    lua-nginx-module-0.9.16/ --with-pcre=/usr/local/src/pcre-8.40
make -j2 && make install
```

（6）Nginx 及 lua-nginx-module 模块安装成功以后，我们尝试运行一个简单的 lua 程序，看能否运行成功。下面是在 nginx.conf 文件中增加一个配置：

```
location /hello {
        default_type 'text/plain';
        content_by_lua 'ngx.say("hello,lua")';
    }
```

然后我们进行相关配置文件检查，如下所示：

```
/usr/local/nginx/sbin/nginx -t
```

此时会出现如下报错：

```
/usr/local/nginx/sbin/nginx: error while loading shared libraries: libluajit-
    5.1.so.2: cannot open shared object file: No such file or directory
```

创建符号链接：

```
ln -s /usr/local/lib/libluajit-5.1.so.2 /lib64/libluajit-5.1.so.2
```

再进行配雷文件检查即可，结果如下所示：

```
nginx: the configuration file /usr/local/nginx/conf/nginx.conf syntax is ok
nginx: configuration file /usr/local/nginx/conf/nginx.conf test is successful
```

然后启动 nginx 服务，访问网址 http://10.0.0.88/hello，结果显示正常，如下所示：

```
hello,lua
```

这说明相关配置是正确的。

下面我们要导入具体的 WAF 防火墙规则，这里采用的是开源的 WAF 规则（作者：张会源）。

具体搭建步骤如下所示。

首先进入到 /usr/local/nginx/conf 目录下，执行如下命令：

```
git clone https://github.com/loveshell/ngx_lua_waf.git
```

然后将其改名为 waf，命令如下：

```
mv ngx_lua_waf waf
```

修改 nginx.conf 文件的 http 段，修改内容如下所示：

```
lua_package_path "/usr/local/nginx/conf/waf/?.lua";
lua_shared_dict limit 10m;
init_by_lua_file  /usr/local/nginx/conf/waf/init.lua;
access_by_lua_file /usr/local/nginx/conf/waf/waf.lua;
```

配置 config.lua 里的 waf 规则目录（在 waf/conf/ 目录下），跟下面内容保持一致即可：

```
RulePath = "/usr/local/nginx/conf/waf/wafconf/"
```

我们再次检查 nginx 相关配置，如下所示：

```
nginx: the configuration file /usr/local/nginx/conf/nginx.conf syntax is ok
nginx: configuration file /usr/local/nginx/conf/nginx.conf test is successful
```

配置规则 config.lua 的详细说明如下，我们根据规则建立 hack 目录，并给予 www 用户 755 权限：

```
attacklog = "off"
--是否开启攻击信息记录，如果选择是，则需要配置logdir
logdir = "/usr/local/nginx/logs/hack/"
--log存储目录，该目录需要用户自己创建，且需要nginx用户的可写权限
UrlDeny="on"
--是否拦截url访问
```

```
Redirect="on"
--是否拦截后重定向
CookieMatch = "on"
--是否拦截cookie攻击
postMatch = "on"
--是否拦截post攻击
whiteModule = "on"
--是否开启URL白名单
black_fileExt={"php","jsp"}
--填写不允许上传文件后缀类型
ipWhitelist={"127.0.0.1"}
--ip白名单，多个ip用逗号分隔
ipBlocklist={"1.0.0.1"}
--ip黑名单，多个ip用逗号分隔
CCDeny="on"
--是否开启拦截cc攻击(需要nginx.conf的http段增加lua_shared_dict limit 10m;)
CCrate = "100/60"
--设置cc攻击频率，单位为秒
--默认1分钟同一个IP只能请求同一个地址100次
```

等一切部署完毕以后，我们可以尝试如下命令：

```
curl http://10.0.0.88/test.php?id=../etc/passwd
```

返回结果如图 8-2 所示。

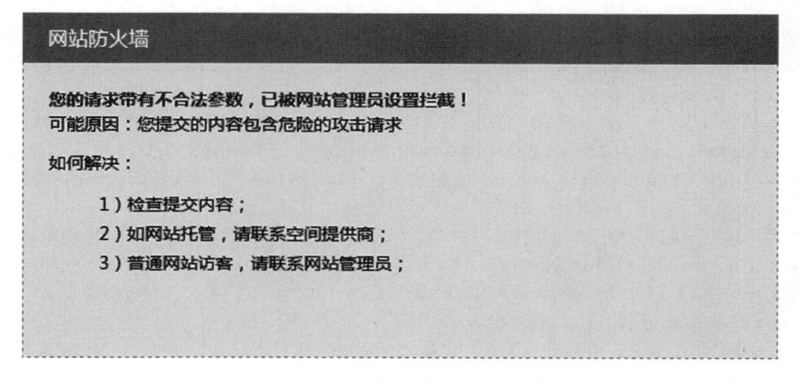

图 8-2　返回结果

我们查看此时的 Nginx 服务的 access.log 日志，如下：

```
10.0.0.7 - - [28/May/2017:08:25:10 +0100] "GET /test.php?id=../etc/
    passwd HTTP/1.1" 403 2090 "-" "Mozilla/5.0 (Windows NT 6.1; WOW64)
    AppleWebKit/537.36 (KHTML, like Gecko) Chrome/57.0.2987.98 Safari/537.36"
```

服务器返回 403 HTTP 状态码，说明规则是生效的。

此外，hack 目录里面也有相关记录，如下所示：

```
10.0.0.7 [2017-05-28 08:25:10] "GET localhost/test.php?id=../etc/passwd" "-"
    "Mozilla/5.0 (Windows NT 6.1; WOW64) AppleWebKit/537.36 (KHTML, like Gecko)
```

```
    Chrome/57.0.2987.98 Safari/537.36" "\.\./"
```

另外，我们在另一台 IP 为 10.0.0.12 的机器上面开启 webbench 进行压力测试（模拟攻击），命令如下所示：

```
webbench -c 500 -t 100 http://10.0.0.88/hello
```

access.log 日志截取如下所示：

```
10.0.0.12 - - [28/May/2017:08:56:07 +0100] "GET /hello HTTP/1.0" 403 2078 "-"
    "WebBench 1.5"
10.0.0.12 - - [28/May/2017:08:56:07 +0100] "GET /hello HTTP/1.0" 403 2078 "-"
    "WebBench 1.5"
10.0.0.12 - - [28/May/2017:08:56:07 +0100] "GET /hello HTTP/1.0" 403 2078 "-"
    "WebBench 1.5"
10.0.0.12 - - [28/May/2017:08:56:07 +0100] "GET /hello HTTP/1.0" 403 2078 "-"
    "WebBench 1.5"
10.0.0.12 - - [28/May/2017:08:56:07 +0100] "GET /hello HTTP/1.0" 403 2078 "-"
    "WebBench 1.5"
10.0.0.12 - - [28/May/2017:08:56:07 +0100] "GET /hello HTTP/1.0" 403 2078 "-"
    "WebBench 1.5"
10.0.0.12 - - [28/May/2017:08:56:07 +0100] "GET /hello HTTP/1.0" 403 2078 "-"
    "WebBench 1.5"
```

hack 目录里的相关日志截取如下所示：

```
10.0.0.12 [2017-05-28 08:57:38] "UA localhost/hello" "-" "WebBench 1.5"
    "(HTTrack|harvest|audit|dirbuster|pangolin|nmap|sqln|-scan|hydra|Parser|
    libwww|BBBike|sqlmap|w3af|owasp|Nikto|fimap|havij|PycURL|zmeu|BabyKrokodil|ne
    tsparker|httperf|bench| SF/)"
10.0.0.12 [2017-05-28 08:57:38] "UA localhost/hello" "-" "WebBench 1.5"
    "(HTTrack|harvest|audit|dirbuster|pangolin|nmap|sqln|-scan|hydra|Parser|
    libwww|BBBike|sqlmap|w3af|owasp|Nikto|fimap|havij|PycURL|zmeu|BabyKrokodil|ne
    tsparker|httperf|bench| SF/)"
10.0.0.12 [2017-05-28 08:57:38] "UA localhost/hello" "-" "WebBench 1.5" "(HT
    Track|harvest|audit|dirbuster|pangolin|nmap|sqln|-scan|hydra|Parser|
    libwww|BBBike|sqlmap|w3af|owasp|Nikto|fimap|havij|PycURL|zmeu|BabyKroko
    dil|netsparker|httperf|bench| SF/)"
10.0.0.12 [2017-05-28 08:57:38] "UA localhost/hello" "-" "WebBench 1.5" "(HT
    Track|harvest|audit|dirbuster|pangolin|nmap|sqln|-scan|hydra|Parser|
    libwww|BBBike|sqlmap|w3af|owasp|Nikto|fimap|havij|PycURL|zmeu|BabyKroko
    dil|netsparker|httperf|bench| SF/)"
10.0.0.12 [2017-05-28 08:57:38] "UA localhost/hello" "-" "WebBench 1.5" "(HT
    Track|harvest|audit|dirbuster|pangolin|nmap|sqln|-scan|hydra|Parser|
    libwww|BBBike|sqlmap|w3af|owasp|Nikto|fimap|havij|PycURL|zmeu|BabyKroko
    dil|netsparker|httperf|bench| SF/)"
```

事实上，这些由 webbench 软件产生的不正常的访问都是被 Nginx 服务器拒绝掉的，全部返回了 403 报错，也证明 WAF 防御规则是完全生效的。感兴趣的朋友还可以测试下此时的黑白名单（如果没有 waf 策略，Nginx 本身没有白名单功能）。

参考文档：https://github.com/loveshell/ngx_lua_waf/readme.MD。

8.4 Linux 系统如何防止入侵

事实上，部分公司有很多非核心的服务器并未置于自己的机房内，并且有硬件防火墙保护，这个时候我们应该如何防止黑客入侵呢？本节将给出一些保证系统安全的建议，但这些建议并未涵盖全部的保证系统安全的方法，仅仅是笔者的几点建议。

1）系统的软件要尽可能及时更新，特别是有重大安全隐患的软件。虽然经常更新计算机系统是本节中提到保证系统安全的方法中最容易实现的，但是这项工作经常被忽视。计算机最容易被攻破的情况是让其运行但从不对其进行更新。Linux 系统及开源软件最强的性能之一就是它们的高安全性，这是有原因的，当一个安全问题被揭露时，开源社区会在很短的时间内提出解决方案，这为保证开源软件的高安全性提供了条件。它们经常做到在问题发现的同一天就找到修复方案，甚至是以前从没见过的安全问题也有很多都在发现的当天就被解决了。勤快更新软件是保证系统安全很重要的一方面，虽然推荐尽可能频繁地更新软件，但是我们也要密切关注正在更新的软件，要保证所有的更新都不会影响系统的正常运行。

2）保证内部网络的安全。很多时候为了安全，我们将核心生产服务器放置在公司内部的机房中，然后把注意力和精力放在外网的防护工作上面，于是疏忽了内部的安全性，这个时候的服务器很容易被人从内部进行破坏。正确的做法有许多种，比如应该将重要的生产服务器放在 DMZ 区域，跟我们的内网隔离开，这样即使内部网络被人破坏或被人入侵，也不会影响生产服务器。像我们的线上环境，除了跳板机以外均没有开放公网 SSH 端口，而且重要区域的跳板机只允许办公网络地址进行 SSH 连接。如果有同事需要在公司以外的场所进行 SSH 连接，必须向公司的 IT 部门申请 VPN 才行。

3）尽可能最小化安装服务器和运行最少的服务。通过这么多年的系统相关工作实践，我们发现，安装包最小的服务器相对而言是最为稳定的，而只提供必要的基础核心服务也是提高服务器安全稳定性的方法之一。

4）在我们也要内核的强化上面多做一些工作。多关注一下服务器的内核漏洞，毕竟现在有关 Linux 的很多攻击都是针对内核的，尽可能采用稳定的新内核版本，笔者公司现在用的内核版本为 2.6.32-642.6.1.el6.x86_64 和 3.14.35-28.38.amzn1.x86_64，分别对应的是 CentOS 6.8 系统和 AWS EC2 海外云主机系统。

5）如果条件允许的话，可以在我们的网站或系统关键位置的服务器上部署 snort，snort 是一个非常优秀的开源入侵检测软件，它集成了同类软件中最先进的技术，我们可以利用 snort 的警报找出攻击者并做出相应的防范措施。

8.5 小结

本章向大家详细介绍了 TCP_wrappers 的语法，以及现在常见的 Ddos 攻击、DNS 和 HTTP 劫持等，最后向大家介绍了 WAF 的详细特点，并用 Nginx_lua 搭建了一套 WAF 应用层防火墙，并进行了相关的 webbench 模拟攻击测试。最后，也跟大家分享了 Linux 服务器防护以及如何防止入侵等知识，希望大家看完本章内容以后，能对 Linux 安全防护有进一步的了解和认识，并在工作中知道如何规避风险。

Appendix A 附录 A

GibLab 在开发工作中的实际应用

GitLab 是一个利用 Ruby on Rails 开发的开源应用程序，实现一个自托管的 Git 项目仓库，可通过 Web 界面进行访问公开的或者私有的项目。它拥有与 GitHub 类似的功能，能够浏览源代码，管理缺陷和注释，也可以管理团队对仓库的访问，它非常易于浏览提交过的版本并提供一个文件历史库。团队成员可以利用内置的简单聊天程序（Wall）进行交流。它还提供了一个代码片段收集功能，可以轻松实现代码复用，便于日后有需要的时候进行查找。开源中国代码托管平台 git.oschina.net 就是基于 GitLab 项目搭建的。

A.1 GitLab 的优势所在

与传统的 SVN 版本管理软件相比，GIT 存在哪些优势呢？

Git 与 SVN 的区别：

- Git 的速度明显快于 SVN。
- Git 天生就是分布式的。它有本地版本库的概念，可以离线提交代码（相对于 SVN 集中式管理的优势）。
- 强大的分支管理功能，方便多人协同开发。
- GIT 的内容存储使用的是 SHA-1 哈希算法，这能确保代码内容的完整性，确保在遇到磁盘故障和网络问题时降低对版本库的破坏。

目前基于 Git 做版本控制的代码托管平台，除了 GitLab 还有 GitHub，那么它们的区别在哪里呢？

- GitHub 如果是私人（Private）的项目，需要收费。

- GitHub 的机器都在国外，如果在 DevOps 工作中经常需要 git pull 或 git push 的话，会因为网络连接缓慢的问题影响工作效率。
- GitLab 有中文汉化版本，对中文的支持优于 GitHub。

A.2　GitLab 的工作流程

基本上述原因，我们选择 GitLab 作为代码托管平台。

如果在没有网络（比如在高铁上出差的特殊场景）的情况下，可以先提交到本地版本库（git clone 可以下一个完整的 clone 到本地工仓库），其工作流如图 A-1 所示。

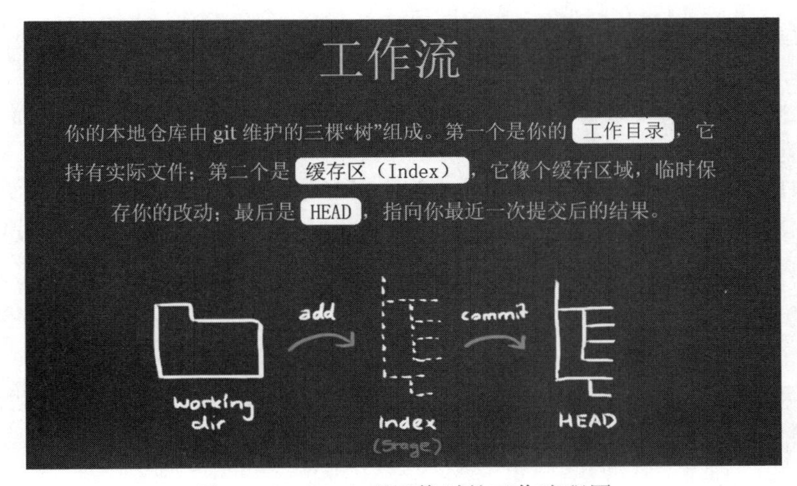

图 A-1　GitLab 无网络时的工作流程图

在有网络的情况下，正常的 GitLab 工作流（Repository 在这里为本地版本仓库）如图 A-2 所示。

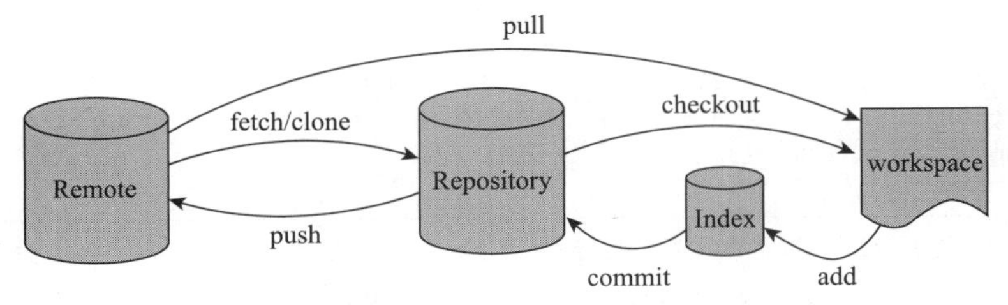

图 A-2　GitLab 有网络时的工作流程图

另外，如果大家的工作机器上面有几套公私钥，最好指定下 ~/.ssh/config 文件，如下所示，否则通过 SSH 协议连接 GitLab 时会报错。config 配置文件内容如下所示：

```
Host www.github.com
    IdentityFile ~/.ssh/github
Host devops.gl.cachecn.net
    IdentityFile ~/.ssh/gitlab
```

A.3 GitLab 的操作流程

这里略过 GitLab 的搭建过程，下面具体说明 GitLab 的操作流程。

Git 操作流程，以用户 yuhc，项目名字为 fcd_conf，项目地址为 http://60.1.2.3/pushconf/fcd_conf 举例说明：

个人办公电脑推荐使用 Git For Windows 工具管理 GitLab 相关项目代码，其地址为：

https://git-for-windows.github.io/，安装完成以后本地会有 git bash，可以方便使用命令行来进行 git 的操作命令。

1）首先进入自己的工作目录，生成公私钥，命令如下所示：

```
ssh-keygen -t rsa
```

其他就是不停地按默认键，就会生成默认的公私钥了。

2）然后将用户 yuhc 的 id_rsa.pub 文件的内容复制和粘贴到 gitlab 机器上面去，地址为：

http://60.1.2.3/profile/keys，选择菜单“Add SSH key”。

3）成功以后需要进行 gitlab 配置，我们可以在自己根目录的 .ssh 目录下建立 config 文件，路径位置及文件内容如下所示：

```
Host 60.1.2.3
    IdentityFile ~/.ssh/id_rsa
```

4）我们可以在自己的目录下建立 fcd_conf 项目库的 clone，传输 git 数据采用 SSH 协议，命令如下所示：

```
git clone ssh://git@60.1.2.3/pushconf/fcd_conf.git
```

命令结果如下所示：

```
Initialized empty Git repository in /work/yuhc/fcd_conf/.git/
remote: Counting objects: 691, done.
remote: Compressing objects: 100% (292/292), done.
remote: Total 691 (delta 374), reused 674 (delta 364)
Receiving objects: 100% (691/691), 3.05 MiB, done.
Resolving deltas: 100% (374/374), done.
```

> **注意** Git 可以使用四种主要的协议来传输数据：本地传输（Local）、SSH 协议、Git 协议和 HTTP（包含 HTTPS）协议。在这四种协议中，Git 协议的速度是最快的。Git 使用的传输协议中最常见的可能是 SSH，因为大多数环境已经支持通过 SSH 对服务器的访问（即便没有，架设起来也很容易）。SSH 也是唯一一个同时支持读写操作的网络协议，另外两个网络协议（HTTP 和 Git）通常都是只读，所以虽然二者对大多数人都可用，但执行写操作时还是需要 SSH。SSH 同时也是一个验证授权的网络协议，而因为其普遍性，一般架设和使用都很容易。

A.4　GitLab 的 Git Flow 操作流程

什么是 Git Flow?

就是给项目开发一个新功能需要哪几步。

1）创建新的功能分支。

2）逐渐实现功能，做成一个一个的新版本。

3）发起 merge request。

4）大家一起来看看这些代码怎么样，就是 Code Review。

5）大家感觉没问题了，把功能分支合并到 master 分支，并删除功能分支。

按照这个流程下来，就是标准的 Git Flow。

这里说下 Git Flow 的具体操作流程，如下所示：

1）假设我是用户 yuhc，首先进入自己的工作目录 /work/yuhc，前面已经操作了 git clone，所以也有对应的 master 分支了，我们首先建立一个分支，起名为 dev-yhc，并切换至 dev-yhc 分支：

```
git branch dev-yhc && git checkout dev-yhc
```

2）修改特定的文件并提交至本地分支。这里假设是 example.go 文件，进行过一些改动（具体过程略过）。

在修改之前，因为我们的配置文件是多个同事协同修改操作的，建议先执行下面的命令来比较跟 master 的差异，命令如下所示：

```
git diff master
```

如果本地存在着多分支的情况，就用如下命令：

```
git diff master..dev-yhc
```

比较下当前分支配置文件与 master 分支的差异，然后再将其添加到缓存区（即“INDEX”区），命令如下所示：

```
git add example.go
```

如果有多个文件需要添加，可以用 git add-A，然后再将其提交到“ HEAD”区域，命令如所示：

```
git commit -m "fix bug"
```

3）将本地分支提交至远程分支，命令如下所示：

```
git push origin dev-yhc
```

4）然后向负责人（一般为团队的 Team Leader）提交 merge request 请求，此时需要进入 GitLab 界面进行具体操作，如图 A-3 所示。

平台负责人或升级人同意 merge request 合并请求的时候，建议删除源分支，请注意选择“Remove source branch”选项，如图 A-4 所示。

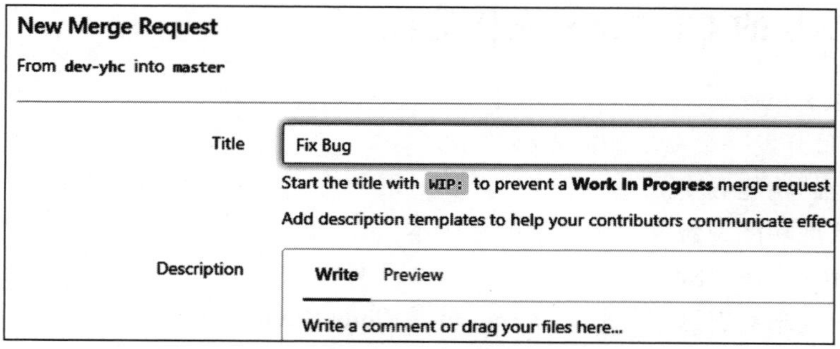

图 A-3　GitLab 提交“Merge Request”请求图示

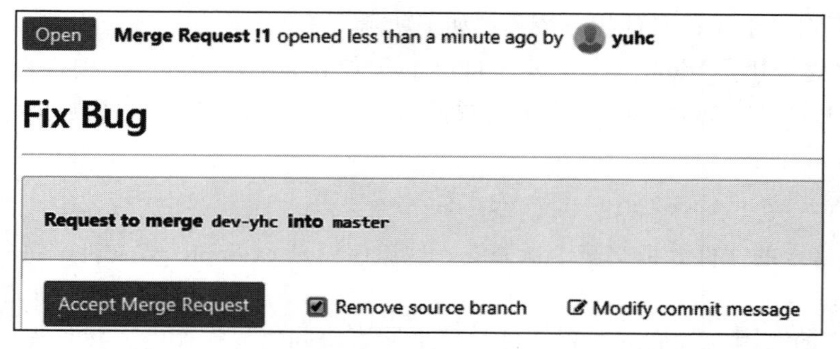

图 A-4　向主分支提交“Merge Request”请求图示

这样合并以后，dev-yhc 分支就不存在了。

5）等这一切都成功以后，我们在自己的工作目录里切到 master 分支下面，删除 dev-yhc 分支，操作如下所示：

```
git checkout master
git branch -D dev-yhc
```

6）如果本地有第二次更新提交，请注意保持本地 master 分支为最新更新状态，命令如下所示：

```
git pull origin master:master
```

如果此时在本地的 master 分支下（可以用命令 git branch 查看），可以简写为：

```
git pull origin master
```

其他步骤参考上面 1）～ 5）的过程。

git pull 命令的作用是，取回远程主机某个分支的更新，再与本地的指定分支合并。它的完整格式如下所示：

```
git pull <远程主机名> <远程分支名>:<本地分支名>
```

比如，上面的命令是取回 origin 主机的 next 分支，与本地的 master 分支合并，命令需要写成下面这样：

```
git pull origin next:master
```

如果远程分支是与当前分支合并，则冒号后面的部分可以省略。

```
git pull origin next
```

上面命令表示取回origin/next分支，再与当前分支合并。实质上，这等同于先做git fetch，再做git merge。

```
git fetch origin
git merge origin/next
```

工作中可以尽量多用git fetch/merge，等熟练了git的基础操作以后，再用git pull。

注意 实际上，按照git的正常开发流程，这里应该先从master分支里面再分一个dev开发分支出来，团队一起在此dev分支上面进行merge request，最后等功能稳定以后再正式合并到master分支上去。这里由于实际工作中，DevOps部门的人数较少，能够分配到参与项目新功能的开发人员也较少，这里就直接略过dev开发分支，直接在master分支上面进行操作了。

Appendix B　附录 B

Sublime Text3 的快捷键操作

工作中除了 VIM 编辑器以外，Sublime Text3（以下简称之为 ST3）是笔者用得最多的编辑器了，主要用于 Python 项目和 Golang 项目的编辑开发工作，再配合 ST3 的 SFTP 插件，很容易在开发服务器上面直接编辑项目文件，SFTP 插件也是笔者在 ST3 中用得最多的插件之一。

B.1　ST3 简介

ST3 是一款具有代码高亮、语法提示、自动完成且反应快速的编辑器软件，不仅具有华丽的界面，还支持插件扩展机制，用它来写代码，绝对是一种享受。相比于难上手的 VIM，臃肿沉重的 Eclipse、VS，即便体积轻巧启动迅速的 Editplus、Notepad++，在 ST3 面前也略显失色，这款优秀的编辑器无疑是 Coding 和 Writing 最佳的选择，没有之一。

作为 DevOps 开发人员，大家应该清楚，平时的开发工作不仅仅像开发 Shell 一样只有几个文件需要编辑，以笔者的 Golang 项目举例，除了要调用自己的几十个 packag 以外，还得调用 github.com 的几十个 package，所以需要直观好用的导航以及快捷的编辑及查找模式，这里向大家推荐 ST3，其工作界面如图 B-1 所示。

我们为什么需要 FTP/SFTP 插件呢?

有时候修改一些网站上的文件，通常是下面这样的流程：使用 FTP/SFTP 连接到远程服务器→下载要修改的文件→使用 ST3 修改文件→保存然后拖进 SFTP 中→刷新网站或运行程序。

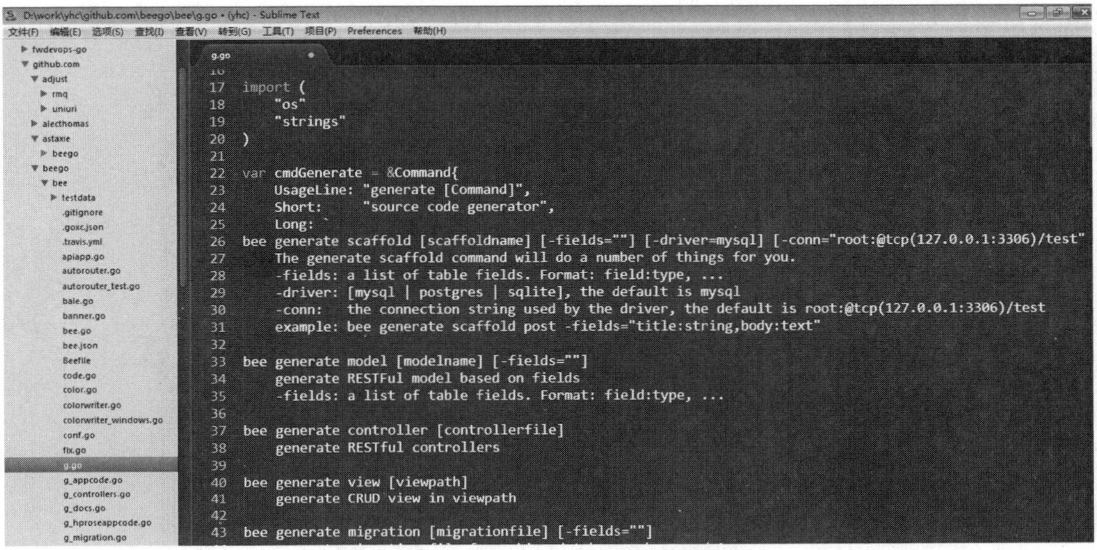

```
17  import (
18      "os"
19      "strings"
20  )
21
22  var cmdGenerate = &Command{
23      UsageLine: "generate [Command]",
24      Short:     "source code generator",
25      Long: `
26  bee generate scaffold [scaffoldname] [-fields=""] [-driver=mysql] [-conn="root:@tcp(127.0.0.1:3306)/test"
27      The generate scaffold command will do a number of things for you.
28      -fields: a list of table fields. Format: field:type, ...
29      -driver: [mysql | postgres | sqlite], the default is mysql
30      -conn:   the connection string used by the driver, the default is root:@tcp(127.0.0.1:3306)/test
31      example: bee generate scaffold post -fields="title:string,body:text"
32
33  bee generate model [modelname] [-fields=""]
34      generate RESTFul model based on fields
35      -fields: a list of table fields. Format: field:type, ...
36
37  bee generate controller [controllerfile]
38      generate RESTful controllers
39
40  bee generate view [viewpath]
41      generate CRUD view in viewpath
42
43  bee generate migration [migrationfile] [-fields=""]
```

图 B-1　ST3 完整工作界面图示

这样的工作流程效率明显很低，尤其是修改一句代码的时候，为了即时生效，需要重复切换几个窗口重复这个过程，于是就有了 SFTP 这个插件。

它的主要功能就是通过 FTP/SFTP 连接远程服务器并获取文件列表，可以选择下载编辑、重命名、删除等操作，单击下载编辑之后，可以打开这个文件进行修改。修改完成之后，保存一下就会自动上传到远程的服务器上面。

使用 SFTP 插件之后，工作流程为：使用 SFTP 插件打开文件→使用 ST3 编辑修改文件→保存文件→刷新页面或运行程序，效率至少提升了一倍以上，下面就来介绍一下它的具体使用方法。

安装 SFTP 插件比较简单，此处略过。由于笔者本地已配好了 Vagrant 的开发环境，所以一般只需要跟本地的 Vagrant 虚拟开发机器进行交互就可以了。

打开 ST3 的“文件”菜单，选择“FTP/SFTP”菜单，再选择“Setup Server”，如果信息正确，此时就可以编辑要进行连接 SFTP 服务器的一切信息了，如图 B-2 所示。

大家注意下 ssh_key_file 选项，说明 SFTP 插件不仅仅只支持账号和密码登录，同样，它也可以支持 SSH 私钥登陆。

然后我们将其保存，取名为“deploy”即可，此时如果一切顺利，我们可以连到 SFTP Server 端进行相关文件的查看、编辑和删除工作，如图 B-3 所示。

此外，SFTP 插件还支持将当前编辑的文件 upload 上传到 Server 端的功能，即“Upload File”，相对而言，笔者更喜欢这种在本地编辑然后 upload 的方式，感觉这样更方便和人性化。具体步骤操作如下：

在自己的工作机上编辑完成一个本地文件，如 hello.go 文件以后，想 upload 到远端的 Server 机器上面，这时候我们可以先选中此文件，然后单击鼠标右键，然后选择“FTP/

SFTP”→“Map to Remote”，然后根据实际情况配置，如图 B-4 所示。

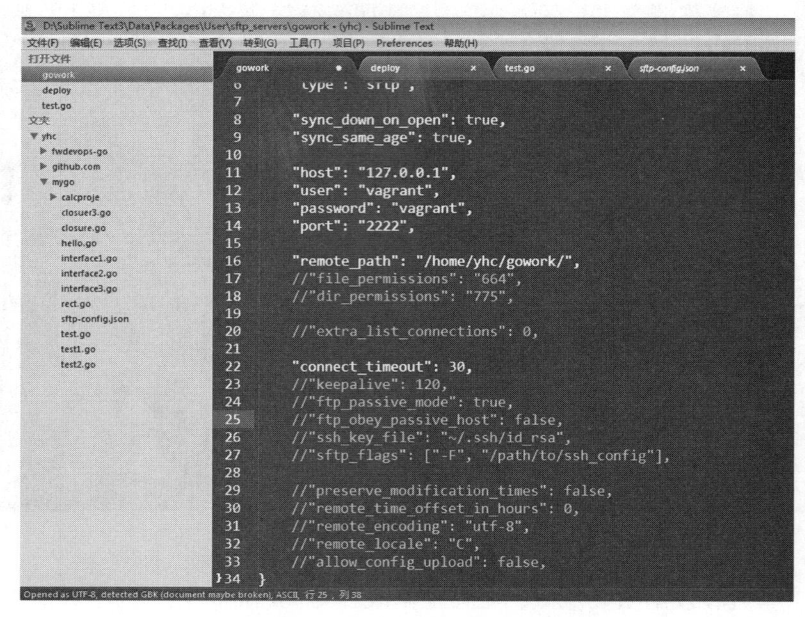

图 B-2 ST3 的 SFTP 插件服务器端配置界面图示

```
success
Downloading "/home/yhc/closure.go" to "c:\users\admini~1\appdata\local\temp\sublime-sftp-browse-1496066510\deploy\home\yhc\closure.go"
 ... success
Downloading "/home/yhc/test3.go" to "c:\users\admini~1\appdata\local\temp\sublime-sftp-browse-1496066549\deploy\home\yhc\test3.go"
success
Downloading "/home/yhc/test2.go" to "c:\users\admini~1\appdata\local\temp\sublime-sftp-browse-1496066569\deploy\home\yhc\test2.go"
success
```

图 B-3 向 ST3 插件服务器 upload 成功上传文件图示

```
D:\work\yhc\mygo\sftp-config.json (yhc) - Sublime Text

 4
 5     // sftp, ftp or ftps
 6     "type": "sftp",
 7
 8     "save_before_upload": true,
 9     "upload_on_save": false,
10     "sync_down_on_open": false,
11     "sync_skip_deletes": false,
12     "sync_same_age": true,
13     "confirm_downloads": false,
14     "confirm_sync": true,
15     "confirm_overwrite_newer": false,
16
17     "host": "127.0.0.1",
18     "user": "yhc",
19     "password": "redhat",
20     "port": "2222",
21
22     "remote_path": "/home/yhc/",
23     "ignore_regexes": [
24         "\\.sublime-(project|workspace)", "sftp-config(-alt\\d?)?\\.json",
25         "sftp-settings\\.json", "/venv/", "\\.svn/", "\\.hg/", "\\.git/",
26         "\\.bzr", "_darcs", "CVS", "\\.DS_Store", "Thumbs\\.db", "desktop\\.ini"
27     ],
28     //"file_permissions": "664",
29     //"dir_permissions": "775",
```

图 B-4 编辑修改远端 SFTP 服务器的界面图示

选择 CTRL+S（保存）以后，会在本地保存一个名为“ sftp-config.json”的文件，如果以后需要编辑更改，直接编辑此文件即可。

保证此信息配置正确以后，点击此文件，然后选择“Upload File”文件选项即可迅速将此文件 upload 到指定远端服务器的目录中，一般是指定用户的家目录，比如 yhc 用户的家目录，即 /home/yhc 里面。

另外，如果有些特殊文件想直接上传到正式服务器时，可以选择“Add Alternate Remote Mapping”再增加一个 SFTP 服务器，可以手动选择此时的 SFTP 服务器，这样的设计确实人性化。

下面继续给大家介绍 ST3 的快捷键操作。

B.2　常用操作

- Ctrl+Shift+P：打开命令面板。
- Ctrl+P：搜索项目中的文件。
- Ctrl+G：跳转到第几行。
- Ctrl+W：关闭当前打开文件。
- Ctrl+Shift+W：关闭所有打开文件。
- Ctrl+Shift+V：粘贴并格式化。
- Ctrl+D：选择单词，重复可增加选择下一个相同的单词。
- Ctrl+L：选择行，重复可依次增加选择下一行。
- Ctrl+Shift+L：选择多行。
- Ctrl+Shift+Enter：在当前行前插入新行。
- Ctrl+X：删除当前行。
- Ctrl+M：跳转到对应括号。
- Ctrl+U：软撤销，撤销光标位置。
- Ctrl+J：选择标签内容。
- Ctrl+F：查找内容。
- Ctrl+Shift+F：查找并替换。
- Ctrl+H：替换。
- Ctrl+R：前往 method。
- Ctrl+N：新建窗口。
- Ctrl+K+B：开关侧栏。
- Ctrl+Shift+M：选中当前括号内容，重复可选择括号本身。
- Ctrl+F2：设置 / 删除标记。
- Ctrl+/：注释当前行。
- Ctrl+Shift+/：当前位置插入注释。

- Ctrl+Alt+/：块注释，并 Focus 到首行，写注释说明时用。
- Ctrl+Shift+A：选择当前标签前后，修改标签时用。
- F11：全屏。
- Shift+F11：全屏免打扰模式，只编辑当前文件。
- Alt+F3：选择所有相同的词。
- Alt+.：闭合标签。
- Alt+Shift+ 数字：分屏显示。
- Alt+ 数字：切换打开第 N 个文件。
- Shift+ 右键拖动：光标多步，用来更改或插入列内容。
- 鼠标的前进后退键可切换 Tab 文件。
- 按 Ctrl，依次点击或选取需要编辑的多个位置。
- 按 Ctrl+Shift+ 上下键，可替换行。

B.3 选择类

- Ctrl+D：选中光标所占的文本，继续操作则会选中下一个相同的文本。
- Alt+F3 ：选中文本按下快捷键，即可一次性选择全部的相同文本同时进行编辑。举例：快速选中并更改所有相同的变量名、函数名等。
- Ctrl+L：选中整行，继续操作则继续选择下一行，效果和 Shift+ ↓效果一样。
- Ctrl+Shift+L ：先选中多行，再按下快捷键，会在每行行尾插入光标，即可同时编辑这些行。
- Ctrl+Shift+M ：选择括号内的内容（继续选择父括号）。举例：快速选中删除函数中的代码，重写函数体代码或重写括号里的内容。
- Ctrl+M：光标移动至括号内开始或结束的位置。
- Ctrl+Enter：在下一行插入新行。举例：即使光标不在行尾，也能快速向下插入一行。
- Ctrl+Shift+Enter ：在上一行插入新行。举例：即使光标不在行首，也能快速向上插入一行。
- Ctrl+Shift+[：选中代码，按下快捷键，折叠代码。
- Ctrl+Shift+]：选中代码，按下快捷键，展开代码。
- Ctrl+K+0：展开所有折叠代码。
- Ctrl+ ←：向左单位性地移动光标，快速移动光标。
- Ctrl+ →：向右单位性地移动光标，快速移动光标。
- Shift+ ↑：向上选中多行。
- Shift+ ↓：向下选中多行。
- Shift+ ←：向左选中文本。
- Shift+ →：向右选中文本。

- Ctrl+Shift+←：向左单位性地选中文本。
- Ctrl+Shift+→：向右单位性地选中文本。
- Ctrl+Shift+↑：将光标所在行和上一行代码互换（将光标所在行插入到上一行之前）。
- Ctrl+Shift+↓：将光标所在行和下一行代码互换（将光标所在行插入到下一行之后）。
- Ctrl+Alt+↑：向上添加多行光标，可同时编辑多行。
- Ctrl+Alt+↓：向下添加多行光标，可同时编辑多行。

B.3.1　编辑类

- Ctrl+J：合并选中的多行代码为一行。举例：将多行格式的 CSS 属性合并为一行。
- Ctrl+Shift+D：复制光标所在整行，插入到下一行。
- Tab：向右缩进。
- Shift+Tab：向左缩进。
- Ctrl+K+K：从光标处开始删除代码至行尾。
- Ctrl+Shift+K：删除整行。
- Ctrl+/：注释单行。
- Ctrl+Shift+/：注释多行。
- Ctrl+K+U：转换大写。
- Ctrl+K+L：转换小写。
- Ctrl+Z：撤销。
- Ctrl+Y：恢复撤销。
- Ctrl+U：软撤销，和 Ctrl+Z 类似。
- Ctrl+F2：设置书签
- Ctrl+T：左右字母互换。
- F6：单词检测拼写

B.3.2　搜索类

- Ctrl+F：打开底部搜索框，查找关键字，此时只能查找单个文件。F3 会查找下一个关键字，Shift+F3 为上一个关键字。
- Ctrl+Shift+F：在文件夹内查找，与普通编辑器不同的地方是，ST3 会在当前打开的文件夹下面的多个文件夹进行查找关键字，并输出“Find Result”结果。
- Ctrl+P：打开搜索框。举例如下：
  - 输入当前项目中的文件名，快速搜索文件。
  - 输入 @ 和关键字，查找文件中函数名。
  - 输入：和数字，跳转到文件中该行代码。
  - 输入 # 和关键字，查找变量名。
- Ctrl+G：打开搜索框，自动带冒号，输入数字跳转到该行代码。举例：在页面代码比较长的文件中快速定位。

- Ctrl+R：打开搜索框，自动带 @，输入关键字，查找文件中的函数名。举例：在函数较多的页面快速查找某个函数。
- Ctrl+：打开搜索框，自动带 #，输入关键字，查找文件中的变量名、属性名等。
- Ctrl+Shift+P：打开命令框。举例：打开命名框，输入关键字，调用 ST3 的插件功能，例如使用 package 安装插件。
- Esc：退出光标多行选择，退出搜索框，命令框等。

B.3.3 显示类

- Ctrl+Tab：按文件浏览过的顺序，切换当前窗口的标签页。
- Ctrl+PageDown：向左切换当前窗口的标签页。
- Ctrl+PageUp：向右切换当前窗口的标签页。
- Alt+Shift+1：窗口分屏，恢复默认 1 屏（非小键盘的数字）。
- Alt+Shift+2：左右分屏 2 列。
- Alt+Shift+3：左右分屏 3 列。
- Alt+Shift+4：左右分屏 4 列。
- Alt+Shift+5：等分 4 屏。
- Alt+Shift+8：垂直分屏 2 屏。
- Alt+Shift+9：垂直分屏 3 屏。
- Ctrl+K+B：开启 / 关闭侧边栏。
- F11：全屏模式。
- Shift+F11：免打扰模式。

参考文档：https://segmentfault.com/a/1190000002570753。

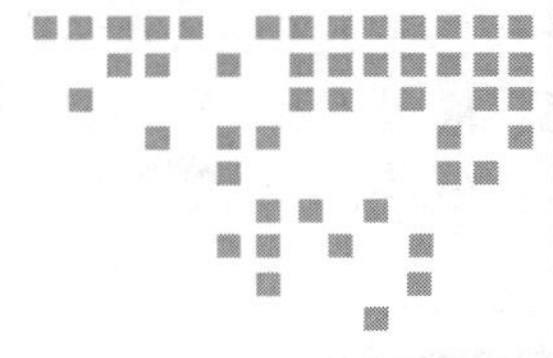

附录 C Appendix C

调试网络接口的利器 Postman

Postman 是什么？

Postman 的官网上这么介绍它：“ Modern software is built on APIs，Postman helps you develop APIs faster”。由此可见，它是一个专门测试 API 的工具，如果大家正在进行 API 相关的开发，那么 Postman 就是我们的福利。Postman 提供功能强大的 Web API 和 HTTP 请求的调试，它能够发送任何类型的 HTTP 请求（GET、POST、PUT、DELETE 等)，并且能附带任何数量的参数和 Headers。不仅如此，它还提供测试数据和环境配置数据的导入导出，付费的 Post Cloud 用户还能够创建自己的 Team Library 用于团队协作式的测试，并能将自己的测试收藏夹和用例数据分享给团队。接下来将介绍 Postman 的下载和安装，以及这个工具都能做些什么工作。

由于 Postman 是作为 Google Chrome 插件存在的，所以这里还是选择“扩展程序”的方式来安装 Postman，其安装步骤如图 C-1 至图 C-3 所示。

我们点击“创建快捷方式”以后，就可以在桌面上和任务栏创建快捷方式了，即表示 Postman 安装成功了。点击 Postman 的快捷方式就可以打开 Postman 程序了，其工作界面如图 C-4 和图 C-5 所示。

接下来，简单介绍下 Postman 每个功能区都能做些什么事：

- **菜单栏**：基本包含了所有的操作。但由于其他功能区一般都包含了常用的操作，一般不会用到菜单栏操作。
- **快捷区**：快捷区提供常用的操作入口，包括运行收藏夹的一组测试数据，导入收藏夹测试数据，或环境配置数据。
- **设置区**：软件的常用设置（主题设置、快捷键设置等)，以及导出环境数据。

- ❑ **侧边栏**：主要是 Request 请求的历史记录和收藏夹管理。
- ❑ **搜索栏**：输入关键字，可以搜索 Request 历史、收藏夹、收藏夹内的请求。
- ❑ **功能区**：Request 请求设置，查看 Response 响应结果和测试结果。

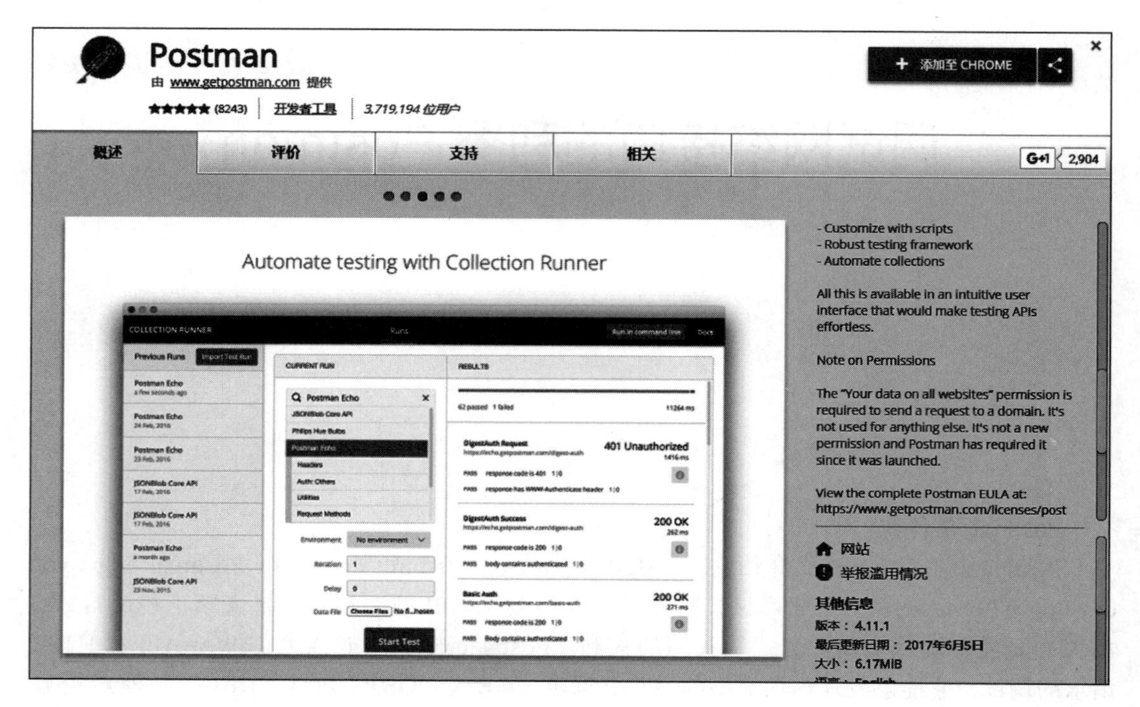

图 C-1　Postman 安装步骤图示（一）

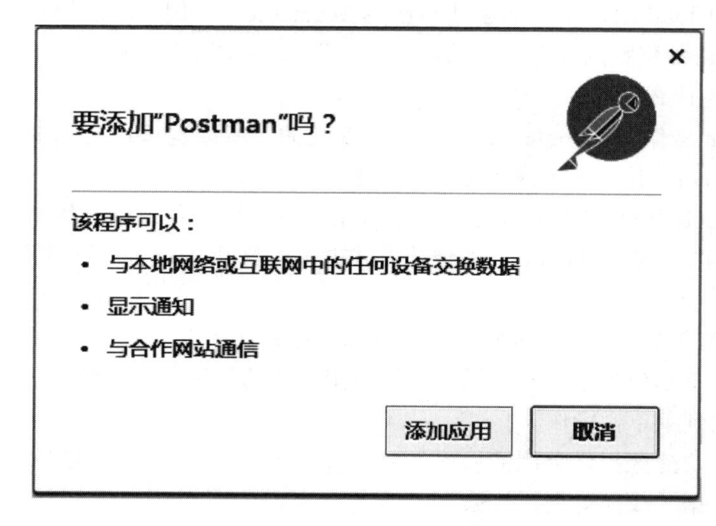

图 C-2　Postman 安装步骤图示（二）

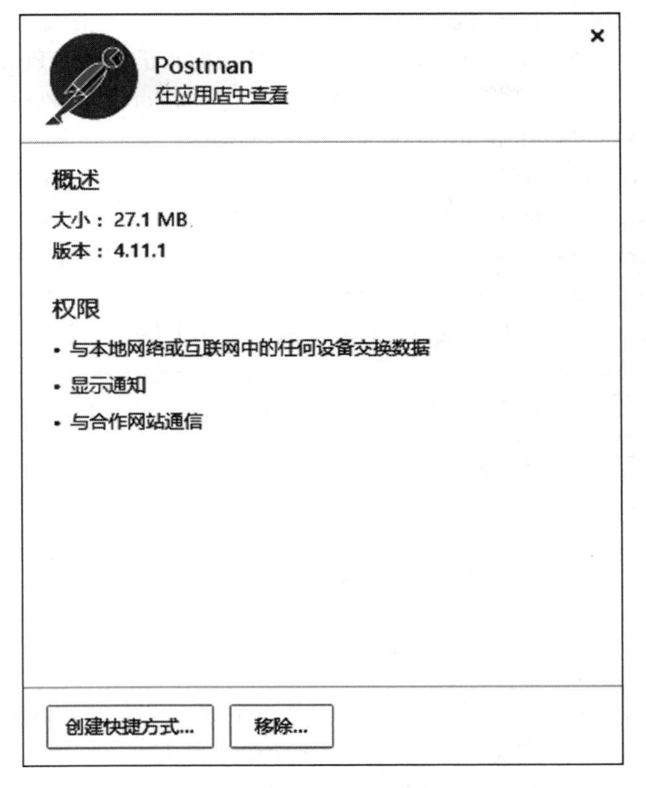

图 C-3　Postman 安装步骤图示（三）

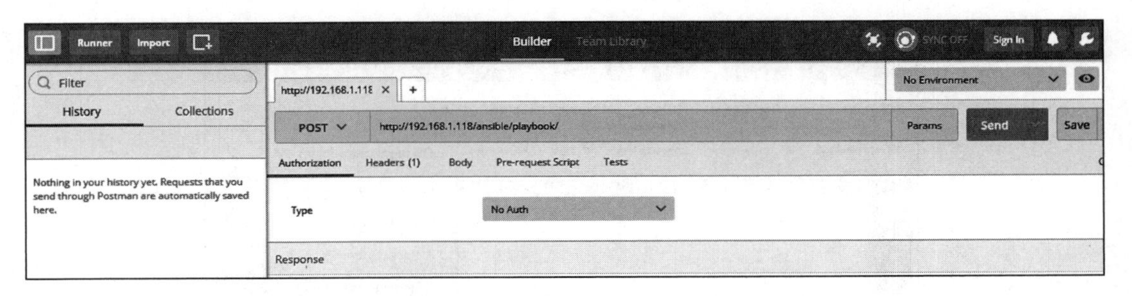

图 C-4　Postman 工作界面图示（一）

HTTP/1.1 协议规定的 HTTP 请求方法有 OPTIONS、GET、HEAD、POST、PUT、DELETE、TRACE、CONNECT 这几种。其中 POST 一般用于向服务端提交数据，提交数据有常见的四种方式：application/x-www-form-urlencoded、multipart/form-data、application/json 和 text/xml。我们知道，HTTP 协议是以 ASCII 码传输，建立在 TCP/IP 协议之上的应用层规范。规范把 HTTP 请求分为三个部分：状态行、请求头、消息主体。另外，协议规定 POST 提交的数据必须放在消息主体中。

本文主要讨论利用 Postman 提交 POST 数据的几种方式。相信大家应该在工作中用 curl 等命令模拟过 POST 请求，笔者感觉其操作还是很繁琐的，正是因为 Postman 简化了其操作，而且对 JSON 格式支持得非常好，所以才这么受欢迎。Postman 上传 POST 数据主要有几种方式，即 form-data、x-www-form-urlencoded、raw、binary，下面我们将简单介绍下其区别。

1）form-data：即对应 HTTP 请求中的 multipart/form-data，它会将表单的数据处理为一条消息，以标签为单元，用分隔符分开。既可以上传键值对，也可以上传文件。当上传的字段是文件时，会有 Content-Type 来说明文件类型，content-disposition 用于说明字段的一些信息。由于有 boundary 隔离，所以 multipart/form-data 既可以上传文件，也可以上传键值对，它采用了键值对的方式，所以可以上传多个文件。这种方式在工作中也较为常见，如图 C-5 所示。

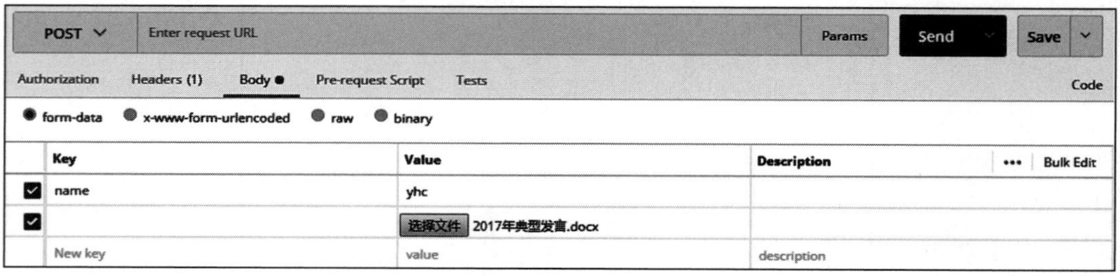

图 C-5　Postman 工作界面图示（二）

2）x-www-form-urlencoded：即对应 HTTP 请求中的 application/x-www-from-urlencoded，它会将表单内的数据转换为键值对，比如 name=cc&age = 34。

3）raw：可以上传任意格式的文本，如 TEXT、JSON、XML、HTML 等，大家可以在“binary”后面选择各种各样的格式，如图 C-6 所示。

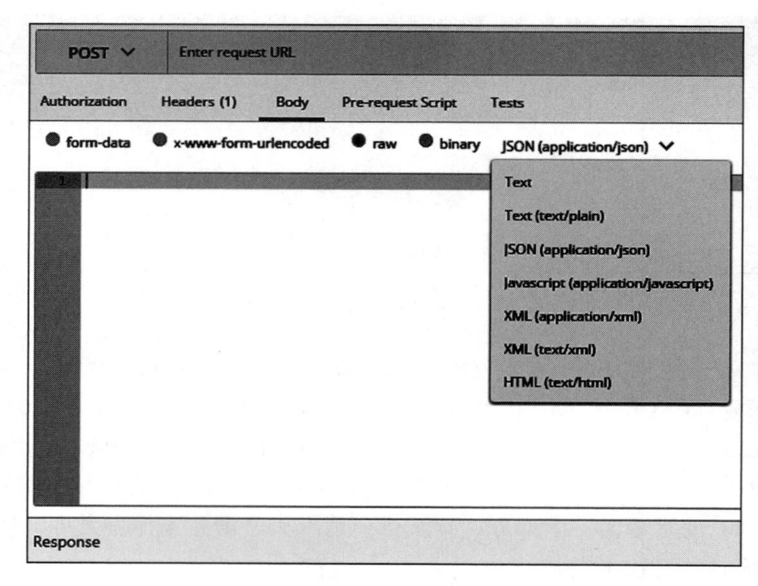

图 C-6　Postman 可以模拟各种格式的 Post 请求

工作中用得最多的是 JSON 格式的文本，比如项目中经常有类似的测试 API 接口需求，如图 C-7 所示。

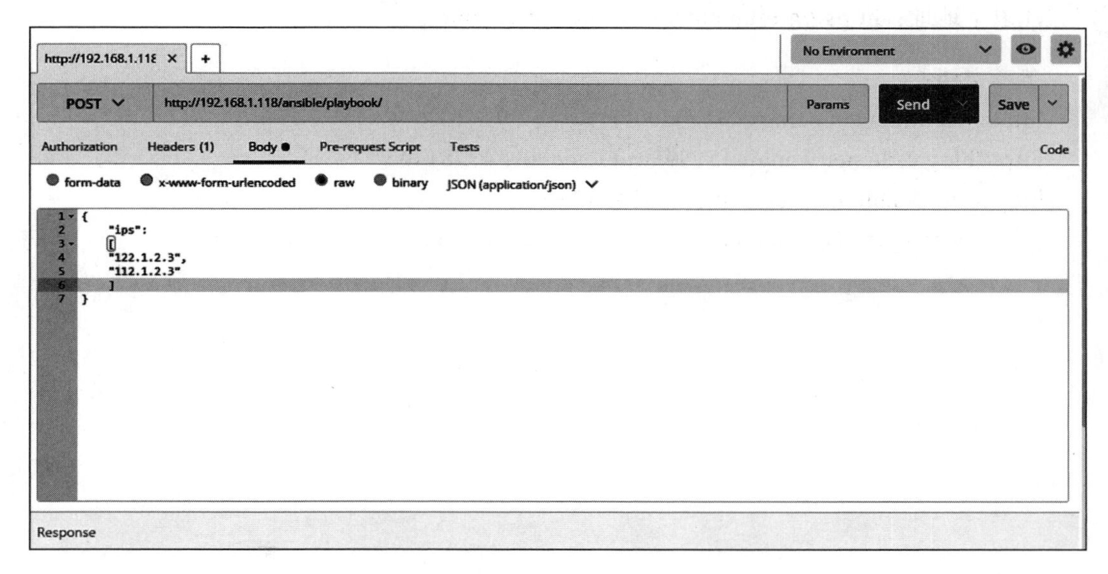

图 C-7　工作中利用 Postman 上传 json 字符串文本图示

4）binary：相当于 Content-Type:application/octet-stream，从字面意思可知，只能上传二进制数据，通常用于上传文件。因为没有键值，所以一次只能上传一个文件。

注意　multipart/form-data 与 x-www-form-urlencoded 区别：multipart/form-data 既可以上传文件等二进制数据，也可以上传表单键值对，只是最后会转化为一条信息；x-www-form-urlencoded 只能上传键值对，并且键值对都是间隔分开的。

另外穿插一个工作中经常用到的知识点，即同步和异步、阻塞和非阻塞。

我们怎样理解阻塞非阻塞与同步异步的区别？

1）同步与异步关注的是消息通信机制。所谓同步，就是在发出一个“调用”时，在没有得到结果之前，该“调用”就不返回。但是一旦调用返回，就得到返回值了。换句话说，就是由“调用者”主动等待这个“调用”的结果。而异步则是相反，“调用”在发出之后，这个“调用”就直接返回了，所以没有返回结果。换句话说，当一个异步过程调用发出后，调用者不会立刻得到结果。而是在“调用”发出后，“被调用者”通过状态、通知来告知调用者，或通过回调函数处理这个调用。Node.js 就是典型的异步编程模型。

2）阻塞与非阻塞关注的是程序在等待调用结果（消息、返回值）时的状态。阻塞调用是指调用结果返回之前，当前线程会被挂起，调用线程只有在得到结果之后才会返回。非阻塞调用指在不能立刻得到结果之前，该调用不会阻塞当前线程。

由于笔者目前的主要工作是 DevOps（运维开发），会将工作中部分项目的源代码以

GitHub 的形式分享出来，比如用 Flask 和 redis-rq 封装 Ansible API（功能实现部分可以用 Postman 来进行相关测试），配合前端提供图形化界面操作等。此项目地址已开源，大家可以关注以下地址：https://github.com/yuhongchun/devops.git。

参考文档：

http://www.jianshu.com/p/451e0d009304
http://blog.csdn.net/wangjun5159/article/details/47781443
https://www.zhihu.com/question/19732473
https://www.getpostman.com/docs/postman/sending_api_requests/requests

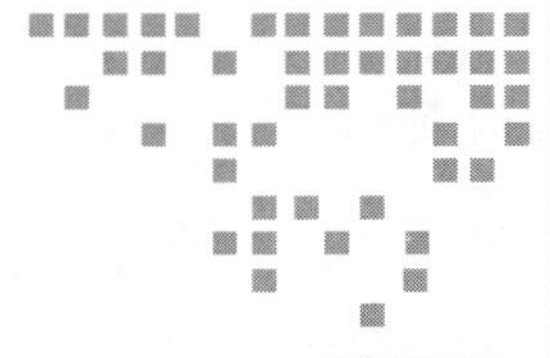

附录 D Appendix D

RSYNC 及 INOTIFY 在工作中的应用

大家应该已经了解和熟悉 Linux 下的 rsync 工具了，rsync（remote synchronize）是一个远程数据同步工具，可通过 LAN/WAN 快速同步多台主机间的文件。rsync 使用 rsync 算法来使本地主机和远程主机之间的文件达到同步，这个算法并不是每次都整份传送，它只传送两个文件的不同部分，因此速度很快。

D.1 rsync 的优点

rsync 的优点如下：

- 可以镜像保存整个目录树和文件系统。
- 可以很容易做到保持原来文件的权限、时间、软硬链接等。
- 无须特殊权限即可安装。
- 拥有优化的流程，文件传输效率高。
- 可以使用 rsh、ssh 等方式传输文件，当然，也可以直接通过 socket 连接。
- 支持匿名传输。

另外，与 scp 相比，传输速度不是一个数量级的。我们在局域网时经常使用 rsync 和 scp 传输大量数据文件，发现 rsync 在速度上至少比 scp 快 20 倍以上，这得益于 rsync 强大的 checksum 算法。所以大家如果需要在 Linux 服务器之间传输大数据，rsync 是最好的选择。rsync 2.6.8 有 Bug 存在，不过已经在 2.6.9 版本中解决。另外，rsync 3.0 版本的算法相对于 rsync2.x 算法有所改善，3.0 是边对比边同步，2.x 是完全对比之后再同步，效率肯定是 3.0 更高，所以这里推荐大家采用 3.0 或更高的版本。在 CentOS 6.8 x86_64 系统中可以用如下命令查看 rsync 版本号，如下所示：

```
rsync --version
```

命令结果如下所示：

```
rsync  version 3.0.6  protocol version 30
Copyright (C) 1996-2009 by Andrew Tridgell, Wayne Davison, and others.
Web site: http://rsync.samba.org/
Capabilities:
    64-bit files, 64-bit inums, 64-bit timestamps, 64-bit long ints,
    socketpairs, hardlinks, symlinks, IPv6, batchfiles, inplace,
    append, ACLs, xattrs, iconv, symtimes
rsync comes with ABSOLUTELY NO WARRANTY.  This is free software, and you
are welcome to redistribute it under certain conditions.  See the GNU
General Public Licence for details.
```

对 rsync 算法感兴趣的朋友可以关注下列文章（如遇到网页打不开的情况，推荐大家使用 shadowsocks 翻墙）：

- http://coolshell.cn/articles/7425.html
- http://en.wikipedia.org/wiki/Rolling_hash
- http://en.wikipedia.org/wiki/Adler-32
- http://wangyuanzju.blog.163.com/blog/static/1302920101012526329 98/
- http://blog.csdn.net/liuben/article/details/5793706
- http://blog.csdn.net/liuben/article/details/5693974

D.2 rsync 的应用模式

笔者建议将安装及提供 rsync 服务的机器称之为 rsync 服务器端，没有提供 rsync 的机器称之为 rsync 客户端，这样更容易理解本节的内容。这里笔者按照 rsync 平时在工作中的应用，将其分成了 4 种应用模式，如下所示：

1）本地 Shell 模式。顾名思义，此操作主要针对本地机器，用于在本地机器上复制目录内容。

2）远程 Shell 模式。使用一个远程 Shell 程序实现将 rsync 服务器端的内容拷贝到本地机器或将本地机器的内容拷贝到 rsync 服务器端的机器中。

3）列表模式。可以通过 rsync 查看远程机器的目录信息，命令如下所示：

```
rsync -v 192.168.1.204:/data/html/www/images/
```

4）服务器模式。这个模式在工作中应用最多，rsync 服务器开启 rsync 服务，用于接收 rsync 客户端的文件传输请求。

那么，我们究竟如何在 CentOS 6.8 下实现 rsync 服务呢？这里以工作机器举例说明。

具体安装步骤如下：

首先准备一台系统为 CentOS 6.4 x86_64、IP 为 10.0.0.15 的机器，将其作为 rsync 服务器，另外准备两台系统为 CentOS 6.8 x86_64、IP 分别为 10.0.0.16 和 10.0.0.17 的机器作为

rsync 客户端。

具体的安装步骤就不再赘述，只介绍重点内容。首先检查 rsync 是否安装，命令如下：

```
rpm -q rsync
```

命令显示如下：

```
rsync-3.0.6-12.el6.x86_64
```

如果没有安装 rsync，大家可以使用如下命令进行安装（服务器端和客户端都要安装）：

```
yum -y install rsync
```

另外，关闭防火墙和 SELinux，因为是在内网中传输，所以不需要打开，以免引起不必要的麻烦，命令如下：

```
service iptables stop
chkconfig iptables off
setenforce 0
```

下面分享一下笔者自己定义的配置文件 /etc/rsyncd.conf（说明：此文件并不是系统创建的，大家可以自定义名称）。先给出具体代码，后面再进行详细注释，代码如下所示：

```
uid = www
gid = www
user chroot = no
max connections = 200
timeout = 600
pid file = /var/run/rsyncd.pid
lock file = /var/run/rsyncd.lock
log file = /var/log/rsyncd.log
[images]
path=/data/html/www/images/
ignore errors
read only = no
list = no
hosts allow = 10.0.0.0/255.255.255.0
auth users = test
secrets file = /etc/rsyncd.password
```

下面说明一下 /etc/rsyncd.conf 的语法。

```
uid = www
```

上面指的是运行 rsync 的用户为 www。

```
gid = www
```

表示运行 rsync 的组为 www。

因为我们的线上系统运行 Nginx 也是用的 www:www 用户，为了保证 rsync 以后文件及文件夹的权限一致，所以这里也选用了 www:www 用户。

```
use chroot = no
```

如果“ use chroot”指定为 true，那么 rsync 在传输文件以前先 chroot 到 path 参数所指定的目录下。这样做可实现额外的安全防护功能，但缺点是需要给予用户 root 权限，并且不能备份通过外部的符号连接所指向的目录文件。在默认情况下，chroot 值为 true，但是一般不需要使用，笔者常常选择 no 或 false。

```
list = no
```

表示不允许列清单。

```
max connections = 200
```

表示最大连接数。

```
timeout = 600
```

表示覆盖客户指定的 IP 超时时间，也就是说，rsync 服务器不会永远等待一个崩溃的客户端。

```
pidfile = /var/run/rsyncd.pid
```

指的是 pid 文件的存放位置。

```
lock file = /var/run/rsync.lock
```

指的是锁文件的存放位置。

```
log file = /var/log/rsyncd.log
```

指的是日志文件的存放位置。

```
[images]
```

这是认证模块名，跟 Samba 软件的语法一样，就是对外公布的名字。

```
path = /data/html/www/images
```

这是参与同步的目录。

```
ignore errors
```

表示可以忽略一些无关的 I/O 错误。

```
read only = no
```

表示允许读和写。

```
list = no
```

表示不允许列清单。

```
hosts allow = 10.0.0.0/255.255.255.0
```

这里跟 Samba 的语法一样，只允许 10.0.0.0/24 的网段的机器进行同步，拒绝其他一切网段连接。

```
auth users = www
```

指的是认证的用户名，这里为了权限的一致性，建议也选择 www。

```
secrets file = /etc/rsyncd.password
```

指的是密码文件的存放地址。

启动服务端的 rsync，可通过 xinetd 控制。这里要对 rsync 进行修改，我们先编辑 rsync 相关的文件 /etc/xinetd.d/rsync，如下所示：

```
service rsync
{
    disable = yes
    socket_type     = stream
    wait            = no
    user            = root
    server          = /usr/bin/rsync
    server_args     = --daemon
    log_on_failure  += USERID
}
```

将 disable=yes 改为 disable=no，然后重启 xineted 即可，命令如下：

```
/etc/ini.d/xinetd restart
```

最小化安装的系统是没有 xinetd 服务的，需要我们提前安装，命令如下所示：

```
yum -y install xinetd
```

rsync 服务会占用 873 端口，这里可以用 lsof 命令进行检测：

```
lsof -i:873
```

命令显示结果如下：

```
COMMAND  PID USER   FD   TYPE DEVICE SIZE/OFF NODE NAME
xinetd  3075 root    5u  IPv6  17038      0t0  TCP *:rsync (LISTEN)
```

此结果表示 rsync 服务器已正常启动。

rsync.conf 配置中应该注意的问题如下所示。

- [images]：认证模块名，这个认证模块名是服务器对外的名字，机器同步时只认这个名字。
- path = /data/html/www/images/：参与同步的目录的权限。如果此目录权限不够，rsync 同步无法成功。建议用如下命令检查：

```
ls -ld /data/html/www/images/
```

命令显示结果如下：

```
drwxr-xr-x 3 www www 4096 Jun 10 11:31 /data/html/www/images/
```

确保 www:www 用户对此目录的当前文件及下级目录均具有读、写和执行权限，命令如下所示：

```
chonw -R www:www /data/html/www/images/
```

注意用户名和密码的问题。

```
echo "www:www" >/etc/rsyncd.password
```

说明：这里设置的是用户名和密码一致。为了安全起见，设置它的权限为600，如下所示：

```
chmod 600 /etc/rsyncd.password
```

rsync 客户端配置：

```
echo "www" > /etc/rsyncd.password
```

rsync 客户端这里只需要密码，不需要用户，免得同步时还要手动互动，为了安全，一样配置为600权限，如下所示：

```
chmod 600 /etc/rsyncd.password
```

D.3 工作中经常遇到的 rsync 问题

下面说说在工作中经常遇到的 rsync 问题。

故障一：服务器端的目录不存在或无权限，故障描述如下：

```
@ERROR: chroot failed
rsync error: error starting client-server protocol (code 5) at main.c(1522)
    [receiver=3.0.3]
```

解决方法：创建目录或修改目录权限。

故障二：服务器端该模块（tee）需要验证用户名密码，但客户端没有提供正确的用户名密码，认证失败，故障描述如下：

```
@ERROR: auth failed on module tee
rsync error: error starting client-server protocol (code 5) at main.c(1522)
    [receiver=3.0.3]
```

解决方法：提供正确的用户名和密码。

故障三：服务器上不存在指定的模块，故障描述如下：

```
@ERROR: Unknown module 'imagess'
rsync error: error starting client-server protocol (code 5) at main.c(1503)
    [sender=3.0.6]
```

解决方法：提供正确的模块名。

故障四：如果客户端没有对应的目录，例如 /data/html/www/images，则会报错，如下所示：

```
sending incremental file list
rsync: change_dir "/data/html/www/images" failed: No such file or directory (2)
sent 18 bytes  received 8 bytes  52.00 bytes/sec
```

```
total size is 0  speedup is 0.00
rsync error: some files/attrs were not transferred (see previous errors) (code
    23) at main.c(1039) [sender=3.0.6]
```

解决方法：建立相应的目录即可，如下所示：

```
mkdir -p /data/html/www/images
```

接下来可以进行测试工作了。

在 rsync 客户端的机器上执行如下命令：

```
rsync -vzrtopg  www@10.0.0.15::images  /data/html/www/images/ --password-file=/
    etc/rsyncd.password
```

这时候就可以看到正确的同步效果了，结果如下所示：

```
./
timgHKJUY9NS.jpg
timgPKAEHTR9.jpg
timgQYNJ6P41.jpg
timgX8S91TD9.jpg
Wallpaper/
Wallpaper/01300000098168121492520950146_140.jpg
Wallpaper/0c806f766572636c733004.jpg
Wallpaper/1.gif
Wallpaper/1234.bmp
Wallpaper/141.jpg
Wallpaper/20070802121227.jpg
Wallpaper/20070802121240.jpg
Wallpaper/200709111315192473.jpg
Wallpaper/200804241823558620.jpg
Wallpaper/20090226(004).jpg
Wallpaper/20090226(006).jpg
Wallpaper/20090226(007).jpg
Wallpaper/20090226.jpg
Wallpaper/20090227(003).jpg
Wallpaper/20090227(007).jpg
Wallpaper/20090227(008).jpg
Wallpaper/7.jpg
Wallpaper/708367_1254164409.jpg
Wallpaper/888.bmp
Wallpaper/DSCF0020.jpg
Wallpaper/DSCF0023.jpg
Wallpaper/DSCF0026.jpg
Wallpaper/IMG_0029.JPG
Wallpaper/IMG_0033.JPG
Wallpaper/IMG_0039.JPG
Wallpaper/IMG_0051.JPG
Wallpaper/IMG_0053.JPG
Wallpaper/IMG_0055.JPG
Wallpaper/IMG_0056.JPG
Wallpaper/IMG_0057.JPG
```

```
Wallpaper/PICT0029.JPG
Wallpaper/bliss.jpg
Wallpaper/cf9a7975686f6e676368756e3032379a04.jpg
Wallpaper/chocolate_sxga.png
Wallpaper/d81bb4a7de85d780d043586f.jpg
Wallpaper/head_2bMm_9853p206133.jpg

sent 879 bytes  received 30482740 bytes  12193447.60 bytes/sec
total size is 30469534  speedup is 1.00
```

接下来在客户端机器上检查同步后的文件及其权限，如下所示：

```
ls -lsrt /data/html/www/images/
```

文件显示结果如下：

```
total 1120
    4 drwxrwxr-x 2 www www   4096 Jun 10 11:30 Wallpaper
256 -rw-r--r-- 1 www www 261516 Jun 10 14:44 timgX8S91TD9.jpg
 96 -rw-r--r-- 1 www www  94785 Jun 10 14:44 timgQYNJ6P41.jpg
480 -rw-r--r-- 1 www www 488179 Jun 10 14:44 timgPKAEHTR9.jpg
284 -rw-r--r-- 1 www www 288038 Jun 10 14:44 timgHKJUY9NS.jpg
```

大家可以注意到，rsync 客户端同步以后的文件属主和组均属于 www:www，说明 rsync 的配置生效。

注意 在 rsync 客户端机器上，/data/html/www/images/ 和 /data/html/www/image 进行 rsync 传输的效果截然不同。如果是 /data/html/www/images，则会将 image 目录复制到 rsync 服务器端的 /data/html//www/images/ 目录下；如果是 /data/html/www/images/，则不传输目录本身，只是传输目录中的文件内容。请大家在工作中注意这点。

D.4 工作中经常用到的 rsync 参数

下面再说说工作中经常用到的 rsync 参数，如下所示：

- -v --verbose：详细模式输出。
- -r --recursive：对子目录以递归模式处理。
- -p --perms：保持文件权限。
- -o --owner：保持文件属主信息。
- -g --group：保持文件属组信息。
- -t --times：保持文件时间信息。
- --delete：表示客户端上的数据要与服务器端完全一致，还是以上面的例子进行说明，请看下面的 rsync 同步命令：

```
rsync -vzrtopg --delete  www@10.0.0.5::images  /data/html/www/images/ --password-
    file=/etc/rsyncd.password
```

我们在这里引入了 --delete 参数，则会将 rsync 客户端机器的 /data/html/www/images 目录跟 rsync 服务器端的 /data/html/www/images 目录完全保持一致，如果客户端机器上存在着 rsync 服务器端不存在的文件或目录，执行 --delete 参数命令后都会删除。

- --delete-excluded：同样删除接收端那些被该选项指定排除的文件。
- -z --compress：对备份的文件在传输时进行压缩处理。
- --exclude= 文件或文件夹名：指定不需要传输的文件或文件夹名。
- --include= 文件或文件夹名：指定需要传输的文件或文件夹名。
- --exclude-from=FILE：排除 FILE 中指定模式匹配的文件。
- --include-from=FILE：不排除 FILE 指定模式匹配的文件。

D.5　工作中 rsync 的小技巧

另外，我们工作中经常遇到的一个问题是，如何实现快速删除海量文件？

有时候需要快速清空有几百万个小文件的文件夹，我们一般会采用 rm -rf * 的方式处理，但现在的服务器一般都是机械磁盘，这样不仅速度慢，而且磁盘 I/O 压力非常大，机器负载很容易就上去了，其实这个时候我们可以用 rsync 快速清理。

比如说我们要清理 //data/html/www/mall/Runtime 目录里的文件，步骤如下所示：

1）建立一个空的文件夹，命令如下所示：

```
mkdir /tmp/test
```

2）用 rsync 删除 /data/www/html/mall/Runtime 目录，命令如下所示：

```
rsync --delete-before -a -v --progress --stats /tmp/test/  /data/html/www/mall/
    Runtime
```

这样我们要删除的 /data/www/html/mall/Runtime 目录就会被清空了，而且删除的速度非常快。

选项说明：

- -delete-before：接收者在传输之前进行删除操作。
- -progress：在传输时显示传输过程。
- -a：归档模式，表示以递归方式传输文件，并保持所有文件属性。
- -v：详细输出模式。
- -stats：给出某些文件的传输状态。

D.6　rsync+inotify 实现数据的实时同步更新

1. rsync 的优点与不足

rsync 在 Linux 下是一个比较重要和实用的服务，大家应该已经从前面的内容了解到

rsync 具有安全性高、备份迅速、支持增量备份等优点，通过 rsync 可以解决对实时性要求不高的数据备份需求，例如定期备份文件服务器数据到远端服务器，对本地磁盘定期做数据镜像等。

随着应用系统规模的不断扩大，对数据的安全性和可靠性也提出了更高的要求，rsync 在高端业务系统中也逐渐暴露出了很多的不足之处，首先，rsync 同步数据时，需要扫描所有文件后进行比对，然后进行差量传输。如果文件数量达到了百万甚至千万量级，扫描所有文件是非常耗时的。而且正在发生变化的往往是其中很少的一部分，这是非常低效的方式。其次，rsync 不能实时地监测、同步数据，虽然它可以通过 Linux 守护进程的方式触发同步，但是两次触发动作会有一定的时间差，这样就导致了服务端和客户端数据可能出现不一致的情况，无法在应用故障时完全恢复数据。基于以上原因，考虑采用 rsync+inotify 的形式，这样就可以解决这些问题了。

2. 初识 inotify

inotify 是一种强大、细粒度、异步的文件系统事件监控机制，Linux 内核从 2.6.13 起，加入了对 inotify 的支持，通过 inotify 可以监控文件系统中的添加、删除、修改、移动等各种细微事件，利用这个内核接口，第三方软件就可以监控文件系统下文件的各种变化情况，而 inotify-tools 就是这样的一个第三方软件。

我们在上面章节中讲到，rsync 可以实现触发式的文件同步，但是通过 crontab 守护进程方式触发，同步的数据和实际数据会有差异，而 inotify 可以监控文件系统的各种变化，当文件有任何变动时，就触发 rsync 同步，这就刚好解决了同步数据的实时性问题。

3. 安装 inotify 工具 inotify-tools

由于 inotify 特性需要 Linux 内核的支持，在安装 inotify-tools 前要先确认 Linux 系统内核是否达到了 2.6.13 以上，如果 Linux 内核低于 2.6.13 版本，就需要重新编译内核，加入对 inotify 的支持，我们的 CentOS 6.8 系统内核版本为 2.6.32-642，所以不需要担心此问题。

```
uname -r
```

命令显示如下：

```
2.6.32-642.el6.x86_64
```

然后通过 ls 查看是否存在 /proc/sys/fs/inotify 目录，如下所示：

```
ls -lsrt /proc/sys/fs/inotify/
```

此命令显示结果如下：

```
total 0
0 -rw-r--r-- 1 root root 0 Jun 10 15:05 max_user_watches
0 -rw-r--r-- 1 root root 0 Jun 10 15:05 max_user_instances
0 -rw-r--r-- 1 root root 0 Jun 10 15:05 max_queued_events
```

通过以上显示我们应该清楚，CentOS 6.8 x86_64 是支持 inotify 的。

4. inotify 可以监控的文件系统事件

inotify 是文件系统事件监控机制，是 dnotify 的有效替代品（dnotify 是较早内核支持的文件监控机制）。inotify 是一种强大、细粒度、异步的机制，它满足各种各样的文件监控需求，不仅限于安全和性能。

inotify 可以监视的文件系统事件包括：

- IN_ACCESS：文件被访问。
- IN_MODIFY：文件被 write。
- IN_ATTRIB：文件属性被修改，如 chmod、chown、touch 等。
- IN_CLOSE_WRITE：可写文件被 close。
- IN_CLOSE_NOWRITE：不可写文件被 close。
- IN_OPEN：文件被 open。
- IN_MOVED_FROM：文件被移走，如 mv。
- IN_MOVED_TO：文件被移入，如 mv、cp。
- IN_CREATE：创建新文件。
- IN_DELETE：文件被删除，如 rm。
- IN_DELETE_SELF：自删除，即一个可执行文件在执行时删除自己。
- IN_MOVE_SELF：自移动，即一个可执行文件在执行时移动自己。
- IN_UNMOUNT：宿主文件系统被 unmount。
- IN_CLOSE：文件被关闭，等同于（IN_CLOSE_WRITE | IN_CLOSE_NOWRITE）。
- IN_MOVE：文件被移动，等同于（IN_MOVED_FROM | IN_MOVED_TO）。

注意　上面所说的文件也包括目录。

---

5. rsync+inotify 企业应用案例

笔者之前公司的 web 应用服务器采用的是集群方案，6 台 Nginx 之间同步代码的方案正是 rsync+inotify，这里以 3 台机器进行说明，即 1 台 rsync 服务器，2 台 rsync 客户端机器，此环境跟上面的环境区别较大，大家注意不要混淆，如下所示：

- Server:10.0.0.15 rsync 客户端。
- Client1:10.0.0.16 rsync 服务器端。
- Client2:10.0.0.17 rsync 服务器端。

大家注意下这里的权限分配，Server 是作为内容发布的机器，即代码改动是在这台机器上面操作的。这里是作为 rsync 客户端，并非 rsync 服务器端。所有机器需要同步的目录均为 /data/htdocs/www/images，自动同步顺序均为 Web 客户端机器向 Web-Server 端机器同步，我们这里将 Client1 和 Client2 机器配置成 rsync 的服务器端即可，而这里的 Server 机器仅仅作为 rsync 客户端。

其工作流程为 Server→Client1 && Server→Client2。

1）inotify-tools 是用来监控文件系统的工具，必须安装在 Web-Server（即 rsync 客户端）机器上，用于监控其文件系统的变化，Clietn 端机器（即 rsync 服务器）不需要安装。

首先开始安装 inotify-tools，由于我们的机器提前安装了 epel 源，这里通过 yum 安装即可，命令比较简单：

```
yum -y install inotify-tools
```

2）Client1 和 Client2 机器的 rsync 服务配置比较容易，大家可以参考上面的内容配置好 /etc/rsyncd.conf 文件。

此命令内容如下所示：

```
uid = www
gid = www
user chroot = no
max connections = 200
timeout = 600
pid file = /var/run/rsyncd.pid
lock file = /var/run/rsyncd.lock
log file = /var/log/rsyncd.log

[web1_sync]
path=/data/html/www/images
#web2机器此处配置为[web2_sync]
ignore errors
read only = no
list = no
hosts allow = 10.0.0.0/255.255.255.0
auth users = www
secrets file = /etc/rsyncd.password
```

然后重启 xinetd 即可，如下所示：

```
/etc/init.d/xinetd restart
```

记得两台 Web 机器都要配置 /etc/rsyncd.passwd 文件，rsync 的配置过程和原理请大家参考附录前面的内容，这里就不详细说明了，注意 /etc/rsyncd.password 的文件权限和内容。

3）配置好 Server（即 rsync 客户端机器）的 inotify 脚本以后，让其开机，即启动，脚本 /root/rsync-inotify.sh 内容如下：

```
#!/bin/bash
src=/data/html/www/images/
des_ip1=10.0.0.16
des_ip2=10.0.0.17

/usr/bin/inotifywait -mrq --timefmt '%d/%m/%y %H:%M' --format  '%T %w%f' -e
    modify,delete,create,attrib $src | while read  file
do
    rsync -vzrtopg --delete --progress $src www@$des_ip1::web1_sync --password-
        file=/etc/rsyncd.password
```

```
    rsync -vzrtopg --delete --progress $src www@$des_ip2::web2_sync --password-
        file=/etc/rsyncd.password
    echo "File Synchronization is Complete!"
done
```

脚本相关解释如下：

- --timefmt：指定时间的输出格式。
- --format：指定变化文件的详细信息。

这个脚本的作用就是通过 inotify 监控文件目录的变化，进而触发 rsync 进行同步操作，由于这个过程是一种主动触发操作，是通过系统内核完成的，所以，对比那些遍历整个目录的扫描方式来说，效率要高很多。

```
nohup sh rsync-inotify.sh &
```

4）验证就很容易了，可以在 Web-Server 的机器的 /data/html/www/images/ 目录下新建文件，更改文件内容，可以发现，两台 Client 端的机器对应的目录马上也会发生相应的改变，非常快捷方便。我们可以通过 nohup.out 文件也能观察到更详细的日志同步信息。

> 注意　由于此时 Client1 和 Client2 机器是真实的 rsync 服务器端，所以 www 用户是真实存在的，所以要记得提前建立此 www 用户，我们可以用命令来分配，即 useradd -s /sbin/nologin test1。事实上，在实际工作中也能发现，rsync+inotify 还是比较消耗服务器的内存资源的，建议 rsync-server 端的内存配置适量增大。

5）如果我们想要脚本随着机器启动而生效，可将此脚本放在 /etc/rc.local 中，即在最后一行添加相关内容。/etc/rc.local 文件改动后内容如下：

```
/root/rsync-inotify.sh &
```

总体说来，rsync + inotify 比较适用于没有存储环境的小文件的即时同步更新的工作场景，适合中小型规模的网站规模。如果 web 集群超过 10 台，应该考虑更复杂的设计方案，像代码同步可以考虑自动化配置的方式，图片同步可以考虑挂存储的方式。

推荐阅读

Linux内核设计与实现（原书第3版）

作者：Robert Love ISBN：978-7-111-33829-1 定价：69.00元

本书基于Linux 2.6.34内核详细介绍了Linux内核系统，覆盖了从核心内核系统的应用到内核设计与实现等各方面内容。主要内容包括：进程管理、进程调度、时间管理和定时器、系统调用接口、内存寻址、内存管理和页缓存、VFS、内核同步以及调试技术等。同时本书也涵盖了Linux 2.6内核中颇具特色的内容，包括CFS调度程序、抢占式内核、块I/O层以及I/O调度程序等。本书采用理论与实践相结合的路线，能够带领读者快速走进Linux内核世界，真正开发内核代码。

Linux内核精髓：精通Linux内核必会的75个绝技

作者：Hirokazu Takahashi 等 ISBN：978-7-111-41049-2 定价：79.00元

本书从先进Linux内核的众多功能中选取了一些基本而且有趣的内容进行介绍，同时也对内部的运行和结构进行了讲述。此外还介绍了熟练使用这些功能所需的工具、设置方法以及调整方法等。本书还为想要了解Linux内核的读者以及读过本书后开始对Linux内核开发产生兴趣的读者，介绍了获取内核源代码的方法和内核开发方法等内核构建入门所需的信息。

Linux内核设计的艺术：图解Linux操作系统架构设计与实现原理（第2版）

作者：新设计团队 ISBN：978-7-111-42176-4 定价：89.00元

本书的特点在于，既不是空泛地讲理论，也不是单纯地从语法的角度去逐行地分析源代码，而是以操作系统在实际运行中的几个经典事件为主线，将理论和实际结合在一起，精准地再现了操作系统在实际运行中究竟是如何运转的。宏观上，大家可以领略Linux 0.11内核的设计指导思想，可以了解到各个环节是如何牵制并保持平衡的，以及软件和硬件之间是如何互相依赖、互相促进的；微观上，大家可以看到每一个细节的实现方式和其中的精妙之处。